教育部高等学校材料类专业教学指导委员会规划教材

冶金工业出版社

普通高等教育"十四五"规划教材

无机非金属材料研究方法

（第2版）

张　颖　高云琴　石宗墨　主编

扫码看本书
数字资源

U0323140

北　京

冶金工业出版社

2025

内 容 提 要

　　本书介绍了无机非金属材料常用分析测试方法的基本原理、试验方法、仪器结构和应用范围。内容主要包括：光学显微分析、X射线衍射分析、电子显微分析、热分析等。为了加深学生对所学知识的理解，2~8章后均附有习题与思考题。

　　本书既可作为高等院校材料科学与工程专业的教材，也可供相关工程技术人员参考。

图书在版编目（CIP）数据

　　无机非金属材料研究方法/张颖，高云琴，石宗墨主编. —2版. —北京：冶金工业出版社，2022.7（2025.1重印）

　　普通高等教育"十四五"规划教材

　　ISBN 978-7-5024-9156-7

　　Ⅰ.①无… Ⅱ.①张… ②高… ③石… Ⅲ.①无机非金属材料—研究方法—高等学校—教材 Ⅳ.①TB321-3

　　中国版本图书馆 CIP 数据核字（2022）第 079846 号

无机非金属材料研究方法（第2版）

出版发行	冶金工业出版社	电　话	（010）64027926
地　址	北京市东城区嵩祝院北巷 39 号	邮　编	100009
网　址	www.mip1953.com	电子信箱	service@ mip1953.com

责任编辑　杨　敏　美术编辑　彭子赫　版式设计　郑小利
责任校对　葛新霞　责任印制　窦　唯
北京印刷集团有限责任公司印刷
2011 年 6 月第 1 版，2022 年 7 月第 2 版，2025 年 1 月第 4 次印刷
787mm×1092mm　1/16；20.25 印张；488 千字；311 页
定价 49.00 元

投稿电话　（010）64027932　投稿信箱　tougao@cnmip.com.cn
营销中心电话　（010）64044283
冶金工业出版社天猫旗舰店　yjgycbs.tmall.com
（本书如有印装质量问题，本社营销中心负责退换）

第 2 版前言

随着科学技术的飞速发展，新的材料分析方法和测试技术不断涌现，使人们可以更方便、更全面地了解材料、研究材料和设计材料。材料组成、结构及性能的分析测试在材料研究工作中占有十分重要的地位，材料的分析测试方法及其相关基本理论和技术是材料工作者所必须具备的基本知识。

为了使读者能够了解最新的无机非金属材料分析测试方法和技术，编者在吸纳当前无机非金属材料分析测试最新成果的基础上，对第 1 版内容进行了充实和更新，重点对无机非金属材料目前常用的分析测试方法进行了详细介绍。本次修订内容具体包括：在第 1 版的基础上增加了"电子能谱分析"一章，作为第 2 版的第 7 章；在第 1 版"其他分析方法"一章中将"X 射线光电子能谱分析"一节变更为"三维 X 射线显微镜"，并将此章作为第 2 版的第 8 章；对第 1 版第 4 章第 5 节"电镜的近期发展"等部分内容进行了适当更新和补充。

参加本次修订工作的教师包括：西安建筑科技大学石宗墨（第 1 章、第 4 章第 2 节、第 7 章）、张颖（第 2 章和第 6 章）、张军战（第 3 章）、宋强（第 4 章第 1 节）、高云琴（第 4 章第 5 节、第 5 章、第 8 章）和齐鲁工业大学赵萍（第 4 章第 3 节和第 4 节）。全书由张颖和高云琴统稿。

本书在编写过程中，参考和引用了其他优秀教材和相关研究成果，在此向文献作者表示衷心感谢。

由于编者水平所限，书中难免有不足和疏漏之处，恳请广大读者批评指正。

编　者

2022 年 5 月于西安

第1版前言

本书根据教育部无机非金属材料工程专业教学指导委员会颁布的无机非金属材料工程专业规范中材料结构表征知识领域的相关要求编写。

材料是人类文明发展的重要里程碑。随着科学技术的发展，材料科学的研究和发展在其中占有重要位置，人们不断地发展创造各种材料以满足不同性能的要求，这就需要人们必须对材料的本质有清楚的认识和把握，将先进的测试技术不断地应用到各种材料深层次的研究上，以便对材料微观结构的各个层次进行检测分析。因此，掌握先进的分析方法和测试技术对材料科学发展是非常重要的。

材料分析方法和测试技术繁多，学生不可能在有限的学时内掌握所有的内容，所以本书以无机非金属材料的研究方法为主，详细介绍了光学显微分析、X射线衍射分析、电子显微分析和热分析等无机非金属材料的基础分析手段，同时对光谱分析、色谱分析、扫描隧道显微镜、原子力显微镜、X射线光电子能谱分析、穆斯堡尔谱分析、核磁共振谱分析进行了介绍。

本书着重论述分析测试方法的基本原理、实验技术和分析过程，力求内容深度适中、知识结构合理，有利于对学生能力的培养，使学生对无机非金属材料研究中的现代测试技术与分析方法有一个初步和较全面的认识，从而在学习本书之后具备以下能力：能够正确选择分析测试方法；能看懂或分析典型的、较简单的测试结果；可以与专业的分析检测人员共同探讨有关材料分析研究的试验方案和分析较复杂的检测结果；具备掌握新的分析方法和测试技术的自学能力。

本书由西安建筑科技大学部分教师共同编写。全书共分7章，第1章和第4章由刘民生编写，第2章和第6章由张颖编写，第3章第1~3节由马爱琼编写，第3章第4~6节由张军战编写，第5章由任耘编写，第7章由高云琴编写。全书由张颖和任耘统稿。

在编写过程中，参考和引用了有关文献的内容，在此向文献作者谨致谢意。

由于编者水平有限，书中不足之处，恳请广大读者批评指正。

编　者

2011年3月于西安

目　　录

1 绪 论

　　材料科学是研究各种材料的结构、制备加工工艺与性能之间关系的科学。这一关系可用一四面体表示，如图 1-1 所示。四面体的各顶点分别为成分/组织结构、制备合成/加工工艺、材料固有性能和材料使用性能，它们构成了材料科学研究的四要素。

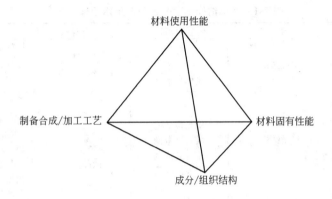

图 1-1　材料科学与工程四要素

　　材料的性能不仅包括材料的固有性能，如材料本身所具有的物理性能、化学性能和力学性能等，还包括材料的使用性能。任何一种材料都具有一定的性能。如大多数金属材料的导电性、塑性和韧性好；无机非金属材料的硬度高、韧性差，且大多为电绝缘体；高分子材料的强度、弹性模量和塑性都很低，多数也是不导电的。这些材料的不同性能是材料内部结构（组成）的综合反映。从原子级结构来说，这些材料的不同性能主要是由化学键的差异决定的。金属键结合的材料，内部有大量自由运动的电子，导致了金属有良好的导电性，在变形时不会破坏键的结合，因而塑性好。无机非金属材料通常是以离子键、共价键或这两种键的混合结合，所以一般不导电；由于键的结合力强且有方向性，变形时要破坏局部的键结合，因而硬度高且脆性大。

　　材料的性能取决于材料的内部结构，而材料的内部结构又取决于材料的制备加工工艺。可以通过对材料制备和加工过程的控制，优化材料的内部结构，从而实现改变或控制材料性能的目的。因此，材料研究应建立在对材料性能需求分析的基础上，充分了解材料的结构及其与性能之间的关系，而材料制备的实际效果也必须通过材料结构检测和性能检测来加以分析。材料结构与性能表征的研究水平对新材料的研究、发展和应用具有重要的作用，因此，材料结构与性能表征在材料研究中占据了十分重要的地位。

　　材料结构与性能的表征包括了材料性能、微观结构和成分的测试与表征。描述或鉴定材料的结构涉及它的化学成分、组成相的结构及其缺陷的组态、组成相的形貌、大小和分布以及各组成相之间的取向关系和界面状态等。所有这些特征都对材料的性能有着重要的影响。

1.1 材料结构及其层次

材料的结构是指材料系统内各组成单元之间的相互联系和相互作用方式。材料的结构从存在形式来讲，无非是晶体结构、非晶体结构、孔结构及它们不同形式且错综复杂的组合或复合；从尺度上来讲，可分为微观结构、亚显微结构、显微结构和宏观结构四个不同的层次。对于每个层次，观察所用的结构组成单元均不相同。

结构层次大体上是按观察用具或设备的分辨率范围来划分的，结构层次的尺寸范围见表 1-1。

表 1-1   材料结构层次的划分及所用观察设备

物体尺寸/μm	结构层次	观测设备	研究对象	举 例
>100	宏观结构	肉眼 放大镜 实体显微镜	大晶粒 颗粒集团	断面结构 外观缺陷 裂纹、孔洞
100~10	显微结构	偏光显微镜 反光显微镜 相衬显微镜 干涉显微镜	晶粒 多相集团	相定性和定量、晶形分布及物相的光学性质
10~0.2			微晶集团	物相或颗粒形状、大小、取向、分布和结构 物相的部分光学性质：消光、干涉色、延性、多色性等
0.2~0.01	亚显微结构	暗场显微镜 超视显微镜 电子显微镜 干涉相衬显微镜 扫描电子显微镜	微晶 胶团	液相分离体，沉积，凝胶结构 晶面形貌 晶体构造的位错缺陷
<0.01	微观结构	场离子显微镜 高分辨电子显微镜	晶格点阵	钨晶格 高岭石点阵

微观结构是指高分辨电子显微镜所能分辨的结构范围。结构组成单元主要是原子、分子、离子或原子团等质点。所谓微观结构就是这些质点在相互作用力下的聚集状态和排列形式（也称为原子级结构或分子级结构），如结晶物质的单胞、晶格特征，硅酸盐中 Si-O 四面体所组成的格架、空穴、氧离子配位等。

亚显微结构是指在普通电子显微镜（透射电子显微镜、扫描电子显微镜等）下所能分辨的结构范围。结构组成单元主要是微晶粒、胶粒等粒子。这里的结构主要是单个粒子的形状、大小和分布，如晶体的构造缺陷、界面结构等。

显微结构是指在光学显微镜下分辨出的结构范围。结构组成单元是该尺度范围的各个相，结构是在这个尺度范围内试样中所含相的种类、数量、颗粒的形貌及其相互之间的关系，如陶瓷和水泥熟料中多种晶体粒子聚集方式、分布及其相互结合的状况等。

宏观结构是指用人眼（有时借助于放大镜）可分辨的结构范围，结构组成单元是相、颗粒，甚至是复合材料的组成材料，结构包括材料中的大孔隙、裂纹、不同材料的组合与复合方式（或形式）、各组成材料的分布等。如岩石层理与斑纹、混凝土中的砂石、纤维增强材料中纤维的多少与纤维的分布方向等。

1.2 研究方法的种类

材料结构与性能表征一般需要借助于仪器。仪器分析按信息形式可分为图像分析法和非图像分析法；按工作原理，前者主要是显微术，后者主要是衍射法和成分谱分析。显微术和衍射法均基于物理方法，其工作原理是以电磁波（可见光、电子、离子和 X 射线等）轰击样品，激发产生特征物理信息，这些信息包括电磁波的透射信息、反射信息和吸收信息等，将其收集并加以分析从而确定物相组成和结构特征。基于这种物理原理的具体仪器有光学显微镜、电子显微镜、场离子显微镜、X 射线衍射仪、电子衍射仪等。

1.2.1 图像分析法

图像分析法是材料结构分析的重要研究手段，以显微术为主体。光学显微术是在微米尺度观察材料结构的较普及的方法。扫描电子显微术可达到亚显微结构的尺度。透射电子显微术把观察尺度推进到纳米甚至原子尺度。图像分析法既可根据图像的特点及有关的性质来分析和研究固体材料的相组成，也可形象地研究其结构特征和各项结构参数的测定。其中最有代表性的是形态学和体视学研究。形态学是研究材料中组成相的几何形状及变化，进一步探究它们与生产工艺及材料性能间的关系的科学。体视学是研究材料中组成相的二维形貌特征，通过结构参数的测量，确定各物相三维空间的颗粒的形态和大小以及各相百分含量的科学。

1.2.2 非图像分析法

1.2.2.1 衍射法

衍射法是以材料结构分析为基本目的的现代分析方法。电磁辐射或者运动电子束、中子束等与材料相互作用产生相干散射（弹性散射），相干散射干涉加强的结果产生衍射，是材料衍射分析方法的技术基础。衍射法包括 X 射线衍射法、电子衍射法以及中子衍射法等。

无机非金属材料的结构测定仍以 X 射线衍射法为主，包括德拜照相法、四圆衍射仪法、劳埃法等。X 射线衍射分析物相较简便、快捷，适于多相体系的综合分析，也能对尺寸在微米量级的单颗晶体材料进行结构分析。由于电子与物质的相互作用远强于 X 射线，而且电子束又可以在电磁场作用下会聚得很细，所以微细晶体或材料的亚微米尺度结构测定特别适合于用电子衍射来完成。与 X 射线、电子受原子的电子云或势场散射的作用机理不同，中子受物质中原子核的散射，所以轻重原子对中子的散射能力差别比较小，中子衍射有利于测定材料中轻原子的分布。总之，这三种衍射方法各有特点，应视分析材料的具体情况作选择。

1.2.2.2 成分谱分析

成分谱分析用于材料的化学成分分析，包括主要化学成分及少量杂质元素。成分谱种类很多，有光谱（包括紫外光谱、红外光谱、荧光光谱、激光拉曼光谱等）、色谱（包括气相色谱、液相色谱、凝胶色谱等）、热谱（包括差热分析，差示扫描量热分析、热重分析等），还有原子吸收光谱、质谱等。上述谱分析的信息来源于整个样品，是统计性信息。与此不同的是用于表面分析的能谱和探针，前者有 X 射线光电子能谱、俄歇电子能谱等；后者包括电子探针、原子探针、离子探针、激光探针等。另有一类谱分析是基于材料受激发的发射谱与具体缺陷附近的原子排列状态密切相关的原理而设计的，如核磁共振谱、电子自旋共振谱、穆斯堡尔谱等。

随着科学技术的不断进步，新的试验方法和测试手段不断丰富，新型仪器设备不断出现，这为材料的分析测试工作提供了强有力的物质支撑。但每种分析方法或检测技术都是针对特定研究内容的，并有一定的适用范围和局限性。因此，在材料研究中必须根据具体问题的研究内容和研究目的，选择合适的方法和手段，必要时要采用多种方法进行综合分析来确定影响材料性能的各种因素。目前仪器设备的发展趋势是多种分析功能的组合，这使人们能在同一台仪器上进行形貌、微区成分和晶体结构等多种微观组织结构信息的同位分析。

2 光学显微分析

光学显微分析是指利用可见光对材料的显微结构进行观察和分析。光学显微分析技术是人类打开微观物质世界的第一把钥匙，它主要包括研究透明矿物的偏光显微镜薄片研究法和研究不透明矿物的反光显微镜光片研究法。本章首先针对偏光显微镜，介绍透射偏光研究的晶体光学基础，偏光显微镜的构造、调节和使用，偏光显微镜试样的制备方法，重点介绍矿物在平行偏光条件下和聚敛偏光条件下的光学性质。在此基础上，简单介绍反光显微镜的构造、调节和使用，反光显微镜试样的制备方法及反射光下矿物的光学性质。

2.1 晶体光学基础

晶体光学是研究矿物晶体光学性质的科学。它主要研究光通过固体物质或自这些物质表面反射时所发生的折射、反射、偏振和干涉等现象，总结出这些现象的规律并运用这些规律去分析和鉴定矿物。晶体光学具有丰富而完整的理论体系，并已经广泛地运用在很多科学研究的实际工作中。

2.1.1 可见光的一般知识

2.1.1.1 可见光的物理常识

光是键合电子在原子核外电子能级之间激发跃迁产生的自发能量变化，导致发射或吸收辐射能的一种状态。光具有波动性与微粒性的双重特性，即波粒二象性。在麦克斯韦电磁理论中，认为光是叠加的振荡电磁场承载着能量以连续波的形式通过空间；量子力学理论认为光能量是由一束具有极小能量的微粒（即"光子"）不连续地输送着。由于光学显微分析所观察到的光与物质的相互作用效应在特性上像波，所以利用光的波动学说来解决晶体光学问题。

光波的传播是一种以发光体为中心，向四周传播的简谐振动和直线运动相结合的正弦运动，属于横波，在真空中的传播速度约为 $3×10^8 m/s$。可见光是整个电磁波谱中波长范围很窄的一段，其波长为 390~770nm。这一小波段电磁波能引起视觉，故称为可见光波。波长小于 390nm 的紫外线、X 射线、γ 射线及波长大于 770nm 的红外线、无线电波均是不可见的。不同波长的可见光波作用在人的视网膜上产生的视觉不一样，因而产生各种不同的色彩。波长由大变小时，相应的颜色由红经橙、黄、绿、蓝、靛连续过渡到紫，如图 2-1所示（由于不同文献相关数据不尽相同，且某些波谱范围部分重叠，如 γ 射线与 X 射线，所以不同波谱区波长上下限并非十分确定的值）。不同颜色可见光之间有互补关系，各色光按一定比例混合成白光。

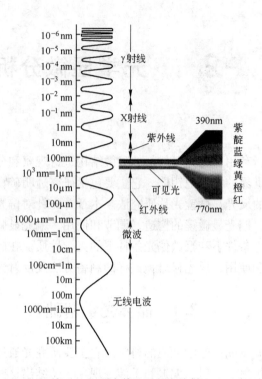

图 2-1　电磁波谱及可见光波谱

2.1.1.2　光线的折射和折射率

光从一种介质传到另一种介质时，在两介质的分界面上将会产生反射和折射现象，发生折射时，入射线、折射线、界面法线在同一平面内。光线的折射有两种情况：

（1）光线从传播速度较快的光疏介质射入传播速度较慢的光密介质时（图 2-2），折射光线的折射角 γ（折射线 b 与折射面 AB 法线 N 的夹角）小于其入射角 i（入射线 a 与折射面 AB 法线 N 的夹角），光波在入射介质中的波速与折射介质中的波速之比等于相应的入射角正弦与折射角正弦比，此比值称为折射介质对入射介质的相对折射率，用 N 表示，对两固定介质来说此比值是常数。有：

$$\frac{V_i}{V_\gamma}=\frac{\sin i}{\sin \gamma}=N \qquad (2\text{-}1)$$

式中，V_i 为光在入射介质中的传播速度；V_γ 为光在折射介质中的传播速度。

在使用真空或空气（因为空气对真空的相对折射率近于 1）作为入射介质时，N 为折射介质的绝对折射率，简称某介质的折射率。由于光线在真空中的传播速度最快，故自然界一切物质的绝对折射率均大于 1。

（2）当光线从光密介质射入光疏介质时，由于入射介质的光速小，故折射角 γ 大于入射角 i，当入射角达到某一临界值时会发生全反射现象。

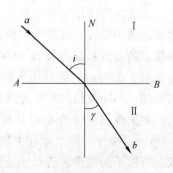

图 2-2　光的折射

2.1.1.3 自然光和偏振光

光是光源中大量分子或原子辐射出来的电磁波的混合波，由于分子或原子运动的复杂性使光源中的每一个分子或原子在某一瞬间的运动状态各不相同，所以发出的光波振动方向也各不相同。人们把从实际光源发出的原始普通光波称为自然光，如太阳光、火焰发出的光以及灯光。它有两个方面的特点：其一，光波的振动方向垂直于其传播方向；其二，自然光在垂直于光的传播方向的平面内沿任意方向振动，各个方向的振动概率相同且振幅相等，如图 2-3（a）所示。

自然光经过某些物体的反射、折射及吸收等作用，得到只在一个固定方向振动的光波，这种光波被称为偏振光，简称偏光，如图 2-3（b）。偏光振动方向与传播方向所构成的面称为振动面，振动面呈平面的偏光称为平面偏光，平行于传播方向而与振动面垂直的面称为偏光面。在偏光显微镜上装有两个可产生平面偏光的偏光镜，自然光通过偏光镜后即变成平面偏光。

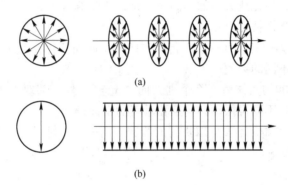

图 2-3　自然光和偏振光振动特点
（a）自然光；（b）偏振光

2.1.2　光性均质体和光性非均质体

光在不同的物质中传播时所产生的光学现象是不同的，根据光波在物质中的传播情况可以将自然界中的固相物质分为光性均质体和光性非均质体两大类。

2.1.2.1 光性均质体

光性均质体（简称均质体）就是在光学性质上显示各向同性的物体。一切非晶质体，对称性极高的立方（等轴）晶系的晶体属于光性均质体。其光性特点有：

（1）光波在均质体中的传播速度不因传播方向的变化而变化，即折射率在各个方向都是相等的，一定物质只有一个折射率值。

（2）光波进入均质体后不改变其固有的振动性质。即自然光入射后仍为任意方向振动的自然光，而不会成为偏振光；偏振光入射后仍为偏振光，且振动方向不改变。

（3）光波在均质体中传播严格地遵守折射定律。

2.1.2.2 光性非均质体

光性非均质体（简称非均质体）就是在光学性质上显示各向异性的物体。光线由均质体介质射入非均质体介质时将发生双折射，一条光线分解成两条传播速度不同且振动方向互相垂直的平面偏光。由于两条平面偏光的传播速度不等，也就是具有不同的折射率，两偏光的折射率之差称为双折射率。但当光沿着非均质体的某些特殊的方向传播时（如沿中级晶族晶体的 c 轴方向），将不会发生双折射现象，这种特殊方向称为光轴。自然光沿此方向透过晶体时既不发生双折射现象也不改变光的固有振动性质。

中级晶族和低级晶族的晶体属于光性非均质体，中级晶族的晶体有一根光轴，称为一轴晶；低级晶族的晶体有两根光轴，称为二轴晶。

对于中级晶族的晶体来说，双折射现象产生的偏光，其中一条偏光的振动方向永远与光轴垂直，且各个方向折射率值相等，称为常光，一般用符号"o"表示，其折射率称为常光折射率，用 N_o 表示；另一条偏光的振动方向在由光轴和入射线传播方向构成的平面内，其折射率的值随传播方向的变化而改变，称为非常光，用符号"e"表示，其折射率称为非常光折射率，用 N_e 表示。对于低级晶族的晶体，双折射现象产生的偏光的折射率大小及振动方向均随入射光线方向的不同而变化，皆为非常光。

光性非均质体的光性特点有：

（1）光在非均质体中的传播速度随传播方向的不同而变化，即非均质体的折射率是随测定方向的不同而有不同的数值。

（2）自然光射入非均质体后，除个别方向（光轴）外，都要发生双折射，一条光线分解成为两条传播速度不同且振动方向互相垂直的平面偏光。

（3）一切非均质体都有不发生双折射的特殊方向——光轴。

2.1.3　光率体

晶体的光学性质比较复杂，而且大多数晶体的光学性质随测试方向的不同而变化。为了更好地了解这些性质与方向之间的关系，人们在实验的基础上引用一些具有不同物理意义的辅助曲面，借以帮助说明这些现象及其变化规律。光率体就是在晶体光学性质的研究中经常用到的一种空间曲面图形。

所谓光率体就是表示光波在晶体中传播时，光波的振动方向与相应折射率值之间关系的一种光性指示体。光率体中折射率的值是在光波的振动方向上以一定长度的线段表示出来的。具体做法是：设想自晶体的中心起，沿光波的各个振动方向，按比例截取相应的折射率值，再把各个线段的端点联结起来，便构成了光率体。

光率体是从具体物质中抽象得出的立体概念，它不仅能反映各类晶体光性中最本质的特征——光波的振动方向与折射率值之间的关系，而且形状简单，应用方便，故成为在偏光显微镜下研究和解释晶体光学性质的重要依据。由于各族晶体的光性特点不同，其光率体的形态及在晶体中的方位也不尽相同。

2.1.3.1　光性均质体光率体

如前所述，光在均质体中的传播速度和相应折射率值不因传播方向的变化而变化，即只有一个折射率，因此均质体光率体为圆球体（图2-4）。在这类物质的光率体中，

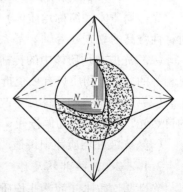

图 2-4　光性均质体的光率体

不管光线从哪个方向射入，垂直光线入射方向并通过光率体中心所作的截面均为圆形，圆半径的长短即代表折射率值，而圆半径的各个方向即表示光波振动方向。

2.1.3.2　光性非均质体光率体

A　一轴晶光率体

一轴晶指的是属于中级晶族各个晶系（即三方、正方（四方）和六方）的晶体，该类晶体的水平结晶轴（a、b）单位相等，其水平方向上的光学性质相同。因此，一轴晶光率体为以 c 轴为旋转轴的旋转椭球体（二轴椭球体）。一轴晶光率体可分为一轴晶正光性光率体和一轴晶负光性光率体，一轴晶正光性光率体是一个拉长了的旋转椭球体；一轴晶负光性光率体是一个压扁了的旋转椭球体。光性正负可以作为鉴定矿物的依据。

石英晶体的光率体属于一轴晶正光性光率体，当光线垂直于晶体的 c 轴方向入射时，发生双折射，产生两条速度各异，振动面互相垂直的偏光。其中一条为常光，其振动方向垂直于 c 轴，折射率以 N_o 表示，$N_o = 1.544$；另一条为非常光，振动方向位于由 c 轴和入射线所构成的平面内，此时（光线垂直于晶体的 c 轴方向入射时）振动方向恰好平行于 c 轴，折射率以 N_e 表示，$N_e = 1.553$。在平行于 c 轴的方向上以一定比例截取 $N_e = 1.553$，在垂直于 c 轴的方向上以同一比例截取 $N_o = 1.544$，以此两线段为长短半径可以构成一个垂直于入射光线的椭圆切面（图 2-5（a））。对垂直于 c 轴的其他任何方向射入的光线均可构成同样的椭圆切面。当光线平行于 c 轴入射时，不发生双折射，折射线为在各个方向振动的常光，其折射率值 $N_o = 1.544$，可作出一个以 N_o 为半径的圆切面。将这一系列椭圆和圆切面按照它们原来的空间位置连接起来，便构成了一个以 c 轴为旋转轴的长形旋转椭球体，这就是石英的光率体（图 2-5（b）），c 轴即对应于光率体的光轴。

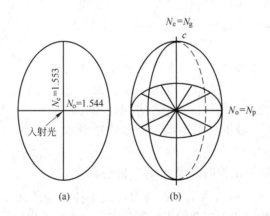

图 2-5　一轴晶正光性光率体

这种光率体的特点是旋转轴（光轴）为长轴，沿长轴方向振动的非常光的折射率总是比垂直于光轴方向振动的常光的折射率要大一些，即 $N_e > N_o$，这种光率体称为一轴晶正光性光率体。

方解石晶体的光率体属于一轴晶负光性光率体，当光线垂直于晶体的 c 轴（光轴）方向入射时，发生双折射，产生两条偏光的折射率值分别为 $N_o = 1.658$，$N_e = 1.486$。当光线平行于 c 轴入射时，不发生双折射，只有一个折射率值 $N_o = 1.658$。依照上述方法作出的

光率体是一个以 c 轴为旋转轴的扁形旋转椭球体（图2-6）。这种光率体的形态特点正好与前者相反，旋转轴（光轴）为短轴，沿光轴方向振动的非常光的折射率总是比垂直于光轴方向振动的常光的折射率要小一些，即 $N_e<N_o$，这种光率体称为一轴晶负光性光率体。

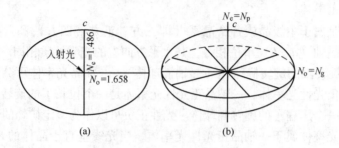

图 2-6　一轴晶负光性光率体

　　在一轴晶光率体中，无论正光性光率体还是负光性光率体，其旋转轴永远为 N_e，水平轴永远为 N_o。N_e 和 N_o 是一轴晶的两个主折射率，分别代表一轴晶折射率的最大值和最小值。如果以 N_g 表示最大折射率值，以 N_p 表示最小折射率值，当 $N_e=N_g$，$N_o=N_p$ 时，晶体为正光性（图2-5）；当 $N_o=N_g$，$N_e=N_p$ 时，晶体为负光性（图2-6）。N_o 和 N_e 之间的差值称为一轴晶的最大双折射率。

　　一轴晶光率体在晶体薄片的显微镜研究中具有很大的实际意义，它能明确地显示出光的传播方向、振动方向和相应的折射率值之间的关系。不同方向光线射入一轴晶后产生的光线及其相应折射率的值可根据垂直于入射光线并通过光率体中心切面半径的方向及长短表示（图2-7）。经常遇到的有三种情况：

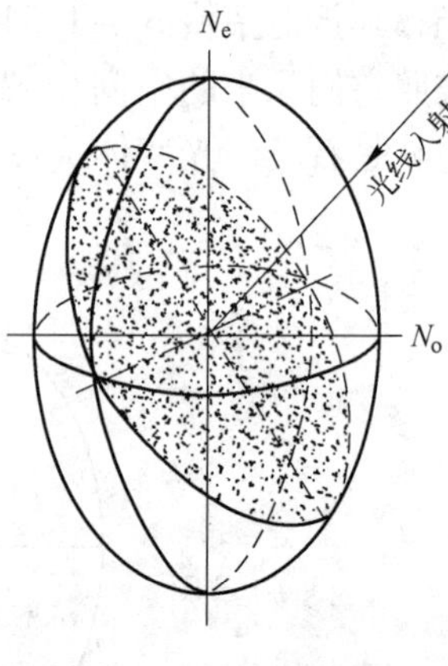

　　（1）当入射光平行光轴时，垂直入射光线并通过光率体中心的光率体切面为圆，此时不发生双折射，也不改变光的振动性质。振动方向为圆的任意半径方向，相应的折射率值为圆的半径 N_o，双折射率为零。一轴晶光率体只有一个这样的圆切面。

图 2-7　一轴晶光率体的应用

　　（2）当入射光垂直于光轴时，要发生双折射现象，一条光线分解成两条偏光。垂直入射光线并通过光率体中心的光率体切面是一椭圆，其长、短半径的方向为发生双折射后两偏光的振动方向，半径的长短代表了相应折射率的值 N_o 和 N_e 的大小。两半径之差为一轴晶的最大双折射率。由于这种椭圆切面包含了一轴晶的两个主折射率 N_o 和 N_e，故称为主切面。

　　（3）当入射光斜交于光轴时，同样要发生双折射现象，垂直于入射光线并通过光率体中心的光率体切面还是一椭圆。椭圆的长、短半径的方向同样为发生双折射后两偏光的振动方向，半径的长短亦代表了相应折射率值。椭圆半径的长短分别为 N_o 和 N_e'，其中 N_e' 大小介于 N_o 和 N_e 之间。也就是说，常光的折射率值不变，而非常光的折射率值是个变量，它会随着入射光线方向的变化而变化。当椭圆切面与光轴之间的夹角越小，N_e' 越接

近 N_e；反之，当椭圆切面与光轴之间的夹角越大，N'_e 越接近 N_o。

B 二轴晶光率体

二轴晶是指属于低级晶族各晶系（即斜方（正交）、单斜、三斜）的晶体，这类晶体的对称性比中级晶族低，晶体的三个结晶轴（a、b、c）单位不等，表明晶体在三维空间的不均一性，所以二轴晶光率体的对称性比一轴晶光率体低。二轴晶光率体为三轴椭球体，三个互相垂直的轴代表了二轴晶的三个主要光学方向，称为光学主轴（简称主轴），对应的折射率从大到小分别以 N_g、N_m、N_p 表示，所有二轴晶矿物都有 N_g、N_m、N_p 三个主折射率，以 N_g、N_m、N_p 为主轴的三轴椭球体是二轴晶光率体的主要特征。

斜方晶系的镁橄榄石晶体光率体属于二轴晶光率体，如图 2-8 所示，当光线沿镁橄榄石的 c 轴方向射入时发生双折射，两偏光之一的振动方向平行 a 轴，折射率为 1.670，另一振动方向平行 b 轴的偏光的折射率为 1.635，在 a 轴和 b 轴上按一定比例分别截取长度为 1.670 和 1.635 的两根线段，以它们为长短半径可作一垂直 c 轴的椭圆（图 2-8（a））。当光线沿 a 轴方向入射时，亦发生双折射，两偏光的振动方向分别平行于 b 轴和 c 轴，相应折射率分别为 1.635 和 1.651，同样构成一垂直于 a 轴的椭圆（图 2-8（b））。当光线沿 b 轴入射时，两偏光的振动方向分别平行于 a 轴和 c 轴，相应的折射率为 1.670 和 1.651，同样可以得到一个垂直于 b 轴方向的椭圆（图 2-8（c））。最后将上述三个椭圆按同名轴重合的方式在空间相互套接起来，便构成一个有三条主轴的椭球体，对应的主折射率分别为 N_g = 1.670、N_m = 1.651、N_p = 1.635，这就是镁橄榄石的光率体——三轴椭球体（图 2-8（d））。

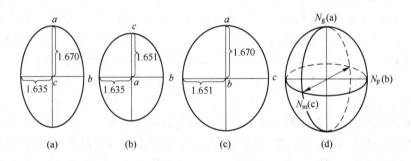

图 2-8 二轴晶光率体的构成

包括两个主轴的光率体切面，称为光率体的主切面，二轴晶光率体共有互相垂直，分别以 N_g、N_m，N_m、N_p，N_g、N_p 为半径的三个椭圆形主切面。其中垂直 N_m，以 N_g 和 N_p 为半径的主切面是二轴晶光率体中最大双折射率的主切面。在该切面由 N_g 至 N_p 的曲线上总可以找到一个点，该点至光率体中心的距离在数值上等于 N_m 的值，由该点并通过光率体中心且包含 N_m 轴的切面必然是一个以 N_m 为半径的圆切面，当光波垂直于这个圆切面入射时，只有一个折射率 N_m，不发生双折射，此方向为二轴晶光轴方向（图 2-9（a））。不难理解，在三轴椭球体中共有两个这样的圆切面，也就有两根光轴，故称为二轴晶。两根光轴均包含在以 N_g 和 N_p 为半径的主切面内，称此主切面为光轴面。通过光率体中心且垂直于光轴面的方向称为光学法线（与光率体的 N_m 主轴一致）。光轴面上两根光轴之间的夹角称为光轴角。光轴角有锐角和钝角之分，锐角以符号 2V 表示，钝角以符号 2E 表示，通常以两光轴的锐角代表矿物的光轴角。锐角之间的角平分线称为锐角平分线，以符号 B_{xa} 表示；钝角之间的角平分线称为钝角平分线，以符号 B_{xo} 表示，两者均包含在光轴面上（图2-9（b））。

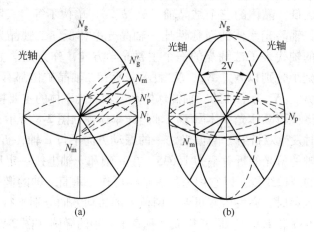

图 2-9　二轴晶光率体的圆切面和光轴

二轴晶光率体也有正负之分。光性的正负取决于 N_g、N_m、N_p 三个主折射率的相对大小：

当 $N_g-N_m>N_m-N_p$ 时，光率体的圆切面靠近主轴 N_p，光轴的锐角平分线 B_{xa} 与 N_g 重合，称为二轴晶正光性光率体（图2-10（a））；当 $N_g-N_m<N_m-N_p$ 时，光率体的圆切面靠近主轴 N_g，光轴的锐角平分线 B_{xa} 与 N_p 重合，称为二轴晶负光性光率体（图2-10（b））。

综上所述，可以看到当二轴晶的光轴角 $2V=0$ 时，则两光轴重合，两圆切面与主切面 N_mN_p（正光性）和 N_gN_m（负光性）重合，即主切面变成圆切面，此时得到一轴晶光率体。所以，从这个意义上讲，一轴晶光率体是二轴晶光率体当 $2V=0$ 时的一种特殊情况。同样，也可将均质体光率体看作是一轴晶光率体当 $N_g-N_p=0$ 时的特殊情况。由此，可以清楚地看到由物理量的渐变导致晶体光学性质质变的具体过程。

当光线射入到二轴晶上时，除特殊方向外一般均要发生双折射，产生的两偏光的振动方向及相应的折射率值取决于光线的入射方向，可以用垂直入射光线并通过光率体中心切面的半径方向及长短表示，有四种情况：

（1）当光线沿光轴方向射入时，垂直于入射光线并通过光率体中心的切面为圆，此时不发生双折射，不改变光的振动性质，振动方向为圆的任意半径方向，折射率为 N_m，双折射率为 0。

（2）当光线沿光学法线 N_m 方向射入时，垂直于入射光线的光率体切面为光轴面，双折射产生两偏光的折射率对应于椭圆的长短半径，分别为 N_g 和 N_p，此时具有最大双折射率 N_g-N_p。两偏光的振动方向分别平行于 N_p 和 N_g 轴方向。

（3）当光线沿着 N_g 轴或 N_p 轴之一方向入射时，光率体的切面均为椭圆，折射率分别为 N_m、N_p 或 N_g、N_m，双折射率介于 0 和 N_g-N_p 之间。两偏光的振动方向为对应椭圆长短半径的方向。

（4）当光线沿其余任意方向射入时，切面仍为椭圆，折射率值分别用 N_g'（介于 N_g 和

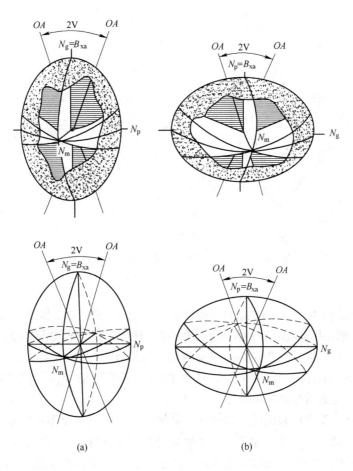

图 2-10 二轴晶正光性和负光性光率体

（a）正光性；（b）负光性

N_m 之间）和 N_p'（介于 N_m 和 N_p 之间）表示，双折射率亦介于 0 和 N_g-N_p 之间。两偏光的振动方向同样为对应椭圆长短半径的方向。

2.1.4 光性方位

光率体的主轴与晶面、结晶轴以及晶棱之间的关系称为光性方位。各晶系晶体的光性方位是不同的，而同一晶体的光性方位基本固定，因此确定光性方位可以帮助我们鉴定矿物。

均质体矿物的光率体为圆球体，光性方位没有意义。主要讨论的是非均质体一轴晶和二轴晶矿物的光性方位，二轴晶矿物的光性方位更为重要。

一轴晶包括中级晶族三个晶系的矿物，其光率体为旋转椭球体，旋转轴为一轴晶的光轴。一轴晶矿物的光性方位是光率体的光轴与晶体的 c 轴一致，即和晶体的高次对称轴重合。图 2-11 分别表示出一轴晶正光性石英和负光性方解石的光性方位。

二轴晶光率体为三轴椭球体，由于二轴晶矿物晶体不同晶系的对称性特点不同，故二轴晶矿物光性方位应分晶系来讨论。

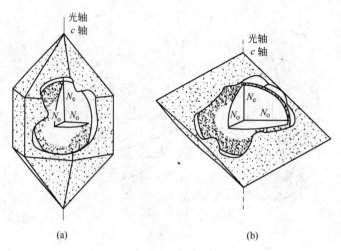

图 2-11　一轴晶矿物石英和方解石的光性方位
（a）石英；（b）方解石

斜方晶系矿物晶体与光率体的对称特点相似，光性方位是矿物晶体三根结晶轴与光率体三轴椭球体的三主轴互相重合，至于哪一根主轴与哪一根结晶轴重合，因晶体的不同而不同。

单斜晶系矿物光性方位是光率体三主轴之一与晶体的二次对称轴（b 轴）重合，光率体另外两个主轴与晶体另两晶轴斜交，其交角因矿物而不同，对同种晶体则是一固定值，这是单斜晶系矿物的重要鉴定特征之一。

三斜晶系晶体没有轴和面的对称要素，晶体定向时是以三个不在同平面内晶棱或顶角连线作为三根晶轴的，轴角不固定，而光率体仍为三轴椭球体，三主轴互相垂直。因此三斜晶系矿物的光性方位是三晶轴与光率体三主轴斜交。交角因矿物而不同，同种矿物的光性方位是固定的。

2.2　偏光显微镜及薄片的制备

偏光显微镜是进行晶体光学性质研究的重要仪器之一，其光学原理与普通显微镜相同。但是偏光显微镜具有使自然光转化为偏振光的装置以及配合偏光观察而附设的其他光学器件，所以它除了具有普通显微镜所具有的各种性能之外，还有鉴别光性均质体与非均质体、观察非均质体的各种光学效应以及测定晶体光学常数等方面的功能。因此在构造上也比普通显微镜复杂一些。

2.2.1　偏光显微镜的构造

图 2-12 为我国某公司生产的 LW300LPT 偏光显微镜的基本构造示意图，其主要由以下几部分构成。

2.2.1.1　机械部分

机械部分主要包括：镜座、镜筒、调焦手轮、载物台、物镜转换器等。镜座位于镜体的下部，比较沉重，用以承载显微镜的全部重量并保证其放置的稳定性。镜筒是一圆形金属筒，内置上偏光镜、勃氏镜，并带有可插入补偿器的试板孔。调焦手轮主要是完成调焦工作，分为粗动调焦手轮和微动调焦手轮，使载物台作不同幅度的上升或下降。载物台是一圆形平台，用以承载试样薄片或安装其他附属光学设备或机械设备，多为中心旋转式载物台，可绕显微镜中心轴水平旋转360°，边缘有刻度（0~360°），附有游标尺使读出的刻度更精确，并有固定螺钉用来固定载物台；物台中心开有圆孔用以通过来自下部的光线；上有弹簧夹，用来夹持薄片。物镜转换器可以在使用时转换不同倍数的物镜。

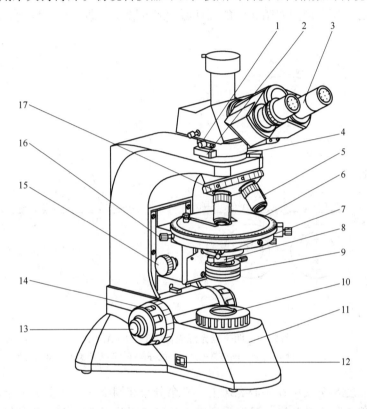

图 2-12　LW300LPT 偏光显微镜基本构造示意图

1—勃氏镜；2—上偏光镜；3—目镜；4—试板孔；5—物镜；6—载物台；7—孔径光阑；
8—聚光镜；9—下偏光镜；10—光源；11—镜座；12—电源开关；13—微动调焦手轮；
14—粗动调焦手轮；15—聚光镜升降手轮；16—载物台调中螺钉；17—物镜转换器

2.2.1.2　光学部分

A　物镜

物镜安装在物镜转换器上，它是由一组装在筒形镜框内的透镜组成，透镜的曲率组合决定了其放大倍数。其作用是利用透过被检物体的光线形成被检物体的第一次放大实像。

组成物镜的透镜存在透镜球像差缺陷和透镜色像差缺陷，透镜球像差缺陷是指单色光透过双凸透镜经折射会焦时，透镜的边缘部分和中央部分的光线会聚不在同一点上的现象；透镜色像差缺陷是指白光透过透镜时，由于各单色光折射率不等，经透镜折射各色光不会聚在一点上的现象。根据对透镜缺陷校正程度的不同，可以制成不同性能及用途的物镜，如消色差物镜，复消色差物镜、平像物镜等。

a 物镜的分辨率

物镜的分辨率是物镜重要的性能指标，是指物镜分辨物体上细微特征的本领，具体来说就是能够分开两点之间的最短距离。显微镜的分辨率取决于物镜的分辨率，而与目镜无关。

由于光的波动性，使得物点发出的光经玻璃透镜成像时，光波将发生相互干涉作用，产生衍射效应。这样，一个理想的物点在像平面上形成的不再是一个像点，而是一个具有一定尺寸的中心亮斑和周围明暗相间的圆环所构成的圆斑，即 Airy（埃利）斑，如图 2-13 所示。

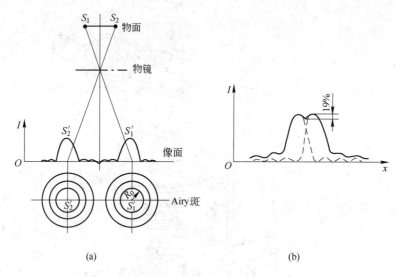

图 2-13 两个点光源成像时形成的 Airy 斑

（a）Airy 斑；（b）两个 Airy 斑靠近到刚好能分得开的临界距离时强度的叠加

Airy 斑的强度 84% 集中在中心亮斑上，其余分布在周围的亮环上。由于周围亮环的强度比较低，一般肉眼不易分辨，只能看到中心亮斑，因此通常以 Airy 斑的第一个暗环的半径来衡量其大小。根据衍射理论推导，点光源通过透镜产生的 Airy 斑半径 R_0 的表达式为：

$$R_0 = \frac{0.61\lambda}{N \cdot \sin\alpha} M \tag{2-2}$$

式中，λ 为所用照明光波的波长，约为 $400 \sim 700\text{nm}$，用白光观察时取 500nm；N 为透镜与被检物体之间介质的折射率；α 为透镜的光孔角（或称孔径半角），为准焦后透镜最边缘的折射线与透镜光轴之间所成的角度（图 2-14）；M 为透镜的放大倍数。

当有两个物点通过透镜成像时，在像平面上会形成两个 Airy 斑，如果两个物点相距较远时，两个 Airy 斑各自分开（图 2-13（a））；当两个物点逐渐靠拢时，两个 Airy 斑也会相互靠近，直至发生部分重叠。当两个 Airy 斑相互靠近至它们中心之

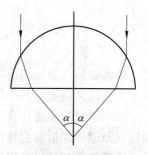

图 2-14 透镜的光孔角

间的距离等于 Airy 斑的半径时，在两个 Airy 斑的强度叠加曲线上，两个最强峰之间的峰

谷的强度降低了 19%，此时人的肉眼仍能分辨出是两个物点的像（图 2-13（b））。如果两个 Airy 斑进一步相互靠近，强度重叠，人眼就分不清是两个物点。因此，通常将两个 Airy 斑的中心间距等于 Airy 斑半径时，物平面上相应的两个物点的间距定义为透镜能分辨的最小间距，即透镜的分辨率，通常用 r_0 表示：

$$r_0 = \frac{R_0}{M} \tag{2-3}$$

因此，物镜的分辨率可以表示为：

$$r_0 = \frac{0.61\lambda}{N \cdot \sin\alpha} = \frac{0.61\lambda}{N \cdot A} \tag{2-4}$$

此时，N 表示物镜前透镜与被检物体之间介质的折射率；α 为准焦后物镜前透镜最边缘的折射线与物镜光轴之间所成的角度。公式中，$N \cdot \sin\alpha$ 常称为物镜的数值孔径，一般用 $N \cdot A$ 表示。

可见物镜的分辨率是由物镜的数值孔径与照明光源的波长两个因素决定的。数值孔径值越大，照明光源波长越短，则 r_0 值越小，分辨率就越高。因此，要提高显微镜的分辨率，可采取以下措施：

（1）降低波长 λ 值，使用短波长光源。

（2）增大观察试样与物镜前透镜间介质折射率 N 的值，以提高数值孔径，如常将油浸物镜浸没在 $N>1$ 的浸油中进行研究。

（3）增大孔径半角 α 以提高数值孔径。

当采用普通油浸物镜（$N \approx 1.5$）时，α 可增加至 70°~75°，用可见光中波长最短的紫光照明（$\lambda \approx 400\mathrm{nm}$），$r_0$ 约为 200nm，此值为光学显微镜的极限分辨率。

b 物镜的主要参数

物镜上通常标有数值孔径、放大倍数、镜筒长度、工作距离等主要参数。例如：10/0.30；160/0.17；WD 0.15。其中 10 和 0.30 分别表示物镜放大倍数和数值孔径；160 和 0.17 分别表示镜筒长度和所需盖玻片厚度（mm）（∞ 表示无限远筒长），WD 0.15 表示自由工作距离。

显微镜准焦后，物镜前透镜至试样表面的距离称为物镜的自由工作距离。自由工作距离的大小与物镜的数值孔径有关，数值孔径越大，自由工作距离越短。

长期以来，受到理论衍射极限的限制，光学显微镜的极限分辨率为 200nm，人眼的分辨本领约为 0.2mm，因此常规光学显微镜让人眼能分辨的放大倍数是 1000 倍，这个放大倍数称为有效放大倍数。目前，传统光学显微镜的衍射极限已经被突破，光学显微镜的分辨率由亚微米级进入纳米级。

B 目镜

图 2-12 所示的显微镜为三目显微镜，上端可连接摄像装置或数码相机，采用铰链式双目镜筒，倾斜角度为 30°，内插两个 10 倍目镜。

目镜是由一组透镜按光学要求嵌在圆形金属筒内构成的。目镜的作用是将物镜放大的实像再次放大，不增加分辨率。目镜镜筒上面一般标有放大倍数，可根据需要选用。目镜中可放置十字丝、分度尺等。目镜镜筒内所能见到的圆形明亮部分称为显微镜的视域（简称视域），视域的亮度与显微镜的放大倍数成反比。显微镜的放大倍数为目镜的放大倍数与物镜的放大倍数的乘积。

对于物镜已经分辨清楚的细微结构，假如没有经过目镜的再放大，达不到人眼所能分辨的大小，那就看不清楚，但物镜所不能分辨的细微结构，虽然经过高倍目镜的再放大，也还是看不清楚，所以目镜只能起放大的作用，不会提高显微镜的分辨率。有时虽然物镜能分辨开两个靠得很近的物点，但由于这两个物点通过目镜所成的像之间的距离小于眼睛的分辨距离，还是无法看清。所以，目镜和物镜既相互联系，又彼此制约。

C　光源

该显微镜自备光源，采用钨卤素灯照明，亮度可调。通过集光器将边缘光线收集到镜头中，在钨丝灯的白炽光中均含有部分红橙色光成分，妨碍某些光学性质的观察和测定，因此可通过加一深度适中的蓝色滤光片，吸去其中多余的红橙色光使通过滤光片的光成为纯白光。

D　下偏光镜

下偏光镜也称起偏镜，光源发出的光通过它后成为振动方向一定的偏振光，通常用 PP 代表下偏光镜的振动方向。下偏光镜可以转动，用以调节产生的偏振光的振动方向。

E　聚光镜

聚光镜位于下偏光镜之上。偏光显微镜上一般均有两个聚光镜：下部为长焦距透镜，目的是稍收敛入射光线使之近于平行，提高显微镜的照明光亮；上部有一个可以从光路系统中移出的焦距短的拉索透镜（以下称拉索聚光镜），用以把产生的平行偏光聚敛成锥光，与高倍物镜、勃氏镜配合使用时研究矿物在聚敛偏光下的光学性质。

F　孔径光阑

孔径光阑位于聚光镜之上。当进入光路系统中的光束过大或过小时会影响图像的清晰度，可以通过调整孔径光阑改变入射光束大小，控制进入视域的光量，保证图像的清晰度。

G　上偏光镜

上偏光镜也称检偏镜或分析镜，位于载物台上方镜筒内。构造和作用与下偏光镜相同，可以从光路系统中移出。上偏光镜的振动方向一般用 AA 表示，要求其应与下偏光镜的振动方向 PP 垂直。

H　勃氏镜

勃氏镜位于目镜与上偏光镜之间，相当于一个放大镜，用于放大干涉图像，使其看得更清楚。与高倍物镜和拉索聚光镜配合使用时，研究矿物在聚敛偏光下的光学性质。勃氏镜可以从光路系统中移出。

除了上述一些主要的部件外，偏光显微镜还有一些其他附件，如用于定量分析的物台微尺、机械台等，用于晶体光学鉴定的石膏试板、云母试板和石英楔等。

2.2.2　偏光显微镜的调节和校正

2.2.2.1　装卸和调节

A　安装镜头

（1）装目镜。如有不同放大倍数的目镜可供选择，将选好倍数的目镜插入镜筒上端，偏光显微镜观察用的是带有十字丝的目镜，安装时应转动目镜使十字丝固定在视域的东西及南北方向。

（2）选择物镜。根据试样组成矿物的颗粒大小、显微结构特点及要求，通过物镜转换器将适合放大倍数的物镜转到镜筒正下端。当待观察的颗粒较粗时，一般选用低倍或中倍物镜，当组成矿物细小或研究细微显微结构时，则用高倍物镜甚至油浸物镜。

B 对光

打开电源开关，推出上偏光镜与勃氏镜，打开孔径光阑，调整光源亮度调节旋钮（图2-12中未标注）直至视域最亮为止，这一工作称为对光。光线的强弱可通过孔径光阑调节。

C 准焦

调节焦距主要是为了使物像清晰可见，其步骤如下：

（1）将欲观察的薄片置于载物台上，使盖玻片朝上，并将其用弹簧夹压紧在载物台上。

（2）旋转粗动调焦手轮，从侧面看着物镜，将载物台上升（或镜筒下降）到物镜几乎与薄片接触为止。

（3）从目镜中观察，转动粗动调焦手轮使载物台缓缓下降（或镜筒缓缓上升），直至视域中看到物像，然后转动微动调焦手轮使物像清晰为止。

这一工作即为显微镜的准焦。应当注意，物镜与薄片之间的工作距离因放大倍数的不同而不同，低倍物镜工作距离长，高倍物镜工作距离短，所以高倍物镜准焦时切忌只看目镜中的视域，这样最容易压碎薄片而使镜头损坏。

2.2.2.2 校正

A 物镜（物台）中心校正

在偏光显微镜使用时要求显微镜物镜的中心光轴应与载物台的机械旋转轴相一致，这样，视域中被观察的对象才不至于在旋转物台时偏离原来位置，甚至跑到视域之外，给鉴定工作带来不便。因此，偏光显微镜在使用前应进行中心校正，使物镜的中心光轴与载物台的旋转轴处在同一直线上。中心校正的具体步骤如下：

（1）准焦后，在视域中任选一个小黑点（参考点）置于十字丝中心，如图2-15（a）所示。旋转物台360°，若在旋转物台过程中小黑点在十字丝中心始终不动，则表明物镜光轴与载物台旋转轴重合，满足使用要求；若在物台旋转过程中小黑点离开十字丝中心甚至跑到视域之外，则表明中心不正（称为偏心），这时小黑点会围绕偏心圆圆心 o 点做圆周运动，如图2-15（b）所示。

（2）若偏心不大时，转动物台小黑点始终在视域内，这时可将小黑点由十字丝中心旋转180°至图2-15（c）所示的 a 点处。

（3）调节物镜转换器侧面的物镜中心校正螺钉（移动物镜中轴）或载物台调中螺钉（移动载物台旋转轴），同时双眼注视视域内的小黑点，观察其随螺钉转动时的移动方向。利用螺钉的转动，将小黑点由 a 点沿着图2-15（d）中 ao 连线方向移动至 o 点处。

（4）移动薄片，将小黑点由 o 移至十字丝中心（或重新找一个小黑点放在十字丝中心），如图2-15（e）所示。旋转物台并观察小黑点是否已在十字丝中心不转动，如图2-15（f）所示。若旋转物台时小黑点不动，表明中心已校正好；若旋转物台时，小黑点

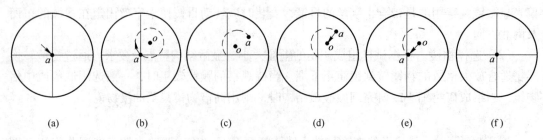

图 2-15   偏光显微镜中心校正步骤

仍离开十字丝中心，则仍需按步骤（2）、（3）继续调整，直至旋转物台时，小黑点在十字丝中心不动，中心才算校正好。

（5）若偏心很大，旋转物台时，小黑点由十字丝中心旋出视域之外，这时需根据小黑点的移动情况估计偏心圆中心点的方位。如图 2-16 所示，若偏心圆中心点方位在图中 o 点时，可将小黑点转回至十字丝中心。双眼注视视域内的小黑点的同时转动校正螺钉，使小黑点自十字丝中心向偏心圆中心点 o 反方向（图 2-16 中箭头所示方向）移动约偏心圆半径的距离。接下来移动薄片，使小黑点回到十字丝中心（或重新找一个小黑点放在十字丝中心），旋转物台，检查中心是否已经校正好，如此反复多次调整，至旋转物台时，小黑点在十字丝中心不动为止，中心校正完毕。

B   偏光镜的检验和校正

在偏光显微镜使用时要求上、下偏光镜振动方向正交并且分别与目镜十字丝平行。

（1）确定下偏光镜的振动方向。偏光显微镜有上、下两个偏光镜，LW300LPT 型偏光显微镜中上偏光镜可 360°旋转，振动方向有 0°、90°、180°和 270°四个档位，下偏光镜同样可以 360°旋转，其振动方向可根据需要调节。偏光显微镜使用前，下偏光镜的振动方向可由黑云母薄片来确定，具体步骤如下：

1）将上偏光镜推出光路。

2）将黑云母薄片置于载物台，夹好薄片，准焦。找出具有较好解理的黑云母移至视域中心。

3）旋转物台，使黑云母颜色达最深，此时黑云母解理方向即为下偏光镜的振动方向（图 2-17）。

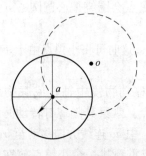

图 2-16   偏心较大时
中心校正示意图

图 2-17   下偏光振动
方向的确定

（2）上、下偏光镜振动方向正交的判断与调整。取下矿物薄片，将上偏光镜推进光路，如果视域黑暗，说明上、下偏光镜振动方向正交。若视域不黑暗，说明上、下偏光镜振动方向未正交。当两者不处于正交位置时，可转动下偏光镜进行调整。

转动下偏光镜时，先用左手将下偏光镜托住，再用右手将下偏光镜锁紧螺钉稍微放松，下偏光镜即可转动。转动下偏光镜，使视域达最暗，此时上、下偏光镜正交。随后应将下偏光镜固定螺钉旋紧以防止其脱落。

正常使用的偏光显微镜，当上下偏光镜都处于0°位置时，上下偏光的振动方向应正交，并且应平行于目镜的十字丝。当两者不处于正交位置时，通常按下列步骤可一次将偏光镜校正好。

1）将目镜十字丝放好（通常在东西、南北方向上），此时上偏光镜位于0°位置，上偏光镜振动方向平行于目镜十字丝横丝或竖丝。

2）将上偏光镜推出光路，放上薄片，使薄片中黑云母的解理平行于十字丝某一方向。转动下偏光镜，使黑云母颜色达最深，此时与目镜十字丝平行的黑云母解理方向就是下偏光的振动方向，目镜十字丝之一已平行下偏光的振动方向。

3）将上偏光镜推入光路，检查上、下偏光镜的振动方向是否正交。若取下薄片时视域最暗，说明上、下偏光镜振动方向已正交。若视域明亮，说明上下偏光镜振动方向平行，这时转动下偏光镜（或上偏光镜）90°，下偏光的振动方向必定与上偏光振动方向正交且分别与目镜十字丝平行。

2.2.3 偏光显微镜研究试样的制备

偏光显微镜的试样必须制成厚度为0.03mm的薄片，以保证试样的透明度和测得光学性质的可比性。对无机材料显微结构分析要求更精细，0.03mm厚的薄片中各物相间常相互重叠，掩盖了细小物相及细微结构特点，所以以常常要求将试样制成厚度小于0.02mm的超薄片。

制备过程中，首先按研究工作的具体要求，用切片机从试样的某个方位上切取一块厚约4~6mm的薄板，切块面积可视具体要求而定。对于多孔、软质、疏松、脆性、软硬兼杂等性质的试样应进行真空渗胶和固化处理。然后用粗金刚砂在磨片机上将薄板两面磨成互相平行厚度小于1mm的薄板。洗净后再将其中一面用从粗到细的金刚砂逐级研磨并洗净烘干，用加拿大树胶（$N=1.54$）粘贴在载玻片上，注意赶出全部气泡。粘牢固后再用从粗到细的金刚砂逐级研磨另一面，将其磨薄至0.03mm的标准厚度，洗净烘干，用加拿大树胶覆盖上盖玻片，即可得到合格的试样薄片。

超薄片的磨制工艺与薄片相似，只是对黏结剂和磨料有特殊的要求，满足这些要求，再加上细心的操作即可获得合格的超薄片。

2.3 偏光显微镜下矿物的光学性质

利用偏光显微镜系统研究透明矿物的光学性质，一般按下面三个光学系统和程序进行：单偏光、正交偏光和聚敛偏光（或称锥光）。这些不同光学系统的构成是由于运用了偏光显微镜的不同部件。单偏光时只使用下偏光镜；正交偏光同时使用上、下偏光镜，并使上、下偏光镜的振动面互相垂直；聚敛偏光则是在正交偏光的基础上加进拉索聚光镜和勃氏镜，并使用数值孔径较大的高倍物镜，在不同的光学系统下观察矿物的不同光性特征。

2.3.1 单偏光系统下矿物的光学性质

单偏光系统是指只使用下偏光镜，推出上偏光镜、勃氏镜和拉索聚光镜的光学系统，它是其他光学系统的基础。其研究内容包括：晶体形态、大小、含量、颜色、多色性、解理、轮廓、糙面、贝克线、突起、闪突起等。

2.3.1.1 晶体的形态

晶体往往具有自己的特殊外形，这主要取决于晶体的内部构造和生长的环境条件（如温度、压力、析晶顺序等）。常见的晶体形态有粒状、针状、板状、片状、柱状等。同种矿物晶体不同个体常以一定图案生长在一起构成集合体，集合体形态有颗粒状、骨架状、放射状等。了解晶体形态和发育程度有助于鉴别矿物，对了解矿物的生成条件和结晶顺序都有一定的实际意义。

在试样切片中，晶体的形状除取决于晶体本身外形及其完整程度外，还受切片方位的控制。图 2-18 表示一个晶体由于切片方位不同其截面形状的变化，从图中可以看到，截面可以是正方形，也可以是三角形、六边形、长方形或其他形状。因此，确定薄片中某一矿物晶体形态时应根据同种矿物多种切面并结合光性方位加以综合分析，才能得出晶体空间形态的正确概念。

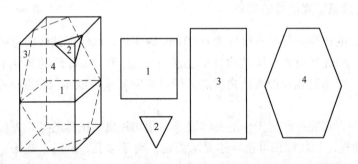

图 2-18 晶体形态与切片方位的关系

在单偏光下还可看到晶体的自形程度，根据晶体不同的形貌特征划分为自形晶、半自形晶和他形晶（图 2-19）。

自形晶：具有较完整的几何多面体外形，晶面发育完整，面平棱直，为析晶早、结晶能力强、物理化学环境适宜其生长的晶体。

半自形晶：只有部分晶面发育较好，部分晶棱为直线，其他晶面、晶棱受到其余晶体阻碍或抑制，形状不规则。半自形晶往往是析晶较晚的晶体。

他形晶：无一定晶形，晶棱和晶面形状均不规则，为析晶最晚或温度下降较快时析出的晶体。

此外，在显微镜下还经常能够见到一个大晶体包裹着个别小晶体或其他物质，称之为包裹体，如图 2-20 所示。包裹体可以是气相、液相、其他晶体或同种晶体。根据包裹的成分和形态可以分析出晶体生长时的物理化学环境，因此，包裹体成为材料晶体显微结构分析的重要依据之一。

图 2-19　晶体的自形程度
1—自形晶；2—半自形晶；3—他形晶

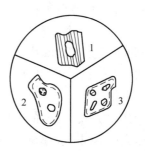

图 2-20　包裹体类型
1—单相包裹体；2—二相包裹体；3—多相包裹体

2.3.1.2　矿物的解理

矿物晶体在外力作用下沿一定方向裂开成光滑平面的性质称为矿物的解理。解理裂开的平面称为解理面；解理面与薄片平面的交线称为解理缝。根据发育的程度解理可分为三类（图 2-21）：解理缝细密直长，贯通整个颗粒的称为极完全解理；解理缝清楚，连贯性较差，较稀疏者称为完全解理，仅有断续而稀疏的解理缝痕迹者称为不完全解理。

薄片中所见的解理缝的宽窄和清晰程度，除与矿物解理的完善程度有关外，还与切片的方向、矿物的折射率与黏结剂的折射率的差值等因素有关。

具有两组或两组以上解理的矿物，解理面的夹角称为解理角。测量解理角时，必须在同时垂直两组解理面的切面上进行。这种切片的特点是两组解理缝细而清晰，当升降镜筒时，解理缝均不向两边移动。

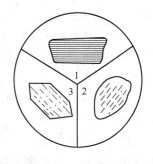

图 2-21　矿物的解理
1—极完全解理；2—完全解理；
3—不完全解理

测量解理角时按要求选择切片，先使角的一边与十字丝的横丝或竖丝平行，记下载物台读数（图 2-22（a）），旋转载物台，使角的另一边与同一根十字丝平行，再记下载物台读数（图 2-22（b）），两次读数之差即为所测角度值（一般应进行多次观测取算数平均值）。

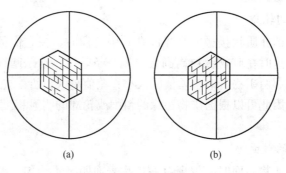

(a)　　　　　　　　　　(b)

图 2-22　解理角的测定

矿物解理的发育程度、组数、解理方向和解理角均因矿物的不同而不同，总称为矿物的解理性质，是由其内部晶格构造决定的，是鉴定矿物的重要依据。

2.3.1.3　矿物的颜色、多色性和吸收性

透明矿物的薄片对透射平面偏光具有不同的吸收作用，因为无论是自然光还是偏振光在透过 0.03mm 厚的矿物薄片时，不管矿物如何透明总要被吸收一部分，使光线强度和颜色发生变化，就产生了矿物的颜色、多色性和吸收性等鉴定矿物的重要光性特征。

A　矿物的颜色

薄片中透明矿物所显示的颜色是矿物对白光中的各种单色光选择吸收的结果。如果矿物薄片对白光中不同波长单色光的吸收能力相等，则透过矿物薄片的光，除了亮度有所改变外，在色调上不会发生变化，仍为白光，此时，矿物不具有颜色，即所谓无色矿物。但如果矿物薄片对白光中不同波长单色光的吸收能力不等，某些单色光被吸收较多，另一些单色光被吸收较少甚至不吸收，透过矿物薄片后，除掉被吸收的单色光，其余单色光互相混合使矿物呈现颜色，称为矿物的颜色。由此可见，薄片中矿物的颜色是矿物薄片对白光中不同波长单色光选择吸收的结果，颜色的深浅与矿物对光线的吸收能力和薄片的厚度等因素有关。

B　矿物的多色性和吸收性

均质体矿物光学性质是各向同性，在等厚切片中矿物的颜色及浓度不随光波振动方向的不同而发生变化。

非均质体矿物光学性质是各向异性，矿物的颜色及浓度常随光波振动方向的不同而变化，在单偏光条件下，矿物的颜色随载物台的转动而变化的现象称为矿物的多色性，矿物颜色深浅随载物台的转动而变化的现象称为矿物的吸收性。

非均质体的多色性和吸收性与光率体存在着密切的联系。一轴晶具有两个主要颜色，分别与 N_e 和 N_o 相对应。二轴晶有三个主要颜色，分别与光率体的 N_g、N_m 和 N_p 相对应。在描述多色性和吸收性时，把颜色和深浅的变化与相应的光率体主轴联系起来，用一简单形式加以表示，分别称之为多色性公式和吸收性公式。如二轴晶矿物普通角闪石的多色性公式为 N_g＝深绿色，N_m＝绿色，N_p＝浅黄绿色；吸收性公式为 $N_g > N_m > N_p$。

矿物多色性的强弱除取决于矿物本性外，还与切片方位有关，要确定某一矿物的多色性和吸收性公式时必须在定向切片中进行，一般平行光轴（一轴晶）或平行光轴面（二轴晶）的切片多色性最明显。

2.3.1.4　矿物的轮廓

具有不同折射率的介质相接触，当光波在其中传播时，在它们的接触部位产生折射，致使亮度发生变化，这时在矿物颗粒周围会出现一条暗线，这条暗线称为矿物的轮廓线，其明显程度取决于相邻两矿物折射率差值的大小：差值越大，折射光偏斜越厉害而使边缘越粗、轮廓越清楚，因此可以根据矿物边缘的粗细或轮廓的明显程度估计矿物折射率的相对大小。

2.3.1.5　矿物的糙面

在单偏光下观察矿物表面时，发现有的矿物表面明亮不均匀，给人一种粗糙的感觉，这种现象称为糙面。糙面产生的原因如图 2-23 所示，由于矿物表面在磨制时具有一些显

微的凹凸不平，而盖于其上的树胶折射率又与矿物的折射率不等，当光线通过两者接触面时发生折射使透过矿物薄片各处的光线集散不一，明亮度不均匀。

糙面的显著程度是由矿物与树胶间相对折射率决定的，两者间折射率相差较大时，矿物颗粒内显得较为粗糙；两者折射率相差不大时，矿物颗粒内的糙面就不明显，有时只有光阑缩小时才能看到明显的糙面；当两者折射率相近时，矿物（如石英）的表面很光滑，即使将光阑缩小亦看不到糙面。

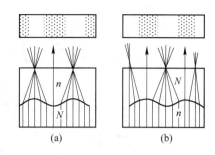

图 2-23　糙面形成的原因（$N>n$）
（a）树胶折射率小于矿物折射率；
（b）树胶折射率大于矿物折射率

2.3.1.6 贝克线

薄片中，当两折射率不同的介质接触时，在减弱入射光亮度的条件下，可在两介质接触部位见到一条走向与矿物边缘一致的亮线，称为贝克线。

贝克线产生的原因如图 2-24 所示，当相邻两矿物接触面倾斜，折射率 N 较高的矿物掩盖于折射率 n 较低的矿物之上（图 2-24（a）），平行光线射到接触面上时，光由光疏介质进入光密介质，向靠近法线方向折射，即向折射率高的一边折射，致使折射率高的矿物一边光线增多而亮度增加，从而出现一条走向与矿物边缘一致的亮线，另一边（折射率低的矿物）光线减弱。同样可以看到，当相邻两矿物接触面倾斜，折射率 n 较低的矿物掩盖于折射率 N 较高的矿物之上且接触面较缓时（图 2-24（b）），光线由光密介质进入光疏介质，由于折射角大于入射角，折射线仍折向折射率较高的一方；当接触面较陡时（图略），部分光线到达界面后发生全反射，仍然折向折射率较高的一方。当相邻两矿物垂直接触时，垂直入射光线虽不发生折射，但稍微倾斜的光即发生折射或全反射，故光线仍集中在折射率高的一方。当缓慢提升镜筒时，贝克线移向折射率较高的矿物一边；下降镜筒时，贝克线朝向折射率较低的矿物一边移动，根据贝克线的移动规律，可以比较相邻两种矿物的折射率大小。

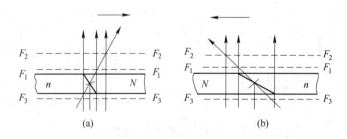

图 2-24　贝克线的形成原因和移动规律（$N>n$）

贝克线与矿物的轮廓线相伴平行而生，无论矿物边缘与树胶的接触关系如何，轮廓线均出现在两者交界线处，而贝克线总是出现在折射率较高的介质一边，而且升降镜筒时，轮廓线不动而贝克线则作平行轮廓线的左右移动。例如，在图 2-25（a）中，矿物的折射率大于树胶，在矿物边缘出现暗的轮廓线，并在轮廓线的内侧有一平行轮廓线的明亮的贝克线；而在图 2-25（b）中的矿物折射率比树胶小，所以明亮的贝克线位于暗色的轮廓线之外。升降镜筒时，明亮的贝克线将平行于轮廓线左右移动。

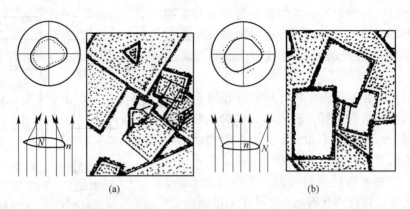

图 2-25　矿物颗粒的轮廓线和贝克线的形成（N>n）

2.3.1.7　矿物的突起

薄片中相邻介质间显得高低不平的现象称为矿物的突起，其产生是由于相邻两介质折射率不等，光线射到两者界面上时发生折射引起的光学现象。

矿物的突起产生原因如图 2-26 所示，由于矿物的顶面和底面均为树胶，光由底部 a 点射到矿物顶部与树胶接触处，由于两者折射率不同而产生折射偏移。此时从上方观察 a 点的影像好像在 a' 点处一样。同理，薄片中其他矿物底部的各点也相应上升（或下降），由于不同矿物与树胶的折射率差值不同，因而成像的位置也就高低不等，产生了有的矿物比另一些矿物高一些或者低一些的感觉。由此看来，矿物的突起只是人们视觉上的一种感觉，实际上晶体的表面在同一水平面。突起的高低是由相邻两矿物与树胶两者间相对折射率差决定的。

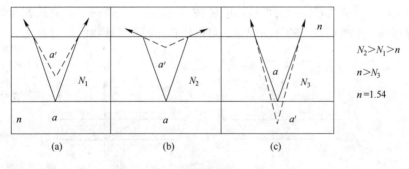

图 2-26　突起产生的原因

（a），（b）正突起；（c）负突起

薄片制备过程中使用的树胶折射率等于 1.54，折射率高于树胶折射率的矿物显示的突起称为正突起，反之，折射率低于树胶折射率的矿物显示的突起为负突起。对于非均质体双折射率很大的矿物，随着载物台的旋转，突起的高低发生明显的变化，这种现象称为闪突起；对于均质体矿物只有一个折射率值，其突起的高低不随载物台的转动而变化。根据突起的高低、轮廓、糙面的明显程度，一般把矿物的突起划分为六个等级，如表 2-1 所示。

表 2-1　突起的等级及特征

突起等级	折射率	糙面及轮廓特征	实例
负突起	<1.48	糙面及轮廓显著，提升镜筒贝克线移向树胶	萤　石
负低突起	1.48~1.54	表面光滑，轮廓不明显，提升镜筒贝克线移向树胶	正长石
正低突起	1.54~1.60	表面光滑，轮廓不清楚，提升镜筒贝克线移向矿物	石　英
正中突起	1.60~1.66	表面略显粗糙，轮廓清楚，提升镜筒贝克线移向矿物	硅灰石
正高突起	1.66~1.78	糙面显著，轮廓明显而较宽，提升镜筒贝克线移向矿物	透辉石
正极高突起	>1.78	糙面显著，轮廓很宽，提升镜筒贝克线移向矿物	斜锆石

2.3.2　正交偏光系统下矿物的光学性质

同时使用上、下两个偏光镜，并使两者振动方向互相垂直，构成近似平行传播的正交偏光系统（图 2-27）。当在正交偏光的条件下载物台上不放矿物薄片时，视域是黑暗的。因为光线通过下偏光镜后，产生偏光的振动方向为 PP 方向，这个振动方向恰好与上偏光镜允许通过的振动方向 AA 垂直，所以当到达上偏光镜时光线无法通过上偏光镜，视域是黑暗的。

若在载物台上放置矿物薄片时，由于矿物的性质和切片的方位不同，将显示出不同的光学现象。

2.3.2.1　均质体矿物的光学性质

在上、下偏光镜之间放置均质体薄片时（图 2-28（a）），由于均质体光率体的任意切面都是圆切面，光波垂直于这种切面入射时都可以通过，且振动方向不发生变化，所以下偏光镜形成的偏光透过矿物薄片时因不改变振动方向而不能透过上偏光镜，结果目镜视域呈现黑暗，这种现象称为消光。由于圆切面表示各向同性，所以旋转载物台一周，均质体薄片的消光现象不改变，这种现象称为全消光，它是区别均质体与非均质体矿物的重要依据。

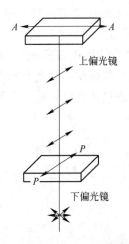

图 2-27　正交偏光系统构成示意图

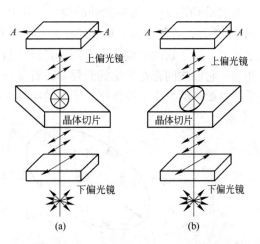

图 2-28　晶体在正交偏光下的消光现象

2.3.2.2　非均质体矿物的光学性质

A　消光现象

在上、下偏光镜之间放置非均质体薄片时，对于垂直于光轴的切片，由于光率体的切面为圆切面，其光学效应与均质体薄片完全一样，呈现全消光现象。

对于其余方向的切片，光率体的切面为椭圆切面，如图 2-28（b）所示。当椭圆切面的长、短半径与上、下偏光镜的振动方向一致时，从下偏光镜透出的偏光可以透过矿物薄片而不改变原来的振动方向，当到达上偏光镜时，因为不能透过上偏光镜而使矿物消光，此时矿物所处的位置称为矿物的消光位，而在其他位置总有部分光线透过上偏光镜。旋转载物台一周，切片上的光率体椭圆半径与上、下偏光镜的振动方向有四次平行的机会，出现四次消光现象。

由此可见，在正交偏光系统下呈现全消光的矿物可能是均质体，也可能是非均质体垂直于光轴的切片，而呈现四次消光现象的矿物一定是非均质体，因此四次消光是非均质体矿物的特征。

B 干涉现象

对于非均质体垂直于光轴以外任意方向的切片，不在消光位时，由于发生双折射现象，一条光线分解成为两条传播速度不同且振动方向互相垂直的平面偏光，两偏光将会发生干涉作用，产生干涉色。

非均质体垂直于光轴以外任意方向切片光率体切面均为椭圆切面，当椭圆半径与上、下偏光振动方向斜交时（图 2-29），自然光透过下偏光镜后成为沿着 PP 方向振动的偏振光，射入到矿物薄片后，发生双折射，分解成为振动方向平行于椭圆切面长、短半径方向 CC 和 BB 的两偏振光，由于两偏光的振动方向不同，其折射率也不同，在晶体中的传播速度也不等（BB 为快光，CC 为慢光）。当它们透过矿物晶体时必然产生光程差（用 R 表示）。在透出矿物晶体后到进入上偏光镜之前，两偏光所经过的空气和物镜都是均质介质，光程差保持不变。进入上偏光镜后，由于两偏光的振动方向又与上偏光镜的振动方向（AA 方向）斜交，必须再次发生分解，BB 偏光分解成沿 BB' 和 OB' 方向振动的偏光；CC 偏光分解成沿 CC' 和 OC' 方向振动的偏光。其中 BB' 和 CC' 两偏光的振动方向与上偏光的振动方向 AA 垂直，不能透过上偏光镜；另外两偏光 OB' 和 OC' 振动方向与 AA 平行，可以通过上偏光镜。由于这两个偏光来自同一光源（射入矿物晶体之前的那束偏振光），其振动频率相等。它们之间存在一定的光程差，且又在同一个平面 AA 内振动，因此具有相干波的光学特性而必然发生干涉作用。干涉的结果取决于两偏振光透过矿物晶体后光程差的大小。

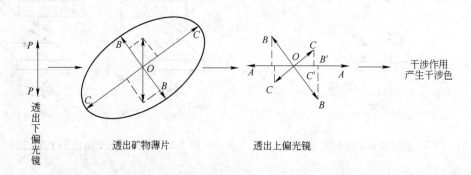

图 2-29 非均质体正交偏光下的干涉作用

两偏振光的光程差 R 是由下偏光透过矿物薄片产生的，取决于矿物双折射率（ΔN）

及薄片厚度（d）。三者之间遵循下列光学公式：

$$R = d \cdot \Delta N \tag{2-5}$$

而双折射率又与矿物切片方位有关，同一矿物不同方向切片的双折射率不等，但最大双折射率只有一轴晶平行光轴或二轴晶平行光轴面的切片。

如果用单色光作为光源，当光程差 $R = 2n\lambda/2$（即光波半波长偶数倍）时，干涉结果因振幅相等振动方向相反而减弱抵消，视域黑暗；若 $R = (2n+1)\lambda/2$（即光波半波长奇数倍）时，因振动方向相同振幅相等使干涉后振幅加强，视域明亮，呈现单色光的颜色。光波干涉属于横波干涉，与普通横波干涉结果相差半波长，主要是由于双折射现象，使下偏光镜产生的 PP 偏光透过上偏光镜位相转动了 $180°$，变成在 AA 方向振动的两偏光所造成的。当晶体切片内光率体椭圆半径与上下偏光振动方向的夹角为 $45°$ 时，亮度最强。

用石英晶体沿光轴方向制成从 0 逐渐增厚的楔形，称为石英楔。石英的最大双折射率为 0.009，当在试板孔中由薄至厚逐渐插入石英楔时，光线透过石英楔产生的光程差亦从 0 逐渐增大，此时在视域里可以看到明暗相间的条带（图 2-30）。在 $R = 2n\lambda/2$ 处，呈现黑带；在 $R = (2n+1)\lambda/2$ 处，呈现单色光的亮带（最亮）；当光程差介于两者之间时，明亮程度也介于全黑和最亮之间。明暗条带间距取决于单色光的波长，红光波长较长，明暗条带间距较大；紫光波长最短，明暗条带间距最小。

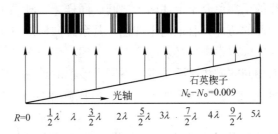

图 2-30 用单色光照射石英楔时明暗相间的条带

C 干涉色的形成

用白光照射非均质矿物薄片时亦将产生一光程差，除零外的任意一光程差值都不可能同时为所有单色光半波长的偶数倍或奇数倍，也就是说不可能使各单色光同时减弱消失或加强明亮，只能使一部分单色光减弱甚至消失，而另一部分单色光干涉加强。所有未消失的强度不同的单色光混合起来，构成了与该光程差相应的由白光经干涉而成的特殊混合色，称为干涉色。矿物的干涉色只取决于光程差，与矿物自身颜色一般是没有关系的，不可混为一谈。

D 干涉色级序及特征

每一光程差值都有一与之对应的干涉色，随着光程差的连续增加，干涉色一般按红、紫、蓝、青、绿、黄、橙、红、紫……色序作连续而有规律的重复变化，也就是说，一种颜色可以在好几种光程差的情况下出现。为了将光程差不等而颜色相同的干涉色区别开来，在实际应用中把这些色序按光程差数值，每隔 560nm 划分为一级干涉色，每级内干涉色均按一定次序出现，总称为干涉色级序。光程差越大，级序越高。这种现象可在正交偏光系统下石英楔所呈现出的干涉色变化中看到：在白光照射下，将石英楔薄的一端插入试板孔中，随着石英楔的慢慢推入，由于光程差不断增加，可以看到视域中石英楔的干涉色连续不断地有规律变化。

干涉色级序划分见表2-2。可以看到，干涉色以紫红色为界线构成不同级序。一级干涉色较暗，且没有蓝色和绿色；二、三级干涉色最鲜明，色带的界限也比较清楚；四级干涉色色调变淡，且色带之间亦无明显界限。四级以上干涉色已接近白色，称为高级白。

表 2-2　干涉色级序及色谱

干涉色级序	光程差/nm	干 涉 色 谱
一　级	0～560	黑、深灰、灰、灰白、白、黄白、黄、橙、红、紫红
二　级	560～1120	蓝、绿、黄、橙、红、紫红
三　级	1120～1680	蓝、蓝绿、黄绿、黄、橙、红、浅紫
四　级	>1680	浅蓝、浅绿、浅黄绿、浅橙、浅红、高级白

E　干涉色色谱表

矿物干涉色级序的高低是由通过矿物薄片后双折射两偏光间产生的光程差决定的，而光程差的大小又与矿物的双折射率、切片厚度及切片方向有关。在同一矿物标准厚度0.03mm 的切片中，切片的方向不同可以出现不同的干涉色。一轴晶垂直于光轴的切片双折射率为零，呈全消光现象，不显示干涉色；平行于光轴的切片双折射率最大，具有最高干涉色；其余方向切片的干涉色介于上述两者之间。同样，二轴晶垂直于光轴方向的切片为全消光，平行于光轴面的切片具有最高干涉色，其余方向切片的干涉色介于黑色与该矿物最高干涉色之间。在实际观察中，必须综合考虑上述三个因素，才能理解不同矿物可以产生相同的干涉色，而相同的矿物又可呈现出不同干涉色的道理。任何一种矿物其最大双折射率的切片，在标准厚度时干涉色是固定的，所以在鉴定矿物时，最高干涉色才有意义。

除矿物的切片方向外，根据公式 $R = d\Delta N$，用图表的方式表示这三者间的关系，并标示其相应干涉色，称为干涉色色谱表（图 2-31）。在干涉色色谱表中，水平方向表示光程差大小，单位为 nm；垂直坐标表示薄片的厚度，单位为 mm。从坐标原点放射出的一条条斜线则表示双折射率的大小，每一根直线代表一个双折射率值，对应于直线的末端。在各光程差值的位置标示出相应的干涉色，即构成干涉色色谱表。这个表十分简明地表达了光程差、薄片厚度和双折射率三者之间的关系。在实际工作中，可以根据晶体切面上的干涉色级序来判定光程差值，此时，若薄片厚度已知，即可根据色谱表确定该切面内的双折射率值。

F　补色法则和补色器

在正交偏光系统下研究非均质体的干涉和其他光学性质时，往往需要用到补色器，应用补色器时应遵循补色法则。

a　补色法则

设两非均质矿物薄片的光率体椭圆切面两个半径及所产生的光程差分别为 N_{g1}、N_{p1}、R_1 和 N_{g2}、N_{p2}、R_2，如使两薄片重叠，且两者光率体椭圆半径均与目镜十字丝呈 45°位置，光波透过两矿片后，必产生一个总光程差 R，总光程差 R 是 R_1 与 R_2 之和，还是 R_1 与 R_2 之差，取决于两矿片的重叠方式。若两矿片光率体切面椭圆的同名半径平行，即

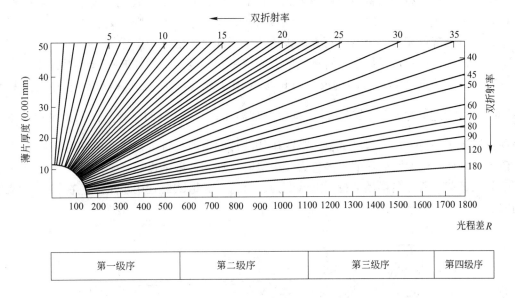

图 2-31 干涉色色谱表

$N_{g1}//N_{g2}$、$N_{p1}//N_{p2}$（图 2-32（a）），光线通过两矿片后产生的总光程差 $R=R_1+R_2$，干涉色级序升高；若两者光率体切面椭圆的异名半径平行，即 $N_{g1}//N_{p2}$、$N_{p1}//N_{g2}$（图 2-32（b）），则产生的总光程差 $R=R_1-R_2$ 或 $R=R_2-R_1$，干涉色级序就降低，此时，如果 $R_1=R_2$，则总光程差 $R=0$，矿片出现消色而变黑。我们把两块具有干涉色的非均质矿片相叠加，使干涉色消失而呈现黑暗的现象称为消色。

简单地说，两矿片叠加时，当两者光率体切面椭圆同名半径平行则光程差增加，干涉色升高；若椭圆异名半径平行则光程差减少，干涉色降低，如果两矿片的光程差相等就出现消色现象，这就是补色法则。

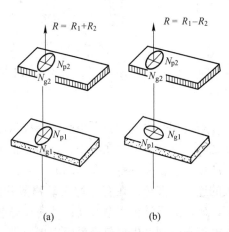

图 2-32 补色法则
（a）同名半径平行；（b）异名半径平行

b 补色器

在两矿片中，若有一个矿片的光率体椭圆半径名称及光程差已知，就可以根据补色法则通过观察总光程差的增减和干涉色的升降变化情况，求出另一矿片的光率体椭圆半径名称及光程差。补色器就是光率体椭圆半径名称及光程差已知的矿片。在正交偏光系统下常用的补色器有石膏试板、云母试板和石英楔。

用石膏晶体沿光轴方向磨成能产生光程差为 575nm（相当于黄光的一个波长）的薄片，嵌在长形金属板一端的圆孔中，使光率体切面椭圆的长半径平行于长形金属板的短边，短半径平行于长边，即构成石膏试板（图 2-33（a）），在试板上常标注有"λ"的字样。试板中光率体椭圆半径名称和方向标明在金属板上。石膏试板在正交偏光下呈现一级紫红干涉色。加入石膏试板后，可使被测矿片的干涉色升高或降低一个级序。例如：当原来矿片的干涉色为二级黄时，加入石膏试板后，若同名半径平行则升高变为三级黄；若异名半径平行则降低变为一级黄。石膏试板适用于干涉色比较低的矿片。

云母试板是沿着白云母平行解理面的方向取一定厚度的薄片，嵌在金属板圆孔中，标明 N_g 和 N_p 的方向和名称，即构成云母试板（图 2-33（b））。云母试板产生的光程差为 147nm，相当于黄光波长的 1/4，故在试板上常标注有 "$\frac{1}{4}\lambda$" 的字样，在正交偏光条件下呈现一级灰干涉色。加入云母试板，被测矿物薄片的干涉色将按色谱表顺序升高或降低一个色序。例如：当原来矿片的干涉色为二级绿时，加入云母试板后，若同名半径平行则升高变为二级黄；若异名半径平行则降低变为二级蓝。云母试板宜用于干涉色在二、三级之间的矿片。

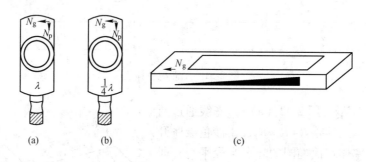

图 2-33　常用补色器

（a）石膏试板；（b）云母试板；（c）石英楔

石英楔是沿光轴将石英晶体磨成从厚度为 0 开始的楔形，用加拿大树胶贴在两块玻璃片之间，嵌在长形金属板中，标出光轴（N_g）方向，即构成石英楔（图 2-33（c））。石英楔产生的光程差一般为 0~2240nm。正交偏光条件下石英楔由薄端至厚端可产生一级至四级的连续干涉色，在有非均质矿物薄片时，缓缓插入石英楔，两者同名半径平行的情况下，矿片的干涉色逐渐升高；若两者异名半径平行，矿片的干涉色就逐渐降低，当两者光程差相等时则产生消色现象而出现黑带。石英楔适用于一切干涉色，但通常当矿物的干涉色低于三级时，使用石膏试板和云母试板比较方便，只有当矿物的干涉色较高，使用前两种补色器不起作用时才用石英楔。

　　c　补色法则和补色器的应用

将欲测矿物薄片置于视域中心，转动载物台使之处于消光位，说明矿物薄片的光率体切面椭圆半径平行于目镜十字丝（上、下偏光镜振动方向）（图 2-34（a）），再将载物台旋转 45°使矿物颗粒最亮，使矿片光率体切面椭圆半径与目镜十字丝成 45°（此时矿物所处的位置称为矿物的对角位）。插入补色器后，矿片的干涉色降低，表明矿片与补色器是异名半径平行（图 2-34（b））；若干涉色升高，则两者是同名半径平行（图 2-34（c））。根据补色法则，即可确定矿物薄片的光率体切面椭圆半径的名称。

矿物的一些光学性质只有在知道光率体切面椭圆半径的名称后才能确定，比如矿物的多色性和吸收性，在确定切面椭圆半径名称后，才能在单偏光条件下转动载物台，使矿物

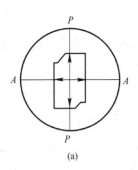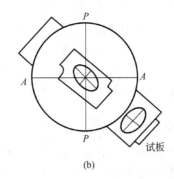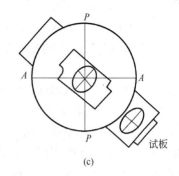

(a)   (b)   (c)

图 2-34   光率体椭圆半径名称的测定

（a）消光位；（b）干涉色降低；（c）干涉色升高

各椭圆半径分别与下偏光的振动方向平行，观察各半径方向的颜色及深浅，从而确定矿物的多色性公式和吸收性公式。

G   矿物光学性质的测定

在正交偏光条件下，可以测定的非均质矿物的光学性质包括：干涉色级序和双折射率、消光类型和消光角、延性符号及双晶特点等。

a   干涉色级序和双折射率

双折射率是非均质体的一个重要光学常数，但同一矿物的双折射率值往往因切片方位的变化而变化。因此，具有鉴定意义的双折射率应该是矿物的最大双折射率，即最大折射率 N_g 与最小折射率 N_p 之差，也就是平行光轴（一轴晶）或平行光轴面（二轴晶）切面内的双折射率。

根据光程差公式 $R = d\Delta N$，当切片厚度一定时，确定了光程差便可求出双折射率，而光程差可以根据矿物所呈现出的干涉色来估计。所以，测定双折射率的关键就归结为怎样正确测定矿物的干涉色级序。测定干涉色级序的方法包括目估法、边缘色带法和石英楔法等。

在正交偏光条件下从同一薄片内，选择同种矿物干涉色级序最高的颗粒置于视域中央，根据干涉色的特征，凭经验即可目测干涉色的级序。在多数情况下则用边缘色带法，即根据矿物颗粒边缘干涉色环来确定干涉色的级序。因为薄片中矿物颗粒边

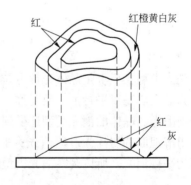

图 2-35   矿物边缘的干涉色色圈

缘总是从较薄向内部逐渐增厚而达标准厚度的，因此干涉色亦从边缘向内部逐渐升高（图2-35），若矿物颗粒边缘出现 n 次紫红色环，矿物的干涉色则为 $n+1$ 级。注意应用此法时，矿物边缘的干涉色必须从一级灰白色开始，否则就不可能得到正确的结果。

如果矿物边缘的色带不是从一级灰白色开始的，这时测定矿物的干涉色级序就需要用到石英楔法。具体方法是找到具有最高干涉色的矿物颗粒后置于视域中央，接下来转动载物台至消光位，然后从消光位再准确地转45°，此时矿物颗粒最亮。这时，使石英楔与矿

物的光率体切面处于异名半径平行的位置，随着石英楔的插入，矿物的干涉色将逐渐降低，达到消色时（若不能达到消色，则说明同名半径平行，此时需将载物台旋转 90° 即可），说明两者所产生的光程差相等。这时将矿物薄片从载物台上取下，视域中就出现与矿物干涉色相同的颜色，再慢慢拉出石英楔，观察视域内干涉色的变化，记住紫红色出现的次数，若出现 n 次紫红色，矿物的干涉色即为 $n+1$ 级。

　　b　消光类型和消光角

　　非均质体矿物除垂直光轴的切片是全消光外，其余任何方向的切片在正交偏光条件下处于消光位时，光率体椭圆切面半径与上、下偏光振动方向相平行，矿物的结晶要素（结晶轴、晶面、解理缝、晶棱等）与目镜十字丝（代表上、下偏光振动方向）之间的关系，称为矿物的消光类型。非均质矿物有平行消光、对称消光和斜消光三种消光类型。平行消光是指矿物处于消光位时，结晶要素与目镜十字丝平行（图 2-36（a））；斜消光指矿物处于消光位时，结晶要素斜交于目镜十字丝（图 2-36（b））；对称消光指具有两个方向解理或晶面轮廓的矿物，消光时目镜十字丝平分解理角或面角（图 2-36（c））。对称消光实质上是平行消光的特殊表现形式。

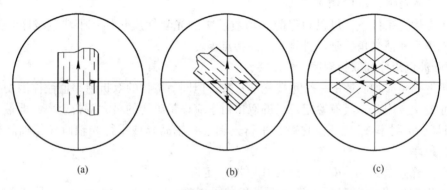

图 2-36　消光类型
（a）平行消光；（b）斜消光；（c）对称消光

　　消光类型实质上是晶体光性方位的一种表现，各晶系的消光类型见表 2-3。中级晶族和斜方晶系矿物以平行消光及对称消光为主，单斜晶系矿物主要是斜消光，三斜晶系矿物均为斜消光。晶体的消光类型还受到切片方向和晶体形态等因素的影响，例如角闪石，垂直两组解理面的切片为对称消光；平行（010）面的切片为斜消光；垂直（010）面的切片则为平行消光。所以观察消光类型时必须综合考虑各个影响因素。

表 2-3　各晶系矿物的消光类型

轴性	晶系	消光类型及其特征
一轴晶	三方、正方（四方）、六方	绝大部分切片为平行消光或对称消光，斜消光切片很少见
二轴晶	斜方（正交）	以平行消光和对称消光最常见，斜消光较少，且消光角不大
	单斜	斜消光为主，只有垂直于（010）面的切片才可能是平行消光或对称消光，平行（010）面的切片消光角最大
	三斜	任意方向的切片均为斜消光，消光角大小因切片方位而异

斜消光矿物消光时目镜十字丝与矿物结晶要素间的夹角，称为矿物的消光角。消光角的测量对单斜晶系及三斜晶系的矿物是重要的，且必须在定向切片上进行。因为同种矿物不同方向切片的消光角是不等的，具有鉴定意义的消光角是同种矿物颗粒中最大的消光角和特殊定向切片上测得的消光角。矿物的消光角应包括三方面内容：矿物结晶要素的方位（如晶轴的名称或晶面、解理面、双晶接合面的结晶符号等）、光率体切面椭圆半径名称以及两者间夹角。

c 矿物的延性

许多矿物晶体在形态上具有沿某一方向延长的特性，如针状、纤维状、柱状等。通常此方向与晶体的某一结晶轴平行或近似平行。因此，与该晶轴平行的切片中晶体呈现出沿某一方向延长的形态，而其延长方向与光率体主轴之间的对应关系，称为矿物的延性符号。矿物的延性符号一般有两种：当矿物晶体切片的延长方向与光率体切面的长轴方向平行或其夹角小于45°时，称为正延性；当矿物晶体切片的延长方向与光率体切面的短轴方向平行或其夹角小于45°时，称为负延性。

d 双晶

在晶体的形成过程中，两个或两个以上的同种晶体按一定规律连生在一起，形成双晶。双晶的相邻两个晶体，互成镜像反映或是相差180°（以一定方向的轴相对旋转180°而相重合），因此这两个晶体的光率体方位也必然具有上述相同的关系。双晶在单偏光条件下是不可见的，在正交偏光条件下，只有构成双晶的相邻两个单体不同时消光才能被认识，这类双晶称为可见双晶。如果矿物的双晶是可见的，则旋转载物台时，双晶中两相邻单体具有不同的消光位，呈现一明一暗的现象。根据双晶中单体的数目和结合情况，可将双晶划分为简单双晶、聚片双晶和格子双晶等。双晶对某些矿物具有特殊的鉴定意义，如鳞石英的矛头状双晶，斜长石的聚片双晶及堇青石的六连晶等。

2.3.3 聚敛偏光系统下矿物的光学性质

单偏光和正交偏光系统属于平行平面偏光，平行平面偏光指的是入射光线经下偏光镜和光源系统其他透镜后形成的传播方向近于平行的平面偏光，即入射光基本上是从同一方向垂直投射到矿物薄片上（图2-37（a））。如果将来自下偏光镜的平面偏光改变为强烈聚敛的锥形偏光（图2-37（b）、（c）），便可以观察到矿物的另一些重要的光学性质。

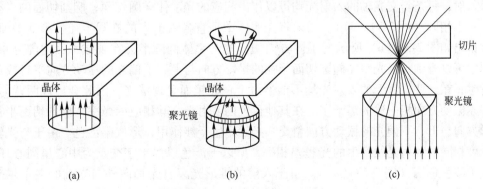

图 2-37 平行偏光和锥形偏光
（a）平行偏光；（b）锥形偏光；（c）锥形偏光剖面图

　　聚敛偏光系统又称锥光系统，是指在正交偏光系统的基础上加拉索聚光镜，换上高倍物镜，再推入勃氏镜（或去掉目镜）。换高倍物镜的作用是因为高倍物镜工作距离短，光孔角大，能接纳较大范围的倾斜入射的光波，可以看到完整的图像。用高倍物镜在聚敛偏光系统下研究矿物时，所形成的图像位于物镜的焦平面，用目镜是观察不到的，可以采取两种措施：取下目镜直接用肉眼观察，此时图像虽小，但比较完整清晰；或者推入勃氏镜，图像经过勃氏镜放大和提升，可以在目镜中看到放大的图像，此时图像虽大但比较模糊。

　　加入拉索聚光镜的作用在于使来自下偏光镜的平行偏光产生聚敛，形成锥形偏光。这样，除中央一条光线垂直射入薄片外，其余光线均倾斜入射，越往外其倾角越大，光线穿过薄片的厚度也增加。但是不管光线如何倾斜，其光波的振动方向始终与下偏光镜的振动面平行。

　　由于非均质体光学性质的各向异性，不同方向入射光相应的光率体椭圆切面均不一样，其所呈现出的光学效应各不相同，在透过矿物薄片进入上偏光镜后，将产生不同的消光和干涉效应。因此，在聚敛偏光系统下所观察到的已经不是矿物本身经二次放大后的直接映像，而是锥光在各个方向透过矿物薄片后所产生的消光和干涉效应总和，它们构成了各种特殊的干涉图形，称为干涉图。

　　均质体矿物各向同性，对任何方向的入射光光率体切面始终为圆，不论光线如何倾斜，通过矿物后光波的振动方向始终与下偏光镜的振动方向平行，所以不能透过上偏光镜出现全消光现象，不会产生干涉图，而非均质体矿物在聚敛偏光条件下会形成干涉图，这是用来区分均质体和非均质体垂直于光轴切片的最终依据。由于非均质体一轴晶与二轴晶光率体构成上的差异，它们在聚敛偏光条件下所产生的干涉图特点亦不相同。随着切片方位的改变，干涉图的形态也将发生变化，所以研究干涉图不仅可以区分晶体的轴性（一轴晶还是二轴晶），而且还可以确定切片的方位以及测定光性正负和光轴角。

2.3.3.1　一轴晶干涉图

　　一轴晶干涉图根据切片方向与光轴的关系可以分为垂直光轴（$\perp OA$）切片干涉图，斜交光轴切片干涉图和平行光轴（$/\!/OA$）切片干涉图三种类型。

　　一轴晶垂直光轴切片干涉图是由一个黑十字与干涉色色圈组成（图 2-38），黑十字的两条黑臂分别平行于目镜十字丝（即上、下偏光振动方向），黑十字的交点位于视域中心，是光轴出露点。当锥光射入切片时，除中央一条光线平行光轴外，其余光线均以不同角度倾斜入射，每条斜交光轴的入射光均可以作出相应的光率体椭圆切面，椭圆切面两半径的方向各不相同（图 2-39（a））。如果将光率体中垂直各入射光的椭圆半径投影到平面上，便可得出如图 2-39（b）所示的不同方向切面的光率体椭圆半径在视域平面内的分布图。从图中可以看到，当光率体椭圆切面半径的投影方向与上、下偏光的振动方向平行或近于平行时，在这些位置上的入射光均不能通过上偏光镜而呈现消光，因此会出现两臂与上、下偏光振动方向相一致的黑十字。在其他位置的入射光，其相应的光率体椭圆切面半径的投影方向与上、下偏光的振动方向斜交，必然产生干涉作用，形成干涉色。由于与光轴倾斜角度相同的入射光线产生的光程差相等，所以干涉色以黑十字交点为中心呈同心环状，形成干涉色色圈（图 2-38（a））。由于入射的锥形光束自光轴向外与光轴的夹角越来越大。这样，一方面使入射光穿过矿片的厚度由中心向外逐渐加大，另一方面也使双折射率由内向外逐渐增加，结果导致光程差自中心向外逐渐变大，因而干涉色级序由中心向外逐渐升高。黑十字的粗细和干涉色色圈的多少取决于矿物的双折射率大小和薄片的厚度，双折射率越大或薄片越厚，黑十字越细，干涉色色圈越多越密。当双折射率较小薄片较薄时，在黑十字所划分的四个象限内，仅见有一级灰白的干涉色（图2-38（b））。一轴晶垂直于光轴切片干涉图随载物台旋转不发生变化。

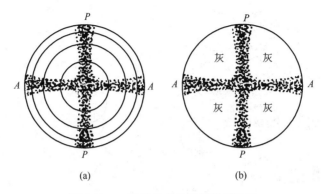

(a)   (b)

图 2-38　一轴晶垂直光轴切片干涉图

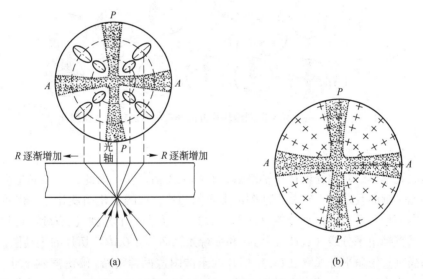

(a)   (b)

图 2-39　一轴晶垂直光轴干涉图成因（正光性）

　　一轴晶斜交光轴切片干涉图与垂直光轴切片的干涉图相似，只是由于光轴在矿物晶体切面中的位置是倾斜的，因此黑十字的交点（光轴出露点）不在视域中心。偏离视域中心的距离取决于切面法线与光轴夹角的大小。当夹角不大时，黑十字交点仍在视域之内。转动载物台，黑十字交点绕视域中心做圆周运动，黑臂做上下左右的平行移动。当夹角较大时，黑十字交点在视域之外，视域内只能见到一条黑臂或部分干涉色圈，转动载物台，两黑臂交替平行移过视域。当夹角很大时，黑臂就变得宽大而模糊，转动载物台，黑臂近似成弯曲状通过视域（图2-40）。在矿物晶体光性研究中，遇到垂直光轴切片的机会不多，所以斜交光轴切片干涉图具有更大的实际意义。

　　对于一轴晶平行于光轴的切片，当光轴与上、下偏光振动方向之一平行时，由于视域中大部分光率体椭圆半径与上、下偏光振动方向平行或近似于平行，此时视域中出现一个宽大而模糊的黑十字，几乎占满整个视域（图 2-40 中∥OA）。稍微转动载物台 10°~15°，黑十字立即分裂成一对双曲线，并沿光轴方向迅速向视域外移动。当转至 45°位置时，视域最亮。当载物台转至 90°位置时，视域内重新又出现宽大而模糊的黑十字。由于这种干涉图在旋转载物台时变化迅速，故称为迅变干涉图或闪图。

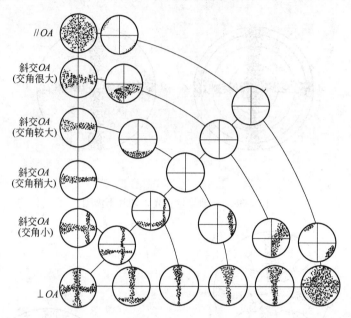

图 2-40　一轴晶干涉图随切片方向和载物台旋转的变化规律

2.3.3.2　二轴晶干涉图

二轴晶光率体的对称程度比一轴晶低，有两个光轴存在，因此，二轴晶干涉图的形态和变化都比一轴晶复杂。二轴晶干涉图的形态随切片方位的变化而变化，一般可归纳为以下五种基本类型：垂直锐角平分线（$\perp B_{xa}$）切片，垂直一个光轴（$\perp OA$）切片、斜交光轴切片，垂直钝角平分线（$\perp B_{xo}$）切片和平行光轴面（$\parallel OAP$）切片的干涉图。

二轴晶垂直锐角平分线（$\perp B_{xa}$）切片的干涉图遵循拜阿特-佛伦涅尔定律，拜阿特-佛伦涅尔定律指出，锥状偏光束射入二轴晶矿片后双折射产生两偏光，这两个偏光的振动方向分别在入射线与两根光轴所构成的两个平面的角平分面内，此两角平分面与薄片平面的交线是入射光线的出露点分别与两光轴出露点连线的角平分线。根据拜阿特-佛伦涅尔定律可以确定锥光中所有入射光双折射产生的两偏光的振动方向在视域平面内的分布图，从而理解二轴晶干涉图的形成原因。

当光轴面与上、下偏光振动方向之一平行时（即处于 0°位置时），视域中将出现一个两臂与上、下偏光振动方向平行的黑十字和"∞"形干涉色圈（图 2-41）。黑十字的交点为 B_{xa} 出露点，位于视域中心，与目镜十字丝交点重合。黑十字的两臂粗细不等，平行光轴面方向的较细，垂直光轴面方向的较粗。在较细黑臂两侧的狭窄处为两光轴的出露点。干涉色圈以两光轴的出露点为中心，越向外干涉色级序越高、色圈越密。干涉色圈的多少同样取决于矿物的双折射率大小和薄片的厚度，双折射率越大，薄片越厚，干涉色色圈越多。当双折射率较小薄片较薄时，干涉色圈较少甚至看不到。

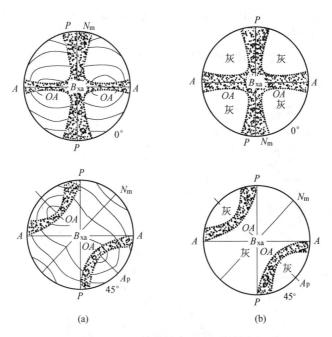

图 2-41 二轴晶垂直于 B_{xa} 干涉图

（a）晶体双折射率较高；（b）晶体双折射率较低

旋转载物台时，黑十字由中心分裂成两条弯曲的黑带，分别位于光轴面所在的两个象限内。当转至 45° 位置时，两黑带的弯曲度最大，两黑带的顶点为光轴出露点。"∞" 形干涉色圈则从 0° 位置形状不变地转了 45°，干涉色圈的交点为 B_{xa} 出露点。当继续转动载物台时，两弯曲黑带又逐渐向视域中心靠近，至 90° 位置时，重新又合成为黑十字，但粗细黑臂的位置已经更换，在转动载物台过程中，干涉色圈始终形状不变地随之转动。

二轴晶垂直一个光轴（⊥OA）切片干涉图的形态相当于垂直于 B_{xa} 切片干涉图的一半。当光轴面与上、下偏光振动方向之一平行时，视域内会出现一条通过中心的黑直带，目镜十字丝的交点即为光轴出露点（图 2-42（a））。当转动载物台时，黑带变弯曲，且其两端以光轴出露点为中心向载物台转动的相反方向移动。至 45° 位置时，黑带弯曲度最大，顶点为光轴出露点，弯带凸向锐角平分线 B_{xa} 方向（图 2-42（b））；继续转动载物台，弯曲黑带逐渐变直，到 90° 位置时又重新成为一条黑直带，只是方向发生了改变（图 2-42（c））。当矿物的双折射率较大时，可以看到以光轴出露点为中心的卵形干涉色色圈。

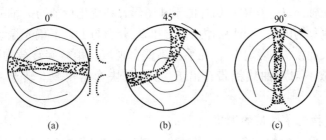

图 2-42 二轴晶垂直于 OA 干涉图

    二轴晶斜交光轴切片干涉图的形状和变化比较复杂,其主要特点是黑十字与干涉色圈均不完整。当切面与光轴面斜交角度较大时,光轴出露点会落在视域之外。转动载物台时,黑带沿斜交目镜十字丝方向掠过视域,其移动方向总是和载物台转动方向相反,弯曲黑带的凸向永远朝向锐角平分线 B_{xa} 方向(图2-43)。

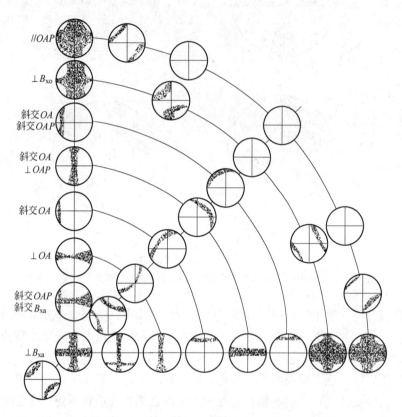

图 2-43　二轴晶干涉图随切片方向和载物台旋转的变化规律

    二轴晶垂直钝角平分线($\perp B_{xo}$)切片干涉图形态在光轴面与上、下偏光振动方向之一平行时,视域中为一粗大而模糊的黑十字,如果双折射率很高,也有干涉色圈出现。转动载物台 10°~35° 时,黑十字分裂成两条弯曲的黑带,沿光轴面和 B_{xa} 方向逸出视域,转至 45° 位置时,视域最亮,继续转动载物台,黑带又进入视域,至 90° 位置时又形成一粗大的黑十字。

    二轴晶平行光轴面($/\!/OAP$)切片的干涉图形态和变化特征与一轴晶平行光轴切片干涉图基本相同,也称为闪图。当切面内的 B_{xa} 和 B_{xo} 分别与上、下偏光振动方向平行时,视域内出现一个粗大而模糊的黑十字,几乎占满整个视域。稍微旋转载物台(约 7°~12°),黑十字立即分裂成一对双曲线黑带,沿 B_{xa} 方向很快逸出视域。转至 45° 位置时,视域最亮。

2.3.3.3　矿物光学性质的测定

    利用聚敛偏光系统根据有无干涉图可确定矿物是均质体还是非均质体,若为非均质体,可以进一步判定矿物的轴性(一轴晶还是二轴晶)、确定切片方位、测定光性正负,对二轴晶矿物还可以估测其光轴角大小等。

在聚敛偏光系统下根据干涉图的形象特征及变化规律可以确定矿物的轴性和切片方位。区分非均质矿物轴性一般是选择垂直或接近垂直光轴的干涉图，这样的矿物颗粒在正交偏光下全消光或仅有较低的干涉色，因为干涉色较高的矿物颗粒是斜交及平行光轴的切片，这些方向切片的干涉图是无法区分一轴晶和二轴晶的。凡是转动载物台干涉图的形态不变，或是有一黑带平行目镜十字丝扫过视域者，均为一轴晶矿物；凡是具有二轴晶 $\perp B_{xa}$ 及 $\perp OA$ 干涉图，或在转动载物台时有一黑带倾斜于目镜十字丝扫过视域者，属二轴晶矿物。

非均质矿物的许多光学性质及常数的测定，必须在定向切片上进行，一轴晶矿物常用的是垂直光轴和平行光轴两个定向切片，二轴晶矿物常用的是垂直光轴和平行光轴面的两个定向切片。凡是在正交偏光下全消光，在聚敛偏光下呈一轴晶或二轴晶 $\perp OA$ 干涉图者，均为非均质矿物垂直光轴的切片；凡是在正交偏光下具有最高干涉色，聚敛偏光下呈现闪图者，均为一轴晶 $/\!/OA$ 或二轴晶 $/\!/OAP$ 的矿物切片。

一轴晶和二轴晶光率体均有光性正负之分。一轴晶平行光轴和二轴晶平行光轴面的切片一般不用来鉴定光性正负。鉴定过程一般是利用补色器根据补色法则进行。对一轴晶矿物，当 $N_e = N_g$ 时为正光性，当 $N_e = N_p$ 时为负光性。因此，一轴晶光性正负的测定在于确定 N_e 是 N_g 还是 N_p。对于垂直光轴切片（或切面法线与光轴夹角较小的切片），干涉图在视域中被黑十字分割成四个象限，各象限中 N_e 与 N_o 的投影方向为已知。在 I、III 和 II、IV 象限中，常光与非常光的振动方向相反（图 2-44）。所以，只需插入补色器，根据四个象限内的干涉色升降情况，即可确定光性正负。插入补色器后，干涉色级序降低的两个象限的连线与补色器的 N_g 方向垂直时，光性为正；反之，干涉色级序降低的两个象限的连线与补色器的 N_g 方向平行时，光性为负。对于二轴晶矿物，利用 $\perp B_{xa}$ 和 $\perp OA$（或斜交不大）的切片可以确定矿物的光性正负。测定时将载物台由黑十字或黑直臂位旋转 45°，出现双曲线状黑弯臂，黑弯臂的顶点即为光轴出露点，两光轴出露点连线的垂直方向即为 N_m，以光轴出露点为顶点的黑弯臂为界限，将干涉图分为四个象限，双曲线凸出的两象限连成一片，这象限是干涉图的锐角范围。利用补色器，根据干涉色在黑弯臂内外的升降情况，确定两光轴点连线方向和 B_{xa} 方向折射率的大小。根据 B_{xa} 等于 N_g 还是 N_p，即可确定二轴晶光率体光性正负，其法则仍然是：插入补色器后，干涉色级序降低的两个象限的连

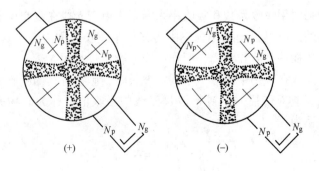

图 2-44　一轴晶光性正负的测定

线与补色器的 N_g 方向垂直时，光性为正；干涉色级序降低的两个象限的连线与补色器的 N_g 方向平行时，光性为负。

2.4　反光显微镜光片研究

反光显微镜是利用光线垂直照射到矿物磨光面（经研磨和抛光的试样表面）上，经反射产生的光线的光学性质及其特征，来鉴定矿物和研究显微结构。经过磨光的试样称为试样光片，所以反光显微镜研究法又称为光片研究法，简称光片法，它是金属材料和无机非金属材料等领域的一个重要研究手段。

2.4.1　反射光学基础

反光显微镜对矿物的鉴定主要是根据矿物两方面的性质：一是矿物光片在反光显微镜下显示出的各种光学性质和结晶习性；二是在反射光下测定矿物的某些物理性质和腐蚀试验结果。反射光下研究矿物的光学基础包括矿物的吸收性、反射力和非均质性等，反映矿物这些性质的基本光学常数是矿物的反射率。

2.4.1.1　吸收性

垂直射到矿物光片的磨光面、晶面及解理面等光滑表面上的光线，除一部分被矿物吸收外，还会形成透过矿物的透射光线和被光滑表面反射回原介质的反射光线，这三部分光线所占的比例因矿物的不同而不同。其中，偏光显微镜研究的主要是透射光线，而反光显微镜研究的主要是反射光线。

　　A　透明度及吸收性矿物

当光线透过一定厚度的物质后，物质会对光线产生吸收而使光线总强度减弱。不同矿物对光线的吸收能力强弱不同，根据光线透过标准厚度薄片后被吸收的程度，可以将所有介质的透明度分为透明、半透明、微透明和不透明四个等级。其中，透明和半透明矿物由于透射光线强度较大，主要是用偏光显微镜来研究试样薄片的；而微透明、不透明矿物和部分透明度较差的半透明矿物则必须使用反光显微镜来研究。不透明矿物是指那些对入射光吸收能力相当强，光线不能透过标准厚度薄片的矿物，又被称为吸收性矿物。

　　B　吸收系数和吸收率

矿物吸收性的强弱用吸收系数和吸收率来衡量。由于光线在真空中和在其他介质中传播时的波长是不同的，所以，光线在真空中传播一个波长，称为一个真空波长，以 λ_0 表示；光线在矿物中传播一个波长距离，叫作一个矿物波长，用 λ 表示。表示矿物吸收性的指数亦存在差别：光线在矿物中传播一个真空波长时，矿物对其的吸收值称为矿物的吸收系数，以 K 表示；矿物对传播一个矿物波长光线的吸收值，称为矿物的吸收率，以 k 表示，两者之间的关系为：

$$K = \frac{\lambda_0}{\lambda} \cdot k = N \cdot k \tag{2-6}$$

式中，N 为矿物的折射率。

矿物的吸收率 k 没有固定标准，所以矿物的吸收性都是用吸收系数 K 来表示的。对于均质体矿物，吸收系数各向同性；对于非均质体矿物，吸收系数各向异性，会随光线传播方向的不同而不同。

2.4.1.2 反射力和反射率

矿物对垂直照射到其光片磨光面上光线的反射能力称为矿物的反射力，反射率是反射力的数值表示，一般用反射光强与入射总光强之比表示矿物的反射率 R，即：

$$R = \frac{I_r}{I_i} \times 100\% \tag{2-7}$$

式中，I_r 为反射光强；I_i 为入射总光强。

矿物的反射率是反光显微镜下矿物的主要光学常数。所有矿物的反射率均小于100%，入射光的光强一定时，矿物的反射率与反射光强成正比。因此在反射光下同一光片中，越亮矿物的反射率就越大，较暗矿物的反射率较小。不同矿物的反射力相差很大，因此其反射率亦相差甚大。例如：透明矿物石英的反射率只有4%，因反射力很小，在反射光下的光片中仅呈现暗灰色，而不透明的吸收性矿物银（Ag）的反射力很强，反射率高达95%，在光片中则呈现亮白色。

2.4.2 反光显微镜

2.4.2.1 反光显微镜的构造

反光显微镜的种类及型号繁多，构造有时相差甚远，但基本构造原理都是相似的。图2-45为反光显微镜光学系统示意图，可以看到反光显微镜的构造与偏光显微镜基本相同，只是增加了一个供反射照明用的垂直照明器装置（图2-45中光源到反射器部分），因此，掌握反光显微镜的构造和使用方法的关键在于弄清楚垂直照明器的构造特点和性能，以及因增加了垂直照明器在仪器结构和光学附件等方面所引起的某些变化。

反光显微镜的垂直照明器一般固定在镜筒与物镜之间，由光源、进光管和反射器三部分组成。

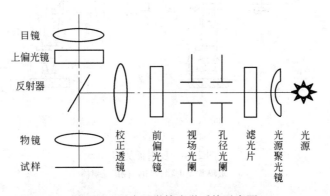

图 2-45　反光显微镜光学系统示意图

A　光源

反光显微镜的常用光源一般是小型低压钨丝卤素灯泡。在钨丝灯发出的连续光谱中加入不同颜色的滤光片，可获得纯白光（加蓝色滤光片）或可见光中不同的单色光。除钨丝灯外，有的还附有汞气灯、氙灯及钠光灯等。光源安装在垂直照明器的末端，灯泡装在偏心轮灯座上，偏心轮可调节灯光进入进光管的角度，使目镜视域内获得需要的照明光线。

B　进光管

从光源聚光镜到校正透镜等光学部件均装在一个金属空心管内，称为垂直照明器的进光管。从光源射出的光线进入进光管后首先遇到光源聚光镜，它使光线聚焦于光片表面上而不出现照明灯丝；经过蓝色滤光片吸收掉多余的红橙色光；通过孔径光阑来控制入射光束大小，调节影像反差；通过视场光阑来控制视域大小，遮挡进入视域的散射光线；用前偏光镜使自然光变为平面偏光；图像经过校正透镜以校正或消除成像缺陷。

C　反射器

反射器是获得垂直照明的主要装置，位于垂直照明器与镜筒交接处，可沿水平轴推进拉出。其作用主要是将进光管射来的水平光线反射向下，经物镜照射到光片的磨光面，从光片的磨光面反射回来的光线垂直向上，透过反射器或从反射器的侧面到达目镜的视域被观察研究。如图 2-46 所示，反光显微镜的反射器一般有玻璃片和棱镜两种类型。

玻璃片反射器是一块具有镜状表面的平板状玻璃片与光片磨光面成 45° 位置镶嵌在水平轴上构成（图 2-46（a））的。进光管的水平光线到达玻璃片后，一部分透过玻璃片后被镜筒吸收，另一部分被玻璃片反射向下经物镜到达光片磨光面。从磨光面反射向上的光线再经物镜照射到玻璃片上，一部分被反射散失，另一部分透过玻璃片经上偏光镜到达目镜被观察到。假如光线经物镜和其他光学零件及光片表面反射过程中，光线均无任何损失（实际上是不可能的），经玻璃片反射器两次反射后的最终光强，还不足入射总光强的1/4，实际上还要弱得多。玻璃片反射器的反射能力较弱，视域较暗，但视域光线均匀，分辨率较高。

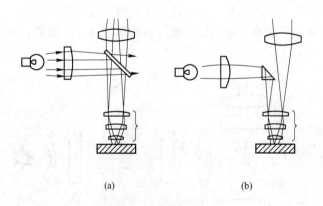

图 2-46　反射器类型

（a）玻璃片反射器；（b）棱镜反射器

棱镜反射器为一个等腰直角的玻璃棱镜，安装在与玻璃片反射器的同一轴上，使两等腰面处于水平与直立位置，倾斜面亦与光片的磨光面成 45°（图 2-46（b））。进光管的水平光线垂直射到棱镜直立面不改变方向而到达倾斜面，经 45° 位棱镜的倾斜面反射向下，透过物镜照射到光片的磨光面上，自磨光面反射向上的光线到达棱镜的倾斜面将被反射而不能通过，只能从没有棱镜反射器的空部位才能通过到达目镜被观察研究。因此，要求反射棱镜的宽度应小于镜筒内径的一半，留出一半空间作为从光片表面反射回来光线的通道。如光线无任何其他损失，目镜获得的光强则为入射总光强的一半。棱镜反射器的反射能力较强，视域较亮，但视域光线不均匀，分辨率降低。

目前的一些显微镜兼具有偏光显微镜和反光显微镜的功能，可以实现在一台显微镜下既可进行薄片研究又可进行光片研究。如图 2-47 为 LWT300LPT 透反射偏光显微镜，它通过位于显微镜侧下方的上/下光源切换开关和位于侧上方的透射/反射功能切换推杆实现在利用透射光研究薄片和利用反射光研究光片功能之间转换。由于该显微镜除了垂直照明部分外，其余与图 2-12 所示的偏光显微镜构造基本相同，所以图中的光学部件未予全部标注，使用时可参考图 2-12。

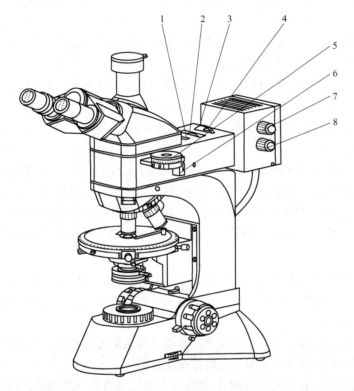

图 2-47　透反射偏光显微镜

1—视场光阑调节手轮；2—孔径光阑调节手轮；3—聚光镜调节手轮；4—滤光片转盘；
5—上偏光镜；6—前偏光镜；7—灯座横向调节旋钮；8—灯座纵向调节旋钮

2.4.2.2　反光显微镜的使用和校正

反光显微镜在使用前，除必须进行与偏光显微镜一样的实验前准备，物镜中心校正及上下偏光镜检查校正外，还要对光源、进光管、反射器及偏光系统进行调节及校正。反光显微镜的各主要光学和机械部件应满足下列要求：显微镜镜筒的光学轴应包含于反射器的对称面之内；视场光阑和孔径光阑的边缘应分别与视域边缘和物镜圆相重合，前偏光镜的振动方向与反射器的对称面相垂直。反光显微镜的调节主要包括物镜的中心校正、偏光系统的校正和垂直照明系统的校正。

A　物镜的中心校正

基于与偏光显微镜同样的原因，反光显微镜镜筒的光学轴也应与载物台的机械旋转轴相一致。因此，反光显微镜在使用前同样应进行中心校正，校正方法与偏光显微镜大体相同。

B　垂直照明系统校正

a　光源及反射器的调节

反光显微镜的光源一般装在垂直照明器的末端，调节时先做好准焦工作，观察目镜视域内亮度是否均匀，均匀时最亮部位应位于视域中部，否则就要适当缩小孔径光阑，调节偏心灯座中心调节螺钉，使最亮处位于视域中心，再反复调节光源聚光镜，使光线聚焦于光片表面上而不出现照明灯丝。

调节反射器时，使显微镜镜筒光学轴和反射器的对称面相重合，以保证入射偏光的振动方向与反射器对称面严格平行或垂直。为了检验上述关系是否满足，首先用低倍物镜对已经精确安装好的试样抛光面进行准焦，然后适当缩小视场光阑，使视域成一个边界清楚的小圆亮点，转动反射器旋转手柄，此时亮点移动轨迹要严格与目镜十字丝竖丝平行。若亮点移动轨迹与十字丝存在一定交角，说明反射器横轴位置不正确，应进行修理。

b　光阑的调节

垂直照明器内视场光阑和孔径光阑的中心应处于正确的位置，即当视场光阑开大后其边缘应与显微镜视域边缘相重合，或者当光阑尽量缩小后，小亮圆中心应处于十字丝交点上。对于孔径光阑要求其边缘应与物镜圆（即取下目镜或推入勃氏镜时物镜后透镜所呈现的亮圆）相重合。如上述关系不能满足，应通过光阑中心校正螺钉进行校正。

C　偏光系统的校正

反光显微镜的进光管中装有前偏光镜，前偏光镜的振动方向应垂直于反射器的对称面，并与上偏光镜振动方向成正交关系。上偏光镜振动方向一般处于南北向，前偏光镜的振动方向应处在东西向。

前偏光镜的振动方向可用双反射显著的石墨或辉钼矿光片检查，当光片中这两种矿物颗粒最亮，矿物的延长方向即为前偏光镜的振动方向。

前偏光镜和上偏光镜的振动方向正交的校正通过具有高反射率的均质矿物黄铁矿光片，在强光照射的低倍物镜下，当两偏光镜的振动方向正交时，黄铁矿光片出现一平行目镜十字丝竖丝的南北向黑带，在黑带两侧对称且略带灰色；否则就不正交，需转动两偏光镜之一，使黑带通过视域中心，且黑带两侧及两端的明亮程度一致，即表明两偏光镜的振动方向互相垂直成正交关系。

2.4.3　反光显微镜试样的制备

反光显微镜研究的对象是合格的磨光片（或称抛光片），简称为光片。光片的质量是利用反光显微镜鉴定矿物和进行显微结构分析的关键。有时可将已制成的厚度为 0.03mm 的薄片一面抛光而制成光片，称为光薄片。目的是在进行反射光研究的同时，可对同一试样进行透射光研究，因此，试样光片或光薄片的制备是进行反射光研究必须掌握的基础操作。

2.4.3.1 光片磨光面的质量

试样的光片是用金刚砂将小块试样一面磨平并抛光，抛光所获得的平面称为光片的磨光面（或抛光面）。合格的磨光面应是准物理镜面，不存在擦痕和麻点等缺陷。

所谓物理镜面是指平行光线照射后，只产生单向反射光线，而没有漫反射及乱反射的平面，不存在任何凹凸不平的现象。当然光片磨光面不可能抛光成物理镜面，但要求越接近物理镜面越好，因为粗糙的光片表面将使试样内细小的物相颗粒、点滴状包裹物、物相周围薄膜状包裹物、颗粒间结合层及界面结构等特征，都不能很好地被暴露出来进行研究和分析，还影响各项反光性质的测定。

擦痕是试样在研磨或抛光过程中较粗的金刚砂未洗净带到下道工序中，或试样上较硬的矿物剥落，结果使磨光面产生较深的划痕而未磨掉所造成的；麻点则是较细的一级金刚砂未将较粗的金刚砂研磨的凹坑磨平而残留在磨光面上造成的，抛光时间不够就会造成麻点。擦痕和麻点的存在均会影响显微结构的研究和结晶矿物的鉴定。对有擦痕和麻点等缺陷的光片，必须重新进行精磨和抛光，有时还需要从细磨开始进行磨光工作。

2.4.3.2 试样光片的制备

根据研究试样的状态，块状试样和粉末状试样有各自的制备程序和方法。

块状试样的制备过程包括：

（1）取样。根据观察目的和分析要求，选取具有代表性的试样部位，切割成约10mm×10mm×10mm的样块，并清洗干净。

（2）镶嵌和渗胶。对一些形状特殊或尺寸较小的试样，需进行镶嵌；对疏松或气孔较多的试样应进行渗胶。

（3）磨光。首先选择试样较平整的一面，放在磨片机上用240号粗金刚砂将表面磨平，并整理外观，磨去棱角并洗净，这一过程称为粗磨。接着用240~400号细金刚砂研磨刚才磨平的一面，直至将粗磨留下的痕迹全部清除为止，这一过程称为细磨。洗净后用更细的细砂（600号）研磨，直至表面十分平坦，放在亮处观察，隐约可见反光，这一过程称为精磨。

（4）抛光。抛光的主要目的是除去磨光过程中的痕迹，获得平整无瑕的镜面，并去除变形层。常用的方法有机械抛光、电解抛光和化学抛光等。其中，机械抛光使用最广泛，它是将抛光膏（或抛光粉）嵌在抛光织物纤维上，试样置于抛光机上，通过抛光织物在试样表面高速运动进行抛光，直至试样表面光亮如镜，反光显微镜下观察无明显划痕为止。电解抛光和化学抛光是化学溶解的过程，主要是根据粗糙试样表面凸起处和凹陷处附近存在细小的曲率半径，导致该处电势和化学势较高，在电解或化学抛光液的作用下优先溶解而使表面光滑。

（5）标记。抛光后的试样应进行编号，贴上标签，明确其来源和品名。

（6）侵蚀。根据观察目的和分析要求可以选择适合的侵蚀方法及侵蚀条件，对试样进行侵蚀。在机械抛光过程中由于热量和机械作用常在抛光面形成一层非晶态的薄膜层，影响对材料显微结构各种细节（晶界、微裂纹、气孔等）的观测。试样光片的侵蚀就是采取各种手段破坏和消除光片表面存在的非晶态薄膜层，使其内部物相和显微结构充分暴露。

侵蚀可分为化学侵蚀、电化学侵蚀、电解侵蚀、热侵蚀等，在无机材料显微结构分析中最常用的是化学侵蚀。化学侵蚀主要通过化学试剂与光片表面产生不同的化学作用来鉴定矿物和研究显微结构，这些化学作用包括：

1）溶解作用。化学试剂在光片磨光面的主要化学作用是溶解，溶解抛光过程中形成的非晶态薄膜，以显露光片中的细节，对光片表面的反射力、反射色等没有显著的影响。

2）化学沉淀。非晶态薄膜溶解的同时，化学试剂与矿物之间的化学反应常产生某些沉淀物，其覆盖在有关矿物光片表面，构成一层与矿物成分有关的沉积薄膜，不同沉积物将黏附在有关矿物表面，并常呈现不同的颜色，有利于矿物的鉴定和显微结构的研究。

3）矿物表面着色。经化学试剂侵蚀的光片表面，不同矿物颗粒常呈现不同的颜色。当化学试剂与矿物颗粒发生化学反应生成有色化合物或有色沉淀，某些颜色有利于矿物的鉴定。

4）发泡现象。化学试剂和某些矿物颗粒发生化学作用，常放出各种气体，出现发泡现象，化学试剂与矿物颗粒化学反应能否产生气泡及发泡的数量是鉴定某些矿物的依据之一。

粉状试样的制备是先用电木粉或粒状塑料在电木压型机内将粉状试样成型并固化成块状试样，再用块状试样光片的方法和步骤制备。

2.4.3.3　试样光薄片的制备

对于透明矿物与不透明矿物共存的情况，需要同时在透射光和反射光下进行显微结构分析，可以将试样制成光薄片，甚至超薄光薄片。制备光薄片时，先按薄片制备工艺将试样磨制成厚度为 0.03mm 的薄片，不加盖玻片（或将已制成的薄片用酒精除去盖玻片），用酒精将表面洗净，用细的金刚砂精磨，最后抛光即可。

2.4.4　反射光下矿物的光学性质

2.4.4.1　矿物反射率的测定

反射率是物相分析中一个非常重要的光学常数，它不仅对矿物的定性分析具有特殊的意义，而且在定量分析中也具有一定的价值。均质体矿物只有一个反射率；非均质体矿物的反射率会随着测定方向的变化而变化，这种性质称为双反射。常用的测定矿物反射率的方法有比较法、光电法等。

在反射光下用已知反射率的标准矿物光片与欲测矿物光片进行反射力比较，来确定欲测矿物反射率的方法称为比较法。此法比较简单，易于掌握，效果亦较好，平时多被采用。比较法又有并列比较法和比较显微法两种。

并列比较法是将标准矿物与欲测矿物两块光片用胶泥紧密并列在一起，直接在同视域内比较两者亮度，较亮者反射率大，反之则小。此法只能估计矿物的反射率范围，不能精确测量矿物的反射率值。比较显微法是用比色显微镜（由两台同型号的反光显微镜组合而成）进行的，可比较精确测定矿物的反射率值。

光电法是用光电显微光度计直接较精确测定矿物的反射率值。用此法测得的矿物反射率值，误差可控制在 0.3% 以下，而且仪器的灵敏度高，微小颗粒矿物的反射率值亦可进行测量。

2.4.4.2　矿物的反射色和反射的多色性

在白光照射偏光显微镜单偏光条件下矿物呈现的颜色，称为矿物的颜色；而反光显微镜下光片上矿物颗粒所显示的颜色，则称为矿物的反射色。它们都是矿物最突出的颜色特征。两者可以相似，亦可互为补色，有的矿物两者间完全无关。矿物的颜色和反射色分别是矿物对白光中各单色光选择吸收和选择反射的结果。

A　矿物的反射色

当一束白光照射到矿物的抛光面上，一部分即从矿物表面反射。若矿物对各色光的反射率相等，则矿物没有反射色。若矿物对各色光的反射具有选择性，那么自矿物表面反射的光就具有某种色彩，这就是矿物的反射色（也称表色）。矿物的表色除取决于矿物自身本性外，还与矿物颗粒周围颜色、照明光亮度及色调、磨光面质量和矿物的透明度等因素有关。

B　矿物反射的多色性

均质矿物对不同方向振动的平面偏光的反射力都相同，反射色也没有方向性，不同方向振动的平面偏光照射下产生的反射色相同。而对具有反射色的非均质矿物，由于各方向的反射率不等，其反射色的色调或浓度往往随测定方向而变化，矿物在单偏光系统下所表现的这种非均质效应称为反射的多色性。

2.4.4.3　内反射色

当一束白光照射到矿物的抛光面上，除了部分光线被反射和吸收外，还有一部分光线入射到矿物内部，当入射光遇到矿物内部的解理、裂隙、空洞及包裹体等，则在不同介质的分界面处被反射回来，这就是内反射作用（图 2-48）。经内反射的光可能仍为白光，也可能带有颜色。矿物由于内反射作用所呈现的颜色称为矿物的内反射色（也称体色）。显然，入射能力是产生内反射的充分条件，因此，内反射与矿物的透明程度有着密切关系。

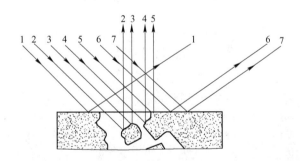

图 2-48　内反射作用

矿物的颜色、反射色和内反射色三者有着不同的概念：矿物的颜色是矿物对白光中七色波选择性吸收的结果；反射色（表色）是指矿物的光滑表面或磨光面上，因选择性反射作用所造成的颜色；内反射色（体色）是矿物内部反射作用（包括光的干涉作用）所形成的颜色。由于三种颜色的成因不同，在不同的矿物上会呈现不同的特征。

2.4.4.4　非均质效应

均质矿物和非均质矿物垂直于光轴的切片，在前偏光镜与上偏光镜构成的反射正交偏光系统下，对垂直入射的平面偏光只有反射作用，不改变偏光的性质，故前偏光镜产生的偏振光因不改变振动性质而无法通过上偏光镜，使视域黑暗。当旋转载物台一周，视域始终呈现黑暗，这种现象也称为全消光。

对于非均质矿物其余方向的切片，前偏光镜产生的平面偏光经矿物光片磨光面后发生双反射，产生两个振动方向互相垂直的反射平面偏光，到达上偏光镜时，因两者均与上偏光镜振动方向斜交，两反射平面偏光均要再次发生分解，两者各有一平面偏光透过上偏光镜，此时若符合相干条件而发生干涉，结果目镜视域中看到了带颜色的明亮反射光线。转动载物台360°，矿物光片也有四次消光位置和四次明亮位置，当使用白光照明时，矿物处于明亮位置时所显示的颜色称为矿物的偏光色。

2.4.4.5　反射贝克线

多晶多相集合体由于各相硬度的差别，在抛光过程中形成一种不连续的阶梯状表面（图2-49）。一般来说，相对抛光硬度较大的相会形成突起，在硬度不相等的两个矿物接触处将出现一个小斜面。在垂直照明条件下，射到小斜面的光线沿相边界部位将产生斜反射光，与垂直反射光交汇于较软相上方，形成一条平行于相边界的亮线，即为反射贝克线（有些文献中也称卡耳布线），提升镜筒反射贝克线移向较软相，下降镜筒移向较硬相一侧，相邻两个矿物的硬度相差越大，这一现象就越显著，这一规律有助于比较相邻相的硬度。

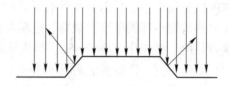

图 2-49　反射贝克线的形成

习题与思考题

2-1　比较概念：
  （1）自然光与偏振光；
  （2）均质体与非均质体；
  （3）颜色、表色与体色；
  （4）消光、全消光、四次消光。

2-2　什么是显微镜的分辨率和放大倍数？

2-3　何谓数值孔径，结合分辨率概念，说说如何提高光学显微镜的分辨能力？

2-4　偏光显微镜的检验和校正包括哪些内容，如何进行？

2-5　研究晶体形态具有哪些实际意义，为什么不能根据一个切面中的形态来判断晶体的实际形态？

2-6　偏光显微镜的三个光路系统如何调节，能进行哪方面研究？

2-7　什么是矿物的颜色、多色性和吸收性，为何非均质体矿物具有多色性？

2-8　什么是贝克线，其移动规律如何，有什么作用？

2-9　什么是矿物的糙面、突起和闪突起，决定矿物糙面的显著程度和突起等级的因素是什么？

2-10　什么叫干涉色，影响矿物干涉色的因素有哪些？

2-11　如何利用聚敛偏光系统鉴定晶体的光性和轴性？

2-12 如何确定矿物属于均质体还是非均质体？

2-13 简述光片、薄片与光薄片的制备方法。

2-14 反光显微镜如何进行调节和使用？

2-15 对试样光片侵蚀的目的是什么？

2-16 偏光显微镜与反光显微镜的构造有何不同？

2-17 白云母的三个主折射率为 $N_g = 1.588$，$N_m = 1.582$，$N_p = 1.552$，如果要制造干涉色为 $\frac{1}{4}\lambda$（147nm）的试板，在垂直于 N_g 切面上的切片厚度应为多少？

2-18 平行金红石（四方）（100）晶面取一薄片，测得 c 轴方向的折射率为 2.616，垂直 c 轴方向为 2.832。试绘制出其光率体，并给出最大双折射率及其光性正负。

2-19 普通辉石为正光性矿物，在正交偏光下其最高干涉色为二级黄（$R = 880$nm），垂直 B_{xa} 切面具有一级亮灰干涉色（$R = 210$nm），设 $N_g - N_m = 0.019$，求薄片厚度。

3 X 射线衍射分析

1895 年德国物理学家伦琴（W. C. Röntgen）发现 X 射线，几个月后，医学界就将 X 射线应用于诊断和医疗，后来人们又用它进行金属材料及机械零件的探伤，这些应用均属于 X 射线透射学。1912 年德国物理学家劳埃（M. Von Laue）等人发现了 X 射线在晶体中的衍射现象，提出了一组衍射方程描述了衍射方向与晶体结构的关系。劳埃的发现既证明了 X 射线是一种电磁波，又证实了晶体的周期性结构，从而为研究物质的微观结构开辟了崭新的道路，这一方法后来发展成为 X 射线衍射学。由于劳埃方程使用不方便，随后，英国物理学家布拉格父子（W. H. Bragg 和 W. L. Bragg）提出了晶面"反射" X 射线的概念，推导出简单而实用的布拉格方程。1914 年，莫塞莱（H. G. J. Moseley）发现了不同材料的同名特征谱线的波长与其原子序数之间的关系——莫塞莱定律，并最终发展成为 X 射线光谱学。本章针对 X 射线衍射学，介绍它在晶体结构研究，物相分析方面的应用，并简单介绍它在晶体取向的测定及精细结构研究方面的应用。

3.1 X 射线的物理基础

3.1.1 X 射线的本质

X 射线是波长极短的电磁波，其波长范围在 0.001～10nm，波长介于紫外线和 γ 射线之间。波长在 0.05～0.25nm 的 X 射线其波长与晶体中的原子间距比较接近，当它照射晶体物质时会产生衍射现象，因此常用于 X 射线晶体结构分析。

X 射线具有波动性和粒子性双重特性。在解释 X 射线在传播过程中发生的干涉与衍射现象时，突出 X 射线的波动性，它具有一定的振动频率（ν）、波长（λ）和传播速度（$c \approx 3.00 \times 10^8 \text{m/s}$），并且三者之间符合公式：$\lambda = c/\nu$。在考虑 X 射线与其他物质相互作用时，则将它看成粒子流，这种微粒子通常称为光子，X 射线以 X 射线光子的形式辐射或吸收时，具有一定的质量（m）、能量（E）和动量（P）。它们之间存在如下关系：

$$E = h\nu = h\frac{c}{\lambda} \tag{3-1}$$

$$P = \frac{h}{\lambda} \tag{3-2}$$

式中，h 为普朗克常数，$h = 6.626 \times 10^{-34} \text{J} \cdot \text{s}$。

可以看到，X 射线的波长越短，能量越高，穿透能力就越强，通常称为硬 X 射线；反之，波长长的 X 射线能量低，穿透能力弱，称为软 X 射线。

3.1.2 X 射线的强度

通常以单位时间内通过垂直于 X 射线传播方向的单位面积上的能量（即所有光子的能

量总和）来表示 X 射线的强度，常用 I 表示。当强调 X 射线的波动性时，X 射线的强度为：

$$I = \frac{c}{8\pi} E_0^2 \tag{3-3}$$

式中，E_0 为电场强度向量的振幅。

当将 X 射线当成光子流时，X 射线的强度等于光子流密度和每个光子能量的乘积。

3.1.3　X 射线的产生

当高速运动的电子被物质阻止时，伴随电子动能的消失与转化，产生 X 射线。所以要产生 X 射线必须具备以下四个条件：

（1）有产生自由电子的电源，如加热钨丝发射热电子；

（2）设置自由电子撞击靶，如阳极靶用以产生 X 射线；

（3）施加在阴极和阳极之间的高压，用以加速自由电子朝阳极靶方向加速运动；

（4）将阴阳极封闭在高真空中（约 $10^{-4}\mathrm{Pa}$），保持两极纯洁，促使加速电子无阻碍地撞击到阳极靶上。

通常实验室用的 X 射线由 X 射线机产生，X 射线机主要由 X 射线管、高压变压器、电压和电流调节稳定系统等构成。X 射线管是 X 射线机的核心部分，用以产生 X 射线。目前常见的是封闭式电子 X 射线管，其结构示意图见图 3-1。封闭式电子 X 射线管实质是一个真空二极管，它的基本构造包括：

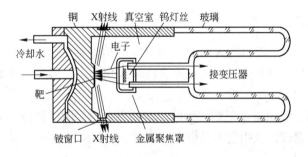

图 3-1　封闭式电子 X 射线管结构示意图

（1）阴极。阴极是发射电子的地方。一般由绕成螺旋状的钨丝制成，通电加热后释放出自由电子。在阴极和阳极之间数万伏高压电场的作用下，这些自由电子加速奔向阳极。阴极灯丝外面金属聚焦罩的主要作用是使电子束集中。

（2）阳极。阳极又称为靶，它的主要作用是使电子突然减速并发射 X 射线。高速电子转换成 X 射线的效率只有 1%，其余 99% 都作为热而散发了。因此阳极常分成两部分：管座和靶。管座用导热性能好，熔点高的青铜或紫铜制作，靶材料常见的有 Fe、Co、W、Ag、Mo、Ni、Cu、Cr 等。为了防止阳极靶过热而使 X 射线管损坏，还需要循环水冷却阳极靶。

X 射线管的功率有限，大功率需要用旋转阳极（图 3-2）。通过使阳极靶高速旋转不断改变电子束轰击位置，使靶面有充分的时间散热，在提高 X 射线管功率的同时解决了阳极靶过热的问题。

　　阳极靶表面被电子轰击的地方称为焦点（或焦斑），X射线就是从这块面积上发射出来的，焦点的尺寸和形状是X射线管的重要特性之一。焦点的形状和大小取决于灯丝的形状和聚焦罩，螺形灯丝产生长方形焦点，常为1mm×10mm的长方形（图3-3a）。X射线衍射工作中希望细焦点和高强度，细焦点可提高分辨率；高强度则可缩短曝光时间。

　　（3）窗口。X射线由阳极靶射出的地方称为窗口。窗口既要有足够的强度保持X射线管的真空度，又要对X射线吸收小，所以常用金属铍制成（厚度约为0.2mm）。窗口的位置设在与焦点长边或短边相互垂直的地方，一般设2~4个，窗口与靶面常成3°~6°的斜角，这样在与焦点的短边相互平行的方向上可以获得0.1mm×10mm的线光源（图3-3b），而在与焦点的短边相互垂直的方向上会产生1mm×1mm的点光源（图3-3c）。

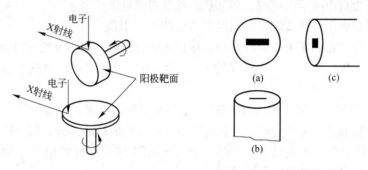

　　　　　图3-2　旋转阳极结构示意图　　　　　图3-3　X射线管的焦点

3.1.4　X射线的性质

　　X射线的波长短，不能引起人的视觉和触觉，但能使气体电离，引起荧光物质发光、胶片感光等。可以通过这些间接方式观察或检测X射线。X射线穿透本领强，特别是硬X射线，X射线探伤在工业、医疗工作中用途很多。X射线能引起辐射损伤，有破坏杀死生物组织细胞的作用，因此与X射线接触时一定要有必要的防护措施。X射线穿过电、磁场时传播方向不发生偏转，说明它不是带电粒子流。X射线穿过物质时强度有所衰减，说明它与物质有相互作用。

3.1.5　X射线谱

　　当在一定条件下测量由X射线管发出的X射线的波长λ和强度I，便可以绘制出X射线的相对强度随波长变化的关系曲线，即X射线谱，如图3-4所示。整个谱线呈两种分布特征：丘包状曲线为连续X射线谱，而竖直尖峰状曲线为特征X射线谱。它们对应着两种X射线辐射的物理过程。

　　连续X射线谱又称为白色X射线谱，它有一个强度的最大值和波长的最小值，强度最大值所对应的波长用λ_{max}表示，波长的最小值称为短波限，用λ_0表示。连续X射线谱包括从短波限λ_0开始的各种波长的X射线，其强度随波长是连续变化的。

　　特征X射线谱又称为标识X射线谱，它是由若干条特定波长的谱线构成，谱线的波长与X射线管的管电压，管电流等工作条件无关，只取决于阳极靶材料。特征X射线只

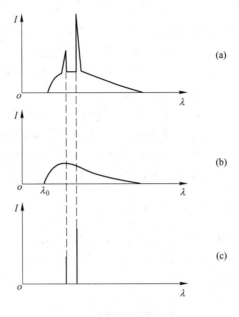

图 3-4 X 射线谱的构成

有当 X 射线管的管电压超过某个特定的数值（即激发电压）时才会产生。此时，特征 X 射线谱叠加于连续 X 射线谱之上。

3.1.5.1 连续 X 射线谱

A 连续 X 射线谱实验规律

图 3-5 画出了连续 X 射线谱强度随管电压 V、管电流 i 和阳极靶材料的原子序数 Z 的变化情况，可以看到，对于钨靶 X 射线管，当管电流不变，增加 X 射线管管压时，各种波长 X 射线的相对强度一致增高，最大强度所对应的 X 射线波长 λ_{max} 和短波限 λ_0 变小；当固定管电压，而管电流增加时，各种波长 X 射线的相对强度一致增高，但 λ_{max} 和 λ_0 数值大小不变；当改变阳极靶元素时，各种波长 X 射线的相对强度随原子序数的增加而增加，但 λ_{max} 和 λ_0 不变。

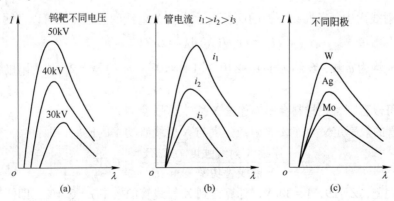

图 3-5 各种条件对连续 X 射线强度影响示意图

　　B　近代量子理论对连续 X 射线谱产生原因的解释

　　当 X 射线管中高速电子射到阳极表面时，电子运动突然受到制止，产生了极大的负加速度，根据电磁学理论，电子周围的电磁场将发生急剧变化，必然要产生一个电磁波，数量极大的电子射到阳极靶上，由于到达靶上的时间和被减速的情况各不相同，因此产生的电磁波将具有连续的各种波长，形成连续 X 射线谱。

　　在射到阳极靶上的大量电子中，其中总有一些电子一次撞击即被制止，从而立即释放出其所有的能量；而另外一些电子则需要和靶中的原子碰撞许多次而逐渐丧失自己的能量，直到完全耗尽。首次撞击即被终止的电子将产生最大能量的光子，即最短波长的 X 射线。因此，能量为 eV 的电子和阳极靶碰撞产生光子的能量必定小于等于 eV，即：

$$h\nu \leqslant eV \Rightarrow h\frac{c}{\lambda} \leqslant eV \Rightarrow \lambda \geqslant \frac{hc}{eV} \tag{3-4}$$

式中，e 为电子电荷，$e = 1.60 \times 10^{-19}$ C；V 为 X 射线管管电压。

　　因此，产生的连续 X 射线谱有一频率上限 ν_m 和波长下限 λ_0，将以上各常数代入公式，并将波长用 nm 表示，管电压单位为 kV，可得：

$$\lambda_0 = \frac{hc}{eV} = \frac{1.24}{V} \tag{3-5}$$

　　从上式可以看出，连续 X 射线谱的短波限只与管电压有关，当固定管电压而增大管电流或者增大阳极靶材料原子序数时，λ_0 不变，而仅仅使各波长 X 射线的强度增高。当增加管电压时，撞击阳极靶的电子的动能，电子与靶原子碰撞次数和辐射出的 X 射线光子的能量都会增加；随着管电流的增加，每秒钟撞击靶的电子数目增加，这些均会导致连续 X 射线强度增加。这就解释了连续 X 射线谱的实验规律。

　　X 射线的强度定义表明，X 射线的强度是由光子的能量 $h\nu$ 和它的数目 n 两个因素决定的，有：

$$I = nh\nu \tag{3-6}$$

　　尽管短波限所对应的单个光子的能量最大，但因其数量少，所以连续 X 射线谱中强度最大值所对应的波长 λ_{max} 并不等于 λ_0。

　　C　连续 X 射线的总强度和 X 射线管的效率

　　连续 X 射线谱中每条曲线下面的面积表示连续 X 射线的总强度。可以证明：

$$I_{连} = \int_{\lambda_0}^{\infty} I(\lambda)\,\mathrm{d}\lambda = CiZV^m \tag{3-7}$$

式中，C 和 m 均为常数，C 约等于 $1.1 \times 10^{-9} \sim 1.4 \times 10^{-9}$，$m$ 约等于 2；Z 为阳极靶元素的原子序数。

　　由上式可以看到，靶材料会影响连续 X 射线总强度。

　　X 射线管的效率定义为连续 X 射线强度与 X 射线管功率的比值，即：

$$\eta = \frac{连续 X 射线强度}{X 射线管功率} = \frac{CiZV^2}{iV} = CZV \tag{3-8}$$

　　当选用铜靶，$Z = 29$；$V = 30$ kV，计算得到 X 射线管的效率 $\eta = 0.1\%$，即使用原子序数大的钨靶，在管压高达 100 kV 的情况下，X 射线管的效率也仅有 1% 左右，99% 的能量都转变为热能。所以 X 射线管的效率很低，靶材料的选择受到很大限制，它必须是熔点高或导热性很好的金属材料，并且都必须进行水冷，所以实际上常用作靶的金属为数不多。从X射线管的效率定义还可以看到，以原子序数较高的元素（即重金属）制造管靶较为有利，同时，升高管电压能提高X射线管的效率。

3.1.5.2 特征X射线谱

对于特定的靶材料，当管电压小于激发电压时，只产生连续谱，当管电压达到激发电压时，伴随着特征X射线谱的产生，X射线的强度显著增大。

A 特征X射线谱的实验规律

特征X射线谱具有一定的激发电压，每种物质的激发电压是一个定值；特征X射线谱对应的波长只和靶材料的原子序数有关；当管电压和管电流增大时，特征X射线的波长不变，只是强度相应增加。

B 对于特征X射线谱产生原因的解释

根据原子物理学知识，原子核外电子的运动状态由 n（主量子数），l（角量子数），m（磁量子数），s（自旋量子数）等来表征，也相应表征了电子的能量状态，n 值相同的原子轨道归并称为同一电子层。原子中的电子分布在以原子核为核心的若干壳层中，光谱学中依次称为 K，L，M，N…壳层，分别对应于主量子数 $n=1$，2，3，4…，K→L→M→N 能量依次递增。在正常情况下，电子总是先占满能量最低的壳层，越靠近原子核相邻两层间能量差越大。

从X射线管中的热阴极发出的电子在高电压作用下以很快的速度撞到阳极上时，若X射线管的管电压超过某一临界值 V_k 时，电子的动能就足以将阳极物质原子中的K层电子撞击出来，在K层形成一空位，这一过程称为激发，V_k 称为K系激发电压。此时，体系处于不稳定的激发态。按能量最低原理，电子具有尽量往低能级跑的趋势，所以当K层有一空位时，L，M，N…层中的电子就会跃入此空位，同时将它们多余的能量以X射线光子的形式释放出来，产生特征X射线谱（图3-6）。因物质一定，原子结构一定，两特定能级间的能量差一定，故辐射出的特征X射波长一定。此X射线的能量为电子跃迁前后两能级的能量差。

当电子被打出K层时，如L层电子来填充K空位时，则产生 K_α 辐射。同样当M层电子填充K空位时，则产生 K_β 辐射，当N层电子填充K空位时，则产生 K_γ 辐射…。它们分别产生 K_α、K_β、K_γ…谱线，它们共同构成K系特征X射线。当L层电子填充K层后（或L层电子被激发），原子由K激发态变成L激发态，此时更外层如M、N…层的电子将填充L层空位，产生L系辐射，形成L系特征X射线。同样当M层电子被激发时，就会产生M系特征X射线…。因此，当原子受到K系激发时，除产生K系特征X射线外，还将伴随产生L系、M系…特征X射线。而K系、L系、M系…特征X射线又共同构成此原子的特征X射线谱。所以，虽然激发电压 $V_K>V_L>V_M$，但在结构分析中常用金属靶的K系特征X射线，而L系、M系…特征X射线因波长长、强度弱而被窗口物质吸收，衍射分析工作中很少用到，所以这里主要讨论K系特征X射线。

在K系特征X射线中，L能级与K能级能量差小于M能级和N能级与K能级能量差，即一个 K_α 光子的能量小于一个 K_β 或 K_γ 光子的能量（$\lambda_{K_\gamma}<\lambda_{K_\beta}<\lambda_{K_\alpha}$），但由于电子由M层和N层跃入K层的概率较电子由L层跃入K层的概率小，所以根据式（3-6），K_β、K_γ 的

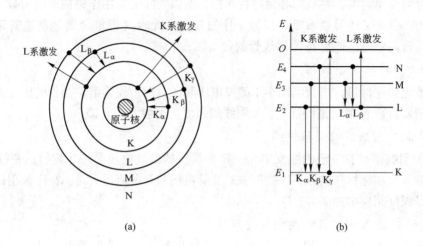

图 3-6   特征 X 射线产生原理图

强度比 K_α 低很多（$I_{K_\alpha} : I_{K_\beta} \approx 150 : 22$）。

当电子从主量子数为 n_2 的壳层跃入主量子数为 n_1 的壳层时，发出的 X 射线光子频率由下式决定：

$$h\nu_{n_2 \to n_1} = E_{n_2} - E_{n_1} = Rhc(Z-\sigma)^2\left(\frac{1}{n_1^2} - \frac{1}{n_2^2}\right) \qquad (3\text{-}9)$$

式中，$\nu_{n_2 \to n_1}$ 表示电子从主量子数为 n_2 的壳层跃入主量子数为 n_1 的壳层所释放的 X 射线频率；E_{n_1} 和 E_{n_2} 分别为主量子数为 n_1 和 n_2 壳层中电子的能量；σ 为屏蔽常数；R 为德伯常数；对于 K_α 谱线，$n_1 = 1$，$n_2 = 2$，则：

$$h\nu_{K_\alpha} = \frac{3}{4}Rhc\ (Z-\sigma)^2 \Rightarrow \lambda_{K_\alpha} = \frac{c}{\nu_{K_\alpha}} = \frac{4}{3} \cdot \frac{1}{R\ (Z-\sigma)^2} \qquad (3\text{-}10)$$

简写为

$$\sqrt{\frac{1}{\lambda}} = K\ (Z-\sigma) \qquad (3\text{-}11)$$

式中，λ 为 K_α 谱线的波长；K 为常数。

莫塞莱发现物质发出的特征谱波长与它本身的原子序数间存在以上关系，式（3-11）称为莫塞莱定律。它表明特征 X 射线谱的频率（或波长）只与阳极靶物质的原子结构有关，而与其他外界因素无关，是物质的固有特性。根据莫塞莱定律，测得未知元素的特征 X 射线波长，与已知元素的波长相比较，可以确定它是什么元素，这是 X 射线光谱分析的基本依据。

原子的能级结构非常复杂（图 3-7），每个主能级都分别由若干个子能级构成，如 L 壳层的能级由 L_1、L_2、L_3 三个子能级构成；M 壳层的能级由五个子能级构成；N 层由七个子能级构成……，电子在各能级之间的跃迁必须服从一定的选择规则。L 层的 8 个电子的能量并不相同，分别位于三个子能级上。实际上，K_α 谱线是由 K_{α_1} 和 K_{α_2} 组成的，K_{α_1} 和 K_{α_2} 谱线分别是电子从 L_3 和 L_2 子能级跳入 K 级空位时产生的（由 L_1 子能级到 K 层因不符合选择规则而没有辐射），由于 L_3 和 L_2 能级的能量值相差很小，所以 K_{α_1} 和 K_{α_2} 谱线的波长很接近，仅差 0.004Å（1Å = 0.1nm）左右，通常无法分辨。所以，常以 K_α 代表它们，

并以 K_{α_1} 和 K_{α_2} 谱线波长的加权平均值作为 K_α 谱线的波长，根据实验测得两者的强度比 $I_{K_{\alpha_1}} : I_{K_{\alpha_2}} \approx 2 : 1$，所以有：

$$\lambda_{K_\alpha} = \frac{2}{3}\lambda_{K_{\alpha1}} + \frac{1}{3}\lambda_{K_{\alpha2}} \tag{3-12}$$

特征 X 射线的强度与同时发生的连续 X 射线的强度相比是很强的，对于一般情况下使用的 X 射线管而言，K_α 谱线的强度约是其紧邻的连续谱线强度的 90 倍。对 K 系谱线而言，有：

$$I_K = Bi\,(V - V_K)^n \tag{3-13}$$

式中，B 和 n 为常数，n 约等于 1.5~1.7；V_K 为 K 系激发电压。

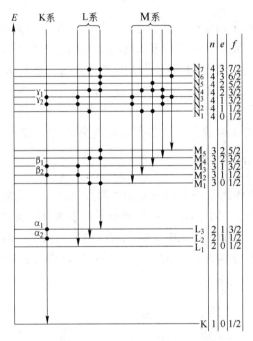

图 3-7　电子能级和可能产生的部分特征 X 射线

在 X 射线晶体衍射分析工作中，主要是利用 K 系辐射，从公式中可以看到 K 系特征 X 射线的强度随管电压和管电流的增大而增大，但当管电压和管电流增大时，与特征 X 射线同时产生的连续 X 射线强度也提高了。而连续谱增加了衍射花样的背底，因此实际工作中希望特征 X 射线谱强度与连续谱强度之比越大越好，根据式（3-7）和式（3-13）可以求出 K 系特征 X 射线谱强度和连续 X 射线谱强度的比值（$I_K/I_连$）与工作电压和激发电压比值（V/V_K）之间的关系（图 3-8），可以看到当工作电压为 3~5 倍的 K 系激发电压时，$I_K/I_连$ 比值较大。

特征 X 射线在材料研究工作中有两方面的应用：一方面，每种化学元素都有其特定波长的特征 X 射线谱，可以用特征 X 射线的波长来识别化学元素，进行成分分析，这种分析方法称为 X 射线光谱分析；另一方面，一般晶体的点阵常数在几个埃，若在相同数量级波长的 X 射线照射下，则可产生衍射效应。根据衍射线的位置和强度等相关信息分析晶体的结构，这种分析方法称为 X 射线衍射分析。

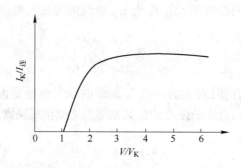

图 3-8   特征谱强度和连续谱强度比值与工作电压和激发电压比值的关系

特征 X 射线来源于原子内层电子的跃迁。实际上，除了用高速运动的电子激发产生特征 X 射线外，高速运动的质子，中子以及 X 射线，γ 射线等都可以激发出特征 X 射线。当用 X 射线照射某种物质时，若 X 射线的光子能量大于该物质的 K 系激发能，就能激发出该物质的 K 系特征 X 射线来，这种由 X 射线激发而产生的次级特征 X 射线又称为荧光 X 射线，在 X 射线衍射分析中，荧光 X 射线是有害的，它增加衍射花样的背底。但在元素分析中，则需要利用荧光 X 射线，它是 X 射线荧光分析的基础。

3.1.6   X 射线与物质的相互作用

X 射线与物质的相互作用是一个比较复杂的物理过程。就能量转换而言，一束 X 射线通过物质时，其能量可分为三个部分：一部分光子由于和原子碰撞而改变前进的方向，产生散射线；另一部分光子可能发生光电效应和俄歇效应而被原子吸收；还有一部分光子可能透过物质继续沿原来的方向传播。图 3-9 反映了 X 射线通过物质时与物质产生的相互作用。

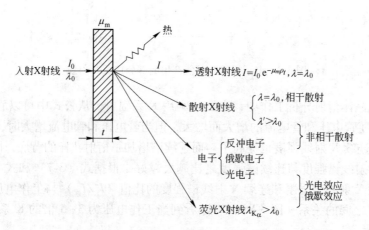

图 3-9   X 射线与物质的相互作用

3.1.6.1   散射现象

X 射线与物质发生相互作用，使得 X 射线偏离了原来的传播方向而发生散射现象。X 射线散射分为相干散射和非相干散射。

A　相干散射

相干散射又称经典散射或汤姆逊散射。它是指当 X 射线光子与原子内的紧束缚电子相碰撞时，光子的能量不受损失，而只改变方向，所以这种散射线的波长与入射线相同，并且具有一定的相位关系，它们可以互相干涉形成衍射图样，所以称为相干散射。相干散射是 X 射线在晶体中产生衍射现象的基础。

相干散射的实质是电子在 X 射线电场的作用下，产生受迫振动，每个受迫振动的电子变成新的电磁波源，向空间各个方向辐射与入射 X 射线同频率的电磁波，即入射线被电子散射的实质是在入射线的作用下电子作为新的电磁波源产生的次级电磁辐射。

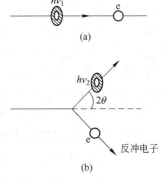

B　非相干散射

当 X 射线光子与原子内束缚很弱的外层电子或自由电子碰撞时（图 3-10），电子被撞向一边成为反冲电子，而 X 射线光子则被撞偏了一个角度，将散射线与入射线间的夹角称为散射角。因光子的部分能量传递给电子，损失了能量，波长变长了，这种散射现象称为康普顿散射或康普顿-吴有训散射，也称不相干散射。

图 3-10　非相干散射示意图
（a）碰撞前；（b）碰撞后

根据动量和能量守恒定律，散射 X 射线的波长 λ' 和入射 X 射线波长 λ 之差与散射角有关：

$$\Delta\lambda = \lambda' - \lambda = 0.0243(1 - \cos2\theta) \tag{3-14}$$

式中，2θ 为散射角。

非相干散射突出地表现出 X 射线的粒子性，必须用量子理论来描述，也称量子散射。因散射线分布于各个方向，波长各不相等，不能产生干涉现象。在衍射工作中，会增加连续背底，给衍射图像带来不利的影响，特别是对轻元素。

3.1.6.2　光电效应和俄歇效应

光电效应和俄歇效应产生示意图见图 3-11。当入射 X 射线波长足够短时，其光子的能量等于或大于将原子某一壳层电子激发出来所需要的脱出功时，就能把原子中处于某一能级的电子打出来，而它本身则被吸收，它的能量就传递给了该电子，使之成为具有一定能量的光电子，并使原子处于高能激发态，产生荧光 X 射线。即光电效应是光子激发原子所产生的激发辐射过程，类似于电子与阳极靶原子产生碰撞。被 X 射线击出壳层的光电子，它带有壳层的特征能量，所以可用来进行成分分析，这种分析方法称为 X 射线光电子能谱分析。

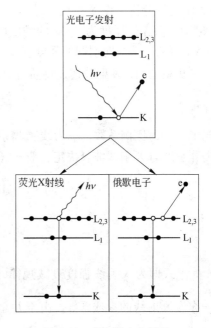

图 3-11　光电效应和俄歇效应产生示意图

由于光电效应使原子内层出现空位，外层电子跳入此空位会产生荧光 X 射线。但其多余的能量也可以不以 X 射线的形式释放出来，而是传递给其他外层的电子，使之脱离原子。例如：当 K 层电子被打出后，L 层的一个电子会跃入 K 层，而将多余的能量传递给 L 层的另一个电子使之脱离原子产生二次电离（即 K 层的一个空位被 L 层的两个空位所代替），这个具有特征能量的电子称为俄歇电子，此过程称为俄歇效应。

俄歇电子由参与俄歇效应的三个能级命名，从 L 层跳出原子的电子称 KLL 俄歇电子。俄歇电子的能量与激发源的能量无关，只取决于物质原子的能级结构，因此每种原子的俄歇电子均具有特定的能量，测定俄歇电子的能量，即可确定该种原子的种类。所以，可以利用俄歇电子能谱作元素的成分分析。不过，俄歇电子的能量很低，一般为几百电子伏特，其平均自由程非常短，人们能够检测到的只是表面两三个原子层发出的俄歇电子，因此，俄歇电子能谱仪是研究物质表面微区成分的有力工具。

伴随着光电效应和俄歇效应的发生，产生光电子，俄歇电子和荧光 X 射线。通常它们是同时存在的，而且都带有壳层的特征能量，可以利用它们进行相应的分析工作。

3.1.6.3　X 射线的吸收及其应用

当 X 射线通过物质时，由于受到散射、光电效应等的影响，强度将会减弱，这种现象称为 X 射线的吸收。

A　强度衰减规律

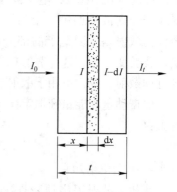

图 3-12　X 射线通过物质后强度的衰减

入射 X 射线通过物质时，由于发生了能量的转换或损失，沿透射方向上强度会显著下降。如图 3-12 所示，当一束强度为 I_0 的 X 射线，通过厚度为 t 的物体后，强度衰减为 I_t。为了得到强度的衰减规律，现取离表面为 x 的一薄层 $\mathrm{d}x$ 进行分析。设 X 射线穿过厚度为 x 的物体后，强度衰减为 I，而穿过厚度为 $x+\mathrm{d}x$ 的物质后的强度为 $I-\mathrm{d}I$，则通过 $\mathrm{d}x$ 厚的一薄层时引起的强度衰减为 $\mathrm{d}I$。

实验证明，X 射线透过物质时引起的强度衰减与所通过的距离成正比，即：

$$\frac{(I-\mathrm{d}I)-I}{I} = -\frac{\mathrm{d}I}{I} = \mu_l \mathrm{d}x \qquad (3-15)$$

式中，μ_l 为比例系数，称为线吸收系数，其单位为 cm^{-1}，它的值由被照射物质的元素种类、密度与 X 射线波长决定，对式（3-15）两边积分，得到：

$$\int_{I_0}^{I_t} -\frac{\mathrm{d}I}{I} = \int_0^t \mu_l \mathrm{d}x$$

$$\ln\left(\frac{I_t}{I_0}\right) = -\mu_l t$$

$$I_t = I_0 \mathrm{e}^{-\mu_l t} \qquad (3-16)$$

上式即为 X 射线强度衰减规律，它表明 X 射线通过物质时，强度按指数规律衰减。$\dfrac{I_t}{I_0}$ 称为 X 射线的穿透系数，由于 I_t 总是小于 I_0，所以 X 射线的穿透系数小于 1，穿透系数越小，则表示 X 射线被衰减的程度越大。由式（3-15）得到 $\mu_l = \dfrac{-\mathrm{d}I/I}{\mathrm{d}x}$，所以 μ_l 表示 X 射线通过单位长度的物质时强度的衰减，根据 X 射线强度的定义，μ_l 也可以表示 X 射线通过单位体积的物质时能量的衰减。令 $\mu_m = \dfrac{\mu_l}{\rho}$，$\rho$ 为物质密度，把 μ_m 称为质量吸收系数，其单位为 cm^2/g，它表示 X 射线通过单位质量物质时能量的衰减。此时，式（3-16）也可写成：

$$I_t = I_0 e^{-\mu_m \rho t} \tag{3-17}$$

质量吸收系数 μ_m 只与吸收体的原子序数和 X 射线的波长有关，而与吸收体的密度无关。当物质的状态发生变化时，质量吸收系数不变，所以在实际工作中经常用质量吸收系数表示 X 射线通过物质后的衰减。

如果吸收体并非单一元素，而是由多种元素组成的化合物、混合物、陶瓷、合金等，其质量吸收系数由被照射物质原子本身的性质决定，与这些物质原子间的结合方式无关。此时，多种元素组成的物质的质量吸收系数由下式决定：

$$\mu_m = \omega_1 \mu_{m1} + \omega_2 \mu_{m2} + \omega_3 \mu_{m3} + \cdots = \sum_{i=1}^{n} \omega_i \mu_{mi} \tag{3-18}$$

式中，ω_i 为第 i 种元素的质量分数，%；μ_{mi} 为第 i 种元素的质量吸收系数；n 为组成该物质的元素数。

实验证明，元素的质量吸收系数 μ_m 与 X 射线波长的关系近似如图 3-13 所示，该关系曲线是由一系列的吸收突变点和这些突变点之间的连续曲线段构成。两个相邻突变点之间的曲线段，其质量吸收系数近似与波长 λ 和吸收体原子序数 Z 乘积的三次方成正比，即 $\mu_m \propto \lambda^3 Z^3$。这表明，当吸收物质一定时，X 射线的波长越长越容易被吸收，穿透能力越弱；当 X 射线的波

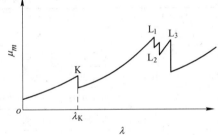

图 3-13　质量吸收系数与波长的关系

长固定时，吸收体的原子序数越高，X 射线越容易被吸收。在曲线突变点处所对应的波长称为吸收限，吸收限也有 K 系（包含一个），L 系（包含 L_1、L_2、L_3 三个），M 系（包含五个）…之分，通常以 λ_K，λ_{L1}，λ_{L2}…来表示。

吸收限的存在是由于物质原子中的电子处在一定的能级上，具有一定的能量。当 X 射线照射到物质上时，随着入射 X 射线波长的减小，其频率随之增加；光子能量变大，穿透物质的能力增强，质量吸收系数下降。但当入射 X 射线的波长减小到某一临界值（λ_K）时，光子的能量就增大到足以将对应能级 E_K 上的电子撞击出来，此时光子的能量被大量吸收，转化为荧光 X 射线、光电子及俄歇电子的能量，所以使得质量吸收系数突然增大。当波长继续减小时，虽然已足够撞出内层电子，但由于穿透能力相应增加，所以吸收系数 μ_m 减小。可见，λ_K，λ_{L1}，λ_{L2}…分别是与不同能级能量 E_K，E_{L1}，E_{L2}…相对应。

利用吸收限可以计算靶材料的激发电压，例如对 K 系激发电压 V_K 有：

$$eV_K = E_K = h\nu_K = \frac{hc}{\lambda_K} \tag{3-19}$$

$$V_K = \frac{hc}{e\lambda_K} = \frac{1.24}{\lambda_K} \tag{3-20}$$

式中，λ_K 为阳极靶材料的 K 系吸收限，用 nm 表示，管电压单位为 kV。激发不同元素产生不同谱线的荧光辐射所需要的临界能量条件是不同的，所以它们的吸收限也各不相同。

B　吸收限的应用

a　阳极靶材料的选择

在 X 射线衍射晶体结构分析工作中，我们不希望入射的 X 射线激发出试样的大量荧光辐射。大量的荧光辐射会增加衍射花样的背底，使图像不清晰。避免出现大量荧光辐射的原则就是选择入射 X 射线的波长，使其不被试样强烈吸收，也就是选择阳极靶材料，让靶材产生的特征 X 射线波长大于试样的吸收限，这样就不能产生荧光 X 射线。同时还应注意到，不要把阳极靶的波长选得过长，因为这样会造成试样对 X 射线吸收程度的增加，这也是衍射实验所不希望看到的。所以最合理的选择应该是：靶元素的特征波长 λ_{K_α} 必须稍大于试样元素的 K 系吸收限 λ_K。按照这样的原则，可总结出靶材料原子序数 $Z_{靶}$ 和试样原子序数 $Z_{试样}$ 之间的规律：$Z_{靶} \leqslant Z_{试样} + 1$。对于多元素的试样，原则上是以含量较多的几种元素中原子序数最小的元素为准来选择靶材料。在表 3-1 中列出了常用的几种阳极靶材料特征 X 射线的波长及其他相关数据。

表 3-1　常用阳极靶材料特征谱线及相关数据

靶元素	原子序数	波长/nm				K 系吸收限 λ_K/nm	激发电压 V_K/kV	适宜工作电压/kV
		$K_{\alpha1}$	$K_{\alpha2}$	K_α	K_β			
Cr	24	0.228962	0.229351	0.229092	0.208480	0.207012	5.98	20~25
Fe	26	0.193597	0.193991	0.193728	0.175653	0.174334	7.10	25~30
Co	27	0.178892	0.179278	0.179021	0.162075	0.160811	7.71	30
Ni	28	0.165784	0.166169	0.165912	0.150010	0.148802	8.29	30~35
Cu	29	0.154051	0.154433	0.154178	0.139217	0.138043	8.86	35~40
Mo	42	0.070926	0.071354	0.071069	0.063225	0.061977	20.0	50~55
Ag	47	0.055941	0.056381	0.056088	0.049701	0.048582	25.5	55~60

b　滤波片的选择

许多衍射分析工作都要求用单一波长的 X 射线，一般选用 K_α 谱线。但 X 射线管中发出的 X 射线，除 K_α 辐射外，还含有 K_β 辐射和连续谱，它们会使衍射花样复杂化，解决这一问题通常使用滤波片。

如图 3-14 所示，利用吸收限两边吸收系数十分悬殊的特点，选取适当的材料使其 K 系吸收限 λ_K 正好位于所用的 K_α 和 K_β 线的波长之间，将此材料制成的薄片放入 X 射线源与试样之间的 X 射线束中，它对 K_β 线及连续谱这些不利成分的吸收将很大，从而将它们大部分去掉；而对 K_α 线的吸收却较小，故 K_α 线的强度只受到较小的损失，最后得到的基本上是单色光。根据这一原理，可以确定靶材料原子序数 $Z_{靶}$ 和滤波片材料原子序数 $Z_{滤}$ 之间的规律：当 $Z_{靶} < 40$ 时，$Z_{滤} = Z_{靶} - 1$；当 $Z_{靶} > 40$ 时，$Z_{滤} = Z_{靶} - 2$。

滤波片的厚度选择要适当，太厚则 K_α 谱线强度损失太大，太薄则滤波作用不明显。一般在滤波片材料选定之后，可控制滤波片厚度使滤波后 K_α 和 K_β 线的强度比为 600:1 左右，此时 K_α 谱线的强度降低 30%~50%。表 3-2 为一些常用滤波片的数据资料。

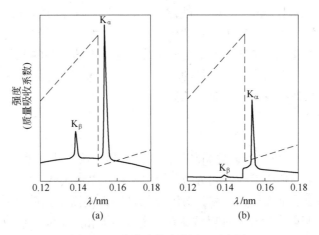

图 3-14　滤波片的滤波原理示意图

（a）滤波前；（b）滤波后

表 3-2　常用滤波片数据表

靶元素	滤　波　片				
	元　素	原子序数	K 系吸收限 λ_K/nm	厚度[①]/mm	I/I_0（K_α）
Cr	V	23	0.22690	0.016	0.50
Fe	Mn	25	0.18964	0.016	0.46
Co	Fe	26	0.17429	0.018	0.44
Ni	Co	27	0.16072	0.013	0.53
Cu	Ni	28	0.14869	0.021	0.40
Mo	Zr	40	0.06888	0.108	0.31
Ag	Rh	45	0.05338	0.079	0.29

① 滤波后 K_α 和 K_β 线的强度比为 600∶1。

3.2　X 射线衍射的几何条件

　　利用 X 射线研究晶体结构中的各类问题，主要是通过 X 射线在晶体中产生的衍射现象进行的。当一束 X 射线照射到晶体上时发生相干散射，每个电子作为一个新的辐射源向空间辐射出与入射波同频率的电磁波。在讨论衍射线的方向时，认为所有电子的散射波都是由原子中心发出的。这些散射波之间的干涉作用，使得空间某些方向上的波始终保持干涉加强，于是在这些方向上可以观测到衍射线，而在另一些方向上的波始终是相互抵消的，于是就没有衍射线产生。所以，X 射线在晶体中的衍射现象，本质上是大量的相干散射波互相干涉的结果。

　　由于衍射花样是 X 射线在特定结构的晶体中衍射产生的，所以这些衍射花样必定包含晶体的结构信息。只有弄清楚衍射花样和晶体结构之间的内在联系，才可以利用衍射花样分析晶体结构。一个衍射花样一般包含两方面的信息：一是衍射线在空间的分布规律（衍射线的方向）；二是衍射线束的强度。通过对本节和下节内容的学习，我们将会看到，衍射线在空间的分布规律主要反映了晶胞的形状和大小，而衍射线的强度则取决于晶胞中原子的种类、数目和位置。为了通过衍射花样来分析晶体内部结构的各种问题，必须在衍射花样和晶体结构之间建立起定性和定量的关系，这就是 X 射线衍射理论所要解决的中心问题。本节主要介绍衍射线在空间分布的几何规律。

3.2.1 劳埃方程

1912 年劳埃用 X 射线照射硫酸铜晶体，获得世界上第一张 X 射线衍射照片，并由光的干涉条件出发导出描述衍射线空间方位与晶体结构关系的公式——劳埃方程。

由于晶体中的原子呈周期性排列，劳埃设想晶体为光栅（点阵常数为光栅常数），晶体中原子受 X 射线照射产生球面散射波并在一定方向上相互干涉，形成衍射光束。

设波长为 λ 的一束 X 射线以入射角 α 投射到晶体中原子间距为 a 的一维原子列上（图 3-15）。假设入射线和衍射线均为平面波，原子的尺寸忽略不计，原子中各电子产生的相干散射由原子中心点发出，则由图 3-15 可知，相邻两原子的散射线光程差为：

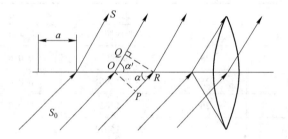

图 3-15   一维原子列的衍射

$$\delta = OQ - PR = OR\,(\cos\alpha' - \cos\alpha) = a\,(\cos\alpha' - \cos\alpha) \tag{3-21}$$

要使各原子的散射波互相干涉加强，产生衍射，则光程差必须等于入射 X 射线波长 λ 的整数倍，即：

$$\delta = a\,(\cos\alpha' - \cos\alpha) = H\lambda \tag{3-22}$$

式中，H 为整数（0，±1，±2，…），称为衍射级数。当入射 X 射线的方向 S_0 确定后，α 也就随之确定，则决定各级衍射方向的 α' 角可由下式求得：

$$\cos\alpha' = \cos\alpha + \frac{H\lambda}{a} \tag{3-23}$$

只要 α' 角满足上式就能产生衍射，所以衍射线将分布在以原子列为轴，以 α' 角为半顶角的一系列圆锥面上，每一个 H 值对应于一个圆锥。

在三维空间中，设入射 X 射线的单位矢量 S_0 与三个晶轴 a、b、c 的交角分别为 α、β、γ。这时，如果有衍射线产生，则衍射方向的单位矢量 S 与三个晶轴的交角 α'、β'、γ' 必须满足下列联立方程组：

$$\begin{cases} a\,(\cos\alpha' - \cos\alpha) = H\lambda \\ b\,(\cos\beta' - \cos\beta) = K\lambda \\ c\,(\cos\gamma' - \cos\gamma) = L\lambda \end{cases} \tag{3-24}$$

式中，H、K、L 均为整数；a、b、c 分别为三个晶轴方向的晶体点阵常数。方程组（3-24）就是劳埃方程，它是确定衍射方向的基本方程。由于 S 与三个晶轴的交角 α'、β'、γ' 具有一定的相互约束关系，因此，它们不是完全相互独立。如对于立方晶系，这种约束关系为：

$$\cos^2\alpha' + \cos^2\beta' + \cos^2\gamma' = 1 \tag{3-25}$$

因此，对于给定的一组整数 H、K、L，方程组（3-24）和方程（3-25）实际上是由四个方程决定三个变量 α'、β'、γ'。因此，只有当选择适当的入射波长 λ 或选取合适的入射方向 S_0，才能使方程组（3-24）和方程（3-25）有确定的解。

劳埃方程也可以改写成矢量方程表达形式：

$$\begin{cases} a(S-S_0) = H\lambda \\ b(S-S_0) = K\lambda \\ c(S-S_0) = L\lambda \end{cases} \tag{3-26}$$

式中，a、b、c 为点阵基矢量。劳埃方程虽然可以确定衍射线的方向，但计算过程烦琐，使用很不方便。布拉格父子从原子面"反射"的观点出发，推导出了形式简单，使用方便的布拉格方程。

3.2.2　布拉格方程

布拉格父子类比可见光镜面反射安排实验，用 X 射线照射岩盐（NaCl），并依据实验结果导出布拉格方程。

3.2.2.1　布拉格方程的导出

在布拉格方程的推导过程中，考虑到晶体结构的周期性，可将晶体视为由许多相互平行且晶面间距 d 相等的原子面组成。由于 X 射线具有穿透性，因此 X 射线可以照射到晶体的各个原子面上。此外，由于光源及记录装置至试样的距离比晶面间距的数量级大得多，故入射线与反射线均可视为平行光。同时，我们将构成物质的原子看作几何点，为了使问题简单化，假定原子不做热振动。这一假定与实际情况的偏离将在衍射强度的计算公式中进行修正。

图 3-16 和图 3-17 所示为晶体的截面，原子排列在与纸面垂直并且相互平行的一组平面上，设晶体的晶面间距为 d，X 射线的波长为 λ，且完全是相互平行的单色 X 射线，以 θ 角入射到原子面上，如果在 X 射线的前进方向上有一原子，那么 X 射线必然被这个原子向四面八方散射，从散射波中挑选出与入射 X 射线成 2θ 角的

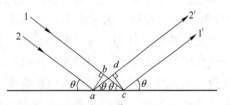

图 3-16　X 射线在一个原子面上的散射

那个方向的散射波。此时，若将原子面看成是一个镜面，则各原子的散射波可看成是 X 射线在镜面上的反射。

图 3-16 表示单一原子面的散射情况，相互平行的入射 X 射线 1 和 2 分别被 c 和 a 点的原子散射，产生在 $1'$ 和 $2'$ 方向上的平行散射波，此时光程差为：

$$\Delta\lambda = bc - ad = ac\cos\theta - ac\cos\theta = 0$$

可见，c 和 a 点处的原子散射波在该方向上相位相同，互相干涉加强。所以同一个晶面上的所有原子在该方向上的散射线相位相同，互相加强。

X射线有强的穿透能力，在 X 射线作用下，散射线来自若干层原子面，除同一层原子面的散射线互相干涉外，各原子面的散射线之间还要互相干涉。这里只讨论两相邻原子面散射波的干涉。如图 3-17 所示，假设入射 X 射线 3 和 4 分别被位于 B 点和 D 点的原子散射，与入射 X 射线成 2θ 角的那个方向的散射波为 3′ 和 4′，过 D 点分别向入射线 4 和散射线 4′ 作垂线，则 AD 之前和 CD 之后两束射线的光程相同，此时，光程差为：

$$\Delta\lambda = AB + BC = 2d\sin\theta$$

当光程差等于波长的整数倍时，相邻原子面散射波干涉加强，即干涉加强条件为：

$$2d\sin\theta = n\lambda \tag{3-27}$$

式中，n 为整数，称为反射级数；θ 角称为布拉格角、掠射角或半衍射角，2θ 角是入射线和衍射线之间的夹角，习惯上称为衍射角。

上式称为布拉格方程，是 X 射线衍射的最基本的公式。可以看到，满足布拉格方程的所有原子面上的所有原子散射波在反射方向上相位完全相同，其振幅互相加强，所以在与入射 X 射线成 2θ 角的方向上就会出现衍射线。在其他方向上的散射线振幅互相抵消，强度减弱或者等于零。

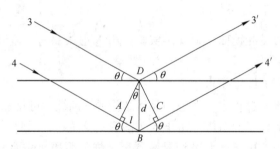

图 3-17　X 射线在双原子面上的散射

研究发现 X 射线的衍射和可见光的镜面反射相似，衍射线的方向恰好相当于原子面对入射线的反射方向，所以也称 X 射线的衍射为 X 射线的反射。在材料的衍射分析工作中，"反射"与"衍射"常常作为同义词使用。但必须明确 X 射线的衍射和可见光镜面反射有着本质的差别。首先，可见光的反射仅限于物体的表面，而 X 射线的反射实际上是受 X 射线照射的所有原子（包括晶体内部）的散射线干涉加强而形成的；其次，可见光的反射无论入射光线以任何入射角入射都会产生，而 X 射线只有在满足布拉格方程的某些特殊角度才能产生衍射，所以 X 射线的反射也称为选择反射，反射之所以有选择性，是由于它是晶体内若干原子面散射线干涉的结果；最后，可见光在良好的镜面上反射，其效率可以接近 100%，而 X 射线的衍射线强度比起入射线强度小得多。

综上所述，布拉格方程表达了反射线空间方位（θ）与反射晶面面间距（d）及入射线方位（θ）和波长（λ）之间的相互关系。入射线照射各原子面产生的反射线实质是各原子面产生的反射方向上的相干散射线，而被接收记录的样品反射线实质是各原子面反射方向上散射线干涉一致加强的结果，即衍射线。

布拉格方程是由各原子面反射方向上的散射线干涉（一致）加强的条件导出的，而各原子面非反射方向上的散射线是否可能因干涉（部分）加强从而产生衍射线呢？按照衍射强度理论，对于理想情况（即当晶体无限大时），非反射方向散射的干涉加强作用可以忽略不计。所以，选择反射，即反射定律+布拉格方程是衍射产生的必要条件，当满足此条件时有可能产生衍射；若不满足此条件，则不可能产生衍射。

3.2.2.2 布拉格方程的讨论

A 产生衍射的条件

由于 $\sin\theta$ 不能大于1，所以根据布拉格方程有：

$$\sin\theta = \frac{n\lambda}{2d} \leqslant 1 \Rightarrow \lambda \leqslant \frac{2d}{n}$$

对衍射而言，n 的最小值为1（$n=0$ 相当于透射方向上的衍射线束，无法观测），所以在任何可观测的衍射角下，产生衍射的条件为：

$$\lambda \leqslant 2d \tag{3-28}$$

这也就是说，能够被晶体衍射的电磁波的波长必须小于等于参加反射的晶面中最小面间距的二倍，否则不能产生衍射现象。但当波长 λ 太小时也不适宜，因为波长过小会导致衍射角过小，使衍射现象难以观测。因此，常用于X射线衍射的波长在 $0.05 \sim 0.25$ nm之间。从式（3-28）还可以看到，当X射线波长一定时，晶体中有可能参加反射的晶面族也是有限的，它们必须满足 $d \geqslant \lambda/2$，即只有那些晶面间距大于等于入射X射线波长一半的晶面才能发生衍射，利用这个关系可以判断一定条件下所能出现的衍射线数目。

B 反射级数与干涉指数

布拉格方程中的整数 n 称为反射级数，当 $n=1$ 时，相邻两晶面散射波的光程差为一个波长，这时所产生的反射称为一级反射，此时 $\sin\theta_1 = \frac{\lambda}{2d}$；当 $n=2$ 时，相邻两晶面的散射波的光程差为 2λ，产生二级反射，衍射角由公式 $\sin\theta_2 = \frac{\lambda}{d}$ 确定，依此类推，第 n 级反射的衍射角由下式决定：

$$\sin\theta_n = \frac{n\lambda}{2d} \tag{3-29}$$

但 n 的值不是无限增大的，因为 $\sin\theta$ 的值不可能大于1，所以

$$\frac{n\lambda}{2d} \leqslant 1 \Rightarrow n \leqslant \frac{2d}{\lambda} \tag{3-30}$$

当X射线的波长和晶面间距确定后，反射级数也就确定了，所以一组晶面只能在有限的几个方向上产生反射线。

在日常工作中，为了方便计算，对晶面间距为 d_{hkl} 的 (hkl) 晶面，布拉格方程式可以写成：

$$2\frac{d_{hkl}}{n}\sin\theta = \lambda$$

令

$$d_{HKL} = \frac{d_{hkl}}{n}$$

则

$$2d_{HKL}\sin\theta = \lambda \tag{3-31}$$

这样就把 n 隐含在 d_{HKL} 之中，布拉格方程永远为一级反射的形式。这里我们将（hkl）晶面的 n 级反射看成为假想的、与（hkl）晶面平行、面间距为 d_{hkl}/n 的晶面的一级反射来考虑。这些假想的晶面称为干涉面，其晶面指数称为干涉指数，用 HKL 表示。干涉指数与晶面指数的关系为 $H=nh$；$K=nk$；$L=nl$，即干涉指数为带有公约数的晶面指数，是广义的晶面指数。

干涉指数是对晶面空间方位与晶面间距的标识，若将（hkl）晶面间距记为 d_{hkl}，则晶面间距为 d_{hkl}/n（n 为正整数）的晶面干涉指数为（$nh\ nk\ nl$），记为（HKL）（d_{hkl}/n 则记为 d_{HKL}）。例如晶面间距分别为 $d_{110}/2$，$d_{110}/3$ 的晶面，其干涉指数分别为（220）和（330）。

对于一定方位的晶面组，若将其划分为（或插入）不同晶面间距之晶面组时，可进而以（$nh\ nk\ nl$）标识，若将干涉指数按比例化为最小整数（即 $n=1$），则不论晶面间距如何，其干涉指数均还原为晶面指数（hkl）。

需要注意的是，干涉指数表示的晶面并不一定是晶体中的真实原子面，而是为了简化布拉格方程所引入的反射面，即干涉指数表示的晶面上不一定有原子分布。引入干涉指数可以给布拉格方程的应用带来很大方便。

C　布拉格方程的应用

布拉格方程是 X 射线衍射分析中最重要的基础公式，它形式简单，能够说明衍射的基本关系，所以应用非常广泛。从实验角度可归结为两方面的应用：一方面是用已知波长的 X 射线去照射晶体，通过衍射角的测量求得晶体中各晶面的面间距，这就是结构分析，即 X 射线衍射学；另一方面是用一种已知晶面间距的晶体来反射从试样发射出来的 X 射线，通过对衍射角的测量求得 X 射线的波长，这就是 X 射线光谱学。该法除可进行光谱结构的研究外，从 X 射线的波长还可确定试样的组成元素。电子探针就是按这个原理设计的。

D　衍射方向

从布拉格方程可以看出，在波长一定的情况下，衍射线方向 θ 是晶体晶面间距 d 的函数，如果将各晶系的 d 值公式代入布拉格方程，可得该晶系的衍射线方向表达式。

例如，对立方（等轴）晶系有：

$$\sin^2\theta=\frac{\lambda^2}{4a^2}(H^2+K^2+L^2) \tag{3-32}$$

正方（四方）晶系：
$$\sin^2\theta=\frac{\lambda^2}{4}(\frac{H^2+K^2}{a^2}+\frac{L^2}{c^2}) \tag{3-33}$$

斜方（正交）晶系：
$$\sin^2\theta=\frac{\lambda^2}{4}(\frac{H^2}{a^2}+\frac{K^2}{b^2}+\frac{L^2}{c^2}) \tag{3-34}$$

从上面三个公式可以看出，波长选定后，不同晶系或同一晶系而晶胞大小不同的晶体，其衍射线的方向（或衍射花样）是不相同的，即衍射方向反映了晶体结构中晶胞大小和形状的变化。因此，研究衍射线的方向可以确定晶胞的大小和形状。

另外，从上述三式还能看出，衍射线的方向与晶胞中原子的种类和位置无关，即布拉格方程并未反映出晶胞中原子种类和位置，如用一定波长的 X 射线照射图 3-18 中所示的具有相同点阵常数的三种晶胞，简单晶胞（图 3-18a）和体心晶胞（图 3-18b、c）衍射花样的区别从布拉格方程中得不到反映；由单一种类原子构成的体心晶胞（图 3-18b）和由两种不同种类的原子构成的体心晶胞（图 3-18c）衍射花样的区别从布拉格方程中也得不到反映，因为在布拉格方程中不包含原子种类和原子位置坐标的参量。所以在研究晶胞中原子种类和位置的变化对衍射线的影响时，除布拉格方程外，还要有其他的判断依据，这就要用到结构因子和衍射线强度理论。

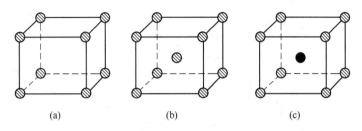

(a)　　　　　　　(b)　　　　　　　(c)

图 3-18　点阵常数相同的几个立方晶系的晶胞

（a）简单晶胞；（b），（c）体心晶胞

（◩和●表示不同种类的原子）

3.2.3　厄瓦尔德图解

3.2.3.1　倒易点阵

随着晶体学的发展，为了更清楚地说明晶体衍射现象和晶体物理学方面的某些问题，厄瓦尔德（P. P. Ewald）在 1920 年引入了倒易点阵的概念。倒易点阵是一种虚点阵，是在晶体点阵的基础上按照一定的对应关系建立起来的空间几何图形，这种对应关系一般称为倒易变换。用倒易点阵处理各种衍射问题时，能使几何概念和数学推演更清楚。因此它已成为解释各种 X 射线和电子衍射问题的有力工具，也成为现代晶体学中的一个重要组成部分。

A　倒易点阵的定义

设有一个正点阵 S，由三个点矢 a、b、c 来描述，把它写成 $S=S(a, b, c)$。现引入三个新基矢 a^*、b^*、c^*，由它决定另一套点阵 $S^*=S^*(a^*, b^*, c^*)$，若新基矢与正点阵基矢定义的点阵满足：

$$a^* \cdot a=b^* \cdot b=c^* \cdot c=1$$
$$a^* \cdot b=a^* \cdot c=b^* \cdot a=b^* \cdot c=c^* \cdot a=c^* \cdot b=0 \qquad (3-35)$$

则称新点阵 S^* 为正点阵 S 的倒易点阵。从上面定义可以看出，正点阵和倒易点阵互为倒易。通过矢量运算可以证明：正点阵的阵胞体积 V 与倒易点阵的阵胞体积 V^* 互为倒数关系，即：

$$V^*=\frac{1}{V} \qquad (3-36)$$

按矢量混合积几何意义，$V=a \cdot (b \times c)$；$V^*=a^* \cdot (b^* \times c^*)$。

B　倒易点阵基矢表达式

由式（3-35）经过推导可以得出由正点阵基矢 a、b、c 表达的倒易点阵基矢 a^*、b^*、

c^* 的关系式，即：

$$\begin{cases} \boldsymbol{a}^* = (\boldsymbol{b} \times \boldsymbol{c})/V \\ \boldsymbol{b}^* = (\boldsymbol{c} \times \boldsymbol{a})/V \\ \boldsymbol{c}^* = (\boldsymbol{a} \times \boldsymbol{b})/V \end{cases} \tag{3-37}$$

倒易点阵参数及 α^*（$\boldsymbol{b}^*$ 与 $\boldsymbol{c}^*$ 夹角）、β^*（$\boldsymbol{c}^*$ 与 $\boldsymbol{a}^*$ 夹角）、γ^*（$\boldsymbol{a}^*$ 与 $\boldsymbol{b}^*$ 夹角）由正点阵参数表达为：

$$\begin{cases} a^* = (bc\sin\alpha)/V \\ b^* = (ca\sin\beta)/V \\ c^* = (ab\sin\gamma)/V \\ \cos\alpha^* = (\cos\beta\cos\gamma - \cos\alpha)/\sin\beta\sin\gamma \\ \cos\beta^* = (\cos\gamma\cos\alpha - \cos\beta)/\sin\gamma\sin\alpha \\ \cos\gamma^* = (\cos\alpha\cos\beta - \cos\gamma)/\sin\alpha\sin\beta \end{cases} \tag{3-38}$$

由于正点阵和倒易点阵互为倒易，所以类比于式（3-37），可直接得出由倒易点阵基矢表达正点阵基矢的关系为：

$$\begin{cases} \boldsymbol{a} = (\boldsymbol{b}^* \times \boldsymbol{c}^*)/V^* \\ \boldsymbol{b} = (\boldsymbol{c}^* \times \boldsymbol{a}^*)/V^* \\ \boldsymbol{c} = (\boldsymbol{a}^* \times \boldsymbol{b}^*)/V^* \end{cases} \tag{3-39}$$

式（3-37）和式（3-38）为对各晶系普遍适用的表达式，结合不同晶系特点可得到进一步简化的表达式。如对立方晶系，有 $a = b = c$，$\alpha = \beta = \gamma = 90°$，$V = a^3$；将其带入式（3-38）计算得到：

$$\begin{cases} a^* = b^* = c^* = \dfrac{1}{a} \\ \alpha^* = \beta^* = \gamma^* = 90° \end{cases} \tag{3-40}$$

C 倒易矢量及其基本性质

在倒易点阵中建立坐标系：以任一倒易阵点为坐标原点（以下称倒易原点，一般取其与正点阵坐标原点重合），以 $\boldsymbol{a}^*$、$\boldsymbol{b}^*$、$\boldsymbol{c}^*$ 分别为三坐标轴单位矢量，由倒易原点向任意倒易阵点的连接矢量称为倒易矢量，用 $\boldsymbol{r}^*$ 表示。若 $\boldsymbol{r}^*$ 终点（倒易阵点）坐标为 (H, K, L)，则 $\boldsymbol{r}^*$ 在倒易点阵中的坐标表达式为：

$$\boldsymbol{r}^* = H\boldsymbol{a}^* + K\boldsymbol{b}^* + L\boldsymbol{c}^* \tag{3-41}$$

$\boldsymbol{r}^*$ 的基本性质为：$\boldsymbol{r}^*$ 垂直于正点阵中相应的 (HKL) 晶面，其长度等于 (HKL) 的晶面间距 d_{HKL} 的倒数。

如图3-19所示，正点阵坐标系中，设平面 ABC 为 (HKL) 晶面组中距原点最近的晶面，其在三个晶轴上的截距分别为 a/H、b/K、c/L，ON 为 (HKL) 晶面的面间距 d_{HKL}，设倒易原点 O^* 与正点阵坐标原点 O 重合。

由

$$AB = OB - OA = \frac{\boldsymbol{b}}{K} - \frac{\boldsymbol{a}}{H}$$

得到

$$\boldsymbol{r}^* \cdot AB = (H\boldsymbol{a}^* + K\boldsymbol{b}^* + L\boldsymbol{c}^*) \cdot \left(\frac{\boldsymbol{b}}{K} - \frac{\boldsymbol{a}}{H}\right)$$

将上式右边分项展开并将式（3-35）代入可得：

$$r^* \cdot AB = 0$$

即：
$$r^* \perp AB$$

同理可得：
$$r^* \perp BC$$

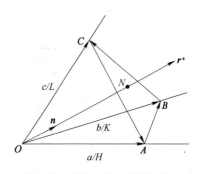

所以 r^* 垂直于平面 ABC，即 $r^* \perp (HKL)$ 晶面，设 n 为沿着 r^* 方向的单位矢量，从而有：

$$n = r^* / |r^*| = (Ha^* + Kb^* + Lc^*) / |r^*|$$

又因为 ON 为 OA 在 n 方向上的投影，即：

$$ON = d_{HKL} = (OA)_n = OA \cdot n = \frac{a}{H} \cdot \frac{Ha^* + Kb^* + Lc^*}{|r^*|}$$

图 3-19 倒易矢量与晶面的关系

将上式分项展开并将式（3-35）代入可得：

$$d_{HKL} = \frac{1}{|r^*|}$$

即：
$$|r^*| = \frac{1}{d_{HKL}} \tag{3-42}$$

从以上内容可以看出，倒易矢量和相应正点阵中同指数晶面相垂直，并且它的长度等于该平面晶面组间距的倒数。倒易点阵的这个性质非常重要，它清楚地表明了倒易点阵的几何意义：倒易矢量 r^* 和（HKL）存在着一一对应的关系，正点阵中的每组平行晶面（HKL）对应着倒易点阵中的一个倒易点，此点必须处在这组晶面的公共法线上，即倒易矢量方向上；它至原点的距离为该组晶面晶面间距的倒数。图 3-20 说明了晶面与倒易矢量的对应关系。因为（200）的晶面间距 d_{200} 是 d_{100} 的一半，故（200）相应的倒易矢量长度亦较（100）的大一倍。由无数倒易点组成点阵即为倒易点阵。因此若已知某一正点阵，就可以做出相应的倒易点阵。图 3-21 说明了立方系晶面与其在平行于（001）上的倒易点阵的关系。可以看出，r^* 矢量的长度等于其对应晶面间距的倒数，且其方向与晶面相垂直。因为（220）与（110）平行，故 r^*_{220} 亦平行于 r^*_{110}，但长度不相等。

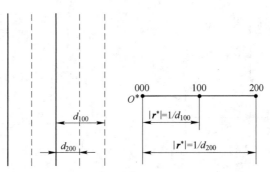

图 3-20 晶面与倒易矢量（倒易点）的对应关系

3.2.3.2 厄瓦尔德图解

厄瓦尔德图解是采用作图的方法来表示衍射产生的必要条件，其实质是通过倒易点阵，采用作图形式表达了 X 射线在晶体中的衍射。晶体中有各种不同方位、不同晶面间距的（HKL）晶面。当一束波长为 λ 的 X 射线以一定方向照射晶体时，利用厄瓦尔德图解可

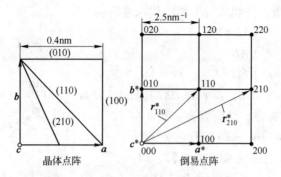

图 3-21 立方系晶面与其对应的倒易点阵

以确定可能产生反射的晶面和反射方向问题。

如图 3-22 所示,当一束 X 射线被晶面 P 反射时,假定 N 为晶面 P 的法线方向。入射线方向用单位矢量 S_0 表示,衍射线方向用单位矢量 S 表示,$S-S_0$ 称为衍射矢量。S 与 S_0 之间的夹角为 2θ,称为衍射角,2θ 表达了入射线和反射线的方向。从图 3-22 可以看出,只要满足布拉格方程,衍射矢量 $S-S_0$ 必定与 N 平行。而其绝对值为:

$$|S-S_0| = 2\sin\theta = \frac{\lambda}{d_{HKL}} \tag{3-43}$$

把式 (3-43) 与倒易点阵联系起来,则可看出,衍射矢量实际上相当于倒易矢量。由此可见,倒易点阵本身就具有衍射属性。将倒易矢量引入式 (3-43),即可得到:

$$\frac{S}{\lambda} - \frac{S_0}{\lambda} = r^* = Ha^* + Kb^* + Lc^* \tag{3-44}$$

式 (3-44) 即为倒易点阵中的衍射矢量方程。利用衍射矢量方程可以在倒易空间点阵中分析各种衍射问题。衍射矢量方程的图解法表达形式是 S_0/λ、S/λ、r^* 构成的矢量三角形,该三角形为等腰三角形 (图 3-23)。它表明入射线方向、衍射线方向和倒易矢量之间的几何关系。

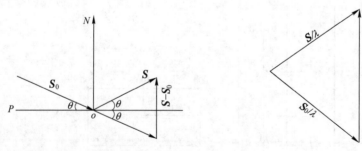

图 3-22 衍射矢量图示   图 3-23 衍射矢量三角形

当一束 X 射线以一定的方向投射到晶体上时,可能会有若干个晶面族满足衍射条件,即在若干个方向上产生衍射线。因此,每一个可能产生反射的晶面 (HKL) 均会有各自的矢量三角形,S_0/λ 则为各个矢量三角形的公共边。公有矢量 S_0/λ 的起端为各等腰三角形顶角的公共顶点,末端为各三角形中一个底角的公共顶点,也是倒易点阵的原点 O^*。而各三角形的另一个底角的顶点，为满足衍射条件的倒易点。由一般的几何概念可知，腰边相等的等腰三角形，其两腰所夹的角顶为公共点时，则两个底角的角顶必定都位于以两腰所夹的角顶为中心、以腰长为半径的球面上。由此可见，满足布拉格条件的那些倒易结点一定位于以等腰矢量所夹的公共角顶为中心、以 $1/\lambda$ 为半径的球面上。根据这样的原理，厄瓦尔德提出了倒易点阵中衍射条件的图解法，称为厄瓦尔德图解。其作图方法如图 3-24 所示，沿入射线方向作长度为 $1/\lambda$ 的矢量 S_0/λ，并使该矢量的末端落在倒易点阵的原点 O^*。以矢量 S_0/λ 的起端 O 为中心，以 $1/\lambda$ 为半径画一个球，称为反射球，凡是与反射球面相交的倒易点（P_1 和 P_2）都能满足衍射条件而产生衍射。由反射球面上的倒易点与倒易点阵原点、反射球中心可连接衍射矢量三角形 P_1O^*O、P_2O^*O 等。其中 OP_1（$=S_{P_1}/\lambda$）和 OP_2（$=S_{P_2}/\lambda$）分别为倒易点 P_1 和 P_2 的衍射方向。倒易矢量 $r_{P_1}^*$ 和 $r_{P_2}^*$ 表示满足衍射条件的不同晶面族的取向和面间距。由此可见，厄瓦尔德图解可以同时表达产生衍射的条件和衍射线的方向。

厄瓦尔德图解和布拉格方程是描述 X 射线衍射几何的两种等效表达方法，当进行衍射几何理论分析时，利用厄瓦尔德图解法，既简单又直观，比较方便。但是，如果需要进行定量的数学运算时，则必须利用布拉格方程。

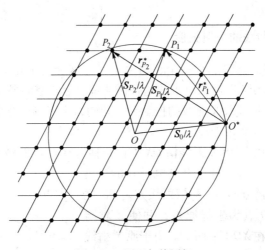

图 3-24 厄瓦尔德图解

3.3 X 射线衍射强度

上一节曾经指出描述 X 射线衍射的布拉格方程只能反映出晶胞的形状和大小，不能够反映出晶胞中原子的种类和位置，此时必须应用衍射强度理论加以解决。为此必须求出晶体结构中原子的种类和位置与衍射束强度之间的定量关系。X 射线衍射束强度涉及的因素较多，问题比较复杂，需要一步一步进行处理。如图 3-25 所示，由于电子是散射 X 射线的最基本单元，所以从一个电子对 X 射线的散射强度开始研究，然后再讨论一个原子的散射情况，一个单胞的散射，最后讨论整个晶体对 X 射线的衍射束强度，并根据影响强度的各个因素对强度公式进行修正，直至得到粉末多晶体衍射的强度公式。

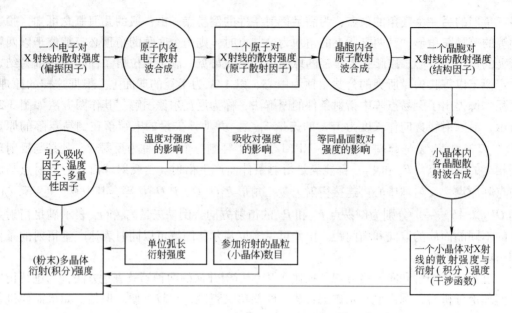

图 3-25　X 射线衍射强度问题的处理过程

3.3.1　一个电子对 X 射线的散射强度

当一束 X 射线的传播方向上有一个自由电子时，这个电子在 X 射线电场的作用下产生受迫振动，根据电动力学理论，电子的这种振动将引起向空间各个方向辐射电磁波，即相干散射波，其振动频率与原 X 射线的振动频率相同，不同电子产生的相干散射波其相位存在着一定关系时就可以互相干涉。

如图 3-26 所示，假定一束 X 射线沿 OX 方向传播，在 O 点处碰到一个自由电子，现在来讨论 P 点的散射强度。若观测点 P 到电子 O 的距离 $OP = R$，原 X 射线的传播方向 OX 与散射线方向 OP 之间的散射角为 2θ。取 O 点为坐标原点，并使 Z 轴与 OP、OX 共面，即 P 点在 XOZ 平面上。由于原 X 射线的电场 E_0 垂直 X 射线的传播方向，所以，E_0 应分布在 YOZ 平面上。电子在 E_0 的作用下所获得的加速度应为 $a = \dfrac{eE_0}{m}$，P 点的相干散射波振幅为：

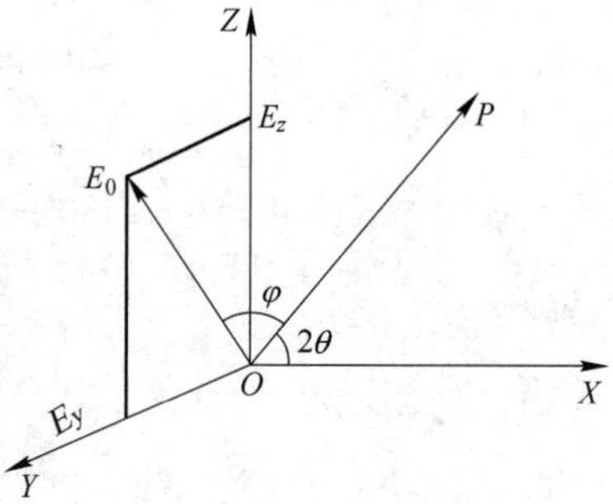

$$E_e = \frac{ea}{c^2 R}\sin\varphi = E_0\,\frac{e^2}{mc^2 R}\sin\varphi \qquad (3\text{-}45)$$

图 3-26　单个电子对 X 射线的散射

式中，e 为电子的电荷；m 为电子的质量；c 为光速，φ 为散射线方向与 E_0 之间的夹角。由于 X 射线的强度与电场振幅的平方成比例，所以当一束强度为 I_0 的 X 射线照射该电子时，P 点的散射线强度 I_e 为：

$$I_e = I_0\,\frac{e^4}{m^2 c^4 R^2}\sin^2\varphi \qquad (3\text{-}46)$$

通常情况下，X 射线到达晶体之前是没有经过偏振的，其电场矢量可以在垂直于 OX

方向的平面（YOZ平面）上指向任意方向，但不论其方向如何，总可以分解为沿Y方向的分量E_y和沿Z方向的分量E_z，由于E_0在各方向上偏振的概率相等，因此有：$E_y = E_z$，$I_y = I_z = \dfrac{1}{2}I_0$。

在P点的散射强度I_e也可以分解为两个分量，即：

$$I_{ey} = I_y \frac{e^4}{m^2c^4R^2}\sin^2\varphi_y$$

$$\hspace{8cm}(3\text{-}47)$$

$$I_{ez} = I_z \frac{e^4}{m^2c^4R^2}\sin^2\varphi_z$$

从图3-26中可以看到，$\varphi_y = \dfrac{\pi}{2}$，$\varphi_z = \dfrac{\pi}{2} - 2\theta$，将$\varphi$值代入式（3-47），得到：

$$I_e = I_0 \frac{e^4}{m^2c^4R^2}\left(\frac{1+\cos^2 2\theta}{2}\right) \hspace{2cm}(3\text{-}48)$$

这个公式称为汤姆逊（J. J. thomsom）公式，从公式可以看出散射线强度与R^2成反比，其强度很弱，若$R = 1\text{cm}$，I_e / I_0约为10^{-26}数量级，所以实测强度只能是大量散射波干涉的结果。入射X射线经电子散射后，散射线强度在空间各个方向是不同的，与散射角2θ有关，在入射线方向上散射强度比垂直于入射线方向大一倍。这说明一束非偏振X射线经电子散射后被偏振化了，其偏振化的程度取决于2θ角，所以称$\dfrac{1+\cos^2 2\theta}{2}$为偏振因子。

一个电子对X射线的散射强度是X射线散射强度的自然单位，以后所有对衍射强度的定量处理都是在此基础上进行的。

3.3.2 一个原子对X射线的散射强度

当一束X射线与一个原子相遇时，既可以使原子中的所有电子发生受迫振动，也可以使原子核发生受迫振动，由于原子核的质量远远大于电子的质量，所以原子核受迫振动的振幅小，其相干散射强度与电子相干散射强度相比，可以忽略不计，所以讨论原子对X射线的散射是指原子中所有电子对X射线的散射，即一个原子对X射线的散射是原子中各个电子散射波相互干涉的结果。

首先考虑一种理想情况，即假设原子核外的Z个电子（Z为原子序数）集中于一点。此时，所有电子散射波之间无相位差，原子散射波振幅即为单个电子散射波振幅的Z倍，则原子散射强度I_a为：

$$I_a = Z^2 \cdot I_e \hspace{3cm}(3\text{-}49)$$

然而实际情况是原子中的电子分布在核外各个电子层上，X射线的波长与晶胞中原子的直径在同一数量级，不能认为所有电子集中在一点。所以，不同的电子散射的X射线之间存在相位差（除$2\theta = 0$的情况），因此原子散射线强度由于受各电子散射线间的干涉作用而减弱（小于$Z^2 I_e$），必须引入一个新的参量来表达这种合成的损耗，参照式（3-49），引入因子f，原子散射强度表达为：

$$I_a = f^2 \cdot I_e \hspace{3cm}(3\text{-}50)$$

式中，f称为原子散射因子，相当于散射X射线的有效电子数，显然$f \leqslant Z$。

根据式（3-50），可以得到原子散射因子的物理意义为：

$$f = \frac{E_a}{E_e} = \frac{\text{一个原子散射的相干散射波振幅}}{\text{一个电子散射的相干散射波振幅}} \tag{3-51}$$

f 的大小与 θ 和 λ 有关。θ 增大或 λ 减小，f 将减小。将 θ 和 λ 对 f 的影响表示为 f-$\dfrac{\sin\theta}{\lambda}$ 曲线，称为原子散射因子曲线，如图 3-27 所示。各元素的原子散射因子可以在相关数据表中由 $\dfrac{\sin\theta}{\lambda}$ 的值查到。

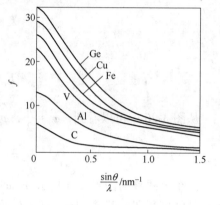

图 3-27   原子散射因子曲线

需要注意，当入射 X 射线的波长接近于原子的某一吸收限（如 K 系吸收限 λ_K）时，f 值将明显下降，此现象称为原子的反常散射，此时需要对 f 值进行校正。

3.3.3   一个晶胞对 X 射线的散射强度

晶胞中各个原子的位置、种类、数目不同，各原子所产生的散射波不但具有不同的相位，而且具有不同的振幅大小，所以其发出的散射波为各原子发出的散射波的合成波。

3.3.3.1   晶胞散射波的合成与晶胞衍射强度

晶胞对 X 射线的散射并不是晶胞内每个原子散射的简单加和，每个原子的散射强度是其位置的函数，必须考虑每个原子相对于原点的位置。而单胞中各个原子散射波的振幅和相位各不相同，因此合成波应当和原子自身的散射能力（原子散射因子 f），原子相互间的相位差 ϕ 以及单胞中原子的个数 n 等因素有关。

当用向量长度 A 表示波的振幅，向量与实轴的夹角 ϕ 表示波的相位，则波的解析表达式为：$A\cos\phi + Ai\sin\phi$。根据欧拉公式，波的复指数形式可写成：$Ae^{i\phi} = A\cos\phi + Ai\sin\phi$，复数模的平方等于该复数乘以其共轭复数，即 $|Ae^{i\phi}|^2 = Ae^{i\phi} \cdot Ae^{-i\phi} = A^2$，这表明波矢量模的平方即为其振幅的平方。

取晶胞中任意两个原子 O 和 A，取 O 的位置为坐标原点，设 A 原子的坐标为（x_j, y_j, z_j），可以证明，A 原子与 O 原子在（HKL）面反射方向上散射线的相位差为：$\phi = 2\pi(Hx_j + Ky_j + Lz_j)$。所以，晶胞内任意原子 j 沿（HKL）面反射方向上散射波用复指数表示为：

$$Ae^{i\phi} = f_j e^{2\pi i (Hx_j + Ky_j + Lz_j)} \tag{3-52}$$

式中，以原子散射因子 f_j 作为 j 原子散射波振幅，以 j 原子散射波与处于坐标原点位置的原子散射波间的相位差为相位（相对相位）。

晶胞沿（HKL）面反射方向的散射波，即衍射波 F_{HKL}，是晶胞所含各原子相应方向上散射波的合成波，设晶胞有 n 个原子，则有：

$$F_{HKL} = \sum_{j=1}^{n} f_j e^{2\pi i (Hx_j + Ky_j + Lz_j)} \tag{3-53}$$

上式为 F 的复指数函数表达式，其复三角函数表达式为：

$$F_{HKL} = \sum_{j=1}^{n} f_j [\cos2\pi(Hx_j + Ky_j + Lz_j) + i\sin2\pi(Hx_j + Ky_j + Lz_j)] \qquad (3\text{-}54)$$

F_{HKL}的模$|F_{HKL}|$即为合成波的振幅。由于合成F_{HKL}时，以原子散射因子f_j作为j原子散射波振幅，而f_j是以两种振幅的比值定义的$(f_j = \dfrac{E_{aj}}{E_e})$，所以，$|F_{HKL}|$也是以两种比值定义的，即：

$$|F_{HKL}| = \frac{E_b}{E_e} = \frac{\text{一个单胞内全部原子散射的相干散射波振幅}}{\text{一个电子散射的相干散射波振幅}} \qquad (3\text{-}55)$$

根据波的振幅与强度的关系，可以得到：

$$I_b = |F_{HKL}|^2 I_e \qquad (3\text{-}56)$$

上式即为晶胞衍射波沿（HKL）面反射方向散射波的强度表达式，F_{HKL}称为结构因子，其振幅$|F_{HKL}|$称为结构振幅。式（3-56）表征了晶胞内原子的种类、原子的数目和原子的位置对衍射强度的影响。

3.3.3.2 结构因子的计算

结构因子按式（3-53）计算，计算时经常会用到如下公式：

$$e^{n\pi i} = (-1)^n \qquad (3\text{-}57)$$

A 简单点阵

简单晶胞仅含有一个原子，取其位置为坐标原点（0，0，0），原子散射因子为f。根据式（3-53），有：

$$F = fe^{2\pi i(0)} = f$$
$$|F|^2 = f^2$$

即对简单点阵，H、K、L为任意整数时，所有晶面均有反射，具有相同的结构因子。

B 体心点阵

单位体心晶胞有两个原子，两原子坐标分别为（0，0，0）和（1/2，1/2，1/2），原子散射因子为f，有：

$$F = fe^{2\pi i(0)} + fe^{2\pi i(H/2 + K/2 + L/2)} = f[1 + (-1)^{(H+K+L)}]$$

得：

$$F = \begin{cases} 2f & \text{当}H+K+L=\text{偶数}; \\ 0 & \text{当}H+K+L=\text{奇数} \end{cases}$$

$$|F|^2 = \begin{cases} 4f^2 & \text{当}H+K+L=\text{偶数}; \\ 0 & \text{当}H+K+L=\text{奇数} \end{cases}$$

可以看出，对体心晶胞，$H+K+L$等于奇数时的衍射强度为0。因此，（110）、（200）、（211）、（310）等面均有反射，而（100）、（111）、（210）、（221）…面均无反射。

C 面心点阵

单位面心晶胞有四个原子，四个原子坐标分别为（0，0，0）和（1/2，1/2，0），（1/2，0，1/2），（0，1/2，1/2），原子散射因子为f，有：

$$F = fe^{2\pi i(0)} + fe^{2\pi i\left(\frac{H+K}{2}\right)} + fe^{2\pi i\left(\frac{K+L}{2}\right)} + fe^{2\pi i\left(\frac{L+H}{2}\right)}$$
$$= f[1 + (-1)^{(H+K)} + (-1)^{(K+L)} + (-1)^{(L+H)}]$$

$$F = \begin{cases} 4f & \text{当}H、K、L\text{全奇或全偶}; \\ 0 & \text{当}H、K、L\text{奇偶混杂} \end{cases}$$

$$|F|^2 = \begin{cases} 16f^2 & \text{当 } H、K、L \text{ 全奇或全偶；} \\ 0 & \text{当 } H、K、L \text{ 奇偶混杂} \end{cases}$$

可以看出，在面心点阵中，只有当 H、K、L 全奇或全偶时才有反射。因此，（111）、（200）、（220）、（311）…面会有反射，而（100）、（110）、（112）、（221）…面无反射。

必须注意，以上计算中均设晶胞中为同类原子（f 相同），若原子不同类则计算结果不同。

3.3.3.3 系统消光与衍射的充分必要条件

综上所述可以看到，若仅从布拉格方程反射条件来讨论衍射问题，任一（HKL）面都可以反射，但对实际晶体结构而言，在某些晶面上由于结构因子等于零而不能得到反射。人们把这种因 $|F_{HKL}|^2 = 0$ 而使衍射线消失的现象称为系统消光。在结构因子的表达式中，点阵常数并没有参与结构因子的计算，这说明结构因子不受晶胞的形状和大小的影响。例如，对体心晶胞，不论是立方晶系、正方晶系还是斜方晶系的系统消光规律都是相同的。由此可见，系统消光规律的适用性是较广泛的。表3-3给出了几种基本类型点阵的系统消光规律。系统消光分为点阵消光和结构消光。

表3-3 几种基本类型点阵的系统消光规律

晶 格 类 型	消 光 条 件	衍 射 条 件
简单点阵	无消光现象	无条件
体心点阵	$H+K+L=$ 奇数	$H+K+L=$ 偶数
面心点阵	H、K、L 奇偶混杂	H、K、L 全奇或全偶
C 面带心点阵	$H+K=$ 奇数	$H+K=$ 偶数
A 面带心点阵	$K+L=$ 奇数	$K+L=$ 偶数
B 面带心点阵	$H+L=$ 奇数	$H+L=$ 偶数

在复杂点阵中，由于面心或体心上有附加阵点而引起的 $|F_{HKL}|^2 = 0$ 称为点阵消光。通过结构因子计算可以总结出点阵消光规律，如上面计算的体心点阵和面心点阵，由于晶胞中原子的位置不同，而使衍射线消失。

在实际晶体中，位于阵点上的结构基元若非由一个原子构成，则结构基元内各原子散射波之间相互干涉也可能产生 $|F_{HKL}|^2 = 0$ 的现象，把这种在点阵消光的基础上，因结构基元内原子位置不同而进一步产生的附加消光现象称为结构消光。有兴趣的读者可以通过金刚石晶体结构因子的计算来理解结构消光。

综上所述，衍射产生的充分必要条件应为：选择反射（反射定律+布拉格方程）和 $|F_{HKL}|^2 \neq 0$。

3.3.4 一个小晶体对 X 射线的散射强度和衍射积分强度

小晶体即小的单晶体，在多晶体中即指晶粒或亚晶粒。一个小晶体可以看成由晶胞在三维空间周期重复排列而成。因此，在求出一个晶胞的散射波之后，按相位对所有晶胞的散射波进行合成，就得到整个晶体散射波的合成波。

假定小晶体的形状为平行六面体，三个棱边为分别 N_{1a}、N_{2b}、N_{3c}，其中，N_1、N_2、N_3 分别为晶轴 a、b、c 方向上的晶胞数。晶胞的总数 $N=N_1N_2N_3$。设小晶体完全浸浴在入射线束之中。以简单点阵为例，每个晶胞中只有一个原子，晶胞间的相干散射和原子间的相干散射类似，其相位差为：

$$\phi_{mnp} = 2\pi\frac{S-S_0}{\lambda} \cdot r = 2\pi r \cdot r_{\xi\eta\zeta}^* = 2\pi\left(m\xi+n\eta+p\zeta\right) \tag{3-58}$$

式中，r 为晶胞坐标矢量，$r=ma+nb+pc$；$r_{\xi\eta\zeta}^*$ 为倒易点阵中任意一个矢量，$r_{\xi\eta\zeta}^*=(\xi a^* + \eta b^* + \zeta c^*)$；$m$、$n$、$p$ 为晶胞坐标，其值为整数；ξ、η、ζ 为倒易点阵的流动坐标，可为任意连续变数。

一个晶胞的相干散射振幅应为 $E_e|F_{HKL}|$。所以，一个小晶体的相干散射波的振幅为：

$$E_m = E_e|F_{HKL}||G| \tag{3-59}$$

其中，

$$G = \sum_N e^{i\phi_{mnp}} = \sum_{m=0}^{N_1-1} e^{2\pi i m\xi}\sum_{n=0}^{N_2-1} e^{2\pi i n\eta}\sum_{p=0}^{N_3-1} e^{2\pi i p\zeta} = G_1G_2G_3 \tag{3-60}$$

散射强度 I_m 与振幅的平方成比例，所以有：

$$I_m = I_e|F_{HKL}|^2|G|^2 = I_b|G|^2 \tag{3-61}$$

式中，$|G|^2$ 称为干涉函数，其物理意义为 I_m 与 I_b 之比值（$|G|^2=I_m/I_b$），同一小晶体各晶胞 I_b 相同，因而 I_m 取决于 $|G|^2$。因此，讨论小晶体各个方向上衍射线的强度，只需要讨论 $|G|^2$ 的分布。

把 G 中的每一项 G_1、G_2、G_3 改组，利用级数求和公式和欧拉公式，最后得出干涉函数 $|G|^2$ 的表达式为：

$$|G|^2 = \frac{\sin^2\pi N_1\xi}{\sin^2\pi\xi} \cdot \frac{\sin^2\pi N_2\eta}{\sin^2\pi\eta} \cdot \frac{\sin^2\pi N_3\zeta}{\sin^2\pi\zeta} = |G_1|^2|G_2|^2|G_3|^2 \tag{3-62}$$

图 3-28 所示为 $N_1=5$ 时，$|G_1|^2$ 的函数曲线。可以看到，曲线由强度很高的主峰和强度很弱的副峰组成，主峰两侧的第一副峰强度约为主峰的 5%，且随着 N_1 的增加，副峰强度进一步下降，因此真正有实际意义的是主峰。经过计算，主峰的有值范围为 $\xi=H\pm\frac{1}{N_1}$、$\eta=K\pm\frac{1}{N_2}$、$\zeta=L\pm\frac{1}{N_3}$。$\xi=H$、$\eta=K$、$\zeta=L$（即当严格满足布拉格方程时）为主峰最大值所对应的位置。因此，干涉函数的每个主峰就是倒易空间中一个选择反射区，选择反射区的中心是严格满足布拉格方程的倒易结点，如图 3-29 所示。反射球与选择反射区的任何部位相交都能产生衍射。

由于 $|G|^2$ 的主峰有一个存在范围，相应的 I_m 也应有一个存在的范围，所以小晶体衍射强度应为主峰有强度范围内的积分强度（以下用 I_m 表示小晶体衍射积分强度）。可以证明，对于波长为 λ 的入射线，小晶体衍射积分强度 I_m 为：

$$I_\mathrm{m}=I_\mathrm{e}\,|\,F_{HKL}\,|^2\,\frac{\lambda^3}{V_0^2}\Delta V\cdot\frac{1}{\sin2\theta}\qquad(3\text{-}63)$$

式中，V_0 为晶胞体积；ΔV 为小晶体体积。

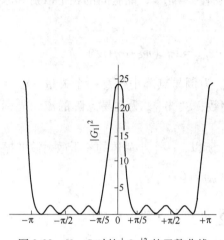

图 3-28 $N_1=5$ 时的 $|\,G_1\,|^2$ 的函数曲线

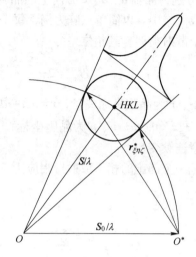

图 3-29   选择反射区

3.3.5 粉末多晶的衍射积分强度

3.3.5.1 粉末多晶参与衍射的晶粒数目

多晶体试样由数目极多的细小晶粒（小晶体）组成。一般，各个晶粒的取向（可以以各晶粒中同名（HKL）面的空间方位表达）是任意分布的，所以方位任意的极多晶粒中同名（HKL）面相应的各个倒易点将集合而成为球面，此球面以（HKL）面倒易矢量长度 $|\,\boldsymbol{r}^*\,|$ 为半径，称为（HKL）面的倒易球。图 3-30 为多晶体衍射的厄瓦尔德图解，多晶体（HKL）倒易球与反射球的交线为圆。交

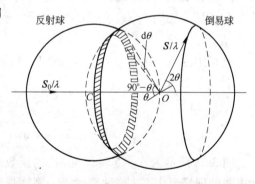

图 3-30   粉末多晶衍射的厄瓦尔德图解

线圆上各倒易点相应的各个方位晶粒中的（HKL）面满足衍射必要条件，从这个交线圆向反射球心连线形成衍射线圆锥（图 3-30 中，将衍射圆锥平移到倒易球中心），圆锥的顶角为 4θ。由小晶体的衍射积分强度可知，衍射线存在一个强度范围，加上光谱宽度等因素，造成衍射线具有一定的宽度。倒易球与反射球的交线圆成为一个有一定宽度的圆环带（图中阴影部分），环带宽度为 $|\,\boldsymbol{r}^*\,|\mathrm{d}\theta$。只有当反射晶面法线处在该环带的晶粒才发生衍射，所以参与衍射的晶粒数目（Δq）占总的晶粒数目（q）的百分比可用上述圆环带面积与倒易球面积之比来表示：

$$\frac{\Delta q}{q}=\frac{2\pi\,|\,\boldsymbol{r}^*\,|\sin(90°-\theta)\cdot|\,\boldsymbol{r}^*\,|\mathrm{d}\theta}{4\pi\,|\,\boldsymbol{r}^*\,|^2}=\frac{\cos\theta}{2}\mathrm{d}\theta$$

故
$$\Delta q = q \cdot \frac{\cos\theta}{2}\mathrm{d}\theta \qquad\qquad (3\text{-}64)$$

一个晶粒的衍射积分强度 I_m 乘以多晶体中实际参与（HKL）衍射的晶粒数 Δq，即可得到多晶体的（HKL）衍射积分强度。需要指出，式（3-64）中 $\mathrm{d}\theta$ 对应着（HKL）衍射的有强度范围，而 I_m 也是对于衍射线的有强度范围积分而来，所以在由 $I_m\Delta q$ 求粉末多晶衍射积分强度 $I_\text{多}$ 时，Δq 表达式中的 $\mathrm{d}\theta$ 已经在 I_m 推导过程中考虑过了，所以：

$$I_\text{多} = I_m q \frac{\cos\theta}{2}$$

$$I_\text{多} = I_e \mid F_{HKL} \mid^2 \frac{\lambda^3}{V_0^2}\Delta V \cdot q\,\frac{\cos\theta}{2} \cdot \frac{1}{\sin 2\theta}$$

$$= I_e \mid F_{HKL} \mid^2 \frac{\lambda^3}{V_0^2} \cdot V \cdot \frac{1}{4\sin\theta} \qquad (3\text{-}65)$$

式中，V 为试样被照射体积，$V = \Delta V \cdot q$。

3.3.5.2　单位弧长的衍射积分强度

多晶体的衍射强度均匀分布在整个衍射环上，而在衍射分析工作中实际测量的常常是单位弧长上的积分强度 I'。如图 3-31 所示，设衍射角为 2θ 的衍射圆环至试样的距离为 R，则衍射圆环的周长为 $2\pi R\sin 2\theta$。所以：

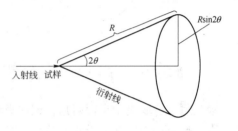

图 3-31　粉末衍射环

$$I' = \frac{I_\text{多}}{2\pi R\sin 2\theta}$$

$$= I_e \mid F_{HKL} \mid^2 \frac{\lambda^3}{2\pi R} \cdot \frac{V}{V_0^2} \cdot \frac{1}{8\sin^2\theta\cos\theta} \qquad (3\text{-}66)$$

上式中，影响强度的角度因子 $\dfrac{1}{\sin^2\theta\cos\theta}$ 称为洛伦兹因子。将电子对 X 射线的散射强度 I_e 带入式（3-66），得到：

$$I' = I_0 \frac{e^4}{m^2 c^4 R^2} \cdot \frac{\lambda^3}{2\pi R} \cdot \frac{V}{V_0^2}\mid F_{HKL} \mid^2 \cdot \frac{1+\cos^2 2\theta}{2} \cdot \frac{1}{8\sin^2\theta\cos\theta}$$

$$= I_0 \frac{\lambda^3 e^4}{32\pi m^2 c^4 R^3} \cdot \frac{V}{V_0^2}\mid F_{HKL} \mid^2 \cdot \frac{1+\cos^2 2\theta}{\sin^2\theta\cos\theta} \qquad (3\text{-}67)$$

式中，$\dfrac{1+\cos^2 2\theta}{\sin^2\theta\cos\theta}$ 称为角因子。它是将洛伦兹因子与偏振因子合在一起，得到的一个完全和 θ 角有关的因子，又称为洛伦兹-偏振因子。角因子与 θ 的关系如图 3-32 所示。角因子的数值可以在相关数据表中查到。

3.3.6　影响衍射强度的其他因素

3.3.6.1　吸收因子

由于入射线和衍射线在通过试样时会被吸收而使衍射强度下降，所以在衍射强度计算公式中引入吸收因子 $A(\theta)$ 以校正试样吸收对衍射强度的影响。对于粉末多晶照相法，常采用圆柱形试样，当 X 射线穿过圆柱状试样时，若吸收系数 μ_m 和试样的半径 r 较大时，入射 X 射线进入试样一定深度后很快被全部吸收，只有试样表层物质参加衍射（如图 3-33 所示，试样左侧阴影部分），所形成的背射衍射束（$2\theta>90°$）受吸收影响不大；而透射衍射束（$2\theta<90°$）必须穿过整个试样，被大量吸收，强度衰减很厉害。

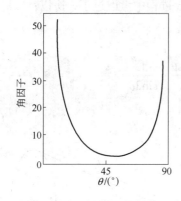

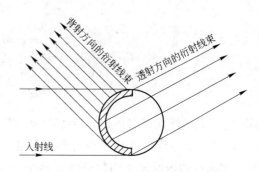

图 3-32　角因子与 θ 的关系　　　　　　　图 3-33　圆柱试样对 X 射线的吸收

吸收因子值取决于半衍射角，试样吸收系数及试样半径。试样的吸收系数和半径越大吸收因子越小；当试样的吸收系数很大时，只有那些从试样两边通过的衍射线才能到达底片。若没有吸收的影响时 $A(\theta)=1$。当试样的吸收系数和半径一定时，θ 角越小 $A(\theta)$ 越小。

X 射线衍射仪法采用平板状试样，通常是使入射线和衍射线相对于板面成等角配置，吸收因子可近似看作与 θ 无关。此时，$A=\dfrac{1}{2\mu_l}$。

3.3.6.2　多重性因子

晶体中存在着晶面指数类似，晶面间距相等，晶面上原子排列相同，通过对称操作可以复原的一族晶面，称为等同晶面。凡属于同一晶面族中的各个等同晶面，根据布拉格方程，半衍射角 θ 相等。由于这些面网反射的衍射线和入射线间的夹角都为 2θ，所以在粉末法衍射花样中，各组面网反射的衍射线互相重叠于同一个衍射环上，其强度互相叠加。所以粉末多晶试样中的某一晶面族的等同晶面越多，则对衍射强度的贡献越大。将某一晶面族中的等同晶面数称为多重性因子，用 P_{HKL} 表示，将多重性因子直接乘入强度公式以表示等同晶面数对衍射强度的影响。P_{HKL} 的值可以在相关数据表中查到。

不同晶面族中的多重性因子大小取决于晶体的对称性和具体的晶面指数，对相同的晶面族，晶系的对称性越高，P_{HKL} 值越大。例如：{100} 晶面族，对立方晶系 $P_{100}=6$，即有 6 组等同晶面 [(100)，(010)，(001)，($\bar{1}$00)，(0$\bar{1}$0)，(00$\bar{1}$)]，对四方晶系 $P_{100}=4$，对斜方晶系 $P_{100}=2$；{111} 晶面族，对立方晶系 $P_{111}=8$。

3.3.6.3　温度因子

以上推导过程都假定晶体点阵中的原子是静止不动的。实际上，晶体中的原子在其平衡位置附近不断地做热振动，而且随温度的升高振动加剧。由于原子热振动使点阵中原子排列的周期性受到破坏，这使原来严格满足布拉格方程的相干散射产生附加相位差，从而使衍射线强度减弱。为了修正原子热振动对衍射强度的影响，通常是在衍射积分强度公式中乘上一个温度因子。温度因子的物理意义是原子热振动时所得到的 X 射线衍射强度 I_T 与理想的、没有热振动时的衍射强度 I 之比，即：

$$\frac{I_T}{I} = e^{-2M} \tag{3-68}$$

式中，e^{-2M} 即为校正衍射强度的温度因子，显然 $e^{-2M} < 1$。根据上式得到：

$$\frac{f}{f_0} = e^{-M} \tag{3-69}$$

式中，e^{-M} 为校正原子散射因子的温度因子；f_0 为绝对零度时的原子散射因子。

式（3-68）和式（3-69）中 M 的表达式为：

$$M = \frac{6h^2}{m_a k \Theta} \left[\frac{\phi(x)}{x} + \frac{1}{4} \right] \left(\frac{\sin\theta}{\lambda} \right)^2 \tag{3-70}$$

式中，h 为普朗克常数；k 为玻耳兹曼常数；m_a 为原子的质量；Θ 为特征温度平均值，$\Theta = \frac{h\nu_m}{k}$（$\nu_m$ 为固体弹性振动最大频率）；$\phi(x)$ 为德拜函数；$x = \frac{\Theta}{T}$，T 为实验时温度（绝对温度）。在计算 M 时，先根据衍射物质查数据表得到 Θ，由实验温度 T 和 Θ 计算 x，根据 x 值在相关数据表中直接查得 $\frac{\phi(x)}{x} + \frac{1}{4}$ 的值即可计算出 M 值。

可以看到，温度越高，M 值越大，e^{-2M} 值越小，即原子热振动越剧烈，衍射强度越弱。当温度一定时，θ 角越大，e^{-2M} 值越小，衍射线强度越小，即同一衍射花样中 θ 角越大，原子热振动对衍射强度的影响越大。

综合以上因子，可以得到粉末多晶衍射总积分强度公式。若以波长为 λ、强度为 I_0 的 X 射线照射单位晶胞体积为 V_0 的多晶试样，被照射晶体的体积为 V，在与入射线夹角为 2θ 的方向上产生了（HKL）晶面的衍射，在距离试样为 R 处记录到衍射线单位长度上的积分强度公式为：

$$I = \frac{\lambda^3}{32\pi R^3} \cdot I_0 \cdot \left(\frac{e^2}{mc^2} \right)^2 \cdot \frac{V}{V_0^2} \cdot P_{HKL} \cdot |F_{HKL}|^2 \cdot \frac{1+\cos^2 2\theta}{\sin^2\theta\cos\theta} \cdot e^{-2M} \cdot A(\theta) \tag{3-71}$$

以上强度为绝对积分强度，在实际工作中一般只需要比较相对强度，对于同一衍射花样中同一物相的各条衍射线，e、m、c 为常数，I_0、V_0、R、λ、V 均相等，所以它们之间的相对积分强度为：

$$I_{相} = P_{HKL} \cdot |F_{HKL}|^2 \cdot \frac{1+\cos^2 2\theta}{\sin^2\theta\cos\theta} \cdot e^{-2M} \cdot A(\theta) \tag{3-72}$$

对于粉末多晶圆柱形试样，一般情况下 θ 角对 e^{-2M} 和 $A(\theta)$ 的影响相反。在精度要求不高时，这两个因子的作用大致可以相互抵消，所以式（3-72）可进一步简化为：

$$I_{相} = P_{HKL} \cdot |F_{HKL}|^2 \cdot \frac{1+\cos^2 2\theta}{\sin^2\theta\cos\theta} \tag{3-73}$$

对于衍射仪法的平板状试样，吸收因子 $\left(A = \frac{1}{2\mu_1} \right)$ 与 θ 无关，可看成是固定不变的常数。此时，式（3-72）可简化为：

$$I_{相} = P_{HKL} \cdot |F_{HKL}|^2 \cdot \frac{1+\cos^2 2\theta}{\sin^2 \theta \cos \theta} \cdot e^{-2M} \tag{3-74}$$

需要注意，式（3-72）是在比较同一衍射花样中同一物相的各条衍射线强度时得到的，若比较同一衍射花样中不同物相的衍射线，需要考虑各物相的被照射体积 V 和它们各自的单胞体积 V_0。

3.4 X射线衍射方法

为了获得衍射数据，就要求有若干晶面满足布拉格方程 $2d\sin\theta = \lambda$。若晶体一定时，d 值为一系列定值，只有设法改变 λ 和 θ。按形成衍射花样的原理分，有三种基本的衍射方法：劳埃法、转晶法和粉末法。其中，劳埃法、转晶法主要应用于单晶体试样的研究，而粉末法则是多晶体 X 射线衍射的基本分析方法。

3.4.1 单晶体衍射方法

3.4.1.1 劳埃法

劳埃法是用连续 X 射线照射固定的单晶试样产生的衍射方法。劳埃法照相装置称为劳埃相机。实验所用的连续 X 射线应当具有较高的强度，以便能在较短的时间内得到清晰的衍射花样。在劳埃法中，入射 X 射线与各组（HKL）面网形成各自的入射角，采用各种不同波长的 X 射线从而使各不同的 θ 角都有一个相对应的 λ 来满足衍射条件。劳埃法多采用垂直于入射光束的平板状照相底片记录衍射信息，根据 X 射线源、晶体、底片位置的不同可分为透射劳埃法和背射劳埃法。透射劳埃法如图 3-34（a）所示，X 射线照射在晶体试样上，底片置于试样前方，记录晶体向前方的衍射线；背射劳埃法如图 3-34（b）所示，X 射线穿过位于底片中心的细孔照射在晶体试样上，底片处于光源与试样之间，记录晶体向后方的衍射线。背射劳埃法不受试样厚度和吸收的限制，应用较广；透射劳埃法只适用于吸收系数较小和较薄的试样。

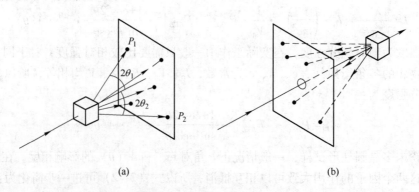

(a)   (b)

图 3-34 劳埃法衍射示意图
（a）透射劳埃法；（b）背射劳埃法

两种方法在底片上均会形成一系列的衍射斑点，这些衍射斑点称为劳埃斑点，劳埃斑点分布是有规律的。透射劳埃图中劳埃斑点都分别分布在过底片中心的椭圆上，每个椭圆上的斑点都属于同一个晶带，如图 3-35（a）所示。背射劳埃图中劳埃斑点都分别分布在一些双曲线上，每个双曲线上的斑点都属于同一个晶带，如图 3-35（b）所示。目前，劳埃法用于单晶体取向测定及晶体对称性的研究。

3.4.1.2 转晶法

转晶法是用单色特征 X 射线照射转动的单晶试样产生的衍射方法。随着晶体旋转，使波长一定的入射 X 射线和各组不同的（HKL）晶面间的入射角不断改变，某组晶面会于某个瞬间和入射线的夹角恰好满足布拉格方程，于是便产生一根衍射线束，使底片上得到一个感光点。

转晶法照相装置称为转晶照相机。如图 3-36 所示，相机上有一长的圆筒，圆筒轴上有一能使晶体转动的轴，轴顶安装有测角样品架，可以在 X、Y、Z 三个方向调节被测晶体的方位，圆筒的中部有入射光阑和出射光阑。卷成圆筒形的底片紧贴圆筒壁安装，整个圆筒密闭，保证底片不会曝光。测试前应注意将被测晶体的某一晶轴调节到与圆筒中心轴一致，保证获得有一定分布规律的衍射斑点。如图 3-37 所示，转晶法的衍射斑点分布在一系列平行的直线上（称为层线）。转晶法主要用来测定单晶试样的点阵常数和未知晶体的结构等。

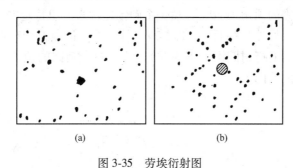

图 3-35 劳埃衍射图

（a）透射劳埃图；（b）背射劳埃图

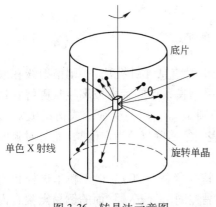

图 3-36 转晶法示意图

图 3-37 转晶图及层线

3.4.2 多晶体衍射方法

多晶体衍射方法主要是指粉末法，它是采用单色特征 X 射线照射多晶粉末试样的衍射方法。粉末法根据对衍射花样记录装置的不同又分为衍射仪法和照相法。衍射仪法采用探测器来接收衍射线，而粉末照相法所产生的衍射线采用照相底片记录。较早的X射线衍射分析多采用照相法，根据试样与底片的相对位置，照相法又可分为德拜法（德拜-谢乐法）、聚焦法、针孔法等，其中德拜法是常用的照相法。

3.4.2.1　照相法成像原理

一束波长为λ的平行X射线照射到面网间距为d的一组面网上，当入射角θ满足布拉格方程即可发生衍射。对单晶来说，在满足布拉格方程条件的衍射方向上可以收集到一个个分立的衍射点，但对多晶粉末试样来说，由于用作试样的多晶粒度很细，因此试样受到X射线束照射的部分就有无数个结构一样的细小晶粒，它们具有不同的取向。因此所摄取的粉末衍射图是所有细小晶粒衍射的总和。

先研究单个晶粒某一组面网的具体衍射过程。假设对于一组（HKL）面网，当入射X射线以入射角θ与这组面网相遇时，若符合布拉格方程则产生衍射线，同样，在多晶粉末试样中一定还可以找到另一个晶粒的（HKL）面网与原X射线的交角也为θ，从而也产生衍射线。当然还可以在试样中找到许多晶粒具备上述条件，从而得到一系列衍射线，这些衍射线的θ角应该是相同的，只是具体位置各有差异，因此这些晶粒反射的结果必然形成一个空间圆锥体，圆锥的顶角为4θ，显然一个圆锥即代表一组特定的面网。不难理解在粉末多晶试样中一定还有另外一些面网，即具有另外一些d值也符合布拉格方程，形成各自的以入射线为轴同顶点的衍射圆锥（图3-38），只是各个圆锥的顶角不同。圆锥的数目就等于满足布拉格方程的面网数。

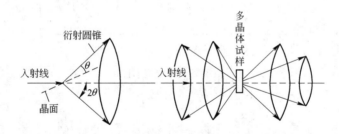

图3-38　粉末衍射圆锥的形成

如果用垂直于入射X射线方向的平板底片记录衍射信息（针孔法），则衍射线在底片上形成许多同心圆环。一般为记录全部衍射线，都采用长条形底片卷成圆柱状围绕在试样周围（德拜法），如图3-39所示，衍射线所形成的圆锥与底片的交线形成衍射弧对（线条）。每个圆锥在底片上产生一对弧，每对弧线代表一组面网（d为定值），而每对弧间的距离为相机的半径与4θ（θ用弧度表示）的乘积。

应用厄瓦尔德图解也可以说明粉末衍射的这种特征（图3-30）。由于粉末试样相当于一个小单晶体绕空间各个方向旋转，所以试样中各晶粒同名（HKL）面的倒易点集合而成倒易球（面），很多不同的（HKL）晶面就对应着很多同心的倒易球（面）。这些倒易球与反射球交线皆为圆环，所以试样与不同晶面的衍射线构成各自的圆锥，各圆锥共顶且以入射线为轴，顶角为各自的4θ。

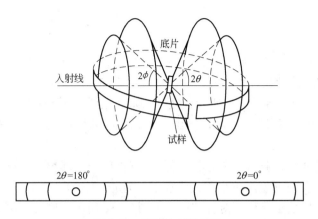

图 3-39　德拜法衍射花样

3.4.2.2　德拜法

德拜法通常将粉末试样制成直径 0.3~0.6mm，长约 10~15mm 的粉末柱，然后将其安放到圆筒形照相机的中心，在圆筒形照相机的内壁装入长条形感光胶片，粉末柱在照相过程中是旋转的，经一定时间的曝光后在暗室中将底片取出，经显影、定影之后即可获得具有一些对称弧线的衍射花样。通过对衍射花样的测量和计算，可以获得物相、晶体的结构类型和点阵常数等方面的信息。我们可以通过学习德拜照片的分析过程来掌握 X 射线衍射分析的基础知识。

A　德拜相机

德拜照相装置称为德拜相机，主要由圆筒形外壳、试样架、前光阑和后光阑（承光管）等部分组成，如图 3-40 所示。照相底片紧贴在圆筒外壳的内壁安装，相机的外壳内径就等于底片的曲率半径。

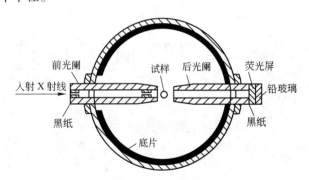

图 3-40　德拜相机原理示意图

德拜相机的内直径一般为 57.3mm 或 114.6mm，其优点是底片上 1mm 长度分别对应于 2°或 1°的圆心角。这样的相机直径可使衍射花样的数据处理过程简化。

试样放置在照相机中心轴上，要求圆柱形试样与相机中心同轴。一般是通过试样架上专门的调节装置完成的。前光阑的主要作用是限制入射线的发散度，固定入射线位置和控制入射线截面（尺寸）大小。部分入射线穿透试样后进入后光阑，通过黑纸和荧光屏后被铅玻璃吸收。荧光屏的主要作用是检查 X 射线入射的位置。黑纸则可以挡住可见光到相机的去路。

B   底片的安装

德拜相机采用专用底片按照相机尺寸裁成长方形,并在适当位置打孔后紧贴相机内壁安装、压紧,根据底片圆孔位置和开口所在位置的不同,安装方法可分为三种:

(1)正装法。如图3-41(a)所示,底片中心圆孔穿过后光阑,开口在前光阑两侧,记录的衍射弧对按衍射角 2θ 增加的顺序由底片孔中心向两侧展开。这种安装法常用于物相分析。

(2)反装法。如图3-41(b)所示,底片中心圆孔穿过前光阑,开孔在后光阑两侧,2θ 角从底片孔中心向两侧逐渐减小。此法常用于测定点阵常数。

(3)偏装法。偏装法又称不对称装法。如图3-41c所示,底片上开两个圆孔,分别穿过前光阑和后光阑,开口在前后光阑之间,这种方法可校正由于底片收缩及相机半径不准确等因素产生的测量误差,用于点阵常数的精确测定。

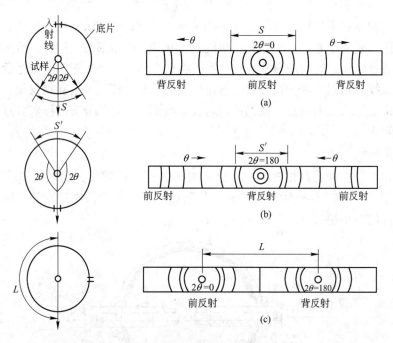

图 3-41   德拜相机底片安装方法

(a)正装法;(b)反装法;(c)不对称装法

C   试样的制备

在粉末法中,试样粉末尺寸大小要适中,一般控制在 $50\mu m$ 左右。如果粉末粒度过大,满足衍射条件参与衍射的晶粒数目少,影响衍射强度,甚至使衍射线形成不连续状态,而是由一些小斑点构成;而当粒度太小时,则可能因晶体结构破坏使衍射线条弥散增宽。此外,当晶粒内部存在着的内应力或晶格缺陷较多时,也会使衍射线发生宽化、漫散或位移。

德拜法所需的试样少,只要 0.1mg 就可以进行分析。一般各类待测物质应首先粉碎,脆性材料可以用碾压或用研钵研磨的方法获取;对于塑性材料可以用锉刀锉出碎屑粉末,再经过研磨，全部过筛（250~325目），最后粘接制成细圆柱状。经研磨后的塑性材料粉末应在真空或保护气氛下退火，以清除加工应力。

D 摄照参数的选择

关于管电压的确定以及阳极靶和滤波片材料的选择分别在前面的内容中介绍过了，此处不再重复。管电流较大可以缩短摄照时间，但应以不超过额定功率为限。试样、相机尺寸、底片感光性能等都会影响到摄照时间，因此，摄照时间的选择常常在一定的经验基础上，通过实验来确定。

E 衍射花样的测量与计算

德拜法衍射花样的测量主要是测量底片上衍射线条的相对位置和相对强度（要求不很精确时，相对强度一般可用目测），然后再计算出 θ 角和晶面间距 d。

当底片采用正装法或反装法时，(HKL) 衍射弧对与 θ 的关系如图3-42所示，对于前反射区（$2\theta<90°$，又称低角区）的弧对，有：

$$S=R \cdot 4\theta \Rightarrow \theta=\frac{S}{4R} \tag{3-75}$$

式中，R 为相机半径；S 为衍射弧对间距。上式中 θ 以弧度表示，当 θ 以角度表示时，有：

$$\theta=\frac{S}{4R} \cdot 57.3 \tag{3-76}$$

对于背反射区（$2\theta>90°$，又称高角区），有：

$$S'=R \cdot 4\varphi \quad 和 \quad \theta=\frac{\pi}{2}-\varphi$$

得到：

$$\theta=\frac{\pi}{2}-\frac{S'}{4R} \tag{3-77}$$

式中，φ 和 θ 均用弧度表示。当 θ 用角度表示时，有：

$$\theta=90-\frac{S'}{4R} \cdot 57.3 \tag{3-78}$$

一般底片经过显影、定影、冲洗和干燥后，其长度将发生变化（一般为收缩），会引起上述公式中 S（或 S'）值的变化，而相机半径 R 却不能反映出底片收缩而引起的曲率半径的变化，从而导致计算得到的 θ 值出现误差。一般采用不对称装法来消除由于底片收缩及相机半径不准等因素产生的测量误差。

当采用不对称装法时，得到的德拜照片如图3-43所示，对于前反射区，当 θ 以角度表示时，有：

$$\frac{S}{L}=\frac{4\theta}{180} \Rightarrow \theta=\frac{S \cdot 180}{4L} \tag{3-79}$$

式中，L 为双孔的中心距离；S 为照片中前反射区衍射弧对间距。对于背反射区，同样有：

$$\frac{S'}{L}=\frac{4\varphi}{180} \Rightarrow \varphi=\frac{S' \cdot 180}{4L}$$

得到：

$$\theta=90-\frac{S' \cdot 180}{4L} \tag{3-80}$$

可以看到，当弧对距离和底片长度按同一关系收缩时，这种处理方法可以消除底片收缩对 θ 值的影响。

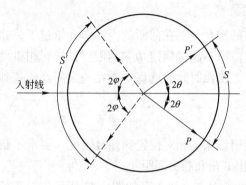

图 3-42　衍射弧对与 θ 角的关系

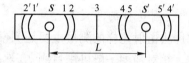

图 3-43　采用不对称装法时 θ 角的确定

在进行测量之前，需要判定底片是属于正装、反装还是不对称装法，并区分低角区和高角区。通常低角区线条较窄且清晰，附近的背底较浅，高角区线条则相反。

F　衍射花样指数标定

衍射花样指数标定，即确定衍射花样中各线条相应晶面（即产生该衍射线条的晶面）的干涉指数，并以之标识衍射线条，又称为衍射花样指数化。

a　立方晶系衍射花样指数标定

根据立方晶系晶体（HKL）面网的面间距公式和布拉格方程可得到下式：

$$\sin^2\theta=\frac{\lambda^2}{4a^2}\ (H^2+K^2+L^2)$$

令 $m=H^2+K^2+L^2$，即 m 等于衍射晶面干涉指数的平方和。对于同一底片同一物相的各衍射线条，λ 和 a 为定值，$\sin^2\theta$（从小到大）的顺序比等于各线条相应晶面干涉指数平方和（m）的顺序比，即：

$$\sin^2\theta_1:\sin^2\theta_2:\sin^2\theta_3:\cdots=m_1:m_2:m_3:\cdots \tag{3-81}$$

由结构因子计算可知，立方晶系中不同结构类型晶体系统消光规律不同，其产生衍射各晶面的 m 顺序比也各不相同。表 3-4 列出了立方晶系不同结构类型晶体前 10 条衍射线的 m 值和对应的晶面干涉指数。

因此，首先通过对衍射线条的测量计算得到 θ 值，接着计算同一物相各个线条 $\sin^2\theta$ 的顺序比，然后与表中的 m 顺序比相对照，即可确定该物相晶体结构类型及各衍射线条的干涉指数，并进一步求出点阵常数：

$$a=d\cdot\sqrt{H^2+K^2+L^2}=\frac{\lambda}{2\sin\theta}\cdot\sqrt{H^2+K^2+L^2} \tag{3-82}$$

从上式可知，对于每条衍射线都可以计算出一个 a 值。理论上，每条衍射线计算的 a 值应相等，但由于实验误差的存在而可能不相等，这时可以取 $\theta>70°$ 的衍射线计算结果的平均值。应该注意，由于简单立方和体心立方前 6 条衍射线 m 比值相等，这时，根据强度可以帮助判断，简单立方的第一条线是（100），第二条线是（110），第一条线的强度弱于第二条线；而体心立方第一条线是（110），第二条线是（200），第一条线的强度大于

第二条线。这是由多重性因子的差别引起的。但当强度数据不准确时，在判断简单立方和体心立方时，衍射线条必须超过 7 条。

表 3-4　立方晶系衍射晶面及其干涉指数平方和

衍射线顺序号	简单立方			体心立方			面心立方			金刚石立方		
	HKL	m	m_i/m_1	HKL	m	m_i/m_1	HKL	m	m_i/m_1	HKL	m	m_i/m_1
1	100	1	1	110	2	1	111	3	1	111	3	1
2	110	2	2	200	4	2	200	4	1.33	220	8	2.66
3	111	3	3	211	6	3	220	8	2.66	311	11	3.67
4	200	4	4	220	8	4	311	11	3.67	400	16	5.33
5	210	5	5	310	10	5	222	12	4	331	19	6.33
6	211	6	6	222	12	6	400	16	5.33	422	24	8
7	220	8	8	321	14	7	331	19	6.33	333, 511	27	9
8	300, 221	9	9	400	16	8	420	20	6.67	440	32	10.67
9	310	10	10	330, 411	18	9	422	24	8	531	35	11.67
10	311	11	11	420	20	10	333, 511	27	9	620	40	13.33

b　正方（四方）晶系与六方晶系衍射花样指数标定

正方晶系与六方晶系因其点阵常数不止一个而使衍射花样的指数标定工作比较复杂，这里介绍利用赫尔-戴维图表进行指数标定。

对于正方晶系，由式（3-33）可得：

$$\sin^2\theta = \frac{\lambda^2}{4a^2}\left[(H^2+K^2)+\frac{L^2}{(c/a)^2}\right] \tag{3-83}$$

对于同一衍射花样同一物相的任意两条衍射线，可得：

$$\lg\sin^2\theta_1 - \lg\sin^2\theta_2 = \lg\left[(H_1^2+K_1^2)+\frac{L_1^2}{(c/a)^2}\right] - \lg\left[(H_2^2+K_2^2)+\frac{L_2^2}{(c/a)^2}\right] \tag{3-84}$$

由上式可知，任意两衍射晶面（$H_1K_1L_1$）和（$H_2K_2L_2$）之 $\sin^2\theta_1$ 与 $\sin^2\theta_2$ 的对数差等于（$H_1^2+K_1^2$）+$L_1^2/(c/a)^2$ 与（$H_2^2+K_2^2$）+$L_2^2/(c/a)^2$ 的对数差，且与轴比（c/a）有关。此即为赫尔-戴维图表的制作和使用基础。

正方晶系赫尔-戴维图表如图 3-44 所示，其横坐标为（H^2+K^2）+$L^2/(c/a)^2$（对数坐标，但标出的数字是（H^2+K^2）+$L^2/(c/a)^2$ 的值），纵坐标为轴比（c/a）。对于每一组（HKL）面，图中绘出了一条相应的 $\lg\left[(H^2+K^2)+L^2/(c/a)^2\right]$ 随 c/a 的变化曲线。赫尔-戴维图表的横坐标上附有 $M\cdot\sin^2\theta$ 值的对数分度尺（但标出的是 $M\cdot\sin^2\theta$ 的值），M 为放大系数（因为 $\sin^2\theta$ 的对数值为负，为使分度方便，所以将 $\sin^2\theta$ 乘以 M，由 $\lg(M\cdot\sin^2\theta_1)-\lg(M\cdot\sin^2\theta_2)=\lg\sin^2\theta_1-\lg\sin^2\theta_2$ 可知，这种方法并不影响式（3-84）的成立）。

应用赫尔-戴维图表进行衍射花样指数标定时，首先计算出各个衍射线条的 $\sin^2\theta$ 值并乘以对数分度尺所用的 M 值，接着应用 $M\cdot\sin^2\theta$ 的对数分度尺在纸条上标出各衍射线条的 $M\cdot\sin^2\theta$ 值。最后，将此纸条在赫尔-戴维图表上上下左右移动，移动时必须保持各 $M\cdot\sin^2\theta$ 标记点的连线（纸条边缘）与横坐标平行（即保证各标记点相应于同一 c/a 值），

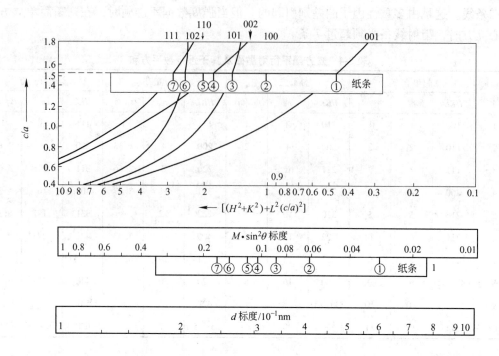

图 3-44　正方晶系赫尔-戴维图表

直到每个标记点都各自与图表上某组（*HKL*）面对应的曲线重合，则该干涉指数（*HKL*）即为相重合标记点所对应的衍射线条的指数。

根据正方晶系晶面间距公式：

$$d = \frac{a}{\sqrt{\left(H^2 + K^2\right) + \dfrac{L^2}{(c/a)^2}}} \tag{3-85}$$

对于任意两晶面间距 d_1 和 d_2，有：

$$2\left(\lg d_2 - \lg d_1\right) = \lg\left[\left(H_1^2 + K_1^2\right) + \frac{L_1^2}{(c/a)^2}\right] - \lg\left[\left(H_2^2 + K_2^2\right) + \frac{L_2^2}{(c/a)^2}\right] \tag{3-86}$$

因此，按各衍射线条 d 值的对数为标记点，也可以利用赫尔-戴维图表进行衍射花样的指数标定，其标定步骤与上述方法相似，赫尔-戴维图表也附有 d 值的对数分度尺。六方晶系赫尔-戴维图表的制作方法和衍射花样的指数标定过程与正方晶系相同。

3.4.2.3　衍射仪法

以前的 X 射线衍射分析，绝大部分是采用各种照相技术，20 世纪 50 年代发展的 X 射线衍射仪目前在各主要领域已经逐步取代了照相法，广泛应用于科学研究和工业生产控制。衍射仪按其结构和用途主要可以分成测定粉末试样的粉末衍射仪、测定单晶结构的四圆衍射仪和用于特殊用途的微区衍射仪和表层衍射仪等，其中粉末衍射仪应用最广泛，本部分主要叙述粉末衍射仪。

A　粉末衍射仪的构造和几何光学

粉末衍射仪是按晶体对 X 射线衍射的几何原理设计制造的衍射实验仪器。在测试过程中，由X射线管发射出的特征X射线照射到多晶体粉末试样上产生衍射现象，用辐射探测器接收衍射线的X射线光子，经测量电路放大处理后，在显示或记录装置上给出精确的衍射线位置、强度和线形等衍射信息。X射线衍射仪由X射线发生器、测角仪、辐射探测器、记录和数据处理系统等部分组成，其中测角仪是仪器的核心部分。

a　测角仪的主要结构

图3-45为测角仪的结构示意图。平板试样D安装在位于测角仪中心的样品台H上，安装时要求试样的表面严格地与垂直于图面的测角仪中心轴O重合，样品台H可绕O轴旋转。X射线源由X射线管靶面上的线状焦斑S（与图面垂直）发出，B和I为梭拉狭缝，由平行的金属薄片组成，用于限制X射线的发散度。当一束发散的X射线束照射到试样上时，满足布拉格方程的某些晶面，其衍射线便形成一根收敛的光束，F处有一接收狭缝光阑，它与计数管C都安装在可围绕轴O旋转的支架E上。当计数管转到适当的位置时便可接收到一根衍射线。计数管的角位置2θ可从刻度尺K上读出。

具体实验原理如图3-45所示，入射X射线照射到试样上，安装在样品台H上的试样D随着样品台H与支架E以1:2的角速度关系联合转动（常称为θ-2θ连动），连动关系保证了X射线相对于平板试样的入射角与反射角始终相等，且等于衍射角的一半。在试样和计数管联动扫描过程中，一旦2θ满足布拉格方程（且试样无系统消光时），试样产生的衍射线将被计数管接收，衍射仪就能自动描绘出衍射强度随衍射角变化的图谱，称为衍射图，如图3-46所示。图中纵坐标单位为每秒脉冲数。

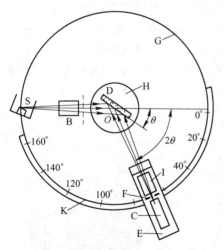

图3-45　测角仪构造示意图

G—测角仪圆；S—X射线源；B, I—梭拉狭缝；
D—试样；H—样品台；F—接收狭缝光阑；
C—计数管；E—支架；K—刻度尺

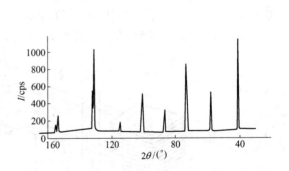

图3-46　X射线衍射图谱

b　测角仪的衍射几何

如图3-47所示，X射线管线状焦斑（S）与接收狭缝光阑（F）处于测角仪圆上，为了达到聚焦的目的，要使X射线管线状焦斑、试样被照射的表面、接收狭缝光阑位于同一聚焦圆上，在理想情况下，试样是弯曲的，曲率与聚焦圆相同。于是，对于粉末多晶试

样，在任何方位上总会有一些（HKL）面满足布拉格
方程产生反射，且反射是向四面八方的，但是那些平
行于试样表面的（HKL）面满足入射角＝反射角＝θ的
条件，此时，∠1、∠2、∠3 均为π−2θ，其正好为聚
焦圆的圆周角，根据平面几何知识，位于同一圆弧上
的圆周角相等，所以位于试样不同部位且平行于试样
表面的（HKL）面各自的反射线都汇聚于 F 点（由于
S 是线光源，所以 F 点得到的也是线光源），于是达
到了聚焦的目的。可以看到衍射仪的衍射花样均来自
与试样表面相平行的那些反射面的反射，这一点与粉
末照相法是不同的。在测角仪测量过程中，F 的位置

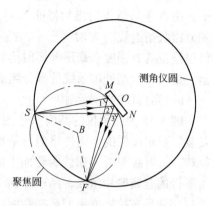

图 3-47 测角仪的聚焦几何

沿测角仪圆周变化，即对应于不同的（HKL）面衍射，F 的位置是不同的，从而导致聚焦
圆的半径不同。为了保证聚焦效果，要求试样弯曲且表面与聚焦圆具有相同的曲率，但是
由于连动扫描过程中聚焦圆曲率不断变化，试样表面很难满足这一要求，所以衍射仪只能
做近似处理，采用平板试样，使试样表面在扫描过程中始终与聚焦圆相切，实际上只有 O
点在聚焦圆上。因此，衍射线并非严格地聚焦在 F 点上，而是分散在一定的宽度范围内，
只要宽度不大，在应用中是可以允许的。

　　c　测角仪的光学布置

　　测角仪的光学布置如图 3-48 所示。S 为靶面的线焦点，其长轴方向为竖直方向。入射
线和衍射线要通过一系列狭缝光阑。K 为发散狭缝，L 为防散射狭缝，F 为接收狭缝。K
狭缝用以限制入射线束水平方向的发散度，后两个狭缝用以限制衍射线束在水平方向的发
散度。防散射狭缝可以排除来自其他方面（不是来自试样）的辐射，使峰背比得到改善。
B 和 I 为梭拉狭缝，由一组相互平行的金属薄片组成，它可以限制入射线及衍射线束在垂
直方向的发散度。衍射线在通过狭缝 L、I 及 F 后便进入计数管中。

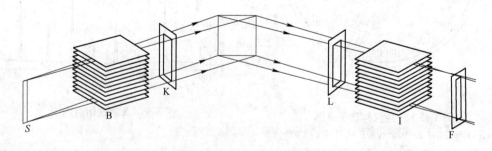

图 3-48 测角仪的光学布置

　　B　常用探测器

　　探测器的主要作用是接收试样衍射线（光子），并将光信号转变为电（瞬时脉冲）信
号。衍射仪的 X 射线探测元件为计数管，计数管及其附属电路称为计数器。通常用于 X
射线衍射仪的计数器有正比计数器、闪烁计数器、锂漂移硅计数器（可表示为 Si(Li) 计
数器）等，要求定量关系比较准确的情况下常使用正比计数器。

a　正比计数器

正比计数器结构示意图见图3-49。计数器有玻璃外壳，内充惰性气体。圆筒形金属套管为阴极，阳极为一根与圆筒同轴的细金属丝。X射线进入处称为窗口，由云母或铍等低吸收系数材料制成。阴阳极之间保持一个电位差（约600～900V）。进入计数器的X射线光子能使管内气体电离，所产生的电子在电场作用下向阳极加速运动，高速电子与气体分子碰撞而使气体进一步电离，而新产生的电子又可引起更多气体电离，如此反复，在极短时间内所产生的大量电子便会涌向阳极，发生所谓的电子"雪崩效应"。每当一个X射线光子进入计数器时，就产生一次电子"雪崩"，从而出现一个可以探测到的电流，计数器将有一个电压脉冲输出。正比计数器所产生的脉冲大小与入射X射线光子的能量成正比，用于衍射线强度测定比较可靠；正比计数器反应快，对于两个连续到来的脉冲的分辨时间只需1μs；它性能稳定，背底脉冲很低，计数效率高，在理想情况下可认为没有计数损失，但是正比计数器对温度敏感，需要高度稳定的电压。

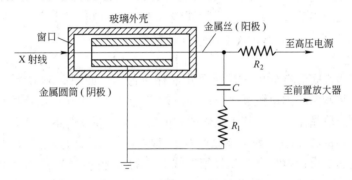

图3-49　正比计数器结构示意图

b　闪烁计数器

闪烁计数器是利用X射线激发某些固体物质（磷光体）发射波长在可见光范围内的荧光，这种荧光再转化为能够测量的电流。一个X射线光子照射磷光体使其产生一次闪光，闪光射入光电倍增管，并从光敏阴极上撞出许多电子，一个电子通过光电倍增管的倍增作用，在极短的时间（小于1μs）内，可得到大量电子，从而在计数器输出端产生一个能够检测到的电脉冲。由于光敏阴极中热电子发射致使噪声背景较高，当X射线的波长大于0.3nm时，信号的波高同噪声几乎相等而难以分离，使背底脉冲较高，因而闪烁计数器应尽量在低温下工作或采用循环水冷却。

c　锂漂移硅计数器

锂漂移硅计数器是一种固体（半导体）探测器，当X射线光子进入探测器时，由于电离作用产生许多电子-空穴对，所产生的电子-空穴对的数目和光子的能量成正比（本书4.4节具体介绍）。当在计数器上加500～900V的电压时，它们分别被计数器的一对正负极所吸收，由此输出一个电信号。锂漂移硅计数器分辨能力高、分析速度快、无计数损失。其应用已经较为普遍，但需要配置低噪声（背底）高增益的前置放大器，且需要用液氮冷却或电制冷。

在要求测定X射线位置分布的场合，用探测器逐次位移或组成阵列进行测量，现代衍射仪一般配置一维或二维阵列探测器，在任何时刻可同时接收多个2θ角的衍射，其探测强度相对于点探测器（只能接收一个 2θ 角的衍射）的探测强度可提高 100 倍以上。使用这些探测器后通常需要测试 1 小时的样品只需要几分钟就可以完成，而且数据质量并不降低。

C 单色器

多晶 X 射线衍射应使用严格的单色光源，在 X 射线进入计数管之前，需要除掉连续辐射线及 K_β 辐射谱线，尽可能降低背底散射，以获得良好的衍射效果。单色化处理可采用滤波片、晶体单色器和波高分析器等。

a 滤波片

本章第 1 节已经讨论过滤波片的滤波原理，利用吸收限两边吸收系数十分悬殊的特点，选取适当的材料制成滤波片，使其 K 系吸收限 λ_K 正好位于所用特征谱线的 K_α 和 K_β 线的波长之间，滤波片将强烈吸收 K_β 线，最终得到的基本上是单色 K_α 谱线。

对于单滤波片，通常是将一个 K_β 滤波片插在衍射光程的接收狭缝 F 处（见图 3-48）。但某些情况下例外，例如，Co 靶测定 Fe 试样时，Co 靶 K_β 线可能激发出 Fe 试样的荧光辐射，此时应将滤波片移至入射光程的发散狭缝 K 处，这样可以减少荧光 X 射线，降低衍射背底。使用 K_β 滤波片后难免还会出现微弱的 K_β 峰。

b 晶体单色器

降低衍射花样背底最有效的方法是采用晶体单色器。如图 3-50 所示，在衍射光程的接收狭缝 F 后安装弯曲晶体单色器，由试样衍射产生的衍射线（一次衍射线）经光阑系统投射到单色器中的单晶体上，调整单晶体的方位使其某个高反射本领晶面（高原子密度晶面）与一次衍射线的夹角刚好等于该晶面对 K_α 辐射的布拉格角，这样，由单晶体再次衍射后发出的单色的二次衍射线（与试样衍射线对应的 K_α 衍射线）进入计数管，而非试样的 K_α 衍射线不能进入计数管。接收狭缝、单色器和计数管的位置相对固定，因此，尽管衍射仪在转动，也只有试样的 K_α 衍射线才能进入计数管，从而实现了谱线的单色化。晶体单色器既能消除 K_β 辐射，又能降低由于连续 X 射线和荧光 X 射线产生的背底。

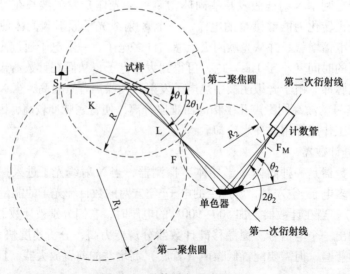

图 3-50 晶体单色器滤波原理

选择单色器的晶体和晶面时，有两种方案，一是强调分辨率，二是强调反射能力（即强度）。对于前者，一般选用石英等晶体；对于后者，则使用石墨单色器，它的（002）晶面的反射效率高于其他单色器。但是，通常使用的衍射束石墨弯曲晶体单色器却不能消除 $K_{\alpha2}$ 辐射，所以经弯曲晶体单色器聚焦的二次衍射线由计数管检测后得出的是 $K_{\alpha1}$ 和 $K_{\alpha2}$ 双线衍射峰。

c　波高分析器

闪烁计数器或正比计数器所接收到的脉冲信号，除试样衍射特征 X 射线的脉冲信号外，还将夹杂着一些高度大小不同的无用脉冲，它们来自连续辐射、其他散射及荧光辐射等，这些无用脉冲只能增加衍射背底，必须设法消除。

来自探测器的脉冲信号，其脉冲波高正比于所接收的 X 射线光子能量，反比于波长。因此，通过限制脉冲波高就可以限制波长，这就是波高分析器的基本原理。如图 3-51 所示，根据靶的特征辐射（如 Cu 的 K_α）波长确定脉冲波高的上、下限，设法除去上、下限以外的信号，保留与该波长相近的脉冲信号（如图中 WINDOW 区间），这就是所需要的衍射信号。

波高分析器又称脉冲高度分析器，实际是一种特殊的电路单元。脉冲高度分析器由上、下甄别器等电路组成。上、下甄别器分别可以限制高度过大或过小的脉冲进入，从而起到去除杂乱背底的作用，上、下甄别器的阈值可根据工作要求加以调整。脉冲高度分析器可选择微分和积分两种电路，只允许满足道宽（上、下甄别器阈值之差）的脉冲通过时称为微分电路；超过下甄别阈高度的脉冲可以通过时称为积分电路。采用脉冲高度分析器后，可以使入射 X 射线束基本上呈单色。所得到的衍射谱线峰背比（峰值强度与背底之比）明显提高，谱线质量得到改善。

在实际应用中，为了尽可能提高单色化效果，一般是滤波片与波高分析器联合使用，或者是晶体单色器与波高分析器联合使用。

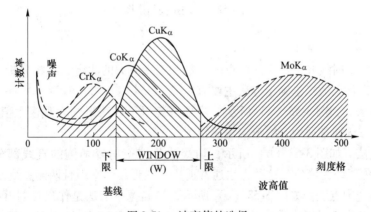

图 3-51　波高值的选择

D　粉末衍射仪的工作方式

粉末衍射仪常见的工作方式有连续扫描和步进扫描。

a　连续扫描

连续扫描是指在选定的 2θ 角范围内，让试样和探测器以 1∶2 的角速度做匀速圆周运动，在运动过程中测量各衍射角相应的衍射强度，获得 $I\sim2\theta$ 曲线。图 3-46 为连续扫描图谱。连续扫描方式可以方便地看出衍射线峰位、线形和相对强度等，它扫描速度快、工作效率高。但由于仪器本身的机械设备及电子线路等的滞后效应和平滑效应，使记录纸上记录的衍射信息总是落后于探测器接收到的，产生衍射峰位向扫描方向移动、分辨率降低、线形产生畸变等缺点。当扫描速度快时这些缺点尤为显著。连续扫描一般用于对试样的全扫描测量（如物相定性分析时）。

b 步进扫描

步进扫描又称阶梯扫描。将计数器与定标器相连接，定标器可以把从计数器来的脉冲加以计数。工作时首先将计数器固定在起始 2θ 角位置，按设定时间定时计数（或定数计时）获得平均计数速率（即为该 2θ 处的衍射强度），然后将计数器按预先设定的步进宽度（角度间隔）和步进时间（行进一个步进宽度所用时间）转动，每转动一个角度，重复测量，输出测量结果，得到如图 3-52 显示的步进扫描图谱。步进扫描每点的测量时间较长，总脉冲计数较大，可有效地减少统计波动的影响，且没有滞后效应和平滑效应，测量精度高，适于做各种定量分析工作。但因费时较多，通常只用于测定 2θ 范围不大的一段衍射图。

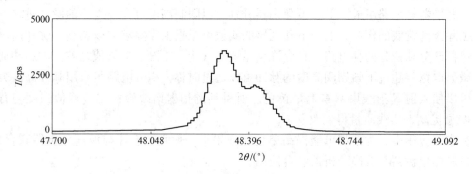

图 3-52   步进扫描衍射图

E   衍射线峰位的确定

精确地测定衍射线峰位对于晶体点阵常数和宏观应力的测定、物相分析等工作起着非常重要的作用，常见的峰位确定方法主要有：

（1）峰顶法。如图 3-53（a）所示，峰顶法是以衍射线形的表观极大值 P_0 的角位置为峰位。这种方法通常适用于线形尖锐的情况。

（2）切线法。如图 3-53（b）所示，切线法是将衍射峰两侧的直线部分延长交于 P 点，P 点的角位置即为峰位。这种方法通常适用于线形顶部平坦且两侧直线性好的情况。

（3）半高宽中点法。如图 3-53（c）所示，半高宽中点法是作出衍射峰的背底线 ab，从强度极大点 P 作记录纸边线的垂线与 ab 交于 P' 点，过 PP' 的中点 O' 作 ab 的平行线与衍射峰交于 M、N 点，取直线 MN 的中点 O 的角位置为峰位。这种方法通常适用于衍射峰线形光滑，高度较大时。

（4）7/8 高度法。如图 3-53（d）所示，7/8 高度法与半高宽中点法相似，只是与背底线的平行线作在 7/8 高度处。这种方法通常适用于有重叠峰且峰位能明显分开的情况。

（5）中点连线法。如图 3-53（e）所示，中点连线法是在衍射峰强度最大值的 $\frac{1}{2}$、

$\dfrac{3}{4}$、$\dfrac{7}{8}$…处作背底线的平行线，将这些线段的中点连接起来并延长，取此延长线与峰顶交点的角位置为峰位。

（6）抛物线拟合法。如图 3-53（f）所示，抛物线拟合法是将衍射线峰顶的线形用抛物线来拟合，然后取抛物线对称轴的角位置作峰位。常用的有三点抛物线法和五点抛物线法。这种方法通常适合于衍射峰线形漫散及 K_α 双线分辨不清的情况。

（7）重心法。先扣除背底（试样的非相干散射，样品中所含的非晶态成分等因素都会形成背底，应予以去除），再求出峰形的重心位置，取重心的角位置为峰位。由于重心法利用了衍射峰的全部数据，所得峰位受其他因素干扰小，重复性好，但这种方法计算量大，应配合计算机使用。

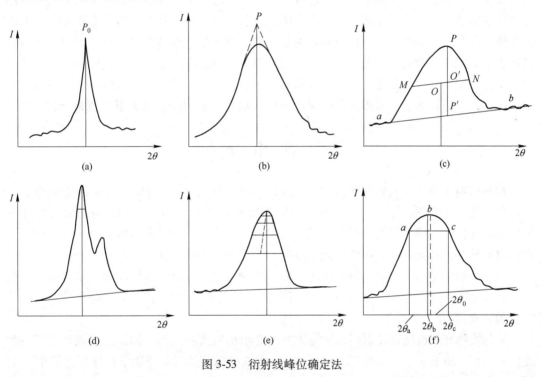

图 3-53 衍射线峰位确定法

F 衍射线强度的确定

衍射仪法的衍射线强度公式已经在 X 射线衍射强度部分介绍过了，衍射图中衍射线的强度一般可直接通过峰高强度或积分强度确定。

（1）峰高强度。一般情况下，可以用衍射线的峰高表示其强度，这种方法可直接比较同一试样中各衍射线的强度。

（2）积分强度。进行积分强度测定时，衍射仪一般采用慢扫描（0.25°/min）或步进扫描工作方式，以获得准确并精确的峰形和峰位。在进行积分强度计算时，应首先根据衍射曲线画出背底线，将各衍射峰形以下，背底线以上区域的面积测量出来，这些面积即可代表各衍射线的相对积分强度。

G　试样制备

在 X 射线衍射仪分析中，粉末试样的制备对衍射峰的位置和强度会产生很大影响。衍射仪法常用平板状试样，一般衍射仪都附有金属（Al）和玻璃制成的平板样品架，样品架上框孔和凹槽的大小应保证在低掠射角时入射线不能照在框架上。当粉末试样较多时，先将试样正向紧贴在毛玻璃台上，把粉末填满框孔，用玻璃片刮去多余的粉末，再蒙上一张清洁的薄纸，用手将试样轻轻压紧；当粉末试样较少时，将粉末填满在玻璃凹槽中，用玻璃片轻轻压平；当制备微量试样时，可用黏结剂调和粉末后涂在玻璃片上。

试样在制备过程中应该注意以下几点：首先，在衍射仪分析过程中，由于试样粉末实际不动，所以需要用比德拜法细得多的粉末制成试样，粉末的粒度应该控制在 $5\mu m$ 左右，太大或太小都会影响实验结果。加工过程中应该注意防止由于外加物理化学因素对试样原有性质的影响。其次，试样的厚度也会影响到衍射结果，当试样的吸收系数很小时，X 射线穿透深度很大，很薄的试样会引起衍射强度的急剧下降，而当吸收系数很大时，很薄的试样也会得到很高的强度。此外，在试样的制备过程中还应注意不能使试样中存在择优取向，以防止衍射强度的变化而引起的实验误差。通常，将具有择优取向的试样装在旋转-振动试样台上进行实验，或掺入各向同性的粉末物质（如 MgO）来降低择优取向的影响。

3.5　物相分析

相是材料中由各元素作用形成的具有同一聚集状态、同一结构和性质的均匀组成部分，分为化合物和固溶体两类（同种元素原子则形成单质（相））。物相分析就是利用 X 射线衍射等方法，确定材料由哪些相组成（物相定性分析），即确定物质中所包含的结晶物质以何种结晶状态存在，在此基础上可进一步确定各相的含量（物相定量分析）。

物相分析的结果不是确定材料由哪些元素组成，这一分析工作可通过化学分析、光谱分析和 X 射线荧光分析等方法实现。物相分析是通过 X 射线衍射分析、电子衍射分析等方法加以确定。

X 射线物相分析法在鉴别同素异构体方面显示出较大的优势。例如，二氧化硅有多种变体：石英、方石英、鳞石英等，用一般的化学分析或光谱分析不能加以区分，但用 X 射线物相分析法就很容易鉴别。

3.5.1　物相定性分析

3.5.1.1　基本原理

根据前面的介绍我们知道衍射线的位置取决于晶胞的形状和大小，而衍射线的强度取决于晶胞中原子的种类、位置和数目。而任何一种结晶物质都具有特定的晶体结构，在一定波长的 X 射线照射下，每种晶体物质都会给出自己特有的衍射花样特征（具体指衍射线的位置和强度）。每一种晶体物质和它的衍射花样都是一一对应的，不可能有两种物质具有完全相同的衍射花样。如果事先在一定的规范条件下对所有已知的晶体物质进行 X 射线衍射，获得所有晶体物质的标准 X 射线衍射花样数据库，当对某种材料进行物相分析时，只要将实验结果与数据库中的标准衍射花样进行比对，就可以确定材料的物相，因而可以像根据指纹来鉴别人一样用衍射花样来鉴别晶体物质。这时，X 射线衍射物相分析工作就变成了简单的图谱对照工作。这就是物相分析的基本原理。

多相试样的衍射花样是由各组成相衍射花样机械叠加而成。它们互不干扰，相互独立，逐一比较就可以在重叠的衍射花样中剥离出各自的衍射花样，分析标定后即可鉴别出各自物相。

为了便于储存和对比图谱，衍射花样通常用晶面间距 d（代表衍射线的位置）和衍射线的相对强度 I 数据组的形式表达。这样，如果试样的 d-I 数据组与标准试样的能够很好对应，便可以确定被测试样的相组成。

3.5.1.2 PDF 卡片

早在 1938 年，哈那瓦特（J. D. Hanawalt）等人开始了以 d-I 数据组表达衍射花样特征，制成衍射数据卡片的工作。1942 年，美国材料试验协会（ASTM，The American Society for Testing Materials）整理出版约 1300 张晶体物质衍射数据标准卡片（ASTM 卡片）。1969 年成立了"粉末衍射标准联合委员会（JCPDS，The Joint Committee on Powder Diffraction Standards）"，专门负责编辑和出版粉末衍射卡片，这些卡片被称为 PDF（The Powder Diffraction File）卡片。1992 年以后，卡片统一由 ICDD（International Centre for Diffraction Data）出版。

PDF 卡片是将物相的衍射花样特征用 d-I 数据组表达，配以有关物相和获得数据的实验条件等其他信息制成相应的衍射数据卡片。ICDD 出版的卡片与老卡片有一些差异。图 3-54 为 ICDD 出版的 $SmAlO_3$ 粉末衍射卡片，可以看到卡片中共有七个区域，分别包括：

区域 1：物质的化学式及英文名称，有时在右边还列出"点"式或结构式。老卡片（图 3-55）在此区域列出透射区强度最大的三条衍射线的面间距和相对强度以及该物质的最大面间距和相对强度。

区域 2：获得衍射数据的实验条件。包括：辐射光源种类（Rad.）、波长（λ）、所用滤波片（filter）、测定面间距所用的方法或仪器（d-sp）、所用仪器可测量的最大面间距（Cut off）、测定相对衍射强度的仪器或方法（Int.）、参比强度值（I/I_{cor}）以及数据来源和年份（Ref.）。

区域 3：物质的晶体学数据，包括：所属晶系（Sys.）、空间群（S.G.）、晶胞常数（a，b，c）、轴比（$A=a/b$，$C=c/b$）、晶胞轴间夹角（α，β，γ）、单位晶胞中的化学式单位的数目 Z（元素指其单胞中的原子数；化合物指其单胞中的化学式单位的数目），数据来源和年份（Ref.）；该区域还列有该材料的物理性能数据，如物质的熔点、密度（用 X 射线衍射法测得的密度为 D_x）；SS/FOM 为品质指数，表明所测晶面间距的完善性和精密度。老卡片将晶体学数据和物理性能各分一个区域列出。

区域 4：试样来源、制备方式、化学分析数据等。此外，如获得资料的温度及卡片的替换等进一步的说明亦列于本区域。

区域 5：物质的一系列晶面间距 d、相对强度 Int（以最强线的强度为 100 时的相对强度，老卡片以 I/I_1 表示，其中 I_1 为最强线的强度）及晶面干涉指数（习惯上以 hkl 表示）等全部衍射数据。

46-394 ←⑥ 　　　　　　　　　　　　　　　　　　　　　　　⑦→ ★

①	SmAlO₃	d/Å	Int	hkl	d/Å	Int	hkl
	Aluminum Samarium Oxide	3.737	62	110	1.1822	18	420
②	Rad. $CuK_{\alpha1}$ λ 1.540598 Filter Ge Mono. d-sp Guinier	3.345	5	111	1.1677	5	421
	Cut off 3.9 Int. Densitometer I/I_{cor} 3.44	2.645	100	112	1.1274	15	422
	Ref. Wang, P., Shanghai Inst. of Ceramics,	2.4948	4	003	1.1149	2	333
	Chinese Academy of Scienses, Shanghai, China, ICDD	2.2549	2	211			
	Grant-in-Aid, (1994)						
③	Sys. Tetragonal S.G.	2.1593	46	202			
	a 5.2876(2) b　　c 7.4858(7) A　　C 1.4157	1.8701	62	220			
	α　　β　　γ　　　Z4　　mp	1.8149	6	203			
	Ref. Ibid.	1.6727	41	222			
	D_x7.153　　D_m　　SS/FOM F_{19} = 39 (.007, 71)	1.6320	7	311			
④	Integrated in tensities, prepared by heating the compact	1.5265	49	312			
	powder mixture of Sm_2O_3 and Al_2O_3 according to the stoi-	1.3900	6	115			
	chiometric ratio of $SmAlO_3$ at 1500℃ in molybdenum	1.3220	33	400			
	silicide resistance furnace in air for 2 days. Silcon used as	1.3025	1	205			
	internal standard. To replace 9-82 and 29-83.	1.2462	19	330			

注：此卡片直接使用国外的，则波长暂用埃（1Å=0.1nm）。

⑤

图 3-54　SmAlO₃ 粉末衍射卡片

5-628

d	2.82	1.99	1.63	3.26	NaCl				★
I/I_1	100	55	15	13	SODIUM CHLONDE (HALITE)				

Rad. $CuK_{\alpha1}$　λ 1.5405　　Filter Ni	d/Å	I/I_1	hkl	d/Å	I/I_1	hkl
Dia.　　Cut off　　*coll*	3.258	13	111	0.8503	3	622
I/I_1 G.C. DIFFRACTOMETER *dcorr. abs*?	2.821	100	200	0.8141	2	444
Ref. SWANSON AND FUYAT,	1.994	55	220			
NBS CIRCULAR539, VOL. Ⅱ.41 (1953)	1.701	2	311			
Sys. CUBIC　　S.G. O_h^5-Fm3m (225)	1.628	15	222			
a_0 5.6402　b_0　　c_0　　　A　C	1.410	6	400			
α　　β　　γ　　Z4	1.294	1	331			
Ref. IBID.	1.261	11	420			
$\varepsilon\alpha$　　$n\omega\beta$　1.542　$\varepsilon\gamma$　Sign	1.1515	7	422			
2V D_x2.164　　mp　　*Color Colorless*	1.0855	1	511			
Ref. IBID.						
AN ACS REAGENT GRADES AMPLE RECRYSTAL-	0.9969	2	440			
LIZED TWICE FROM HYDROCHLORIC ACID.	0.9533	1	531			
X-RAY PATTERN AT 26℃	0.9401	3	600			
REPLACES 1-0993, 1-0994, 2-0818	0.8917	4	620			
	0.8601	1	533			

图 3-55　NaCl 粉末衍射卡片

区域 6：卡片序号。如 46-394 表示第 46 组 394 号卡片。

区域 7：卡片的数据可靠性。★表示可靠性高；i 表示已指标化和估计强度，但可靠性不如前者；空白表示一般；O 表示可靠性较差；C 表示衍射数据通过计算得到；R 表示卡片中的 d 值经过 Rietveld 精化处理。

3.5.1.3　PDF 卡片索引

在实际的 X 射线物相分析工作中，为了从上万张 PDF 卡片中快速找到所需卡片，必须使用索引书。索引总的可分为有机物索引和无机物索引两大类，按检索方法每类又分为数值索引和字母索引。

A 数值索引

数值索引是按 d 值数列检索，常用的有哈那瓦特索引和芬克索引。

哈那瓦特索引编排方法是：每个相作为一个条目，在索引中占一横行。每个条目中的内容包括：衍射花样中八条强线的面间距 d 和相对强度（标在 d 值的右下角）按相对强度递减顺序列在前面，随后依次排列着化学式、卡片编号、参比强度值。参比强度是被测相与刚玉（α-Al_2O_3）按 1∶1 质量配比时，被测相最强线峰高与刚玉最强线峰高之比。衍射线条的相对强度分为 10 级，最强者为 10，以×标示，其余则直接标明数字（如 8 表示 80%）。条目示例如下：

★ 2.09_x 2.55_9 1.60_8 3.48_8 1.37_5 1.74_5 2.38_4 1.40_3 Al_2O_3 10-173   1.00

  3.60_x 6.01_8 4.36_8 3.00_6 4.15_4 2.74_4 2.00_2 1.81_2 Fe_2O_3 21-920

i 2.08_x 2.21_8 1.56_6 1.39_5 1.37_2 4.63_2 1.87_2 6.93_1 （Ti_2Cu_3）10T 18-459

该索引将已经测定的所有物质的三条最强线中第一强面间距 d_1 值从大到小按顺序分组排列。不同年份出版的索引其分组情况及条目内容不完全相同。以 1995 年的无机相哈那瓦特检索手册为例，整个索引按 d_1 值从大到小的顺序共分 40 组。组的面间距范围及其误差在每页顶部标出。每组内则按次强线的面间距 d_2 减小的顺序排列。若 d_2 相同则又以 d_1 递减的次序排列，d_1 仍相同，按 d_3 递减的次序排列。

考虑到三根最强线的相对强度常常因各种原因（吸收、择优取向等）有所变动，为了减少因强度测量差异而带来的查找困难，索引中将每种物质三根最强线的面间距顺序互相调换，使同一物质在索引中的不同部位出现不止一次。具体的排列组合形式不同年份的版本规则不同。

芬克索引与哈那瓦特索引相类似，主要差别是芬克索引分别以八强线中四根强线的 d 值打头，按 d 值递减次序循环排列。

B 字母索引

字母索引是按物质名称检索。在不少物相分析工作中，被测物的化学成分或被测物中可能出现的相常常是知道的。在此情况下，利用字母索引能迅速地检索出各可能相的卡片，使分析工作大为简化。

这种索引是按照物相英文名称的第一个字母顺序编排的。每种相一个条目，占一横行。物相的英文名称写在最前面，其后依次排列着化学式、三强线的 d 值和相对强度、卡片编号、最后是参比强度值。条目示例如下：

★Aluminum Oxide：/Corundum Syn Al_2O_3 2.09_x 2.55_9 1.60_8 10-173 1.00

  Iron Oxide Fe_2O_3 3.60_x 6.01_8 4.36_8 21-920

i Titanium Copper   （Ti_2Cu_3）10T 2.08_x 2.21_8 1.56_6 18-459

3.5.1.4 物相定性分析的步骤

（1）通过德拜照相法、衍射仪法等方法获得待测试样的衍射花样。

（2）确定衍射花样中所有线条的相对强度，计算晶面间距 d，并选出三条最强线。一般衍射仪会由电脑自动采集数据并处理，可自动输出对应衍射峰的晶面间距和相对强度数值表。

（3）当物相均为未知时，使用数值索引。根据最强线的面间距 d_1 在数值索引中找到所属的组，再根据 d_2 和 d_3 找到其中的一行。

（4）比较此行中的数据，看其相对强度是否与所测物质的三强线基本一致，若一致再核对八强线，如晶面间距和相对强度都基本一致，则可初步断定未知物质中含有卡片所载的这种物质。

（5）根据索引中找到的卡片号，从卡片盒中找出所需卡片。将卡片上全部的 d-I 数据与未知物质的 d-I 数据对比，如果完全吻合，卡片所载物质就是要鉴定的未知物质。

当待分析试样为多相混合物时，根据混合物的衍射花样为各相衍射花样的叠加，也可对物相逐一进行鉴定，但过程比较复杂。如果待测试样的第二个、第三个 d 值在索引各行中找不到对应的值，这说明它们和最强线并不属于同一物相，此时必须采用尝试法引入待测花样中的第四强线，选取其中三条并重复（3）~（5）的步骤。一旦确定第一相物质，将其线条剔除，将剩余衍射线条重新归一化，重复（2）~（5）的步骤确定其他物相。

如果根据试样成分、有关工艺条件或参考有关文献，能够初步确定试样可能含有的物相，可以采用字母索引进行鉴定从而简化鉴定过程。此时，按照这些物相的英文名称，从字母索引中找出它们的卡片号，然后从卡片盒中找出相应的卡片。最后将实验测得的晶面间距和相对强度与卡片上的值一一对比即可。

3.5.1.5　定性分析的注意事项

（1）d 值的数据比 I 的数据重要，要求 d 值有足够的精度，待测物相的衍射数据与卡片上的衍射数据进行比较时，d 值一般只能在小数点后第二位有偏差。

（2）低角度区域的数据比高角度区域的数据重要。多相混合物的衍射线条有可能有重叠现象，低角衍射线与高角衍射线相比所对应的 d 值较大，不同晶体差别大，衍射线相互重叠的机会较小。

（3）了解试样的来源、化学成分和物理特性等相关信息对于做出正确结论十分重要，检索过程中要充分利用这些信息。

（4）对多相混合试样进行分析时，不要求一次就将所有主要衍射线都确定，因为它们不可能是同一相产生的。要先将能核对上的部分确定下来，再核对留下的部分，逐个解决，但要力求全部数据都能得到合理的解释。但有时可能出现少数衍射线不能合理解释的情况，这可能是由于混合物相中，某种物相的含量太少，只出现了一、二级较强线，以致无法鉴定。

（5）在分析过程中，应将 X 射线衍射分析与其他分析方法相结合。在点阵相同，点阵常数也比较接近的情况下，单纯用 X 射线分析可能得出错误的结论。此时，应与化学分析、电子探针分析等分析手段相配合。

（6）当混合物中某相的含量很少时，或某相各晶面反射能力很弱时，它的衍射线条可能难于显现或只出现一两条较强线而无法鉴定。因此，X 射线衍射分析只能肯定某相的存在，而不能确定某相的不存在。

3.5.1.6　计算机检索

理论上讲，只要 PDF 卡片足够全，任何未知物质都可以标定，但是实际上会出现很多困难。在物相为 3 相以上时，人工检索并非易事，此时利用计算机自动检索是行之有效的。利用计算机检索程序，根据被测衍射谱中一系列晶面间距和相对强度，快速且准确地检索出与之对应的物相。为此，必须建立计算机标准衍射数据库，尽可能储存全部 PDF 卡片资料。为了方便检索，可将这些资料按行业分成若干个物相分库。

目前的 X 射线衍射仪实现了数据的实时采集，对衍射数据的信息分析也提供了强大的软件支持。在检索时读取待测试样的实验数据，并可进一步限定试样的元素信息、物相隶属的分数据库类型（如有机、无机、金属、矿物等）等，就可以自动进行物相检索工作，检索基本过程一般包括以下步骤：

（1）粗选：将某衍射谱线数据与数据库（分库或总库）的全部卡片数据对照。凡卡片上的强线在试样谱图中有反映者，均被检索出来。这一步可能选出 50~200 张卡片。对实验数据给出合理的误差范围，确保顺利地进行对照。其后设置各种标准，对粗选出的卡片进行筛选。

（2）总评分筛选：在试样谱图资料角度范围内，每张卡片应有几根线，而试样谱图中实际出现了几根，能匹配的是强线还是弱线，吻合的程度如何等，按照这些项目对各卡片给出拟合度的总评分数。d 和 I 都在标准中时，d 更重要。例如，d 权重为 0.8，I 权重则为 0.2。对于各个 d 和 I，d 值大的在评分中较重要，I 值高的也较重要。评出各卡片的总分后，将总分较低的淘汰掉。经过这次筛选后可剩下 30~80 张卡片。

（3）元素筛选：将试样可能出现的元素输入，若卡片上物相组成元素与之不合则被淘汰。经此次筛选后可保留 20~30 张卡片。若无试样成分资料，则不做筛选。

（4）合成谱图：试样中不可能同时存在上述 20~30 个物相，可能有其中一两个，一般不超过五至六个，若干个不同卡片谱线的组合就是试样的实测谱图。按此规律，将经元素筛选的候选卡片花样进行组合，但不必取数学上的全部组合，而须予以限制，以减少总的合成谱图数。将各个合成谱图与试样谱图进行对比，拟定若干谱图相似度的评分标准，将分数最高的几个物相卡片打印出来。经以上处理，一般能给出正确的结果。

目前 X 衍射数据库除国际衍射数据中心（ICDD）提供的数据库之外，还有无机晶体结构（ICSD）数据库、剑桥晶体数据中心（CCDC）数据库等。通常所用的还是 ICDD 提供的电子版粉末衍射数据库（PDF-2）。JADE 是目前比较常用的 XRD 检索软件，是 MDI（materials date，Inc.）的产品，具备 X 射线衍射分析的强大功能，可以进行物相检索、晶粒大小和点阵常数的计算等多项工作。

在检索过程中，要注意检索出的物相 PDF 卡片中的峰位要与测量峰的峰位相匹配、卡片的峰强比要与样品峰的峰强比大致相同，还要确保物相符合实验条件（如元素存在条件、反应条件等）。当然，计算机检索不是万能的，如果使用不当，难免会出现漏检或误检的现象。充分阅读相关文献，利用有关未知试样的化学成分、物理性质等信息有利于更准确地对物相进行鉴定。

3.5.2　物相定量分析

多相物质经定性分析后，若要进一步知道各个组成物相的相对含量，就得进行 X 射线物相定量分析，多相混合物中各相衍射线的强度随该相含量的增加而增加（即物相的相对含量越高，则对应的 X 衍射线的相对强度也越高）。但由于试样吸收等因素的影响，一般来说，某相的衍射强度与其相对含量并不呈直线关系，而是曲线关系。如果用实验测量或理论分析等方法确定了该关系曲线，就可以从实验测得的强度算出该相的含量。这就是定量分析的依据。

由于衍射仪法在测量衍射线强度方面具有优势，所以定量分析一般都采用衍射仪法。此时，单相粉末多晶试样的衍射强度由式（3-71）决定，当需要测定多相混合物时，设多相混合物总的线吸收系数为μ_l，则有：

$$\mu_l = \rho\mu_m = \rho \sum_j \left[\mu_{mj} \cdot w_j \right] = \rho \sum_j \left[\frac{\mu_{lj}}{\rho_j} \cdot w_j \right] \tag{3-87}$$

式中，μ_{mj}为j相的质量吸收系数；μ_{lj}为j相的线吸收系数；w_j为j相的质量分数；ρ为混合物的密度；ρ_j为j相的密度。由于衍射仪法的吸收因子$A = \dfrac{1}{2\mu_l}$，则混合物中任一相（j相）（HKL）面的衍射线强度公式可以表示成：

$$I_j = \frac{\lambda^3}{32\pi R^3} \cdot I_0 \cdot \left(\frac{e^2}{mc^2} \right)^2 \cdot \frac{V_j}{2\mu_l} \left(\frac{1}{V_0^2} \cdot P_{HKL} \cdot |F_{HKL}|^2 \cdot \frac{1+\cos^2 2\theta}{\sin^2\theta\cos\theta} \cdot e^{-2M} \right)_j \tag{3-88}$$

式中，V_j为j相被照射的体积，设j相的体积分数为f_j，试样被照射的总体积V为单位体积，则$V_j = V \cdot f_j = f_j$。当混合物中j相的含量改变时，某一（HKL）面衍射强度公式中除V_j和μ_l外，其余各相均为常数，则j相的某根衍射线强度表达式可以写成以下形式：

$$I_j = C_j \frac{f_j}{\mu_l} \tag{3-89}$$

式中，C_j是与具体的实验条件和j相衍射线条指数（HKL）有关的常数。为了使用方便，常使用j的质量分数w_j来表达体积分数f_j，当混合物的密度为ρ，j相的密度为ρ_j，则混合物单位体积中j相的质量为$w_j\rho$，于是有：

$$f_j = \frac{w_j\rho}{\rho_j} \tag{3-90}$$

将式（3-87）和式（3-90）代入式（3-89）得到：

$$I_j = C_j \frac{w_j}{\rho_j \sum_j \left[\dfrac{\mu_{lj}}{\rho_j} \cdot w_j \right]} \tag{3-91}$$

当混合物由 a、b 两相构成时，$w_b = 1 - w_a$，此时有：

$$I_a = C_a \frac{w_a}{\rho_a \left[\left(\dfrac{\mu_{la}}{\rho_a} - \dfrac{\mu_{lb}}{\rho_b} \right) \cdot w_a + \dfrac{\mu_{lb}}{\rho_b} \right]} \tag{3-92}$$

由以上分析可知，待测相的衍射强度除了与该相在混合物中的相对含量有关外，还与混合物总吸收系数有关，而总吸收系数又会随着该相在混合物中的浓度而变化，所以强度和相对含量之间的关系并非简单的直线关系，只有在待测试样是由同素异形体组成的这种特殊情况下$\left(\dfrac{\mu_{la}}{\rho_a} = \dfrac{\mu_{lb}}{\rho_b} \right)$，待测相的衍射强度才与该相的相对含量呈直线关系。

即使对于最简单的 a、b 两相混合物，要想根据式（3-92）直接从衍射强度计算出待测相 a 的质量分数很困难，必须要想办法消掉C_a。在实际分析工作中，可以用待测相的某根衍射线条强度与 a 相标准物质的同一根衍射线条的强度相除，从而消掉C_a，于是产生了制作标准物质的标准线条的试验方法，由于标准线条的试验方法不同，便产生了不同的定量分析方法，最常用的是外标法和内标法。

3.5.2.1 外标法

外标法又称单线条法。这种方法将待测相的纯物质另外单独标定，然后与多相混合物中的待测相相应的衍射线强度进行比较。对于 a、b 两相组成的混合物，a 相的衍射强度由式（3-92）确定，纯 a 相物质的衍射强度 $(I_a)_0$ 可由式（3-89）得到：

$$(I_a)_0 = \frac{C_a}{\mu_{la}} \tag{3-93}$$

将式（3-92）除以式（3-93），即可消掉常数 C_a，得到：

$$\frac{I_a}{(I_a)_0} = \frac{w_a \dfrac{\mu_{la}}{\rho_a}}{\left(\dfrac{\mu_{la}}{\rho_a} - \dfrac{\mu_{lb}}{\rho_b}\right) \cdot w_a + \dfrac{\mu_{lb}}{\rho_b}} \tag{3-94}$$

上式即为外标法定量分析的基本公式。利用该关系式，测出 I_a 和 $(I_a)_0$，查出各相的质量吸收系数，即可计算出混合物中 a 相的相对含量。

当各相的质量吸收系数未知时，可以先确定出纯 a 相物质的某根衍射线条强度 $(I_a)_0$，然后在完全相同的实验条件下，分别测出各种 a 相含量已知但浓度不同的各标准试样的同一根衍射线条的强度 I_a，从而绘制出如图 3-56 所示的定标曲线，在曲线中根据待测试样的 I_a 和 $(I_a)_0$ 的比值就可确定出 a 相的含量。这种方法适用于吸收系数不同的两相混合物的定量分析。

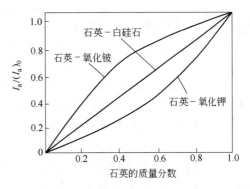

图 3-56 混合物定标曲线示意图
（石英的衍射强度来自 $d = 0.334\text{nm}$ 的衍射线）

3.5.2.2 内标法

内标法又称掺和法。若待测试样中含有多个相，各相的质量吸收系数又不同时，定量分析常采用内标法。这种方法向待测试样中掺入一定含量的标准物质作为内标，将试样中待测相的某根衍射线条强度与掺入试样中含量已知的标准物质的某根衍射线条强度相比较，从而获得试样中待测相的含量。该法仅限于粉末试样。

如要测定多相混合物试样中的某一相 A 的含量，可在原始试样中掺入少量已知含量的标准物质 S，构成未知试样与标准物质的复合试样，设 f_A 和 f_A^* 分别为 A 相在原始试样和复合试样中的体积分数，f_S 为标准物质在复合试样中的体积分数，根据式（3-89）复合试样中 A 相的某根衍射线的强度为：

$$I_A = C_A \frac{f_A^*}{\mu_l} \tag{3-95}$$

复合试样中标准物质 S 的某根衍射线的强度为：

$$I_S = C_S \frac{f_S}{\mu_l} \tag{3-96}$$

式（3-95）和式（3-96）中的 μ_l 均指复合试样中的吸收系数。将式（3-95）除以式（3-96）得到：

$$\frac{I_A}{I_S} = \frac{C_A f_A^*}{C_S f_S} \tag{3-97}$$

根据式（3-90）体积分数与质量分数的关系，得到：

$$\frac{I_A}{I_S} = \frac{C_A w_A^* \rho_S}{C_S w_S \rho_A} \tag{3-98}$$

式中，w_A^* 为 A 相在复合试样中的质量分数，设 w_A 为 A 相在原始试样中的质量分数，w_A 与 w_A^* 之间存在如下关系式：

$$w_A^* = w_A(1-w_S) \tag{3-99}$$

将式（3-99）代入式（3-98），得到：

$$\frac{I_A}{I_S} = \frac{C_A w_A(1-w_S)\rho_S}{C_S w_S \rho_A} \tag{3-100}$$

令 $C = \dfrac{C_A(1-w_S)\rho_S}{C_S w_S \rho_A}$，则式（3-100）可以表示为：

$$\frac{I_A}{I_S} = C w_A \tag{3-101}$$

上式即为内标法物相定量分析的基本公式。可以看到，I_A/I_S 与 w_A 呈线性关系，直线必过原点，C 为直线的斜率。只要知道了 C 值，就可以通过测量在复合试样中待测 A 相某根衍射线的强度与标准物质 S 的某根衍射线的强度，求出 A 相在原始试样中的质量分数。C 值可以通过绘制定标曲线获得。具体方法是：首先配置一系列（3个以上）待测相（A 相）含量已知的不同浓度的试样，在每个试样中加入含量恒定（即 w_S 恒定）的内标物质 S 制成复合试样，测量复合试样的 I_A/I_S 值，绘制 I_A/I_S—w_A 曲线。图 3-57 所示为用萤石作内标物质时，石英定量分析的定标曲线。

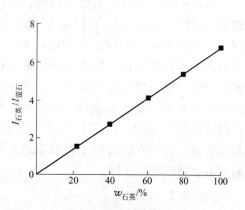

图 3-57　用萤石作内标物质时，石英定量分析的定标曲线

在应用定标曲线测定未知试样中某相（如 A 相）含量时应该注意，内标物质 S 通常要求物理、化学稳定性高，其特征线与待测相及试样中其他物相的衍射线无干扰。而且，加入试样中的内标物质 S 的种类及其含量、A 相与 S 相衍射线条的选取等条件都要与所用内标曲线的制作条件相同。

这种方法是一种最一般、最基本的方法，但由于需要制作定标曲线，过程比较烦琐，在实际使用中常使用该方法的简化方法（如 K 值法等）。

3.5.2.3 *K* 值法

K 值法又称基体冲洗法。根据式（3-98），令 $\dfrac{C_A\,\rho_S}{C_S\rho_A}=K_S^A$，则有：

$$\frac{I_A}{I_S}=K_S^A\frac{w_A^*}{w_S} \tag{3-102}$$

上式即为 *K* 值法的基本公式，K_S^A 称为 A 相（待测相）对 S 相（内标物质）的 *K* 值。可以看到，内标法的 *C* 值会随着内标物质加入量的变化而变化，而 *K* 值法的 K_S^A 值只和待测相、内标物质以及用以测试的晶面（*HKL*）和 X 射线的波长（X 射线的波长通过影响衍射角而影响角因子）有关，而与内标物质加入量无关。因此，在一定的实验条件下，若 A 相和 S 相衍射线条选定，则 K_S^A 为常数。K_S^A 通常情况下是由实验测定的：选取纯的 A 相和 S 相物质，将它们配制成比例为 1∶1 的试样（此时，$w_A^*=0.5$；$w_S=0.5$，w_A^*∶$w_S=$ 1∶1）。测量该试样的 I_A 和 I_S，根据式（3-102）即可确定 K_S^A。

将 *K* 值法进一步简化，就得到参比强度法。该法采用刚玉（$\alpha\text{-}Al_2O_3$）为通用参比物质。在粉末衍射卡片或索引上列出了部分常见物相对刚玉的 *K* 值，称为该物相的参比强度，它等于该物相与 $\alpha\text{-}Al_2O_3$ 等质量混合试样的 X 射线衍射谱中两相最强线的强度比，因此，不需要再通过实验测定即可获得 *K* 值。但应该注意在选用参比强度值进行物相定量分析时，待测相与内标物质的强度均应选择最强线。

当 *K* 值法应用于两相系统时，若知道第 1 相对第 2 相的 *K* 值（K_2^1），不需要加入内标物质，通过测定两相的强度比 I_1/I_2，即可求出各相的质量分数。计算公式如下：

$$\begin{cases} w_1+w_2=1 \\[2mm] \dfrac{I_1}{I_2}=K_2^1\dfrac{w_1}{w_2} \end{cases}$$

可得：

$$w_1=\frac{1}{1+K_2^1\cdot I_2/I_1} \tag{3-103}$$

3.6 X 射线衍射技术在其他方面的应用

X 射线衍射分析在无机非金属材料中的一些常规分析测试主要包括：物相分析、点阵常数的精确测定、晶粒尺寸的测定、晶体取向的测定、应力应变的测定等。物相分析在上一节已经详细介绍，下面简单介绍一下其他应用，详细的应用可参考相关书籍。

3.6.1 点阵常数的精确测定

点阵常数是晶体物质的基本结构参数，它随着化学成分和外界条件（温度和压力等）的变化而变化。这种变化反映了晶体内部成分、受力状态等的变化，所以应用点阵常数的精确测定可鉴别固溶体类型、测定固溶度、测定热膨胀系数及物质的真实密度等。由于点阵常数变化的数量级很小（约 10^{-5}nm），因而对点阵常数应进行精确测定。

点阵常数是根据衍射线的位置 2θ，在衍射花样指数化的基础上，通过布拉格方程和晶面间距公式计算得到（详见衍射花样的指数标定）。以立方晶系为例，根据点阵常数的计算式（3-82），由于入射 X 射线的波长 λ 是经过精确测定的，其数值精度达到 $5×10^{-6}$ nm，而干涉指数又是整数，所以不考虑它们的误差。点阵常数测量的精确度主要取决于 $\sin\theta$ 的精度。当半衍射角的测量误差 $\Delta\theta$ 相同时，θ 越接近于 $90°$，所对应的 $\sin\theta$ 误差越小，得到的点阵常数越精确。因此，点阵常数测量时应选用高角度衍射线。

在衍射花样中，通过每一条衍射线都可以计算出一个点阵常数值。虽然从理论上讲，每个晶体的点阵常数只能有一个固定值，但是通常每条衍射线的计算结果之间都会有微小的差别，这是由于测量误差所造成的。测量误差分为偶然误差和系统误差两类。偶然误差不可能完全消除，但可以通过多次重复测量将其降到最小限度。系统误差是由实验方法和条件决定的，对于德拜照相法，主要包括相机半径误差和底片收缩、试样偏心、试样对 X 射线的吸收等；对于衍射仪法，主要是由一些物理因素（如入射 X 射线色散的影响、折射效应等）和几何因素（如试样表面偏离衍射仪轴、入射线的垂直发散度等）引起的误差，还包括由测量引起的误差（如 2θ 刻度误差、试样与探测器 1：2 转速比的误差等）。系统误差以某种函数关系作规律性变化，因此除了在实验技术方面加以改进外，还可以选用适当的数学方法予以修正，从而产生不同的数据处理方法，如外推法，最小二乘法等。

3.6.2 晶粒尺寸的测定

由于晶粒的细化会引起衍射谱线的宽化，所以可以利用对衍射谱线的线形分析来测定晶粒的大小。

不严格平行的单色 X 射线照射到晶粒很细小的晶体上，衍射将在偏离正确 θ 方向的一个角度范围内发生，使谱线具有一定宽度。谢乐（P. Scherrer）导出了衍射线的宽度和晶粒尺寸的表达式，即谢乐公式：

$$D=\frac{0.89\lambda}{\beta\cos\theta} \tag{3-104}$$

式中，D 为晶粒在反射晶面法线方向上的尺寸；β 为衍射峰的半高宽，弧度；λ 为所用 X 射线的波长；θ 为某晶面的半衍射角。大小在亚微米至纳米尺度范围的晶粒，可以通过衍射线宽度测定晶粒尺寸。

3.6.3 残余应力的测定

残余应力是材料及其制品内部存在的一种内应力，是指产生应力的各种外部因素（外力、温度变化、加工处理过程等）去除后，由于不均匀的塑性变形和不均匀相变的影响，在物体内部依然存在并自身保持平衡的应力。用 X 射线测定材料中的残余应力是根据衍射线条 θ 角的变化或衍射线条的形状或强度的变化来测定材料表层微小区域的应力，这种测定是一种间接的方法，是先测量应变，再借助于材料的弹性特征参量确定应力。不过它测量的应变不是宏观应变，而是晶体材料的晶格应变。残余应力可分为三类，利用 X 射线衍射现象可以测定材料中的这三种残余应力。

第一类为宏观应力，是指在物体中较大范围内存在并保持平衡的应力。当受到一定宏观应力时，物体中均匀分布的宏观应力将产生较大范围内均匀分布的应变，而方位相同的各个晶粒中同名（HKL）晶面的晶面间距变化相同，从而导致衍射线向某个方向位移（2θ

角变化），这就是 X 射线测量宏观应力的基础。

第二类为微观应力，是指在物体中一个或若干个晶粒范围内存在并保持平衡的应力。由于各晶粒间甚至一个晶粒内各部分间彼此不同的应力而产生不均匀的应变，使某些区域晶面间距增加，某些区域晶面间距减小，导致衍射线向不同方向产生位移，从而使衍射线弥散宽化。这是 X 射线测量微观应力的基础。

第三类为超微观应力，指在物体中若干个原子范围内存在并保持平衡的应力，一般在位错、晶界及相界等附近。超微观应力在应变区内使原子偏离平衡位置（产生点阵畸变），将导致衍射线强度减弱，所以可以通过对 X 射线强度变化的测定确定超微观应力。

3.6.4　单晶取向的测定

单晶取向的测定就是确定晶体试样的晶体学取向（晶面或晶向方位）与试样的外观坐标之间的相位关系。对于单晶材料可以根据衍射线的方位及对称性判定晶体的对称性和取向方位。测定晶体取向可以按一定结晶学方向制作元器件或截取培育单晶用的籽晶。

可以应用劳埃法确定单晶的取向。单晶体的 X 射线衍射花样是由一些有规律的斑点组成的，当使用透射法时，所得到的斑点分布在以中心透射斑点为中心的椭圆上；使用背射法时，所得到的斑点分布在以中心透射斑点为中心的双曲线上。不管是透射法还是背射法，衍射斑点的位置是由晶体取向决定的，因此可以通过分析劳埃衍射花样来测定晶体取向。晶体的取向是根据底片上的劳埃斑点转换的极射赤面投影与试样外坐标轴的极射赤面投影之间的位置关系确定的。在实际工作中，由于背射劳埃法不受试样尺寸和吸收的限制，所以它比透射劳埃法应用更为广泛。

习题与思考题

3-1　比较概念：

(1) K_α 谱线与 K_β 谱线；

(2) 短波限与吸收限；

(3) 连续 X 射线谱与特征 X 射线谱；

(4) 线吸收系数与质量吸收系数；

(5) 光电效应与俄歇效应；

(6) X 射线散射、衍射与反射。

3-2　比较连续 X 射线谱和特征 X 射线谱的产生机理。

3-3　分别给出施加 15kV 高压时，Cu 靶和 Mo 靶 X 射线管发出的 X 射线谱，并简要说明它们有何异同。

3-4　试计算当管电压为 50kV 时，X 射线管中电子击靶时的速度与动能以及所发射的连续谱的短波限和光子的最大能量。

3-5　试说明为什么对同一材料其 $\lambda_{K_\gamma} < \lambda_{K_\beta} < \lambda_{K_\alpha}$。

3-6　已知钼的 $\lambda_K = 0.0619$nm，试计算钼的 K 系激发电压。

3-7　X 射线与物质相互作用有哪些现象和规律，利用这些现象和规律可以进行哪些科学研究工作？

3-8　研究纯铁时，有 Fe、Ni、Co、Cu 4 种阳极靶，如何选择？

3-9　为什么会出现吸收限，为什么 K 系吸收限只有一个而 L 系吸收限有三个，当激发 K 系荧光 X 射线时，能否伴生 L 系，当 L 系激发时能否伴生 K 系？

3-10 厚度为 1mm 的铝片能把某单色 X 射线束的强度降低为原来的 23.9%，试求这种 X 射线的波长（已知 $\rho_{Al} = 2.699 g/cm^3$）。

3-11 计算将 Cu 辐射中 I_{K_α}/I_{K_β} 由 5 提高到 600 时选用 Ni 滤波片的厚度（已知 Ni 对 Cu 的 K_α 辐射的吸收系数 $\mu_m = 50 cm^2/g$，对 Cu 的 K_β 辐射的吸收系数 $\mu_m = 350 cm^2/g$，$\rho_{Ni} = 8.902 g/cm^3$）。

3-12 实验室用 X 射线防护铅屏，若其厚度为 1mm，试计算其对 Cu 的 K_α 和 Mo 的 K_α 辐射的穿透系数各为多少（$\rho_{Pb} = 11.36 g/cm^3$）。

3-13 说明原子散射因子和结构因子的物理意义，多重性因子、吸收因子及温度因子是如何引入多晶体衍射强度公式的？

3-14 金刚石晶体属面心立方点阵，每个晶胞含 8 个原子，坐标为：$(0, 0, 0)$、$\left(\frac{1}{2}, \frac{1}{2}, 0\right)$、$\left(0, \frac{1}{2}, \frac{1}{2}\right)$、$\left(\frac{1}{2}, 0, \frac{1}{2}\right)$、$\left(\frac{1}{4}, \frac{1}{4}, \frac{1}{4}\right)$、$\left(\frac{3}{4}, \frac{3}{4}, \frac{1}{4}\right)$、$\left(\frac{3}{4}, \frac{1}{4}, \frac{3}{4}\right)$、$\left(\frac{1}{4}, \frac{3}{4}, \frac{3}{4}\right)$，原子散射因子为 f_a，求其系统消光规律（$|F|^2$ 最简表达式），并据此说明结构消光的概念。

3-15 "衍射线在空间的方位仅取决于晶胞的形状与大小，而与晶胞中的原子位置无关；衍射线的强度则仅取决于晶胞中原子位置，而与晶胞形状及大小无关"，此种说法是否正确？

3-16 当体心立方点阵的体心原子和顶点原子种类不相同时，关于 $H+K+L$ 等于偶数时衍射线存在，等于奇数时，衍射线相消的结论是否仍成立，为什么？

3-17 粉末样品颗粒过大或过小对德拜花样影响如何，为什么？板状多晶体样品晶粒过大或过小对衍射峰影响又如何？

3-18 试从入射光束、样品形状、衍射纪录、衍射花样、样品吸收与衍射强度等方面比较衍射仪法与德拜法的异同。

3-19 X 射线衍射实验主要有哪些方法，各有哪些应用？

3-20 Cu 的 K_α 辐射照射 Cu 样品，已知 Cu 的点阵常数 $a = 0.361 nm$，求其（200）面反射的 θ 角。

3-21 Cu 的 K_α 辐射照射 Ag（面心立方点阵）样品，测得第一衍射峰位置 $2\theta = 38°$，试求 Ag 的点阵常数。

3-22 用 Cu 的 K_α 辐射摄取某晶体的德拜照片上共有 10 对衍射线条，它们的 θ 为 21.89°、25.55°、37.59°、45.66°、48.37°、59.46°、69.64°、69.99°、74.05° 和 74.61°。已知该晶体属立方晶系，试标定这些线条的指数，确定晶体的布拉格点阵类型，并计算其点阵常数。

3-23 用 Cu 的 K_α 辐射照射点阵常数 $a = 0.361 nm$ 的 Cu，试用厄瓦尔德作图法求（200）面反射的 θ 角。

3-24 试样发出的荧光 X 射线照射到 LiF 晶体（200）晶面上，分别在 θ 角为 16.555°、13.943° 和 12.865° 处探测到荧光 X 射线，试问试样中有哪些元素？已知 LiF 的 $d_{200} = 4.02 nm$。

3-25 试确定下列结构的物质所摄得的粉末衍射花样上最初三根线条（最低的 2θ 值）的 2θ 与晶面干涉指数（HKL），入射的辐射为 Cu 的 K_α。
(1) 简单立方（$a = 0.300 nm$）；（2）简单正方（$a = 0.200 nm$，$c = 0.300 nm$）；（3）简单正方（$a = 0.300 nm$，$c = 0.200 nm$）。

3-26 试用厄瓦尔德图解来说明多晶衍射花样的形成，多晶衍射圆锥的顶点、轴和母线各代表什么？

3-27 试述 X 射线粉末衍射法物相定性分析过程及注意事项。

3-28 试述 X 射线粉末衍射法物相定量分析原理，用 K 值法进行物相定量分析的过程。

3-29 PDF 卡片索引有哪几类，如何应用？

3-30 在 α-Fe_2O_3 及 Fe_3O_4 混合物的衍射花样中，两相最强线的强度比 $I_{\alpha-Fe_2O_3}/I_{Fe_3O_4} = 1.3$，试用参比强度法计算 α-Fe_2O_3 的相对含量。已知 $K_{Al_2O_3}^{\alpha-Fe_2O_3} = 2.6$，$K_{Al_2O_3}^{Fe_3O_4} = 4.9$。

4 电子显微分析

　　光学显微镜是人类认识微观世界的重要工具，但是随着科学技术的发展，人们对微观世界观察和分析的要求越来越高，光学显微镜因其有限的分辨本领而难以满足许多微观分析的要求，人们不断开发和研究新的微观分析手段。20 世纪 30 年代后，电子显微镜的发明将分辨本领提高到纳米量级，同时也将显微镜的功能由单一的形貌观察扩展到集形貌观察、晶体结构分析、成分分析等于一体，人类认识微观世界的能力从此有了长足的发展。电子显微分析在生物学、医学、地质矿物、固体科学以及在金属、高分子、陶瓷、半导体等材料科学中发挥着重要作用。现代电子显微镜的分辨本领已经达到亚埃尺度，科学工作者已经用电子显微镜直接看到某些特殊的大分子的结构，还看到了某些物质的原子像。本章将介绍常用的电子显微镜，如透射电子显微镜、扫描电子显微镜、电子探针等。

4.1　电子光学基础

　　电子光学是研究带电粒子（电子、离子）在电场和磁场中运动，特别是在电场和磁场中偏转、聚焦和成像规律的一门科学。

　　电子光学与研究光线在光学介质中传播规律的几何光学的研究有相似之处：

　　（1）几何光学利用旋转对称面（如球面）作为折射面，利用透镜使光线聚焦成像；电子光学利用旋转对称的电场或磁场产生的等位面作为折射面，利用电场或磁场使电子束聚焦成像。

　　（2）电子光学可仿照几何光学把电子运动的轨迹看成射线，并引入一系列几何光学参量（如焦点、焦距）来表征电子透镜对电子射线的聚焦成像作用。

　　通过第 2 章的介绍我们可以知道，光学玻璃透镜的分辨本领有限。要想提高显微镜的分辨本领，关键是降低照明波长，采用短波长照明源。除电磁波谱外，在物质波中，电子波不仅波长短，而且存在能使之发生折射聚焦的物质，所以电子波可以作为照明光源，由此形成电子显微镜。

4.1.1　电子的波动性和电子波长

　　1924 年，德布罗意（De Broglie）鉴于光的波粒二象性，提出运动着的微观粒子（如电子、质子、中子等）也具有波粒二象性这样一个假设，他认为任何运动着的微观粒子也伴随着一个波，这个波称为物质波或德布罗意波。这一假设后来被电子衍射等实验所证实。运动粒子具有波动性使人们想到可以用电子束作为显微镜的光源。粒子的能量 E 和动量 P 与波的频率 ν 和波长 λ 之间的关系为：

$$E = h\nu \tag{4-1}$$

$$P = \frac{h}{\lambda} \tag{4-2}$$

式中，h 为普朗克常数，$h = 6.626 \times 10^{-34} \text{J} \cdot \text{s}$。等式左边的 E 和 P 体现了微粒性，等式右边 ν 和 λ 体现了波动性。根据式（4-2），对于运动速度为 v，质量为 m 的粒子，德布罗意波波长 λ 为：

$$\lambda = \frac{h}{P} = \frac{h}{mv} \tag{4-3}$$

一个初速度为零的电子，在电场中从电位为零处受加速电压 U 的作用，其获得的运动速度为 v，此时有：

$$eU = \frac{1}{2}mv^2$$

即

$$v = \sqrt{\frac{2eU}{m}} \tag{4-4}$$

式中，e 为电子所带电荷，$e = 1.60 \times 10^{-19} \text{C}$。

将式（4-4）带入式（4-3）中，整理得到：

$$\lambda = \frac{h}{\sqrt{2emU}} \tag{4-5}$$

当加速电压比较低时，电子运动的速度远小于光速，它的质量近似等于电子的静止质量，即 $m = m_0$，$m_0 = 9.11 \times 10^{-31} \text{kg}$，将相关数据代入式（4-5），得到：

$$\lambda = \sqrt{\frac{150}{U}} = \frac{12.25}{\sqrt{U}} \tag{4-6}$$

式中，U 的单位为 V，λ 的单位为 0.1nm。

在电子显微镜内，加速电压常达到几十千伏以上，此时，电子的运动速度 v 增大，电子的质量 m 也随之增大，因此必须经过相对论修正：

$$m = \frac{m_0}{\sqrt{1 - \left(\dfrac{v}{c}\right)^2}} \tag{4-7}$$

式中，c 为光速，$c \approx 3.00 \times 10^8 \text{m/s}$。经相对论校正后电子波的波长为：

$$\lambda = \frac{h}{\sqrt{2em_0U\left(1 + \dfrac{eU}{2m_0c^2}\right)}} \tag{4-8}$$

代入已知数据得到：

$$\lambda = \frac{12.25}{\sqrt{U(1 + 0.9785 \times 10^{-6}U)}} \tag{4-9}$$

表 4-1 列出了校正后不同加速电压下电子波的波长，可以看出，随着加速电压的升高，电子波的波长变短。目前电子显微镜常用的加速电压为 100 ～ 1000kV，对应的电子波

的波长范围为 0.00370~0.00087nm，这比可见光的波长短了约 5 个数量级，因此使用电子波可以极大提高显微镜的分辨本领。

表 4-1　不同加速电压下电子波的波长

加速电压 U/kV	20	50	100	200	300	500	1000
电子波波长 λ/nm	0.00859	0.00536	0.00370	0.00251	0.00197	0.00142	0.00087

4.1.2　电子透镜

4.1.2.1　静电透镜

当电子在静电场中运动，其运动方向和电场力方向不在一条直线上时，电场力会改变电子运动的方向，利用这一性质可以制成静电透镜，当电子通过静电透镜时会发生折射而聚焦成像。静电透镜对电子束的会聚作用与光学透镜对可见光的会聚作用类似。如图 4-1所示，将两个同轴圆筒带上不同电荷（处于不同电位），两个圆筒之间形成一系列弧形等电位面族，从静电透镜主轴上同一点散射的电子在圆筒内运动时受电场力的作用会在等电位面处发生折射并会聚于一点，这样就构成了一个最简单的静电透镜。与可见光被光学透镜会聚不同的是电子束在静电场中的运动是沿曲线运动，而不是沿直线运动。透射式电子显微镜中的电子枪就是一个静电透镜。

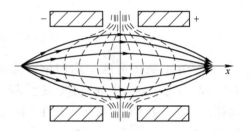

图 4-1　静电透镜结构示意图

4.1.2.2　电磁透镜

电子在磁场中运动时，当电子的运动方向与磁感应强度方向不平行时，将产生一个与运动方向垂直的力（洛仑兹力）使电子运动方向发生偏转。

环形的电磁线圈能够在一个特定的区域内产生出精确的轴对称磁场，这个磁场类似于光学透镜，可以使电子会聚成像，因此把这种线圈装置称为电磁透镜。线圈的轴线为磁场的对称轴，即是透镜光轴（透镜主轴）；线圈的中心为透镜的光心；垂直于对称轴的线圈中心截面为透镜的主平面。

电子显微镜常使用的是具有轴对称非均匀磁场的短磁透镜。图 4-2 为短磁透镜聚焦原理示意图。对于轴对称非均匀磁场，环状磁力线上任何一点的磁感应强度 B 都可以分解成平行于透镜主轴的分量 B_z 和垂直于透镜主轴的分量 B_r（图 4-2（a））。假设电子以速度 v 平行于光轴射入透镜磁场，位于 A 点的电子将受到 B_r 分量的作用，使电子受到一个切向力 F_t 的作用，如图 4-2（b）所示。F_t 将使电子获得一个切向速度 v_t，随即 v_t 和 B_z 分量形成了另一个向透镜主轴靠近的径向力 F_r 使电子向主轴偏转（聚焦）。切向力和径向力共同作用的结果使电子做圆锥螺旋近轴运动。因此，一束平行于主轴的入射电子束通过电磁透镜时将被聚焦在轴线上一点，即焦点。这与光学玻璃凸透镜对平行于轴线入射的平行光的聚焦作用十分相似。从同一物点出发的不同方向的电子，经过电磁透镜作用后，交于像平面上同一点，构成相应的像；从不同物点出发的同方向同相位的电子，经过电磁透镜作用后，会聚于焦平面上一点，构成与样品相对应的衍射花样。短线圈磁场中的电子运动显示了电磁透镜聚焦成像的基本原理。

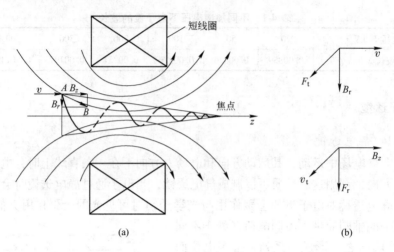

图 4-2 短磁透镜聚焦原理示意图

电子在电磁透镜的非均匀轴对称磁场中运动时，其运动轨迹是一圆锥形螺旋线（图 4-2（a）），运动中电子不断发生偏转，最后聚焦在焦点时总是偏转了一定的角度，从而使像与物发生了相对旋转，且在不同放大倍数下，像相对于物的旋转角度不同。旋转角度的大小取决于磁场强度和电子速度（加速电压），磁场强度越大，旋转角度越大；电子速度（加速电压）越大，旋转角度越小。对于一般的图像观察，不需要考虑像的旋转，但在进行晶体学研究时，必须考虑在不同放大倍数下像相对于衍射花样的相对旋转。物与像之间的相对旋转也可以通过引入另外的透镜来抵消。

短磁透镜通常由圆柱壳、短线圈和极靴组件三部分组成，如图 4-3（a）所示。实际电磁透镜中的短线圈由铜做成，为了增加磁感应强度，通常将线圈置于一个由软磁材料（纯铁或低碳钢）制成的具有内环形间隙的壳里。此时线圈的磁力线都集中在壳内，磁感应强度得以加强。狭缝间隙越小，磁场强度越强，对电子的折射能力越大。为了使线圈内的磁场强度进一步增强，可以在软磁壳内环形间隙两端加上极靴组件，包括一对磁性材料制成

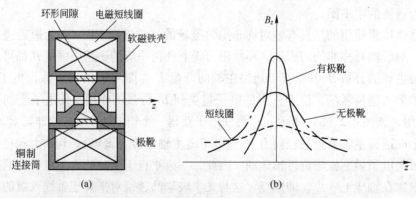

图 4-3 有极靴的电磁透镜

（a）有极靴的电磁透镜剖面；（b）电磁透镜轴向磁感应强度分布

的具有同轴圆孔的上下极靴锥形环和铜质连接筒。增加极靴后，极靴圆孔内产生的非均匀轴对称磁场磁场强度更加集中且增强，对电子的折射能力更大，所以造成电子束剧烈地向轴偏转，透镜焦距很短。

电磁透镜与静电透镜相比，优势明显。电磁透镜的像差较小；供给电磁透镜线圈的电压在 $60\sim100V$，不用担心击穿。而静电透镜的像差大，电极上需数万伏的电压，常会被击穿。电磁透镜中改变线圈中的电流强度就能很方便地控制焦距和放大倍数，在静电透镜中必须很费力地改变很高的加速电压，所以电子显微镜中除电子枪以外的其他透镜常采用电磁透镜。

4.1.2.3 电磁透镜的电子光路和光学参量

短磁透镜具有和光学薄凸透镜类似的光学性质，可以借用光学透镜的定义方法和光路图来描述电磁透镜的性质和聚焦成像原理。为了简单起见，忽略像对于物的旋转角度，并在所有的光路图中将电子的运动轨迹用折线表示。在电子光路图中，用直线表示物与像的大小，将电磁透镜都画为薄凸透镜或用透镜主平面表示。电磁透镜中，包含有物点并与光轴垂直的平面为物平面，包含有像点并与光轴垂直的平面为像平面，包含有焦点并与光轴垂直的平面称为焦面。任何透镜都有两个焦点，即前焦点和后焦点，因而焦面也有前焦面和后焦面之分，分别在透镜的两侧，前焦面与物平面同侧，后焦面与像平面同侧。在焦点发射的电子经过透镜后形成一束平行电子束。通过透镜磁场中心点的电子不改变其运动方向。由这三个平面，可以得到电磁透镜的三个重要参数：物距 L_1、像距 L_2 和焦距 f，同光学透镜一样，三者之间满足如下关系：

$$\frac{1}{f} = \frac{1}{L_1} + \frac{1}{L_2} \tag{4-10}$$

L_1 和 L_2 与放大倍数 M 之间存在如下关系：

$$M = \frac{L_2}{L_1} = \frac{f}{L_1 - f} = \frac{L_2 - f}{f} \tag{4-11}$$

但是光学透镜的焦距是固定不变的，而电磁透镜的焦距 f 是可变的，可由下面公式近似求出：

$$f = K \frac{RU}{(IN)^2} \tag{4-12}$$

式中，K 为与透镜结构有关的比例常数；U 为电子加速电压；I 为通过线圈的电流强度（激磁电流强度）；N 为线圈在每厘米长度上的匝数，IN 常称为激磁安匝数；R 为极靴孔径。从上式可以看到，电磁透镜的焦距始终为正值，所以电磁透镜是一种焦距可调的会聚透镜。

在光学显微镜中，玻璃透镜的焦距是固定的，聚焦和放大是通过前后移动透镜的位置来进行的，不同放大倍数的获得是通过改变物距和更换不同曲率的透镜来实现的。而电磁透镜是一个可变焦距的透镜，所以在透射电子显微镜中，电磁透镜的位置是固定的，物距也保持不变，物或图像的聚焦和放大是通过改变电磁透镜的焦距来实现的。

当电磁透镜的结构类型等重要参数一定时，焦距的大小会随着激磁电流和电子加速电压的变化而变化，如图4-4所示，在一定的加速电压下，激磁电流强度越大，则磁场强度越大，磁场对电子的折射越强，透镜的焦距越短，放大倍数越小，反之亦然。因此只需要调节电磁透镜的激磁电流就可以获得不同的放大倍数。

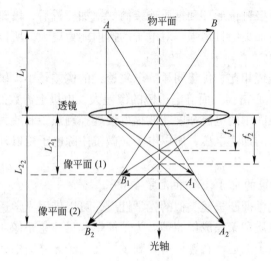

图 4-4   电磁透镜磁场对透镜焦距和放大倍数的影响
（磁场强度较大时焦距为 f_1，磁场强度较小时焦距为 f_2）

4.1.3   电磁透镜的像差和分辨率

要得到清晰而又与物体的几何形状相似的图像，必须满足一些条件：一是磁场分布严格轴对称；二是满足旁轴条件，电子束在紧靠近磁场对称轴很小的范围内，电子束与对称轴的倾斜角很小；三是电子波的波长（速度）相同。在实际情况下这些条件不能得到严格满足，因此，从物平面上一点散射出的电子束，不一定全部会聚在一点，或者物平面上的各点并不按比例成像于同一平面内，结果图像模糊不清或与原物的几何形状不完全相似，这种现象称为像差。电磁透镜的像差主要有球差、像散和色差等。

4.1.3.1   球差

如图 4-5 所示，球差的产生是由于电磁透镜磁场的近轴区和远轴区对电子束的会聚能力不同。通常，远轴区对电子束的会聚能力比近轴区大，此类球差称为正球差。由于球差的存在使从一个物点 P 散射的电子束经过电磁透镜后并不会聚在一点，而是分别会聚于轴向的一定距离上（P_1P_2）。此时不论像平面在什么位置，都不能得到一清晰的点像，而只是一个弥散圆斑。在 P_1P_2 之间的某一位置，像平面上会出现一个最小的弥散圆斑，其半径为 R_s，如果还原到物平面上，相应的半径 $r_s=R_s/M$（M 为电磁透镜的放大倍数），r_s 代表了电磁透镜球差的大小，r_s 越小，表明电磁透镜球差越小。r_s 的计算公式为：

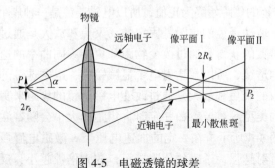

图 4-5   电磁透镜的球差

$$r_s = \frac{1}{4}C_s\alpha^3 \tag{4-13}$$

式中，C_s 为透镜的球差系数；α 为透镜的孔径半角，即电子束对电磁透镜张开的散射半角。由上式可见，减小球差系数和孔径半角可以减小球差。C_s 与电磁透镜的焦距有关，磁场强度越高，透镜焦距越短，C_s 越小。r_s 随 α 的三次方变化说明减小孔径半角 α，能够显著降低球差。

球差是像差影响透镜分辨本领的最主要因素，球差越小，电子显微镜的分辨本领越大。球差不能像光学透镜那样通过凸透镜和凹透镜的组合设计来补偿或矫正。采用小孔径光阑获得尽可能小的孔径半角 α，挡住高散射角电子，可以使参与成像的电子主要是通过磁场近轴区域的电子，但是球差仍是很难避免的。

球差除了影响透镜分辨本领外，还会引起图像畸变。如图 4-6 所示，图中 4-6（a）为正方形物体，若存在球差则将产生桶形畸变或枕形畸变，见图 4-6（b）和图 4-6（c）；因为磁透镜存在磁转角，所以还可以产生旋转畸变（图 4-6（d））。球差系数 C_s 会随激磁电流的下降而升高，所以电子显微镜在低放大倍数下易产生畸变。

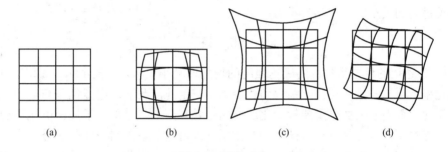

(a)　(b)　(c)　(d)

图 4-6　图像畸变

（a）正方物体；（b）桶形畸变；（c）枕形畸变；（d）旋转畸变

4.1.3.2　像散

像散又称轴上像散。像散的产生是由于透镜磁场不是理想的旋转对称磁场引起的。由于极靴材料材质的不均匀性，极靴孔等机械加工精度及装配误差，透镜系统污染等因素，都会使透镜磁场不完全旋转对称，而只是近似于双对称，产生一定的椭圆度。这种磁场会使电子在不同的方向上聚焦能力出现差异，结果造成物点 P 散射的电子束经过透镜后并不会聚在一点，而是会聚在一定范围的轴向距离上。如图 4-7 所示，强聚焦方向的电子束聚焦在 P_1 点，弱聚焦方向的电子束聚焦在 P_2 点。当像平面在 P_1P_2 之间移动时，会得到不同半径的弥散圆斑。在前后聚焦点之间有一个最佳聚焦位置，此时在像平面上会得到一个最小的弥散圆斑，半径为 R_A，折算到物平面上得到半径为 r_A 的圆斑，r_A 表示像散的大小，其计算公式为：

$$r_A = \Delta f_A \alpha \tag{4-14}$$

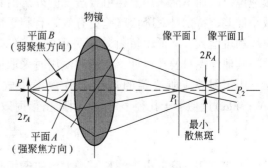

图 4-7　电磁透镜的像散

式中，Δf_A 为透镜的像散系数，它是电磁透镜出现椭圆度时造成的焦距差；α 为孔径半角。可以看到，磁场轴不对称越严重，焦距差越大，透镜像散也越大。

像散会影响电镜分辨本领，可以通过在透镜系统中引入一个可调整磁场强度和方向的矫正装置来消除，该装置称为消像散器，可以把像散矫正到容许的程度。

4.1.3.3 色差

色差是由于成像电子的波长（或能量）不同引起的像差。一个物点散射的具有不同波长的电子进入透镜磁场后沿着各自轨迹运动，结果不能聚焦在一个像点上（图4-8），从物点 P 发出的不同波长的电子，波长长的低能电子经过磁场时向光轴偏转较多，成像在 P_1 点；波长短的高能电子向光轴偏转较少，成像在 P_2 点，所以不同能量的电子会聚在一定的轴向距离范围内，同样在该轴向距离范围内也存在一最小弥散圆斑，半径为 R_C。折算到物平面上得到半径为 r_C 的圆斑，r_C 表示透镜色差的大小，其计算公式为：

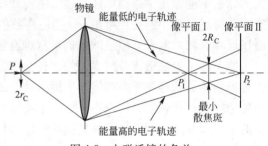

图 4-8   电磁透镜的色差

$$r_C = C_C \alpha \left| \frac{\Delta E}{E} \right| \tag{4-15}$$

式中，C_C 为透镜的色差系数，随磁场强度的增加而减小；α 为孔径半角；$\Delta E / E$ 为电子束能量变化率。可以看到，在色差系数和孔径半角一定的情况下，透镜色差与电子束能量变化率成正比，而引起成像电子能量变化的原因主要有两个，一是电子加速电压不稳，致使入射电子能量不同；二是电子与样品相互作用，入射电子除受到弹性散射外，有一部分电子受到一次或多次非弹性散射，使电子的能量受到损失。因此，就样品来说，使用较薄的样品有利于减小色差。而提高电子源的稳定性、使用小孔径光阑将散射角大的非弹性散射电子挡掉同样有利于色差的降低。

4.1.3.4 电磁透镜的分辨率

像差和衍射对光学显微镜和电子显微镜的分辨率影响是不同的。光学显微镜的分辨率取决于像差和衍射，而像差可以借助于会聚透镜和发散透镜像差性质相反的特性，采用适当组合的办法使其消除到可以忽略不计的程度，因此，光学显微镜的分辨率基本上取决于衍射效应。而在电子显微镜中，也同时存在像差和衍射，但电磁透镜只有会聚透镜而无发散透镜，因而不能采用上述组合透镜的办法消除其像差。虽然通过减小孔径半角的方法能减小像差，特别是对降低球差更有效，有利于提高分辨率，但减小孔径半角又使衍射效应埃利斑增大，降低由衍射效应决定的分辨率。球差是限制电磁透镜分辨本领的主要像差，其他像差只要在设计、制造和使用时采取适当措施，基本上可以消除。

由衍射效应所决定的透镜的分辨率由式（2-4）给出，对于电磁透镜，数值孔径（$N \cdot \sin\alpha$）近似等于孔径半角 α，因此由衍射效应决定的电磁透镜的分辨率可以表示为：

$$r_0 = \frac{0.61\lambda}{\alpha} \tag{4-16}$$

上式表明，降低电子波长，增大电磁透镜孔径半角，将提高由衍射效应决定的电磁透镜的分辨率，但同时却引起像差（球差、像散和色差）的增大而使弥散圆斑尺寸增大，特别是球差圆斑尺寸正比于孔径半角的三次方，增加更为显著，这会降低电磁透镜的分辨率。由此可见，孔径半角对衍射效应的分辨率和像差产生的分辨率的影响是相反的，因此电磁透镜孔径半角的确定要二者兼顾，综合考虑衍射效应和像差（主要是球差）的影响。最佳的孔径半角 α_0 是在埃利斑半径和球差弥散圆斑半径相等，即 $r_0 = r_s$ 的条件下导出的。由式（4-16）和式（4-13）可以得到：

$$\frac{0.61\lambda}{\alpha_0} = \frac{1}{4}C_s\alpha_0^3$$

整理得到最佳孔径半角为：

$$\alpha_0 = 1.25\left(\frac{\lambda}{C_s}\right)^{\frac{1}{4}} \tag{4-17}$$

将式（4-17）代入式（4-16），得到在最佳孔径半角条件下电磁透镜的最佳分辨率为：

$$r_0 = 0.49C_s^{\frac{1}{4}}\lambda^{\frac{3}{4}} \tag{4-18}$$

因此，电子波波长和球差是限制电磁透镜分辨率的主要因素，而提高分辨率的主要途径就是提高加速电压和减小球差系数 C_s。提高加速电压可以减小电子波的波长，从而提高电磁透镜分辨率。但是过高的加速电压会限制分析样品的种类，同时也会严重破坏样品的结构，而且此类设备价格昂贵，运行和维护成本较高。因此，通过减小球差系数来提高电磁透镜的分辨率成为当前开发高分辨率电镜的研究方向。球差校正器的出现使球差得到了明显改善，目前球差校正透射电子显微镜的分辨率已经达到了亚埃级别。

4.1.4 电磁透镜的场深和焦深

4.1.4.1 电磁透镜的场深

场深又称景深，是指在不影响透镜成像分辨本领的前提下，物平面可沿透镜轴移动的距离，反映了样品可在物平面上、下沿镜轴移动的距离或样品超过物平面所允许的厚度。

理论上只有在物平面的物点通过理想透镜（无缺陷透镜）才能聚焦在像平面上。而在一定距离沿轴向偏离物平面的物点在像平面上将产生一个具有一定尺寸的圆斑，如果这个圆斑的尺寸不超过由衍射效应和像差引起的弥散圆斑，那么对透镜像分辨本领并不产生影响。

如图 4-9 所示，物平面上的 P 点经透镜在像平面上成像为 P_1 点，若透镜的放大倍数为 M，分辨率为 r_0，由于衍射、像差等综合因素的影响，像点 P_1 实际上是一个半径为 Mr_0 的弥散圆斑，距物平面 $0.5D_f$ 处的 Q（或 R）点由于不在物平面上，在像平面上呈现的像为半径为 MX 的圆斑，显然当 $MX \leqslant Mr_0$（即 $X \leqslant r_0$）时，并不影响透镜的分辨本领，像不会模糊，由于 D_f 远远小于物距 L_1（为了显示清楚，图中将 D_f 放大了），可以认为从 Q 点（或 R 点）和 P 点发出的电子孔径半角都等于 α，因此在 $X \rightarrow r_0$ 的条件下，透镜的场深 D_f 为：

$$D_f = \frac{2r_0}{\tan\alpha} \approx \frac{2r_0}{\alpha} \tag{4-19}$$

由于电磁透镜的孔径半角很小，所以通常电镜的场深很大。如果 $r_0 = 1\text{nm}$，$\alpha = 10^{-3} \sim 10^{-2}\text{rad}$，则 $D_f \approx 200 \sim 2000\text{nm}$，一般透射电子显微镜样品的厚度在 $100 \sim 200\text{nm}$ 之间，在上述场深下，整个样品厚度范围内的细节都清晰可见。

4.1.4.2 电磁透镜的焦深

焦深又称焦长，是指在不影响透镜成像分辨本领的前提下，像平面可沿透镜轴移动的距离，反映了观察屏或照相底板可在像平面上、下沿镜轴移动的距离。

当透镜焦距和物距一定时，像平面在一定的轴向距离内移动，也会产生一个具有一定尺寸的圆斑。同样，如果这个圆斑的尺寸不超过由衍射效应和像差引起的弥散圆斑，那么像平面在一定的轴向距离内移动，对透镜像分辨率并不产生影响。

如图 4-10 所示，物点位于 P 点，发出的成像电子通过透镜在 P_1 处成像，当像平面沿透镜轴前后移动时，产生在像平面的圆斑尺寸只要不大于 Mr_0 时，同样不会影响透镜的分辨本领，此时，透镜的焦深 D_i 为：

$$D_i = \frac{2Mr_0}{\tan\beta} \tag{4-20}$$

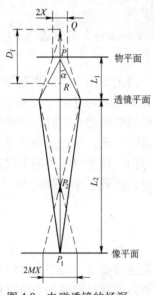

图 4-9 电磁透镜的场深

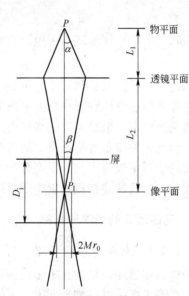

图 4-10 电磁透镜的焦深

由图 4-10 中的几何关系可得 $L_1\tan\alpha = L_2\tan\beta$，进一步推出：

$$\tan\beta = \frac{L_1}{L_2}\tan\alpha = \frac{\tan\alpha}{M} \approx \frac{\alpha}{M}$$

所以得到：

$$D_i = \frac{2M^2r_0}{\alpha} = D_f M^2 \tag{4-21}$$

式中，M 在单一磁透镜情况下是透镜放大倍数，对电镜观察屏上的终像来说是电镜的总放大倍数。如果 $r_0 = 1\,\text{nm}$，$\alpha = 10^{-2}\,\text{rad}$ 时，$M = 2000$ 倍，则 $D_i = 80\,\text{cm}$。当然，这一结果只有在每级透镜的 $D_f \ll L_1$ 时，才是正确的。在电子显微镜中，当用倾斜的观察屏观察像时，或当照相底片和观察屏不在同一像平面时，所得到的像同样清晰。

4.2 透射电子显微分析

透射电子显微镜简称透射电镜（transmission electron microscope，TEM），是采用高速运动的电子束作为照明光源，具有极高的空间分辨率，结合其他透射电镜附件和电镜技术，可以同时获取材料微观区域的形貌、成分和晶体结构等多种相关信息，真正实现材料微观结构信息的局域化和——对应，已经成为材料科学研究领域不可缺少的重要分析手段之一。透射电镜有几种不同的形式，如普通透射电镜（TEM）、高分辨透射电镜（HRTEM）、扫描透射电镜（STEM）等，本章主要介绍普通透射电镜的工作原理、构造及其基本分析方法。

4.2.1 透射电镜的工作原理

图 4-11 为透射电镜实物照片，它在成像原理上与光学显微镜类似。表 4-2 列出了透射电镜和普通光学显微镜的异同点。

表 4-2 透射电镜和普通光学显微镜的比较

比较内容	透射电镜	光学显微镜（偏光）
光源	电子束	可见光
照明控制	电子聚光镜	玻璃聚光镜
样品	一般小于 200nm 厚的薄膜及其他	小于 0.03mm 的薄片
放大成像系统	电磁透镜	玻璃透镜
介质	高度真空	空气、油等
像的观察	荧光屏	直接用肉眼（接目镜）
聚焦方法	激磁电流或电子加速电压	移动透镜或载物台
分辨本领	约 0.1nm	200nm
有效放大倍数	10^6	10^3
物镜孔径角	1°	70°~75°
场深	较大	较小
焦深	较大	较小
成像放大	三~五级放大	两级放大

透射电镜的工作原理如图 4-12 所示，电子枪产生的电子束经 1~2 级聚光镜会聚后均匀照射到样品上的某一待观察的微小区域上，入射电子与样品物质相互作用，由于样品很薄（一般小于 200nm），绝大部分电子穿透样品，其强度分布与所观察样品区的形貌、组织、结构——对应，透射出样品的电子经物镜、中间镜、投影镜的三级电磁透镜放大投射

图 4-11 透射电子显微镜实物照片

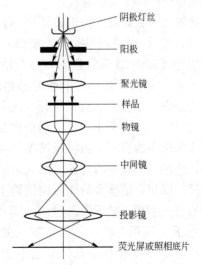

阴极灯丝
阳极
聚光镜
样品
物镜
中间镜
投影镜
荧光屏或照相底片

图 4-12 透射电子显微镜光路原理图

在观察图形的荧光屏上，荧光屏把电子强度分布转变为人眼可见的光强分布，于是在荧光屏上显示出与样品形貌、组织、结构相应的图像。

4.2.2　透射电镜的结构

透射电镜由照明系统、成像系统、观察和记录系统、真空系统和电气控制系统组成。照明系统、成像系统以及观察和记录系统构成透射电镜的电子光学系统，通常称为镜筒，是透射电镜的核心。

4.2.2.1　照明系统

照明系统主要由电子枪和聚光镜组成，它的主要作用是提供一束亮度高的照明源，控制其稳定度和孔径角，并选择照明方式（明场成像或暗场成像）。照明系统必须满足以下条件：

（1）需要能够提供足够数目的电子。发射电子越多，成像越亮。

（2）电子发射区域要小。发射出来的电子束越细，像差越小，分辨本领越好。

（3）电子速度要大，电子离开照明系统时速度越大，能量越大，成像越亮，穿透能力越强。

基于以上要求，决定了照明系统的组成和结构。

A　电子枪

电子枪是透射电镜的电子源，保证电子束的亮度、相干性和稳定性。在电子显微镜中常使用两类电子源：热发射（热阴极）三级电子枪和场发射电子枪。热发射三级电子枪就是利用加热的方法使阴极发射体内部的电子动能增加，使其中的一些高能电子能够越过物体的表面势垒而逸出，阴极材料常用钨丝或六硼化镧（LaB_6），而场发射电子枪是利用外部强电场来压制阴极表面势垒，使势垒的高度降低，宽度变窄，使阴极发射体内的大量电子能穿透表面势垒而逸出，它是利用隧道效应发射电子，其阴极为细的钨针尖。场发射源可以产生一个单色的电子束，而热发射电子源只能给出近乎单色的电子束。表4-3给出了不同种类电子枪的主要性能特点。

目前绝大多数透射电镜仍然使用热发射三级电子枪，它由阴极（灯丝）、阳极和栅极（控制极）组成，图4-13给出了热发射电子枪的结构示意图。如图所示，阴极一般用钨丝（或LaB_6）做成，在真空中通电加热，当达到一定温度，表面电子获得大于逸出功的能量开始发射，温度越高，发射电子数目越多，因为V形钨丝尖端温度最高，所以发射电子区域为尖端很小的表面。阴极通过加热而发射出来的电子能量较小，满足不了成像的要求，加入阳极使电子获得越来越大的速度，以获得足够大的能量向镜筒下方做定向运动。阳极板中心有一小孔，电子束通过该孔离开电子枪。阴极发射出来的电子束较粗，尽管发射角较大的电子可被阳极板挡住，但过分缩小阳极板小孔，穿过电子的数目会大幅度减小，导致像的亮度降低，而且阳极小孔还有发散作用。栅极

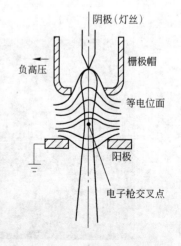

图4-13　热发射电子枪示意图

就是为了解决这些问题而加入的，其放于阴阳极之间，依靠它比阴极更负的电位使电子束强烈地会聚，由于栅极具有将电子向光轴排斥的作用，所以可以通过栅极控制电子束形状和发射强度。电子束穿过栅极孔，在电极间电场的作用下，在栅极和阳极之间会聚成一个交叉点，称为电子枪交叉点，也称为第一交叉点，是电子显微镜的实际电子源。交叉点处电子束直径约几十微米。为了安全起见，阳极接地，阴极加负高压，而在栅极上加一个比阴极负几百伏的小的偏压。

表 4-3　几种电子枪的主要性能特点

电子枪类型	发射电流亮度/A·(cm²·Sr)⁻¹	发射电流密度/A·cm⁻²	电子能量分散程度/eV	阴极工作温度/K	阴极电场强度/V·m⁻¹	阴极特点	电子束交叉点截面直径	真空度要求	仪器分辨率	其他特点
钨丝热阴极电子枪	约 5×10^4	3~10	2~3	2700	0	V形阴极，尖端曲率半径约100μm	20~50μm	不高，约 10^{-4} Pa	较低	价格便宜，发射效率低
LaB₆ 热阴极电子枪	约 10^6	20~65	1~1.5	2000	有较弱的场强	阴极尖端曲率半径约 10~20μm	5~10μm	较高，优于 10^{-5} Pa	较高（达到2nm)	LaB₆ 难加工，价格贵，发射率比钨高很多
冷场发射电子枪	10^9	10^3~10^4	0.3~0.5	300（室温)	10^7~10^9	针状(点)钨阴极，尖端曲率半径小（约0.1μm)	10nm	高，优于 10^{-8} Pa	非常高（可达0.5nm)	易产生发射不稳定现象，束流小（约纳安量级)，价格昂贵
热场（肖特基）发射电子枪	10^8	10^4	0.6~0.8	1800	尖端场强也很高，但比冷场发射稍低	针状(点)钨阴极(钨(100)单晶上镀 ZrO 层)，尖端曲率半径比冷场时稍大	20nm	高，优于 10^{-7} Pa	非常高	与冷场相比，束流更大，发射稳定，价格接近

B　聚光镜

聚光镜为磁透镜，因为电子之间的库仑排斥力和阳极小孔的发散作用，虽然经栅极会聚，但穿过阳极小孔后电子束又逐渐变宽，所以聚光镜的作用是将来自电子枪的电子束会聚于被观察的样品上，并控制该处的照明孔径角和束斑尺寸，以满足电镜要求。早期普通性能的透射电镜只有一个聚光镜。单聚光镜只能采用长焦距的弱磁透镜，以便在物镜和聚光镜之间提供一个较大的样品空间，并使照明孔径角足够小。由于栅极和阳极之间电子枪的交叉点到聚光镜之间的距离与聚光镜到样品之间的距离相当，因此电子束在样品上的照明面积与电子枪交叉点的截面尺寸几乎相同，不能有效地缩小电子束斑尺寸。当放大倍数较高时，照明面积大于观察面积，容易造成样品的热损伤和污染。

目前高性能的透射电镜均采用双聚光镜系统。在电子源和原来的聚光镜之间加上一聚光镜。第一聚光镜为短焦距的强磁透镜，更靠近光源，可以收集更多的电子并控制束斑大小，它能够使电子束强烈会聚而缩小电子枪发射的电子束尺寸，并成像在第二聚光镜的物平面上。第二聚光镜为长焦距的弱磁透镜，在第二聚光镜下方的焦点位置安装有第二聚光镜光阑，光阑孔的直径为 $20\sim400\mu m$。改变第二聚光镜激磁电流和光阑孔径可以调节孔径角、照明面积和亮度，同时拉大聚光镜到样品的距离，以便有足够的空间可以安放其他探测装置。通过调节第一、二聚光镜的激磁电流，可以得到和放大倍数相适应的照明面积和照明亮度。如图 4-14 所示，第一聚光镜电子束斑缩小率为 $1/10\sim1/50$，将电子枪第一交叉点束斑缩小为 $1\sim5\mu m$；而第二聚光镜适焦时放大倍数为 2 倍左右。结果在样品平面上可获得 $2\sim10\mu m$ 的照明电子束斑。

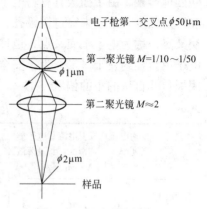

图 4-14　双聚光镜系统

此外，照明系统还配有平移或倾斜装置，多采用电磁偏转器，以实现明场像、暗场像和中心暗场像之间的快速转换。

4.2.2.2　成像系统

对透射电镜所进行的任何操作都涉及放大和聚焦，使用透射电镜的最主要目的就是获得高质量的放大图像和衍射花样，因此成像系统是电子光学中最核心的部分。透射电镜成像系统主要由物镜、中间镜和投影镜三组电磁透镜组成，其次还包括样品台、物镜光阑、选区光阑以及消像散器等部件。

A　物镜

物镜是成像系统的第一级放大透镜，用来形成第一幅高分辨率的电子显微图像或电子衍射花样。物镜对整个成像系统的分辨率影响最大，透射电镜分辨本领的高低主要取决于物镜，而成像系统所有其他透镜只是改变最终图像的放大倍数。物镜带来的任何缺陷都会被其他透镜进一步放大。欲获得物镜的高分辨率，必须尽可能降低像差。通常采用短焦距、高放大倍数强磁透镜。它的放大倍数一般为 $100\sim300$ 倍。目前，高质量的物镜其分辨率可达 0.1nm 左右。

物镜的分辨率主要取决于极靴的形状和加工精度。一般来说，极靴的内孔和上下极之间的距离越小，物镜的分辨率就越高。在用电子显微镜进行图像分析时，物镜和样品之间的距离总是固定不变的，即物距 L_1 不变，因此改变物镜放大倍数进行成像时，主要是改变物镜的焦距和像距（即 f 和 L_2）来满足成像条件。

B　中间镜

中间镜是一个长焦距，放大倍数可变的弱磁透镜，主要作用是进一步放大（或缩小）物镜所成的像。中间镜的放大倍数可在 $0\sim20$ 倍范围调节。当放大倍数 $M>1$ 时，用来进一步放大物镜的像；当 $M<1$ 时，用来缩小物镜的像。在透射电镜操作过程中，主要是利用中间镜的可变倍率来控制电镜的放大倍数。高性能透射电镜通常有两个中间镜，可以使电镜的放大倍数能够在较大范围内变化。

中间镜所要放大的物像是由物镜产生的中间图像或衍射花样。如果把中间镜的物平面和物镜的像平面重合，则在荧光屏上得到一幅放大像，这就是透射电子显微镜中的成像操作。如果把中间镜的物平面和物镜的后焦面重合，则在荧光屏上得到一幅电子衍射花样，这就是透射电子显微镜中的电子衍射操作。

C 投影镜

投影镜的作用是把经中间镜放大（或缩小）的像（或电子衍射花样）进一步放大，并投射在荧光屏上，所以它的物平面应该与中间镜的像平面重合。它和物镜一样，采用短焦距、高放大倍数的强磁透镜，并且激磁电流是固定的。因为成像电子束进入投影镜时孔镜角很小（约 10^{-3} rad），因此它的场深和焦深都非常大。即使改变中间镜的放大倍数，使显微镜的总放大倍数有很大的变化，也不会影响图像的清晰度。有时，中间镜的像平面还会出现一定的位移，由于这个位移距离仍处于投影镜的场深范围之内，因此，在荧光屏上的图像仍是清晰的。高性能透射电镜通常有两个投影镜。

图 4-15 是成像系统电子光路图。来源于照明系统的电子束照射到位于物镜物平面的样品上，透过样品的散射电子经过物镜聚焦和放大后在物镜的像平面上形成一个放大的图像。调整中间镜的电流使中间镜的物平面与物镜的像平面重合，由物镜形成的电子显微图像经过中间镜和投影镜后投影在观察屏上，如图 4-15（a）所示。电镜总放大倍数 $M_{总}$ = $M_{物} \cdot M_{中} \cdot M_{投}$。三级成像放大系统由一个物镜、一个中间镜和一个投影镜组成，可以进行高、中、低放大倍数的成像。目前高性能的透射电镜大都采用五级成像放大系统，由物镜、第一中间镜、第二中间镜、第一投影镜和第二投影镜组成，成像时可以获得在较大范围内变化的放大倍数，而同时缩短镜筒的总长度。

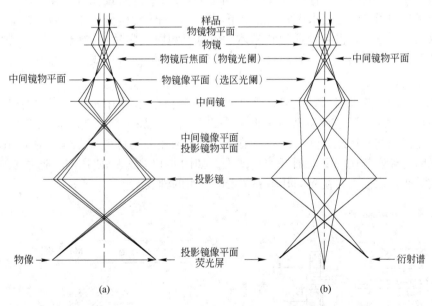

图 4-15 透射电镜成像系统中的两种电子图像光路图

（a）电子显微图像；（b）电子衍射谱

来源于照明系统的电子束穿越样品后与晶体材料发生作用，携带样品的结构信息，沿各自不同的方向传播（比如，当存在满足布拉格方程的晶面组时，可能在与入射束成 2θ 角的方向上产生衍射束）。物镜将来自样品不同部分、传播方向相同的电子在其后焦面上会聚为一个斑点，沿不同方向传播的电子相应的形成不同的斑点，其中散射角为 0 的直射束被会聚于物镜的焦点，形成中心斑点。这样在物镜的后焦面上便形成了电子衍射花样。而在物镜的像平面上，这些电子束重新组合相干成像。通过调节中间镜的激磁电流，使中间镜的物平面与物镜的后焦面重合，则可在荧光屏上得到电子衍射花样，如图 4-15b 所示。

D　样品台

样品台的主要作用是承载样品，并使样品能够平移、倾斜和旋转，以选择感兴趣的样品区域或位向进行观察分析。在特殊情况下，还有满足加热、冷却或拉伸等各种用途的样品台，以实现对相变、形变等过程的动态观察。样品台按样品进入电镜中的就位方式分为顶插式和侧插式。

对于顶插式样品台，样品先放入样品杯，然后通过传动机构进入样品室，再下降至样品台中定位，使样品处于物镜极靴中间某一精确位置。顶插式样品台的特点是物镜上、下极靴中间隙可以比较小，所以球差小，分辨本领高；倾斜角度可达±20°，但在倾斜过程中，观察点的像稍有位移。

常见的是侧插式样品台，其核心部件是分度盘和样品杆。如图 4-16 所示，样品杆从侧面进入物镜极靴中，分度盘的水平轴线 x-x 和镜筒的中心线 z 垂直相交，水平轴就是样品台的倾转轴。样品杆前端可装载铜网夹持样品或直接装载直径为 3mm 的圆片状样品，样品杆沿圆柱分度盘的中间孔插入镜筒，使圆片样品正好位于电子束的照射位置上。分度盘由带刻度的两段圆柱体组成，其中一段圆柱体Ⅰ的一端和镜筒固定，另一段圆柱体Ⅱ能绕倾转轴线旋转，此时样品杆也跟着转动，倾转的度数可以直接在分度盘上读出。样品杆可以在分度盘中间孔做适当水平移动和上下调整。在晶体结构分析中，通过样品的倾斜和旋转可以从不同方位获得各种形貌和晶体学信息。侧插式样品台物镜上、下极靴间隙大，所以球差大，分辨本领低，但倾斜角度可达±60°，在倾斜过程中观察点的像不发生位移。

E　光阑

在透射电镜中有许多固定光阑和活动光阑，它们的主要作用是挡掉发散的电子，保证电子束的相干性和照射区域。其中三种主要的活动光阑除了前面提到的第二聚光镜光阑外，就是物镜光阑和选区光阑。活动光阑都是用无磁性金属材料（铂、钼等）制成，4 个一组的光阑孔被安装在一个光阑杆的支架上，如图 4-17 所示。使用时，通过光阑杆的分档机构按需要依次插入，使光阑孔中心位于电子束的轴线上。

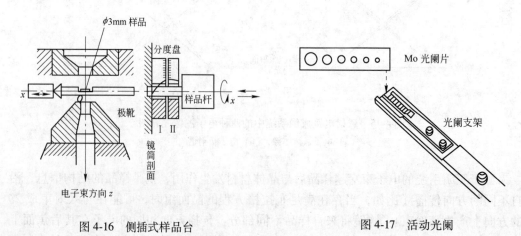

图 4-16　侧插式样品台　　　　　　　　　　　　　　图 4-17　活动光阑

物镜光阑通常安放在物镜的后焦面上，用以限制孔径角以挡住高角度散射的电子，使它们不能到达物镜像平面参与成像，从而提高在像平面上形成图像的衬度。光阑孔越小，被挡掉的电子越多，图像的衬度就越大。因此，物镜光阑又称为衬度光阑。同时加入物镜光阑使物镜孔径角减小，可以减少像差，提高分辨率，得到质量较高的显微图像。物镜光阑的另一个主要作用是在后焦面上套取衍射束的斑点成像，形成所谓暗场像。物镜光阑直径通常在 $25\sim100\mu m$ 之间，具有极高的环对称性。光阑要保持非常干净，任何污染物都会导致电荷的产生而使磁场变形。

选区光阑又称为场限光阑或视场光阑。为了分析样品上的一个微小区域，可以在样品上放一个光阑，使电子束只能通过光阑限定的微区，对这个区域进行衍射分析，称为选区衍射。由于样品上待分析的微区很小，一般是微米数量级，制作这样大小的光阑孔在技术上还有一定困难，加之小光阑孔极易污染，所以，选区光阑都放在物镜的像平面位置。这样布置达到的效果与光阑放在样品平面处完全一样。通过调整选区光阑的位置和大小，可以选择所要观察的样品区域，实际上是通过选择由物镜放大的图像范围来限制产生衍射的样品区域范围。此时光阑的孔径就可以做得比较大。如果物镜的放大倍数是 50 倍，则一个直径等于 $50\mu m$ 的光阑就可以选择样品上直径为 $1\mu m$ 的区域。选区光阑同样是用无磁性金属材料制成，一般直径位于 $20\sim400\mu m$ 之间。

F　消像散器

消像散器一般都安装在透镜的上、下极靴之间，用以消除由透镜产生的像散。消像散器可以是机械式的，也可以是电磁式的。机械式消像散器是在电磁透镜的磁场周围放置几块位置可以调节的导磁体，用它们来吸引一部分磁场，把固有的椭圆形磁场矫正成接近旋转对称的磁场。电磁式消像散器是通过电磁极间的吸引和排斥来矫正椭圆形磁场的，如图 4-18 所示。图中两组四对电磁体排列在透镜磁场的外围，每对电磁体均采用同极相对的安置方式。通过改变这两组电磁体的激磁强度和磁场方向，就可以把固有的椭圆形磁场矫正成轴对称磁场，起到了消除像散的作用。

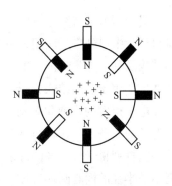

图 4-18　消像散器示意图

4.2.2.3　观察和记录系统

观察和记录装置包括观察屏和照相机构。人们通过铅玻璃窗可以看到荧光屏上的像。在荧光屏下面放置一个可以自动换片的照相暗盒，照相时只要把荧光屏竖起，电子束即可使照相底片曝光。由于透射电镜的焦深很大，虽然荧光屏和底片之间相距数厘米，仍然能得到清晰的图像。

目前，除了拍摄衍射花样一般仍需底片外，其他方面的应用都可以使用电荷耦合器件（charge couple device，CCD）相机采集图像的方法来代替。这种 CCD 数字成像技术具有强大的自扫描功能，图像清晰度高，可以随时捕捉图像，将电子显微图像（或电子衍射花样）转接到计算机的显示器上，观察和存储非常方便，省去了冲洗底片等烦琐的步骤。

4.2.2.4　真空系统

若电子显微镜镜筒中存在气体，炽热的阴极灯丝受到氧化会缩短寿命，高速电子受到气体分子的随机散射会影响成像以及污染样品，电子枪栅极与阳极间的气体会因高压而电离放电，所以要求电子显微镜镜筒必须具有很高的真空度。同时，电子枪、照相室也对真空度提出了不同的要求。新式的电子显微镜中电子枪和照相室都装有隔离阀，可单独地抽真空和单独放气，这样在更换灯丝、清洗镜筒或更换底片时，可以不破坏其他部分的真空状态。

透射电子显微镜的真空系统由真空泵、换向阀门、真空测量仪表及真空管道等组成，它们的作用是排除气体，使各部分的真空度达到要求后电镜才开始工作，真空泵通常采用机械泵、油扩散泵、离子泵、涡轮分子泵等。

4.2.2.5　电气控制系统

电气控制系统主要由三部分构成：高压部分使电子枪产生稳定的高能照明电子束；低压稳流部分供给电磁透镜，使其具有较高的稳定度；电器控制电路用来控制真空系统、自动聚焦、自动照相等。

加速电压和透镜电流的不稳定将使电子光学系统产生严重像差，从而使电镜的分辨本领下降。所以供电系统的主要任务是产生高稳定的加速电压和各透镜的激磁电流。在所有的透镜中，物镜激磁电流的稳定度要求最高。

4.2.3　电子衍射

电子衍射是透射电镜的主要功能之一，已成为当今研究物质微观结构的重要手段。在材料科学中得到广泛应用，主要包括物相分析和结构分析；确定晶体位向；确定晶体缺陷的结构及其晶体学特征。电子衍射可以分为低能电子衍射和高能电子衍射两种，低能电子衍射广泛用于表面结构分析，而透射电镜中的电子衍射属于高能电子衍射。

电子衍射的原理和 X 射线衍射相似，是以满足（或基本满足）布拉格方程作为产生衍射的必要条件。两种衍射技术得到的衍射花样在几何特征上也大致相似。单晶体衍射花样是由排列得十分整齐的许多斑点所组成（图 4-19（a））；多晶体的电子衍射花样是一系列不同半径的同心圆环（图 4-19（b））；而非晶体物质的衍射花样只有一个漫散的中心斑点（图 4-19（c））。但是电子波与 X 射线相比有其本身的特性，因此，电子衍射和 X 射线衍射相比较时，具有一些不同之处：

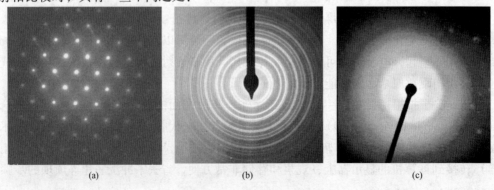

（a）   （b）   （c）

图 4-19　电子衍射花样

（a）单晶体；（b）多晶体；（c）非晶体

（1）电子波的波长比 X 射线短得多，在同样满足布拉格条件时，它的 θ 角很小，约为 10^{-2}rad，所以入射线和衍射线近似平行于衍射晶面。而 X 射线产生衍射时，其 θ 角最大可接近 $\pi/2$。

（2）由于物质对电子的散射能力远高于它对 X 射线的散射能力，所以电子穿透物质能力弱，电子衍射适合于研究微晶、表面和薄膜样品的晶体结构，样品制备困难，但摄取衍射花样时曝光时间仅需数秒。而且，由于衍射束和透射束强度接近，要考虑它们之间的相互作用，使电子衍射花样分析，特别是强度分析变得复杂，不能像 X 射线那样通过测量强度来测定晶体结构。

（3）由于进行电子衍射操作时采用薄晶样品，其倒易阵点会沿着样品厚度方向延伸成杆状，增加了倒易阵点和厄瓦尔德球相交截的机会，结果使略微偏离布拉格方程的电子束也能发生衍射。

（4）电子波的波长短，反射球的半径很大，在 θ 角较小的范围内反射球的球面可以近似地看成是一个平面，从而也可以认为电子衍射产生的衍射斑点大致分布在一个二维倒易截面内。这个结果使晶体产生的衍射花样能比较直观地反映晶体内各晶面的相位，给分析带来不少方便。

（5）电子衍射使得在透射电镜下对同一样品的形貌观察和结构分析同时研究成为可能，可以同时获得样品上某一区域的显微图像和衍射花样。但是，由于 θ 角很小，测量斑点位置精度远低于 X 射线，所以很难用于精确测定点阵常数。

4.2.3.1　电子衍射基本公式

图 4-20 是普通电子衍射装置示意图，当平行于光轴的入射电子束照射到样品晶体晶面间距为 d 的晶面组（HKL）时，若满足布拉格方程，在与入射束成 2θ 角的方向上得到该晶面组的衍射束，透射束和衍射束分别和距离晶体为 L 的照相底板相交，得到透射斑点 Q 和衍射斑点 P，它们之间的距离为 R。

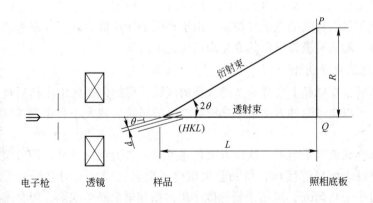

图 4-20　普通电子衍射装置示意图

由图 4-20 中几何关系得：

$$R = L\tan 2\theta \tag{4-22}$$

因为电子波长很短，电子衍射的 2θ 很小，有：

$$\tan2\theta \approx \sin2\theta \approx 2\sin\theta \tag{4-23}$$

代入布拉格方程 $2d\sin\theta = \lambda$，得到电子衍射的基本公式：

$$Rd = \lambda L \tag{4-24}$$

式中，L 为样品到照相底板的距离，称为电子衍射相机长度；λL 称为电子衍射的仪器常数或相机常数，是电子衍射装置的重要参数。在一定的加速电压下，λL 为常数，令 $K = \lambda L$，这时只需要测量出 R 值就可以计算出对应该衍射斑点的晶面组（HKL）的 d 值：

$$d = \frac{\lambda L}{R} = \frac{K}{R} \tag{4-25}$$

由上式可以看出，R 与 $1/d$ 成正比关系，该式在分析电子衍射花样过程中具有重要意义。它比 X 射线衍射中相应的关系简单得多，这给电子衍射花样指数化带来很大方便。

物镜是透射电镜的第一级成像透镜，由于晶体样品产生的衍射束首先经物镜会聚后在物镜后焦面呈现第一级衍射谱，再经过中间镜和投影镜多次折射后到达荧光屏或照相底板，得到放大了的电子衍射谱。这样，样品、透射斑点和衍射斑点并不构成一个简单的直角三角形，所以衍射斑点到透射斑点的距离 R 和晶面间距 d 之间并不存在如式（4-24）所示的简单关系。但是，可以定义一个有效相机长度 L'，仍可得到如此简单的关系式：

$$Rd = \lambda L' \tag{4-26}$$

式中，$\lambda L'$ 称为有效相机常数，常用 K' 表示，即 $K' = \lambda L'$。

由于在进行电子衍射操作时，物镜焦距 f_0 起到了相机长度的作用，但由于 f_0 将进一步被中间镜和投影镜放大，故有效相机长度 L' 由下列关系式确定：

$$L' = f_0 M_{中} M_{投} \tag{4-27}$$

式中，f_0 为物镜的焦距；$M_{中}$ 为中间镜放大倍数；$M_{投}$ 为投影镜放大倍数。必须注意的是，这里的 L' 并不表示样品和照相底板之间的实际距离，只要记住这一点，习惯上可以不加区别地使用 L 和 L' 这两个符号，并用 K 代替 K'。

因为 f_0、$M_{中}$ 和 $M_{投}$ 分别取决于物镜、中间镜和投影镜的激磁电流，因而 K' 也将随之变化。为此，必须在三个透镜的电流都固定的条件下，标定它的相机常数，使 R 和 d 之间保持确定的比例关系。目前的电子显微镜，由于将电子计算机引入了控制系统，因此相机常数及放大倍数都随透镜激磁电流的变化而自动显示出来。

4.2.3.2　选区电子衍射

选区电子衍射是在样品上选择一个感兴趣的区域，得到该微区电子衍射谱的方法，也称微区衍射法。可以通过两种方法来选择所要观察的样品区域大小和位置，以获得特定区域的衍射斑点。

一种方法是会聚束电子衍射，这种方法是通过减小照明束斑尺寸，调节聚光镜电流使电子束会聚在样品表面局部区域，得到会聚束电子衍射花样。入射电子束可以聚集得很细，所选微区可小于 $0.5\mu m$，可用于研究微小析出相和单个晶体缺陷，但会聚电子束会降低电子束的平行性，破坏电子束的空间相干性，不能得到细小尖锐的衍射斑点。

另一种方法是（光阑）选区电子衍射。为了使衍射花样和选择成像的视域范围对应，在物镜像平面处插入一个限定孔径的选区光阑，大于光阑孔径的成像电子束会被挡住，不能进入下面的透射系统继续被聚焦成像。虽然物镜后焦面上第一幅衍射花样可由受到入射束照射的全部样品区域内晶体的衍射所产生，但是其中只有选区光阑以内物点散射的电子束可以通过选区光阑孔径进入下面的透镜系统，从而实现了选区形貌观察和晶体结构分析的微区对应。如图 4-21 所示，只有通过选区光阑 A_1B_1 区域（对应于样品 AB 区域）内的各级衍射束能够进入中间镜和投影镜，最终在荧光屏上成谱，而选区光阑 A_1B_1 区域（样品 AB 区域）以外的各级衍射束均被选区光阑挡住不能参与成谱，所以在像平面上放置选区光阑的作用等同于在物平面上放置一个光阑，这是获得电子衍射谱的常用方法。

选取小孔径选区光阑可以缩小样品上被选择分析区域的尺寸。然而，由于物镜总存在一定的聚焦误差和难以克服的球差，选区衍射时总存在一定程度的选区误差。在通常情况下，通过缩小光阑孔不可能使样品上被分析的范围小于 $0.5\mu m$（对现代电镜，在特定条件下，选区衍射的分析区域可小至 $0.1\mu m$）。为了尽可能地减小选区误差，应按如下步骤进行选区衍射操作：

（1）使选区光阑以下的透镜系统聚焦。在成像模式下，在物镜的像平面处插入选区光阑，通过中间镜聚焦，在荧光屏上获得清晰、明锐的光阑孔边缘的像，此时中间镜的物平面与选区光阑所在的平面重合。

（2）使物镜精确聚焦。插入物镜光阑，调节物镜电流，使样品的形貌图像清晰显示，此时物镜的像平面、选区光阑平面及中间镜的物平面相重合。

（3）获得衍射谱。移动样品让选区光阑孔套住所选区域，移去物镜光阑，将透射电镜置于衍射模式，减小中间镜电流，使其物平面和物镜的后焦面重合，通过中间镜聚焦，使中心斑最细小、圆整。

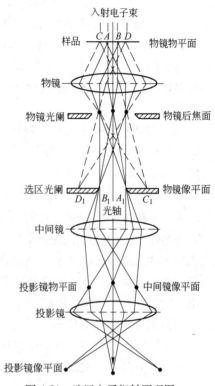

图 4-21　选区电子衍射原理图

减弱聚光镜电流以减小入射电子束的孔径角，得到尽可能平行的入射电子束，从而使衍射斑点更为细小、明锐。

需要指出的是，如果物镜像平面和中间镜物平面不在选区光阑平面上重合，将导致放大倍数、相机常数、磁转角等发生变化，这也是进行选区衍射时必须遵循上述操作步骤的另一个重要原因。由于电磁透镜存在磁转角，选区电子衍射中图像与其相对应的衍射花样间也存在磁转角，这在早期的透射电镜中是经常需要标定的。对于现代电镜，在仪器的设计上考虑了磁转角的问题，并进行了补偿修正，在正常的操作条件下，可以认为选区电子衍射中图像相对于花样的磁转角为零。

4.2.3.3　简单电子衍射花样的标定

电子衍射分析中最基本的工作就是衍射花样的标定，对于单晶体主要是标定电子衍射花样中各斑点相应的晶面干涉指数（HKL）及所属晶带轴指数 $[uvw]$，从而进一步确定点阵常数、晶体相位、缺陷分布等晶体学信息；对于多晶体电子衍射花样主要是标定衍射环对应的晶面族指数。多晶衍射环在晶体结构分析中的作用主要有两个方面：一是根据衍射环确定多晶的物相；二是用已知晶体的多晶环作为内标，求得实际的仪器相机常数，然后用这个校准的相机常数去计算其他衍射斑点对应的晶面间距。对于电子衍射花样的标定常可分为以下三种情况：

（1）已知晶体（晶系、点阵类型）的衍射花样指数标定。这种标定的目的是校核晶体结构，是为了进一步确定缺陷的晶体学相位或相变中的母相与析出相相位关系等而进行的第一步工作。在电子衍射花样的标定工作中，晶体的对称性越高，衍射花样的标定难度越小。立方晶系的衍射花样标定最为简单，其他晶系难度较大。

（2）晶体结构未知，但是根据研究对象的成分、材料的制备和加工过程或文献资料等，可能确定一个范围，已经知道可能会有哪几种晶体，标定的目的是确定衍射花样是哪一种晶体的电子衍射谱。在这种情况下，需要用尝试法一种晶体一种晶体地试算，最终确定物相。

（3）晶体点阵完全未知，是新物相。此时通过标定衍射花样确定该晶体的结构及其参数的工作难度非常大。一般情况下，需要从晶体的不同方位摄取多幅（多于 30 幅）衍射花样，当这些衍射花样的标定结果能够相互吻合，方可判断其晶体结构。更进一步的确定往往需要多种仪器从不同角度分析确认。

A　多晶体电子衍射花样的标定

多晶体电子衍射与多晶粉末 X 射线衍射原理相同，是多晶的倒易球与反射球的交线在荧光屏上的投影。多晶体电子衍射图由一系列同心圆环构成（图 4-19b），圆环的半径 R 与衍射面的面间距 d 有关，满足电子衍射的基本公式 $Rd = L\lambda$。多晶电子衍射花样标定指多晶电子衍射花样指数化，即确定衍射花样中各个衍射圆环对应衍射晶面干涉指数（HKL）并以之标识（命名）各圆环，并进一步确定多晶的物相，常用的方法有 R^2 比值法和 d 值法，下面以立方晶系多晶电子衍射花样为例介绍 R^2 比值法的标定过程。

对于立方晶系，根据电子衍射的基本公式和立方晶系晶面间距公式：

$$d = \frac{a}{\sqrt{H^2 + K^2 + L^2}}$$

得到：

$$R^2 = \frac{L^2\lambda^2(H^2 + K^2 + L^2)}{a^2} = \frac{L^2\lambda^2 m}{a^2} \tag{4-28}$$

式中，m 为衍射晶面干涉指数平方和，即 $m = H^2 + K^2 + L^2$。对同一物相、同一衍射花样的各衍射圆环，$\frac{L^2\lambda^2}{a^2}$ 为常数，则有：

$$R_1^2 : R_2^2 : R_3^2 : \cdots = m_1 : m_2 : m_3 : \cdots \tag{4-29}$$

从上式可以看出，各衍射环半径平方（由小到大）顺序比等于各圆环对应衍射晶面 m 值的顺序比。由于立方晶系不同结构类型晶体系统消光规律不同，故产生衍射各晶面的 m 值顺序比也各不相同（参见表 3-4）。因此，由测量各衍射环 R 值获得 R^2 顺序比，以之与 m 顺序比对照，即可确定样品的点阵结构类型并标出各衍射环相应指数。

由上述过程可知，多晶电子衍射花样指数化原理及过程均与多晶 X 射线衍射花样指数化相似。只不过电子衍射花样指数化是以 R^2 顺序比与衍射晶面干涉指数平方和顺序比对照；而 X 射线衍射花样指数化则是以粉末花样 $\sin^2\theta$ 顺序比与衍射晶面干涉指数平方和顺序比对照。

因为 m 顺序比是整数比，因而 R^2 顺序比也应整数化（取整）。利用已知晶体（点阵常数 a 已知）多晶衍射花样指数化可标定相机常数。衍射花样指数化后，按 $d=a/\sqrt{m}$ 计算衍射环相应晶面间距 d，并由 $Rd=L\lambda$ 计算出相机常数 $L\lambda$。对于未知晶体，则根据 $d=L\lambda/R$，由各衍射环半径 R 即可求出各晶面的 d 值。

B　单晶体电子衍射花样的标定

单晶电子衍射花样标定主要指单晶电子衍射花样指数化，包括确定电子衍射花样中各斑点的晶面干涉指数（HKL）并以之标识（命名）各斑点和确定衍射花样所属晶带轴指数 $[uvw]$。单晶体电子衍射得到的衍射花样是一系列按一定几何图形配置的衍射斑点，了解衍射斑点的分布规律和对称性（表4-4），可以帮助判断待测晶体可能所属的晶系、晶带轴指数。

表 4-4　电子衍射图的对称性

电子衍射花样几何图形		可能所属晶系
平行四边形		三斜、单斜、正交、正方、六方、三方、立方
矩　形		单斜、正交、正方、六方、三方、立方
有心矩形		单斜、正交、正方、六方、三方、立方
正方形		正方、立方
正六角形		六方、三方、立方

例如，若斑点呈正方形分布，只有两种类型晶体可以产生这种衍射。排除了立方晶系的可能性，那就一定是正方晶系；如若斑点呈正方形分布，通过倾转晶体又得到了正六角形的斑点分布，则待测晶体属于立方晶系。对立方晶系，斑点呈正方形分布，晶带轴是 <100>；斑点呈正六角形分布，晶带轴是 <111>。但仅根据衍射花样提供的信息去推断晶体的内部结构难以得到肯定的结论，甚至会导致错误的结果。熟练掌握晶体学和衍射理论的基本知识，如收集有关材料化学成分、处理工艺及其他分析手段提供的资料，可帮助解决遇到的问题。

单晶电子衍射花样的标定方法有 d 值法、R^2 比值法、标准图谱对照法（仅限于立方晶系和具有标准轴比的密排六方晶体）等。下面介绍利用 R^2 比值法标定单晶立方电子衍射花样的一般步骤，其余方法可参考相关资料。

首先，对于不同的立方点阵类型，两个衍射斑点到中心透射斑点的距离 R 之比具有不同的规律性，选择中心斑点附近不共线的几个衍射斑点，测量它们的 R 值和它们之间的夹角。根据 R^2 比值的递增规律确定点阵类型和它们可能属于的晶面族指数 $\{HKL\}$。如果知道相机常数，则可计算相应的晶面间距，与标准晶面间距进行比较。

　　如图 4-22 为某体心立方结构单晶的电子衍射图，已知电镜的相机常数 $\lambda L = 1.98\text{mm}\cdot\text{nm}$。测量中心斑点 O 附近的各个衍射斑点到 O 的距离 R 的值。$R_1 = OA = 9.8\text{mm}$，$R_2 = OB = 13.8\text{mm}$，$R_3 = OC = 16.9\text{mm}$，$R_4 = OD = 27.6\text{mm}$，$R_5 = OE = 29.6\text{mm}$，$\varphi = 90°$。计算各个 R 值的平方，并进一步计算 R^2 比值，得到，$\dfrac{R_2^2}{R_1^2} = 1.98$，$\dfrac{R_3^2}{R_1^2} = 2.97$，$\dfrac{R_4^2}{R_1^2} = 7.93$，$\dfrac{R_5^2}{R_1^2} = 9.12$。即 m 的比值为 $1:2:3:8:9$，考虑到是体心立方，则 m 的实际比值数列应为 $2:4:6:16:18$。根据表 3-4，各 m 值对应的晶面指数为（110）（200）（211）（400）（411）。必须注意此时的晶面指数实际上是晶面族指数，而不是具体的晶面指数。即各衍射点分别属于晶面族 {110} {200} {211} {400} {411}。

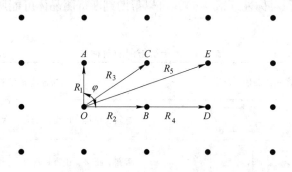

图 4-22　单晶电子衍射图的标定

　　其次，根据它们之间的夹角以进一步确定这些衍射斑点的晶面指数。由晶面夹角公式验证晶面指数是否正确，具体做法是：从两晶面族中各任意选一个晶面指数，根据立方晶系晶面夹角公式：

$$\cos\varphi = \frac{H_1 H_2 + K_1 K_2 + L_1 L_2}{\sqrt{(H_1^2 + K_1^2 + L_1^2)(H_2^2 + K_2^2 + L_2^2)}} \tag{4-30}$$

计算这两个晶面的夹角，看是否与衍射花样中的实际夹角相等。如果计算的角度与实际夹角相等，则说明从晶面族中选出的（$H_1 K_1 L_1$）（$H_2 K_2 L_2$）是正确的；如果角度不相等，则需要从晶面族指数中重新选择具体晶面指数，直到选择的晶面夹角与实际夹角相等为止。确定了具体晶面指数后，选择两个不共线的晶面指数，按右手规律叉乘有 $u = K_1 L_2 - K_2 L_1$，$v = L_1 H_2 - L_2 H_1$，$w = H_1 K_2 - H_2 K_1$，可使用其简便记忆法，该法如下：

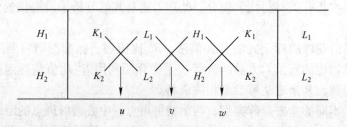

竖线内的指数交叉相乘后相减即可得出晶带轴指数 $[uvw]$。

如图 4-22 中从 A 和 B 斑点所对应的晶面族任意选一个晶面，如（110）和（00$\bar{2}$）计算出晶面夹角为 90°，与实际夹角相等，说明选择正确。按右手规律叉乘可求得晶带轴指数 [1$\bar{1}$0]。

接下来，其余各斑点的指数标定可按照矢量合成的方法求出，如 C 点为（11$\bar{2}$）。

最后，利用电子衍射基本公式 $Rd=\lambda L$ 计算晶面组的面间距，并进一步根据公式 $a=d\sqrt{m}$ 求出衍射晶体的点阵常数，与已知的点阵常数比较，进行核实。

单晶体衍射花样的标定存在不唯一性，同一衍射花样可标定为不同的晶带轴指数。这是由于晶体点阵具有对称性以及倒易点阵平面具有附加的二次旋转对称，而一幅衍射花样仅仅提供了样品的二维信息。如果不考虑晶体的取向，衍射花样的标定仅仅是为了确认其晶体结构，则对于一幅衍射花样，标定为其中任何一种都是正确的，它们之间是相互等价的。但是，如果涉及两个晶体之间的取向关系或者界面、位错等缺陷的晶体学性质测定时，必须设法排除这种不唯一性。通过以晶体的某一特定方向为轴倾转样品，可获得另一晶带电子衍射花样，而两个衍射花样组合可提供样品三维信息，通过对两个衍射花样的指数标定及两晶带夹角计算值与实测（倾斜角）值的比较，可消除这种不唯一性。

4.2.4 透射电镜的成像操作

4.2.4.1 明场成像和暗场成像

当要在透射电镜中获得电子图像时，可以用未散射的透射电子束产生图像，也可以用衍射电子束成像。选择不同电子束用于成像的方法是在物镜的后焦面处插入一个光阑，只有通过该光阑的电子束才可以参与成像，这个光阑就是物镜光阑。用另外的装置来移动物镜光阑，使得只有未散射的透射电子束通过它，其他衍射的电子束被光阑挡掉，由此得到的图像称为明场像。或是只有衍射电子束通过物镜光阑，透射电子束被光阑挡掉，由此得到的图像称为暗场像。通过调节中间镜的电流就可以得到不同放大倍数的明场像和暗场像。

当选区电子衍射谱被投影到荧光屏上时，可以利用衍射谱进行这两个最基本的成像操作。不管观察的是什么样品，衍射谱中一定包含有一个中心斑点。这个中心斑点是未发生散射的透射电子束聚焦形成的，其他斑点是近乎满足布拉格方程产生的衍射电子束所形成的衍射斑点。如图 4-23（a）所示，如果将物镜光阑套在中心斑点上，这时将得到明场像。如果将物镜光阑套在一衍射斑点上（图 4-23（b）），则只有一衍射电子束通过物镜光阑用于成像，这时将得到暗场像，其图像衬度正好与明场像相反。

4.2.4.2 中心暗场成像

在图 4-23b 所示的暗场成像条件下，由于成像电子束是偏离了透射电镜光轴的远轴电子，导致球差和像散比较严重，并且成像时很难聚焦，所得到的图像质量不高。为了获得高质量的暗场像，通常采取所谓的"中心暗场成像"，如图 4-23c 所示。此时，物镜光阑仍在对中位置，将用于成像的衍射斑点移到原中心斑点的位置（物镜光轴位置）。在荧光屏上移动衍射斑点的操作，实际上是使入射电子束偏转 2θ，使得衍射束平行于物镜光轴通过物镜光阑。用该方法得到的图像分辨率较图 4-23b 中的方法高，这种方法称为中心暗场成像。在暗场像中，只有对用于成像的衍射束有贡献的那些区域具有较高的亮度，其他区域的亮度则很低，因此暗场像的衬度要高于明场像。

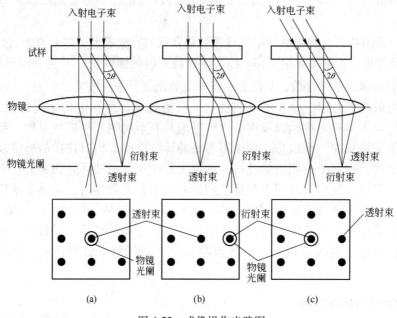

图 4-23　成像操作光路图
（a）明场像；（b）暗场像；（c）中心暗场像

4.2.5　透射电镜的主要性能

4.2.5.1　放大倍数

透射电镜的放大倍数是指电子图像对于所观察样品区的线性放大率。对于放大倍数，不仅要考虑其最高和最低放大倍数，还要注意放大倍数的调节是否可以覆盖从低倍到高倍的整个范围。最高放大倍数仅仅表示电镜所能达到的最高放大率，也就是其放大极限，高性能的透射电镜的放大倍数可以达到 100 万倍以上。在实际工作中，为了获得较好质量的电子图像，常在低于最高放大倍数下进行观察。但即使在很高的放大倍数下，有时一些细节也很难用肉眼在荧光屏上分辨出来，一般需借助电镜附带的立体显微镜来观察。

4.2.5.2　分辨率

透射电镜的分辨率表征了其显示亚显微组织结构细节的能力。透射电镜的分辨率有点分辨率和线分辨率两种表示方法。点分辨率是表示透射电镜能分辨两个点间的最小距离；线分辨率也称晶格分辨率，是指透射电镜所能分辨的两条线之间的最小距离（或能分辨出的最小晶面间距）。近代高分辨透射电镜的点分辨率可达 0.2nm 左右，线分辨率可达到 0.1nm。

4.2.5.3　加速电压

电镜的加速电压是指电子枪中阳极相对于阴极的电压，它决定了电子枪发射的电子束的能量。加速电压高时，电子束对样品的穿透能力强，可以观察较厚的样品，同时有利于提高电镜的分辨率和减小电子束对样品的辐射损伤。一般电镜的加速电压在 $100\sim300\mathrm{kV}$，超高压电镜的加速电压可达到 $1000\mathrm{kV}$ 以上。电镜的加速电压是在一定范围内可调的，通常所说的电镜加速电压是指可达到的最高加速电压。

4.2.6 透射电镜的像衬度

像衬度是指图像上不同区域间明暗程度的差别。正是由于图像上不同区域间存在明暗程度的差别（即衬度的存在），才使我们能够观察到各种具体的图像。像衬度（C）定量地定义为两个相邻区域 A 和 B 在电子强度 I 上的相对差别（选择 A 区域的像强度为背景强度），即：

$$C = \frac{I_A - I_B}{I_A} = \frac{\Delta I}{I_A} \tag{4-31}$$

透射电镜的像衬度与所研究的样品自身的组织结构、所采用的成像操作方式和成像的条件有关。只有了解像衬度的形成机理，才能对各种具体的图像给予正确的解释，这是进行材料电子显微分析的前提。

总的来说，透射电镜的像衬度来源于样品不同区域对入射电子束散射能力的不同。当电子波穿过样品时，其振幅和相位都会发生变化，这些变化都可以产生像衬度。在明场或暗场操作方式下，物镜光阑挡掉的部分电子波不能在像平面上参与成像，从而导致像平面上出现振幅差异。这种振幅差异产生的衬度称为振幅衬度，振幅衬度包括质厚衬度和衍射衬度。而若让透射束和多个衍射束共同到达像平面干涉成像，这时的衬度是由衍射波、透射波的相位差引起的，所以称之为相位衬度。在多数情况下，这两种衬度对同一幅图像的形成都有贡献，只不过其中之一占主导而已。

4.2.6.1 质厚衬度

非晶体样品透射电镜显微图像衬度是由于样品不同微区间存在原子序数或厚度的差异而形成的，即质量厚度衬度，简称质厚衬度。质厚衬度建立在非晶体样品中原子对入射电子的散射和透射电镜小孔径角成像基础之上，是解释非晶体样品电子显微图像衬度的理论依据。

对于实际样品，电子散射截面是原子序数（或密度）和厚度的函数。样品的散射能力正比于样品的质厚（即样品的密度与厚度之积）。当强度为 I_0 的电子束通过总散射截面为 Q、厚度为 t 的样品后，进入物镜光阑参与成像的电子强度 I 为：

$$I = I_0 \mathrm{e}^{-Qt} \tag{4-32}$$

其中

$$Q = N\sigma_0 = N_0 \frac{\rho}{A} \sigma_0 \tag{4-33}$$

式中，N 为单位体积样品包含的原子数；ρ 为样品密度；A 为组成样品物质的原子量；N_0 为阿伏加德罗常数；σ_0 为原子散射截面。式（4-32）说明，成像电子束强度 I 随着 Qt 乘积的增大而呈指数衰减。当 $Qt = 1$ 时，有 $I = \dfrac{I_0}{e} \approx \dfrac{I_0}{3}$，定义这时的样品厚度 t 为临界厚度 t_c，$t_c = \dfrac{1}{Q}$。可以认为 $t \leqslant t_c$ 的样品对电子束是透明的。

将式（4-33）两边乘以 t 得到：

$$Qt = N_0 \frac{\sigma_0}{A}(\rho t) \tag{4-34}$$

可以看到，成像电子束强度 I 随样品质量厚度 ρt 的增大而衰减，当 $Qt = 1$ 时，有：

$$(\rho t)_c = \frac{A}{N_0 \sigma_0} = \rho t_c \tag{4-35}$$

把 $(\rho t)_c$ 叫作临界质量厚度。

根据式（4-31）和式（4-32）得到样品表面两个相邻区域 A 和 B 的衬度为：

$$C = 1 - e^{-(Q_B t_B - Q_A t_A)} \tag{4-36}$$

若样品原子序数（或密度）不变，即总散射截面 $Q_A = Q_B = Q$，厚度变化产生的衬度为 $C = 1 - e^{-Q\Delta t}$，则厚度差越大，图像衬度越大；当样品厚度不变，即 $t_A = t_B = t$，Q 变化产生的衬度为 $C = 1 - e^{-t\Delta Q}$，则样品总散射截面差越大，即样品原子序数（或密度）越大，图像的衬度就越大。

图 4-24 为明场成像条件下质厚衬度形成的光路图，它定性地显示了质厚衬度的产生机理。当其他因素确定时，样品上原子序数大或厚度大的区域比原子序数小或厚度小的区域对电子的散射能力强，使更多的电子偏离光轴，所以在明场像中，原子序数大或厚度大的区域要比原子序数小的或厚度小的区域暗些；而对于暗场像，则正好相反，原子序数大或厚度大的区域要比原子序数小或厚度小的区域亮些。因此，图像上明暗程度的变化反映了样品相应区域原子序数或厚度的变化。

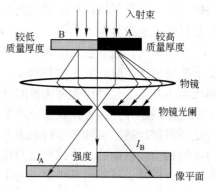

图 4-24　明场成像时质厚衬度
形成的光路图

由于绝大多数样品的原子序数和厚度不可能绝对均匀，所以几乎所有样品都显示质厚衬度。但质厚衬度对非晶材料和生物样品尤其重要。非晶样品主要是质厚衬度。由于质厚衬度与原子序数有关，所以这种衬度包含元素信息。

质厚衬度受到透射电镜物镜光阑孔径和加速电压的影响。如果选择的光阑孔径较大，将有较多的散射电子参与明场成像，图像在总体上的亮度增加，但却使得散射和非散射区域（相对而言）之间的反差减小，衬度降低。如果选择较低的加速电压，电子散射角和散射截面将增大，更多的电子被散射到光阑孔以外，此时，图像亮度降低，但衬度提高。

4.2.6.2　衍射衬度

对晶体样品，电子将发生相干散射，即衍射。所以，晶体样品在成像过程中起决定作用的是晶体对电子的衍射，晶体各部分相对于入射电子束的取向不同，或它们彼此属于不同结构的晶体，导致各部分产生的衍射强度不同，所以将由样品各处衍射强度的差异所形成的衬度称为衍射衬度。它主要取决于晶体的结构振幅和晶体的取向。对没有成分差异的单相材料，衍射衬度是由样品各处满足布拉格方程的程度不同造成的。

图 4-25 所示为衍射衬度成像光路图，假设薄晶样品某一区域存在两晶粒 A、B，强度为 I_0 的入射电子束照射到该区域，其中 B 晶粒的 (HKL) 面与入射电子束满足布拉格方程，产生衍射束，强度为 I_{HKL}，若忽略其他效应，其透射束强度为 $I_B \approx I_0 - I_{HKL}$，A 晶粒所

有晶面与布拉格方程存在较大偏差，其衍射束 $I = 0$，透射束 $I_A = I_0$。若在物镜后焦面上插进物镜光阑把 B 晶粒的（HKL）面衍射束挡掉，而只让透射束通过参与成像，就得到明场像，如图 4-25（a）所示，此时，因为 $I_B < I_A$，对应于 B 晶粒的像强度将比 A 晶粒的像强度低，所以图像中 A 晶粒比 B 晶粒亮。此时，A、B 的衬度为：

$$C = \frac{I_A - I_B}{I_A} = \frac{I_{HKL}}{I_0} \tag{4-37}$$

这就是衍射衬度明场成像原理的最简单表达式。

若成暗场像，即用物镜光阑选择某一衍射电子束成像，而将透射束挡掉，如图 4-25（b）所示，则像的衬度与明场像正好相反，$I_A \approx 0$，$I_B \approx I_{HKL}$，图像中 B 晶粒比 A 晶粒亮。仍选择 A 晶粒的像强度为背景强度，则根据式（4-31），因为 $I_A \approx 0$，所以暗场成像比明场成像衬度大得多。

在实际使用过程中，为了获得高衬度高质量的图像，总是通过倾斜样品台获得所谓"双束条件"，即在选区衍射谱上，除了强的透射束外，只有一个满足布拉格方程的晶面的衍射束最强，而其他晶面的衍射束强度非常弱。

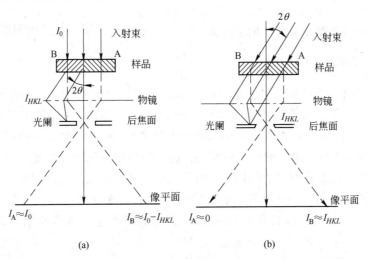

图 4-25　衍射衬度成像光路图
（a）明场成像；（b）暗场成像

4.2.6.3　相位衬度

随着电子显微镜分辨率的不断提高，人们对于物质微观世界的观察更加深入，现在已经能观察到原子的点阵结构，进行这种观察的样品厚度必须小于 10nm，甚至薄到 3~5nm，此时电子波振幅的变化可以忽略，以上所介绍的衬度机制产生的图像反差就很小了，单个原子成像的质厚衬度数值约为 1%，而人的肉眼一般只能分辨反差大于 10% 的图像。因此，用质厚衬度和衍射衬度不能解释高分辨像的形成机理。高分辨电子显微图像的形成原理是相位衬度原理。

当入射电子穿过极薄的样品后，如果除透射束外还同时让一束或多束衍射束参与成像，就会因各束的相位相干作用而得到晶体像或晶体结构（原子）像。

电子波与样品相互作用形成的衍射波和透射波之间会产生相位差，这两部分电子波之

间的相位差为 π/2。由于样品极薄，衍射波振幅和电子受到散射后的能量损失（10～20eV）很小，此时透射波振幅基本上与入射波振幅相同，衍射波和透射波的运动如图 4-26（a）中实线所示。如果物镜没有像差，并处于正焦状态（物点在物平面上时称为正焦，物点不在物平面上时称为离焦），且光阑又足够大，透射波与衍射波可以同时穿过光阑相干，相干结果产生的合成波振幅和透射波振幅相同或接近，只有相位稍有不同。由于两者振幅接近，强度差很小，所以不能形成像衬度。如果设法引入附加的相位差，使产生的衍射波与透射波处于相等或相反的相位位置，也就是说使衍射波沿图 4-26a 中的 x 轴向右或向左移动 π/2，使其处在图 4-26（b）或图 4-26（c）中实线所示的位置。这样透射波与衍射波相干就会导致合成波振幅增加或减小，如图 4-26（b）或图 4-26（c）中虚线所示。此时，透射波和合成波的振幅有较大差别，从而使像的强度发生变化，相位衬度得以显示。引入附加相位差最常见的方法是利用物镜的离焦和球差来产生相位位移。

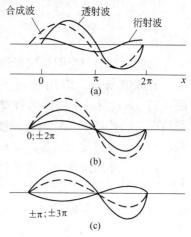

图 4-26　相位衬度形成示意图

4.2.7　透射电镜样品的制备

透射电镜利用穿透样品的电子束成像，这就要求被观察的样品对入射电子束是透明的，即要求样品很薄。电子束穿透固体样品的能力，主要取决于加速电压和样品物质的原子序数。一般来说，加速电压越高，样品原子序数越低，电子束可以穿透的样品厚度就越大。对加速电压在 50～100kV 的电子束来说，通常样品观察区域的厚度控制在 100～200nm 为宜。将极薄的样品放在专用的铜网上，再送入电镜的样品室内进行观察。

透射电镜的样品制备方法很多，常见的样品包括粉末样品、大块材料上制备薄膜样品、复型样品等，各种样品有相对独立的制备方法和程序，这里介绍几种常见的制样方法。

4.2.7.1　粉末样品制备

随着材料科学的发展，超细粉体及纳米材料发展很快，而粉末的颗粒尺寸大小、尺寸分布及形态对最终制成材料的性能有显著影响。因此，如何用透射电镜来观察超细粉末的尺寸和形态便成了电子显微分析的一项重要内容。其关键工作是粉末样品的制备，样品制备的关键是如何将超细粉的颗粒分散开来，各自独立而不团聚。

粉末样品是不能直接用于透射电镜分析的，必须使用载网，常见载网是具有不同孔径的圆形网状物。颗粒很小的粉末样品尺寸一般都小于载网小孔，不能直接放在载网上，因此需要制备对电子束透明的支持膜，支持膜有塑料膜、碳膜和塑料-碳膜。塑料支持膜用 1%～3%火棉胶加醋酸戊酯溶液制成，在塑料支持膜上喷碳制成塑料-碳支持膜，而喷碳后将塑料溶去得到碳支持膜。将支持膜放在载网上，再把粉末放在膜上送入电镜分析。

粉末样品的均匀分散通常使用超声波搅拌器，把要观察的粉末样品加蒸馏水或其他合适的溶剂搅拌为悬浊液，然后用滴管把悬浊液放一滴在带有支持膜的样品载网上，使颗粒尽可能分散，静置干燥后即可供观察。为了防止粉末被电子束打落污染镜筒，可在粉末上再喷一层薄碳膜，使粉末夹在两层膜中间。

4.2.7.2 大块材料上制备薄膜样品

材料研究大量接触的是块体材料，其厚度远远大于透射电镜电子束的穿透深度，因此在利用透射电镜对块体材料进行组织结构分析时，必须采用各种机械、物理或化学方法把样品减薄到电子束能穿透的厚度。在制备过程中要保证样品的组织结构和化学成分不发生变化，制备成的薄膜样品能够代表和保持大块材料的固有性质，具有一定的强度和刚度，且用于观察的薄区面积要足够大。无论是金属材料还是陶瓷材料，其制备过程可以分为以下三个步骤：

首先，从大块样品上切割薄片。切取的方法因材料的不同而异，对于金属材料可以用电火花切割方式（又称线切割）切下 0.3~0.5mm 的薄片；对于无机非金属材料可用金刚石切刀切割约 0.5mm 的薄片。切片不能太薄，以免切割过程中引起组织结构变化；也不能太厚，否则研磨工作量太大。上述切割过程必须保持在冷却条件下进行。

接着，将薄片样品进行研磨减薄。无论是切割下的金属薄片还是无机非金属薄片都需要进一步研磨减薄。为了便于手工握持或机械夹持，可以将切割的薄片用 502 胶水等胶黏剂黏着在稍大的物体上。然后在水砂纸上水冷研磨，确保研磨面不会因为摩擦而升温过高。在研磨过程中要反复调换研磨面，使薄片两面研磨均匀，以免应力不均引起样品翘曲变形。当薄片被研磨到厚度约为 50μm，再从薄片上取出一些直径 3mm 的圆片样品进行最终减薄。

最后，将研磨减薄的样品作最终减薄。50μm 左右的厚度对电子束来说还是太厚，必须进行最终减薄。最终减薄方法有两种：双喷电解减薄和离子减薄。离子减薄可用于各种金属、陶瓷、多相半导体和复合材料等薄膜的减薄，甚至纤维和粉末也可以用离子减薄；而双喷电解减薄只能用于导电薄膜样品的制备，如金属及合金等。

A 双喷电解减薄

双喷电解减薄与离子减薄相比，所用的时间要短得多，而且样品不会产生机械损伤，但可能会引起样品表面化学性质的改变。此外，由于电解液都是腐蚀性很强的酸性溶液，在操作过程中要非常小心，需要采取一定的防护措施。

图 4-27 为双喷电解减薄方法示意图，将研磨减薄后直径 3mm 的圆片夹持在样品架中，样品架与阳极相连接。减薄时，样品圆片中心部位两侧各有一个电解液喷嘴，喷出的液柱和阴极相连，这样作为阳极的样品被腐蚀抛光。电解抛光时会引起电解液温度升高，因此通常电解液容器放在一个水冷槽中。电解液是通过耐酸泵来进行循环的，在两个喷嘴的轴线上还装有一对光导纤维，其中一个光导纤维和光源相接，另一个则和光敏元件相连。如果样品在抛光减薄中，中心出现小孔，光照射到光敏元件上，输出的电信号就可以将抛光腐蚀线路的电源切断，以防止薄区被破坏。然后迅速将样品取出，并用丙酮清洗干净，放在滤纸上晾干，在干燥的环境下保存。用这样的方法制成的薄膜样品，中心穿孔附近有一个较大的楔形薄区，可以被电子束穿透，直径 3mm 的圆片周边是一个厚度较大的刚性支架，可以保证样品夹持搬运过程中不会损坏。双喷电解减薄效率高，方法简便。

B 离子减薄

离子减薄是物理方法减薄，它采用离子束将样品表层材料层层剥去，最终使样品减薄到电子束可以通过的厚度。图 4-28 是离子减薄方法示意图。样品放置于 $10^{-2} \sim 10^{-3}$ Pa 的高真空样品室中，离子束（通常是高纯氩）从两侧在 3~5kV 加速电压加速下轰击样品表面，离子束与样品表面的入射角越小，样品薄区面积越大，但减薄时间增加。通常在开始减薄阶段，可采用较高的入射角（一般为 15°~20°），快速减薄；当样品即将穿孔或已出现微孔时，应立即降低入射角，一般以 10°~15° 范围为宜；如果是用离子束对样品表面进行抛光清洁处理，入射角选用 5°~10° 比较合适。离子束的能量和离子的原子序数大小会影响样品减薄质量。较低的离子束能量或较低原子序数的离子引起样品的损伤较小，但减薄时间增加。在减薄过程中需要对样品进行冷却（如用液氮）。离子减薄效率低，耗时长，但减薄的质量高薄区大。

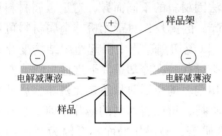

图 4-27   双喷电解减薄方法示意图

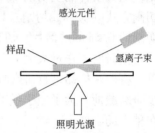

图 4-28   离子减薄方法示意图

　　由于离子束对样品减薄速度较慢，制备一个样品往往要几十个小时，制作成本较高。为了减少离子束减薄的时间，通常需要用凹坑研磨仪预减薄无机非金属样品。

　　凹坑研磨基于研磨切割和研磨抛光同样的原理，与其他方法（如常规机械磨削）相比，能在减少样品损伤的同时将样品快速减薄至对电子束透明或接近透明。凹坑研磨可以将直径约为 3mm 的样品的中心区域厚度从几十微米减薄至几微米，以便快速完成后续的离子减薄，同时边缘留出较厚的支撑以防止预减薄样品受损。凹坑研磨过程如图 4-29 所示，研磨前要在加热台上用低熔点热塑性聚合物（如石蜡）将样品固定在样品固定台上，

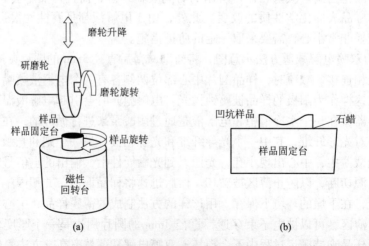

(a)   (b)

图 4-29   凹坑研磨方法示意图

（a）凹坑研磨过程示意图；（b）样品固定示意图

为了保证研磨质量要注意蜡层不能过厚。工作时研磨轮和磁性回转台旋转，磁性回转台通过磁力带动样品固定台旋转，样品也随之旋转，同时研磨轮下降与样品垂直接触，在接触面之间涂上少量的研磨膏，经过一定时间工作便可在样品上磨出一个凹坑，使样品中心产生一个力学稳定的最薄区。研磨过程中，可以通过选择研磨轮、研磨膏的种类，控制研磨轮转速等途径保证研磨的质量。高质量研磨仪能进行深度和厚度的精确控制，此外，为了提高后期离子减薄的质量，还可以在研磨后将研磨轮换成抛光轮进行抛光处理。

4.2.7.3　复型样品制备

复型是使用薄膜把样品表面形貌复制出来，所制成的薄膜称为复型。复型法实际上是一种间接或部分间接的分析方法，因为通过复型制备出来的样品是真实样品表面形貌组织结构细节的薄膜复制品。它主要用于表面断口或表面组织形貌和第二相粒子的显微观察和分析。常用的复型材料有非晶碳膜和各种塑料薄膜。对复型材料的要求主要有：

（1）复型材料本身必须是"无结构"或非晶态的，从而避免由于复型材料本身结构细节的显示，干扰被复制的表面形貌的观察和分析；

（2）复型材料要有足够的强度和刚度，有良好的导电性、导热性和耐电子束轰击性能，防止复型过程中产生破损或畸变，避免在电子束照射下发生烧蚀和分解；

（3）复型材料的分子尺寸应尽量小，以利于提高复型的分辨率，更深入地揭示表面形貌的细节特征。

复型可分为表面复型和萃取复型。表面复型仅仅是样品表面形貌的复制品，它不能提供样品本身内部结构和化学成分的信息，是一种间接样品。表面复型包括一级复型和二级复型，萃取复型含有从样品表面抽取出来的第二相粒子，因此在透射电镜下不仅可以得到第二相粒子的形状、分布和大小，而且可以做相结构和成分分析。由于大块样品薄膜制备技术和扫描电子显微镜的发展，复型技术已用得不多。然而在某些情况下，复型技术仍具有其独特的优势，例如可以现场采样而不破坏原始样品。在这里仅对几种常见的复型制备方法做一简单介绍。

A　一级复型

一级复型可以是塑料一级复型或碳一级复型。如图 4-30 所示，塑料一级复型是将配置好的塑料溶液在样品表面直接浇注后使膜脱离。塑料一级复型制作简便，不破坏样品表面，但衬度差，容易被电子束烧蚀分解，且由于塑料分子尺寸较大，分辨率较低。碳一级复型是在高真空室中向样品表面直接喷碳，使碳膜剥离清洗后进行观察分析。碳一级复型虽然分辨率较高，在电子束照射下稳定性较好，但制备过程复杂，碳膜分离时样品表面易遭到破坏。

B　二级复型

综合塑料一级复型和碳一级复型的某些优点形成塑料-碳二级复型。如图 4-31（a）所示，先制成第一级塑料复型（中间复型），然后在揭下的塑料复型上进行第二级碳复型（图 4-31（b））。为了增加衬度和立体感可在倾斜 15°～45° 的方向上喷镀一层重金属，如 Cr、Au 等（称为投影），最后溶去中间复型后得到塑料-碳二级复型（图 4-31（c））。

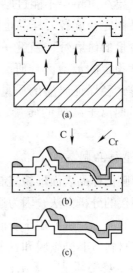

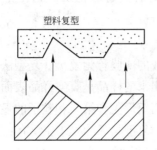

图 4-30 塑料一级复型示意图   图 4-31 塑料-碳二级复型制备过程示意图

塑料-碳二级复型制备时不破坏样品的原始表面，最终复型是带有重金属投影的碳膜，其稳定性和导电导热性都很好，在电子束照射下不易发生分解和破裂；但因中间复型是塑料，所以，塑料-碳二级复型的分辨率和塑料一级复型相当，塑料-碳二级复型是使用最多的一种复型技术。图 4-32 是一些二级复型照片。

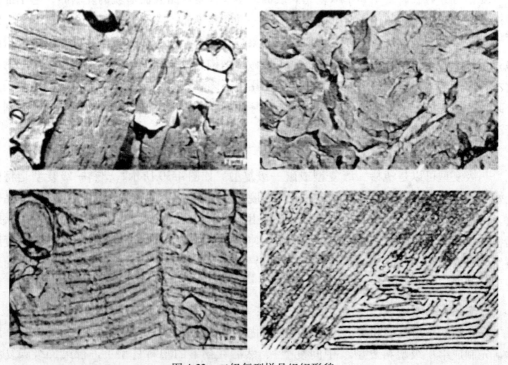

图 4-32 二级复型样品组织形貌

C　萃取复型

萃取复型的制备过程与碳一级复型基本相同，只是在使复型膜与样品表面分离时，将样品表面欲分析的颗粒相抽取下来并黏附在复型膜上。虽然复型材料不是原始材料，但黏附的颗粒却是真实的，因此萃取复型实际上是一种部分间接样品。用于制作萃取复型的样品表面的侵蚀深度要根据第二相粒子的尺寸来确定。最佳侵蚀深度是略大于第二相粒子的一半。在喷镀碳膜时，厚度应稍厚，以便把第二相粒子包裹起来，这样第二相粒子就能够容易地被抽取在复型材料上。图 4-33 是萃取复型制备过程的示意图。

利用萃取复型样品分析第二相粒子时可以避免基体的干扰，因此随着分析电子显微技术的出现，萃取复型再次受到人们的关注。

4.2.7.4　薄膜材料样品制备

薄膜材料是目前的一个重点研究领域，对其进行有效的分析、观察和表征是必不可少的。由于薄膜材料本身的特点使其用于透射电镜分析的样品有其制备特点。如果只需要研究薄膜本身，有时可用某种方法（如适当溶剂）溶解基体而使薄膜脱落，然后用常规离子减薄方法制成满足透射电镜要求的样

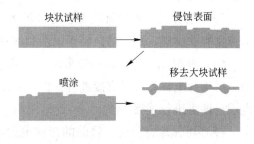

图 4-33　萃取复型的制备

品；也可将薄膜连同基体制成适当大小，再用机械磨削的方法将基体磨掉并使薄膜离子减薄至所需厚度，然后同样用离子减薄方法制成透射电镜样品。若要研究薄膜与基体的界面、薄膜生长机制，则必须制备截面薄膜样品，此时样品的制备比较复杂，应非常小心。一般是先在薄膜上制备一层保护膜，然后截取两块大小相等的样品，用环氧树脂将两块截面样品的薄膜对薄膜粘接起来，以保护薄膜在后续处理中不被损坏，然后用常规透射电镜制样方法处理。

透射电镜样品制备是复杂而困难的工作。对于透射电子显微分析，如果样品制备成功，那么整个实验可以说就成功了一半。今天仍然有许多透射电子显微分析工作不能进行就是受阻于样品制备。为此，人们设计了多种多样的样品制备方法，研制了各种制样设备仪器，不断地提高样品制备的成功率。

4.3　扫描电子显微分析

扫描电子显微镜简称扫描电镜（scanning electron microscope，SEM），是继透射电镜之后发展起来的一种电子显微镜。扫描电镜的成像原理和光学显微镜或透射电镜不同，它是以电子束作为照明源，把聚焦得很细的电子束以光栅状扫描方式照射到样品表面，产生各种与样品性质有关的信息，将这些信息加以收集和处理从而获得微观形貌放大像。

从 1965 年第一批商品扫描电镜问世以来，扫描电镜在不断地改进和完善，LaB_6 电子

枪和场发射电子枪的使用极大地提高了扫描电镜的分辨本领，尤其是扫描电镜又结合了电子探针以及其他许多技术而发展成为分析型的扫描电镜，仪器结构不断改进，分析精度不断提高，应用功能不断扩大，在数量和普及程度上已超过透射电子显微镜，越来越成为众多研究领域不可缺少的工具，目前已广泛应用于材料、冶金、矿物、生物医学、物理、化学等学科。

扫描电镜之所以得到迅速发展和广泛应用，与其自身所具有的一系列特点是分不开的，这些特点主要包括：

（1）仪器分辨本领高，二次电子像的分辨率一般可达 3~6nm。

（2）仪器放大倍数变化范围大，可以方便地在几十倍至几十万倍的范围内连续变化得到清晰的图像。

（3）场深大，可以直接观察起伏较大的各种样品的粗糙表面（金属和陶瓷的断口），成像富有立体感、真实感，易于识别和解释。

（4）样品制备简单。一般来说，扫描电镜的制样方法比透射电镜简单，对于表面清洁的金属等导电样品可以直接进行观察。而表面清洁的非导电样品，可以在表面喷涂一层导电层后即可进行观察。

（5）可做综合分析。目前的扫描电镜不仅仅分析形貌像，它可以和其他分析仪器组合，使人们能在同一台仪器上进行显微组织形貌、微区成分以及晶体结构等多种微观组织结构信息的同位分析。如在扫描电镜中装上 X 射线谱仪，可以在观察形貌的同时进行微区成分分析。如果装上不同类型的样品台和检测器还可以直接观察处于不同环境（加热、冷却、拉伸等）中的样品显微结构形态的动态变化过程（动态观察）。

4.3.1　扫描电镜的工作原理

图 4-34 是扫描电镜的实物照片。图 4-35 是扫描电镜结构原理示意图，可以看到由电子枪发射出的电子在电场作用下加速，经二至三个电磁透镜（聚光镜）的作用，在样品表面聚焦成为极细的电子束，置于末级透镜（物镜）上部的扫描线圈能使电子束在样品表面按一定时间和空间顺序作栅网式扫描，聚焦电子束与样品相互作用，激发样品产生各种物理信号（如二次电子、背散射电子、吸收电子、特征 X 射线、俄歇电子等），信号的强度取决于样品表面的形貌，受激区域的成分和结构等样品的表面特征，设在样品附近的探测器把相应的信号接收下来，经信号处理放大后，输送到显像管栅极以调制显像管的亮度，由于显像管中的电子束在荧光屏上的扫描和镜筒中的电子束在样品表面的扫描是严格同步的，而显像管亮度又是由样品激发的电子信号强度来调制的，这样由样品表面任意一点所收集来的信号强度与显像管荧光屏上的相应点亮度之间是一一对应的，因此样品的状态不同，相应的亮度也必不同，由此得到的像一定是样品状态的反映。扫描电镜就是这样采用逐点成像的方法，把样品表面的不同特征，按顺序、成比例地转换为视频信号，完成一帧图像，从而使我们在荧光屏上观察到样品表面的各种特征图像。

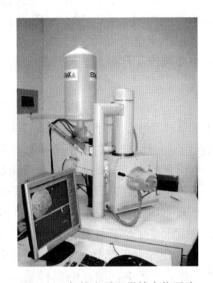

图 4-34 扫描电子显微镜实物照片

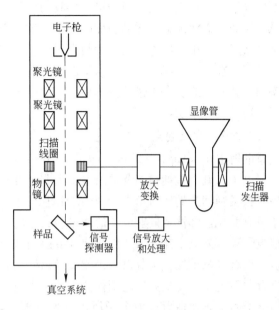

图 4-35 扫描电子显微镜结构原理示意图

4.3.2 扫描电镜成像的物理信号

扫描电镜成像所用的物理信号是电子束轰击固体样品而激发产生的。一束细聚焦电子束轰击样品表面时，入射电子将与样品内原子核和核外电子产生弹性和非弹性散射，如图 4-36 所示，激发固体样品产生多种物理信号。在扫描电镜中，用来成像的信号主要是二次电子，其次是背散射电子和吸收电子，X 射线和俄歇电子主要用于成分分析，其他一些信号也有一定用途，下面介绍几种主要信号。

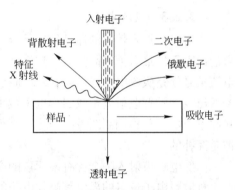

图 4-36 电子束与固体样品作用时产生的各种物理信号

4.3.2.1 二次电子

二次电子（secondary electron，SE）是指被入射电子轰击出来的核外电子。由于原子核和外层价电子间的结合能很小，因此外层的电子比较容易和原子脱离。当原子的核外电子从入射电子获得了大于相应的结合能的能量后，可离开原子而变成自由电子。如果这种散射过程发生在比较接近样品表层，那些能量尚大于材料逸出功的自由电子可从样品表面逸出，变成真空中的自由电子，即二次电子。一个能量很高的入射电子射入样品时，可以产生许多自由电子，而在样品表面上方检测到的二次电子绝大部分来自原子外层的价电子。

二次电子主要来自样品表面 5~50nm 的区域，能量小于 50eV。尽管在电子的有效作用深度内都可以产生二次电子，但由于其能量很低，只有在接近表面大约 10nm 薄层以内的二次电子才能逸出表面，成为可以接收的信号。因此，二次电子对样品的表面状态非常敏感，能非常有效地显示样品表面的微观形貌。由于它发自样品表面层，入射电子还没有被多次散射，产生二次电子的面积与入射电子的照射面积基本相同，所以二次电子像的分辨率较高。在理想情况下，二次电子像的分辨率约等于入射电子束斑直径，扫描电镜的分辨率通常就是指二次电子像的分辨率。二次电子的产额主要取决于样品的表面形貌，而随原子序数的变化不明显。

4.3.2.2 背散射电子

背散射电子（backscattering electron，BSE）是指被固体样品中的原子反弹回来的一部分入射电子，其中包括弹性背散射电子和非弹性背散射电子。弹性背散射电子是指被样品中原子核反弹回来的散射角大于90°的那些入射电子，它们只改变了运动方向，本身能量基本没有变化。弹性背散射电子的能量为数千电子伏到数万电子伏。非弹性背散射电子是入射电子和核外电子撞击后产生非弹性散射而造成的，不仅方向发生变化，能量也产生变化。如果有些电子经多次散射后仍能反弹出样品表面，这就形成了非弹性背散射电子。非弹性背散射电子的能量分布范围很宽，从数十电子伏到数千电子伏。从数量上看，弹性背散射电子远比非弹性背散射电子所占的份额多。背散射电子的产生范围在距离样品表面100nm～1μm深，由于背散射电子的产额随样品原子序数的增加而增加，所以利用背散射电子作为成像信号不仅能分析形貌特征，也可以用来显示原子序数衬度，定性地进行成分分析。

4.3.2.3 吸收电子

入射电子进入较厚的样品后，部分入射电子经多次非弹性散射后能量损失殆尽，不能再逸出表面，最后被样品吸收。如果样品与地之间接上一个高灵敏的电流表，所检测到的电流信号就是吸收电子（absorption electron，AE）提供的。入射电子束与样品发生作用，若逸出表面的背散射电子或二次电子数量任一项增加，将会引起吸收电子相应减少，若把吸收电子信号作为调制图像的信号，则得到的吸收电子像衬度与二次电子像和背散射电子像是互补的。

入射电子束射入一个含有多元素的样品时，由于二次电子产额不受原子序数影响，则产生背散射电子较多的部位其吸收电子的数量就少。因此，吸收电子像可以反映原子序数衬度，同样也可以用来进行定性的微区成分分析。

4.3.2.4 透射电子

如果样品厚度小于入射电子的有效穿透深度，那么就会有相当一部分的入射电子能够穿过薄样品而成为透射电子（transmission electron，TE），它可被安装在样品下方的电子检测器检测。在入射电子穿透样品的过程中将与原子核或核外电子发生有限次数的弹性或非弹性散射。因此，检测到的透射电子信号中，除了有能量与入射电子相当的弹性散射电子外，还有各种不同能量损失的非弹性散射电子。其中有些特征能量损失 ΔE 的非弹性散射电子和分析区域的成分有关，所以可以用特征能量损失电子配合电子能量分析器来进行微区成分分析。

4.3.2.5 特征 X 射线

特征 X 射线（characteristic X-ray）是原子的内层电子受到激发以后，在能级跃迁过程中直接释放的具有特征能量和波长的一种电磁波辐射。

当入射电子与核外电子作用，产生非弹性散射，外层电子脱离原子变成二次电子，使原子处于能量较高的激发状态，它是一种不稳定状态。较外层的电子会迅速填补内层电子空位，而使原子能量降低，趋于较稳定的状态。这时多余的能量就以特征 X 射线的形式释放出来。特征 X 射线的发射深度约在 $0.5 \sim 5\mu m$。由于每一种元素的特征 X 射线都有自己的特征能量和特征波长，特征 X 射线的波长和原子序数之间服从莫塞莱定律（式（3-11）），所以只要从样品上测得特征 X 射线的能量或波长值，就可以确定样品中所含有的元素种类。特征 X 射线是进行微区成分分析非常重要的信息。

4.3.2.6　俄歇电子

如果原子内层电子能级跃迁过程中多余的能量不以 X 射线的形式释放，而是用该能量将核外另一电子打出，使该电子脱离原子而成为具有特征能量的二次电子，这种二次电子叫作俄歇电子（Auger electron）。因为每一种原子都有自己特定的壳层能量，所以它们的俄歇电子能量也各有特征值，一般在 $50 \sim 1500 eV$ 范围内。由于俄歇电子只有在样品表面极有限的几个原子层中（表层以下 1nm）逸出才能维持其特征能量，所以常用这种信号进行表面化学成分分析。

除以上各种信号外，电子束与固体样品作用还会产生阴极荧光、电子束感生效应和电动势等信号，这些信号经过调制后也可以用于专门的分析。

4.3.3　扫描电镜的结构

扫描电镜由电子光学系统、信号收集和显示系统、真空系统和电气控制系统组成，其结构见图 4-35。

4.3.3.1　电子光学系统

电子光学系统由电子枪、电磁透镜、扫描线圈和样品室等部件组成。其作用是用来获得扫描电子束，作为使样品产生各种物理信号的激发源。为了获得较高的信号强度和图像分辨率，扫描电子束应具有较高的亮度和尽可能小的束斑直径。

A　电子枪

电子枪的作用是利用阴极与阳极之间的高压产生高能量的电子束，扫描电镜的电子枪与透射电镜的电子枪相似，只是加速电压比透射电镜低。电子枪产生的电子束斑尺寸及亮度与电子枪的设计类型有直接关系，目前商用扫描电镜使用的电子枪基本可分为两种类型：热发射（热阴极）三级电子枪和场发射电子枪，大多数扫描电镜采用热阴极电子枪，其优点是灯丝价格较便宜，对真空度要求不高，缺点是钨丝热电子发射效率低，发射源直径较大，仪器分辨率受到限制。现在，高等级扫描电镜采用 LaB_6 灯丝或场发射电子枪（六硼化铈（CeB_6）灯丝也实现了在台式扫描电镜中的应用），使二次电子像的分辨率达到 2nm，甚至更高。但这种电子枪要求很高的真空度，并且 LaB_6 难以加工，故成本较高，使用受到限制。

关于热发射三级电子枪的结构和工作原理在上一节中已经介绍，下面介绍场发射电子枪。场发射电子枪是利用靠近曲率半径很小的阴极尖端附近的强电场使阴极尖端发射电子，所以叫场致发射电子枪，简称场发射电子枪。场发射分为热场和冷场，一般扫描电镜多采用冷场，其结构如图 4-37 所示。场发射电子枪由阴极、第一阳极和第二阳极构成三级。阴极是由一个选定取向的钨单晶制成，其尖端曲率半径为 100~500nm（发射截面）。工作时，在阴极尖端与第一阳极之间加 3~5kV 的电位差 V_1，则在阴极尖端附近可产生一个场强高达 $10^7~10^8$V/cm 的强电场。在这个强电场的作用下，阴极尖端发射电子。在第二阳极数十千伏，甚至几万千伏正电位 V_0 作用下，阴极发射的电子被加速、会聚，经过第二阳极，在其孔的下方会聚成有效电子源，

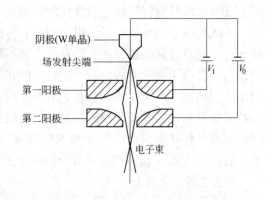

图 4-37　场发射电子枪结构原理图

此时，电子束斑直径为 10nm，远远小于 LaB_6 和钨灯丝电子枪提供的电子源直径。此外，场发射电子枪的亮度非常高，在室温下所提供的电子束的亮度比相同电压下热钨丝阴极高出三个数量级，比 LaB_6 阴极高出两个数量级。场发射电子枪最终得到的电子束斑非常细，亮度非常高，因此场发射扫描电镜分辨率非常高，目前的分辨率可达 0.5nm。

　　场发射电子枪是扫描电镜获得高分辨率，高质量图像较为理想的电子枪，且电子枪使用寿命长。所以场发射扫描电镜已成为许多研究领域，尤其是在纳米级微观分析研究方面更是非常有效的手段。但是，由于冷场发射电子源尺寸小，尖端输出的总电流有限，在要求电子束斑直径、束流变化范围大的其他应用中，冷场发射电子枪受到了限制，如它无法满足波谱仪（WDS）等工作所需要的较大束流，所以在冷场电镜上只能配能谱仪（EDS）。热场（肖特基）发射电子枪解决了这一弊端，它与冷场最大的不同是其阴极尖端在 1800℃ 左右时开始场致发射电子，这使它可提供较大的束流，故热场发射扫描电镜可以加装 WDS 和 EDS 等，但热场的分辨率不如冷场，阴极寿命比冷场的低。

　　B　电磁透镜

　　扫描电镜中各透镜都不作为成像透镜，而是作聚光镜用。其作用是把电子枪的束斑逐级会聚缩小成为在样品上扫描的极细电子束。三级电磁透镜是决定扫描电镜分辨率的重要部件，一般的钨丝热发射电子枪电子源直径为 20~50μm，经过电磁透镜会聚后最终电子束直径可达 3.5~6nm，缩小率为几千分之一，甚至万分之一。要达到这样的缩小倍数，必须用几个透镜来完成，扫描电镜电子光学系统一般有三级电磁透镜，即第一聚光镜、第二聚光镜和末级聚光镜（即物镜）。前两个聚光镜是强磁透镜，用来缩小电子束光斑尺寸，第三个聚光镜（即物镜）除了会聚的功能外，还起到使电子束聚焦于样品表面的作用，它为弱磁透镜，具有较长的焦距，使透镜下方放置的样品与透镜之间留有一定的距离（样品必须置于物镜焦点附近），以便装入各种信号探测器。但是像差会随着焦距的增加而增加，为了实现高分辨率，透镜焦距应尽可能短些，故样品应直接放在透镜极靴以下。为了避免磁场对二次电子轨迹的干扰，该物镜采用上下极靴不同且孔径不对称的特殊结构，这样可以大大减小下极靴的圆孔直径，从而减小样品表面的磁场强度，以避免磁场对二次电子轨迹的干扰，有利于有效收集二次电子。

　　每一级透镜上都装有光阑，一、二级透镜通常用固定光阑，主要是为了挡掉一大部分无用的电子，防止其对电子光学系统的污染，物镜上的光阑也称末级光阑，位于上下极靴

之间磁场的最强处，它除了与固定光阑具有相同的作用外，还具有将入射电子束限制在相当小的张角内的作用，这样可以减小球差的影响，扫描电镜中的物镜光阑一般为可移动式，其上有四个不同尺寸的光阑孔，根据需要选择可以提高束流强度或增大场深，从而改善图像质量。

C　扫描系统

扫描系统的作用是提供入射电子束在样品表面上及显像管电子束在荧光屏上的同步扫描信号，通过改变入射电子束在样品表面的扫描幅度，以获得所需放大倍数的图像。扫描线圈是扫描系统的核心部件，它一般放在最后两级透镜之间（也有的放在末级透镜的空间内），扫描线圈产生的横向磁场可使电子束在进入末级透镜磁场区前就发生偏转。为保证方向一致的电子束都能通过末级透镜的中心射到样品表面，扫描电镜采用双偏转扫描线圈，当电子束进入上偏转线圈时，方向发生折射，随后又由下偏转线圈使它的方向发生第二次转折，并通过末级透镜射到样品表面，在电子束偏转的同时还进行逐行扫描，即对样品进行光栅扫描（图 4-38（a）），进行形貌分析时都采用这种扫描方式，电子束在上下偏转线圈的作用下，在样品表面扫描出一个方形，相应地在显像管的荧光屏上也扫描出成比例的图像。样品上被扫描区域的宽度取决于电子束扫描时的偏转角，偏转角的大小取决于加到扫描线圈上的电流大小。另外，样品上被扫描区域的宽度还与样品离末级光阑的位置或工作距离有关。如果电子束经上偏转线圈转折后未经下偏转线圈改变方向，直接由末级透镜折射到入射点位置，这种扫描方式称为角光栅扫描（图 4-38（b））。

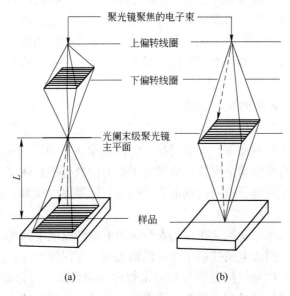

图 4-38　电子束在样品表面的扫描方式
（a）光栅扫描；（b）角光栅扫描

D　样品室

扫描电镜的样品室空间较大，用于存放样品和标样，一般可以放置 $\phi20\text{mm}\times10\text{mm}$ 的块状样品。样品室主要部件之一是样品台。样品台能进行三维空间的移动，它有三轴 x、y、z 移动装置，其中 x、y 方向的移动用于把样品和标样移至电子束下，而 z 方向的移动是为了保证聚焦。样品台还可以在水平面内旋转或沿水平轴倾斜。

样品室侧面和下面留有一些接口及加有真空密封盖的孔，以备安装各种测量装置，输出测量信号以及加装附件等。新型扫描电镜样品室内配有多种附件，使样品在样品台上能进行加热、冷却、拉伸等实验，进行动态观察。

4.3.3.2　信号收集和显示系统

信号收集和显示系统包括各种信号检测器，前置放大器和显示装置，其作用是检测样品在入射电子作用下产生的物理信号，然后经视频放大，作为显像管的调制信号，最后在荧光屏上得到反映样品表面特征的扫描图像。

不同的物理信号要用不同类型的检测器来检测。目前扫描电镜常用的检测器主要是电子检测器和 X 射线检测器。检测 X 射线一般采用分光晶体或 Si(Li) 探测器（它们的结构和应用将在下一节进行介绍），检测二次电子、背散射电子和透射电子信号时可以用闪烁计数器，随检测信号不同，闪烁计数器的安装位置不同。闪烁计数器由闪烁体、光导管和光电倍增器所组成。当信号电子进入闪烁体时，产生出光子，光子将沿着没有吸收的光导管传送到光电倍增器进行放大后转化为电流信号输出，电流信号经视频放大器放大后就成为调制信号。

由于镜筒中的电子束和显像管中的电子束是同步扫描的，荧光屏上每一点的亮度是根据样品上被激发出来的信号强度来调制的，而由检测器接收的信号强度随样品表面状态的不同而变化，于是就可以在荧光屏上看到一幅反映样品各点状态的扫描电子显微图像。随着计算机技术的发展和应用，图像的记录方式也已多样化，数字图像扫描装置可以将视频放大的成像信号直接进行信号数字化，存储为数字图像数据，图像数据可以被电镜操作软件读取，操作者在图形交互界面上对图像进行调整控制，并把调整好的数字图像储存在计算机硬盘中。

4.3.3.3　真空系统和电气控制系统

扫描电镜的真空系统作用是提供高的真空度，以保证电子光学系统正常工作，防止样品污染，保证灯丝的工作寿命等。一般情况下镜筒要求优于 $10^{-2}Pa \sim 10^{-3}Pa$ 的真空度。机械泵加油扩散泵的组合可以满足配置钨灯丝电子枪的扫描电子显微镜的真空要求，但对于配备了场发射或六硼化镧电子枪的扫描电子显微镜，则需要机械泵、涡轮分子泵甚至离子泵的组合。

电气控制系统由稳压、稳流及相应的安全保护电路和控制电路所组成，保证扫描电镜各部分所需要的电源。扫描电镜控制指令可以输入到交互作用软件，由计算机对执行机构发出精确的指令。绝大部分扫描电镜参数可由软件自动调整，如自动聚焦、自动消像散、自动电子枪对中、自动物镜光阑合轴等。随着电子技术和计算机技术的发展，扫描电镜电气控制系统实现了高度集成化，结构越来越紧凑，自动化程度越来越高，极大改善了人机操作环境。

4.3.4　扫描电镜的主要性能

4.3.4.1　放大倍数

当入射电子束做光栅扫描时，如果电子束在样品表面的扫描幅度为 A_s，显像管电子束在荧光屏上的扫描幅度为 A_C，则扫描电镜的放大倍数为：

$$M = \frac{A_C}{A_S} \tag{4-38}$$

由于扫描电镜荧光屏尺寸是固定不变的，所以放大倍数的变化是通过改变入射电子束在样品表面的扫描幅度 A_S 来实现的。如果显像管荧光屏尺寸为 100mm×100mm，当 A_S = 5mm 时，放大倍数为 20 倍；如果调节扫描线圈中的电流，使电子束在样品表面的扫描幅度为 A_S = 0.05mm，则放大倍数可达 2000 倍。可见荧光屏上扫描像的放大倍数是随着 A_S 的缩小而增大的。

扫描电镜的放大倍数连续可调，操作快速、容易，对样品的观察非常方便。目前使用的普通扫描电镜的放大倍数多为 20 倍~20 万倍。场发射扫描电镜具有更高的放大倍数，一般可达 60 万~80 万倍，这样宽的放大倍数可以满足各种样品观察的需要。

4.3.4.2 分辨率

分辨率是扫描电镜主要的一项性能指标。对微区成分分析而言，它是指能分析的最小区域；对成像而言，它是指能分辨两点之间的最小距离，通常是测量在特定条件下拍摄的图像上两亮点（区）之间最小暗间隙的宽度，然后除以放大倍数，即可得到扫描电镜的分辨率。

应该注意，仪器标定的分辨率是指扫描电镜处于最佳状态下达到的性能，并不保证在任何情况下都可获得。所谓最佳状态包括电源的高度稳定、环境振动和外界杂散磁场被抑制到允许限度以下、电镜处于最佳清洁状态和高真空度等。因此，分辨率为 5nm 并不意味着所有小至 5nm 的细节都能显示得很清楚，这与许多因素有关。影响扫描电镜图像分辨率的主要因素有：

（1）扫描电子束束斑大小。因为扫描电镜是通过电子束在样品上逐点扫描成像的，任何小于扫描电子束束斑尺寸的样品细节都不能在荧光屏图像上得到显示，所以一般认为，即使在理想情况下，扫描电镜的分辨率也不可能小于扫描电子的束斑直径。束斑直径越小，扫描电镜的分辨本领越高。束斑直径的大小主要取决于电子光学系统，其中电子枪类型和性能的影响尤为突出。

（2）入射电子束在样品中的扩展效应。高能电子入射样品，会产生散射，使电子束在向前运动的同时向周围扩散，从而形成了一相互作用区。相互作用区的形状与大小主要取决于样品的原子序数。如图 4-39 所示，低原子序数样品，电子束散射的区域形状为"梨形作用体积"，高原子序数样品，电子束散射的区域形状为"半球形作用体积"。无论是低原子序数还是高原子序数，其作用范围远远大于电子束束斑直径，若检测来自作用区内的信号并用以成像，其分辨率肯定超出了电子束斑的直径尺寸。改变电子束的能量只能引起作用区体积的大小变化，而不会显著地改变其形状。因此，提高入射电子的能量对提高分辨率是不利的。值得注意的是，这种扩展效应对二次电子像的分辨率影响不大，因为二次电子主要来自样品表面，即入射电子束还未侧向扩展的表层区域。

（3）成像所用信号的种类。成像操作所用检测信号的种类不同，分辨率有着明显的差别，造成这种差别的原因主要与信号本身的能量和信号取样的区域范围有关。

俄歇电子和二次电子因其本身能量较低，在固体样品中自由程很短，只能在样品的浅层表面逸出。在理想的情况下，这个深度范围内入射电子束尚无明显的横向扩展（图 4-40），可以认为在样品上方检测到的俄歇电子和二次电子主要来自直径与扫描束斑相当的圆柱体内，从而使这两种电子成像的分辨率较高，相当于扫描电子束斑直径。如在样品

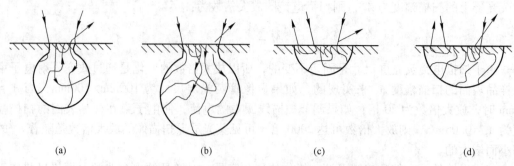

图 4-39　入射电子在样品中扩展区域示意图

（a）低原子序数，低加速电压；（b）低原子序数，高加速电压；
（c）高原子序数，低加速电压；（d）高原子序数，高加速电压

上方检测到的二次电子主要来自样品表面几个纳米的薄层内，所以二次电子像具有较高的分辨率（几个纳米），常以二次电子像的分辨率作为衡量扫描电镜分辨率的主要指标。

当以背散射电子为调制信号时，由于扫描电镜所检测到的背散射电子绝大部分能量较高（接近入射电子能量），且产生在样品较深层，此时入射电子束已经有了相当宽度的横向扩展，其散射区域比二次电子的大得多，所以背散射电子像的分辨率要比二次电子像分辨率低得多，一般为 50~200nm。

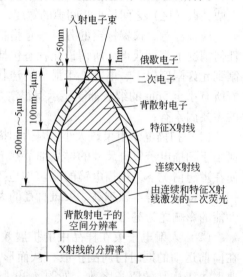

图 4-40　各种信号发生的深度和广度

至于吸收电子、X 射线、阴极荧光等信号，由于它们均来自整个电子束散射区域，因此所得的扫描图像分辨率都比较低，一般在 100~1000nm 以上不等。

此外，信号噪声比、杂散磁场、机械振动会干扰成像，引起束斑漂流，都会对分辨率产生影响。

4.3.4.3　场深

一般情况下，由于扫描电镜末级透镜焦距较长，电子束孔径半角 α 很小，所以扫描电镜的场深（景深）很大。在同样放大倍数下，它比一般光学显微镜的场深大一至两个数量级，比透射电镜的场深大 10 倍左右。表 4-5 给出了在不同放大倍数下，扫描电镜的分辨率和相应的场深值，为了便于比较，也给出了相应放大倍数下光学显微镜的场深值。由于场深大，扫描电镜图像的立体感强，形态逼真，特别适宜表面粗糙的断口的观察。

表 4-5　扫描电镜（$\alpha = 10^{-3}$rad）和光学显微镜的分辨率与场深

放大倍数	分辨率 $r_0/\mu m$	场深 $D_{\mathrm{f}}/\mu m$	
		扫描电镜	光学显微镜
20	2.5	5000	5

放大倍数	分辨率 $r_0/\mu m$	场深 $D_f/\mu m$	
		扫描电镜	光学显微镜
100	0.5	1000	2
1000	0.05	100	0.7
5000	0.01	20	—
10000	0.005	10	—

4.3.5 扫描电镜的像衬度

扫描电镜的像衬度主要利用样品表面微区特征（如形貌、原子序数或化学成分、晶体结构或相位等）的差异，在电子束作用下产生不同强度的物理信号，导致显像管荧光屏上不同区域的亮度差异，从而获得具有一定衬度的图像。下面主要讨论扫描电镜表面形貌衬度和原子序数衬度这两个重要的像衬度。

4.3.5.1 表面形貌衬度

表面形貌衬度是由于样品表面形貌的差别而形成的衬度，是扫描电镜最经常遇到的衬度机制。利用对样品表面形貌变化敏感的物理信号作为显像管的调制信号，可以得到表面形貌衬度图像。形貌衬度的形成是由于某些信号，如二次电子、背散射电子等，其强度是样品表面倾角的函数，而样品表面微区形貌差别实际上就是各微区表面相对于入射电子束的倾角不同，因此电子束在样品上扫描时，任何两点的形貌差别表现为信号强度的差别，从而在图像中形成显示形貌的衬度。二次电子像的衬度是最典型的表面形貌衬度。

由于二次电子信号主要来自样品表层几个纳米的深度范围，它的强度与原子序数没有明确的关系，而仅对微区表面相对于入射电子束的相位十分敏感，且二次电子像分辨率较高，所以特别适合用于显示表面形貌衬度。如图4-41所示，将一待检测分析的平面样品倾斜，使其表面法线方向与入射电子束之间的夹角 θ 增大，设在右边的二次电子检测器检测样品在不同倾斜情况下发射的二次电子信号。入射电子束与样品表面法线间夹角 θ 愈大，二次电子产额愈大。这是因为随着 θ 角的增加，入射电子束在样品表层范围内运动的总轨迹（$L/\cos\theta$）增长，二次电子的等效发射体积增大，从而引起价电子电离的机会增

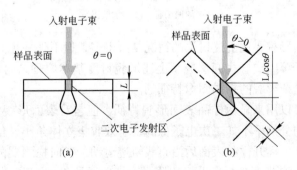

图 4-41　样品倾斜对二次电子产额的影响

(a) $\theta=0$；(b) $\theta>0$

多，产生的二次电子数量就增多；其次是随着 θ 角增大，入射电子束作用体积更靠近表面层，作用体积内产生的大量自由电子离开表层的机会增多，从而二次电子产额增大。

实际样品表面并非是光滑的，其主法线与入射电子束的夹角是不变的，但样品表面的微观凹凸形貌决定了电子束的不同入射角 θ，即在表面的不同位置，入射电子束与其法线间的夹角 θ 是不一样的。图 4-42 显示了一样品在入射电子束照射下形成二次电子像形貌衬度示意图。如图所示，如果样品表面是由 A、B、C 几个小平面区域组成，其中倾斜角度 $\theta_C > \theta_A > \theta_B$（图 4-42（a）），所以二次电子的产额 $\delta_C > \delta_A > \delta_B$，二次电子检测器检测到的二次电子强度 $I_C > I_A > I_B$（图 4-42（b）），结果在荧光屏上可以看到，C 面的像比 A 和 B 都亮，B 面的像最暗（图 4-42（c））。

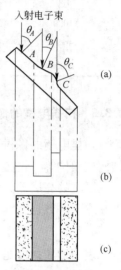

图 4-42　二次电子像的
形貌衬度形成示意图

在扫描电镜中，二次电子检测器一般装在样品上方与电子束轴线垂直的方向上，二次电子像的亮度不仅与二次电子的发射数目有关（即与 θ 角有关），而且与能否被检测器检测到有关。例如在样品上的一个"小山峰"两侧，如图 4-43（a）所示，背向检测器一侧的区域所发射的二次电子有可能不能到达检测器，此处在二次电子像中就可能成为阴影。为了解决这一问题，在电子检测器上加 $250 \sim 500\mathrm{V}$ 正偏压，由于二次电子的能量很低，其轨迹易受到检测器和样品之间所加电场的影响，从而使背向检测器的那些区域产生的二次电子仍有相当一部分可以通过弯曲轨迹到达检测器（图 4-43（b）），有利于显示背向检测器的样品区域细节，减少阴影对形貌显示的不利影响。

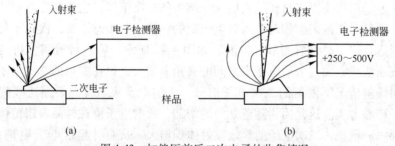

图 4-43　加偏压前后二次电子的收集情况
（a）加偏压前；（b）加偏压后

实际样品的表面形貌要比上述讨论的情况复杂得多，但不外乎也是由具有不同倾斜角的曲面、尖棱、粒子等组成。我们掌握了上述形貌衬度基本原理，再根据有关专业知识，是可以理解和分析复杂形貌的扫描图像特征的。

背散射电子也可以用来显示样品表面形貌特征，但它对表面形貌的变化不那么敏感，而且背散射电子像的分辨率不如二次电子像高，有效收集立体角小，信号强度低，尤其是背散射电子能量较高，离开样品表面后沿直线轨迹运动，背向检测器的那些区域产生的背散射电子不能到达检测器，在图像上形成阴影，掩盖了那里的细节。因此，无论分辨率、成像立体感还是反映形貌的真实程度，背散射电子形貌像远不及二次电子像。

基于二次电子像（表面形貌衬度）的分辨率较高且不易形成阴影等诸多优点，使其成为扫描电镜应用最广的一种方式，尤其是在断口形貌、磨损表面以及各种材料形貌特征的观察上，已成为目前最方便、最有效的手段。图 4-44～图 4-47 是几张关于材料形貌和断口形貌的典型扫描电镜照片。

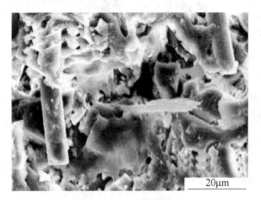

图 4-44 复合材料断口形貌的 SEM 照片

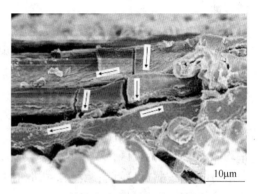

图 4-45 基体材料裂纹偏转和扩展的 SEM 照片

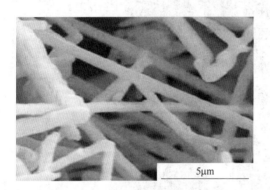

图 4-46 SiC 晶须的 SEM 照片

图 4-47 钛酸铝/莫来石复相材料的 SEM 照片

4.3.5.2 原子序数衬度

原子序数衬度是由于样品表面物质原子序数（或化学成分）差别而形成的衬度。利用对样品表面原子序数（或化学成分）变化敏感的物理信号作为显像管的调制信号，可以得到一种显示微区化学成分差异的像衬度。这些信号主要有背散射电子、吸收电子和特征 X 射线等。

背散射电子对样品表面原子序数的变化非常敏感，背散射电子产额随元素原子序数 Z 的增加而增大，尤其是对 $Z<40$ 的元素，这种变化更为明显，因此背散射电子像可以很好地反映样品表面微区原子序数的变化。样品表面平均原子序数较高的区域，产生较强的背散射电子信号，图像上相应的部位就较亮；反之，则较暗。因此，根据背散射电子像亮暗衬度可以判别对应区域平均原子序数的相对高低，有助于对材料进行显微组织成分的分析。例如，图 4-48 为 ZrO_2-Al_2O_3-SiO_2 系耐火材料的背散射电子像。由于 ZrO_2 相的平均原子序数远高于 Al_2O_3 相和 SiO_2 相，所以图中白色相为斜锆石，小的白色粒状斜锆石与灰色莫来石混合区为莫来石-斜锆石共析体，基体灰色相为莫来石。

背散射电子像的原子序数衬度和形貌衬度往往同时存在，因而粗糙表面的原子序数衬度往往被形貌衬度所掩盖，为了避免形貌衬度的干扰，对于显示原子序数衬度的样品，应进行磨平和抛光，但不能侵蚀。

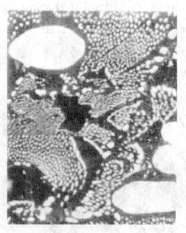

图 4-48 ZrO_2-Al_2O_3-SiO_2 系耐火材料的背散射电子成分像

吸收电子也是对样品中原子序数敏感的一种物理信号。在一定的实验条件下，当入射电子束的电流一定时，由于二次电子产额与原子序数的关系不大，所以吸收电流与背散射电流存在一定的互补关系，也就是样品表面平均原子序数高的微区，背散射电子信号强度较高，而吸收电子信号强度较低，反之样品表面平均原子序数低的微区，吸收电子信号强度较高，而背散射电子信号强度较低。因此，背散射电子像与吸收电子像衬度互补（图 4-49）。

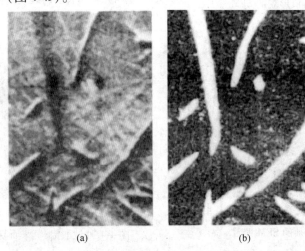

(a)   (b)

图 4-49   奥氏体铸铁的显微组织
（a）背散射电子像；（b）吸收电子像

4.3.6   扫描电镜样品的制备

4.3.6.1   对样品的要求

扫描电镜最大的优点之一是样品的制备方法简单，样品可以是块状或粉末颗粒，在真空中要能保持稳定，含有水分的样品应先烘干除去水分，表面受到污染的样品要在不破坏样品表面结构的前提下进行适当的清洗，然后烘干。新断开的断口一般不需要进行处理，以免破坏其结构状态。有些样品的表面或断口需要进行适当的侵蚀才能暴露某些细节，则在侵蚀后应将表面或断口清洗干净，然后烘干。对磁性样品要预先去磁，以免观察时电子束受到磁场的影响。不同类型扫描电镜对样品尺寸的要求不完全一样，因此样品的大小要适合仪器专用样品座的尺寸。样品座的直径一般为 3~5cm 不等，样品的高度也有一定的限制，一般在 1cm 左右。

4.3.6.2 块状样品

对于块状导电材料，只要大小适合仪器样品座尺寸，用导电胶把样品粘接在样品座上即可；对于不导电或导电性较差的无机非金属材料、高分子材料等样品，在电子束的作用下会产生表面电荷堆积，影响入射电子束斑形状和样品发射的二次电子运动轨迹，影响成像质量。因此，这类样品观察前表面要进行喷镀导电层处理，一般采用真空蒸镀膜或离子溅射镀膜的方法，使用热传导良好而且二次电子发射率较高的金、银或碳等材料做导电层，膜的厚度一般控制在 20nm 左右。

4.3.6.3 粉末样品

对于粉末样品需先粘接在样品座上，粘接时，可在样品座上先涂一层导电胶或火棉胶溶液，将样品粉末撒在上面，待导电胶把粉末粘牢后，用吸耳球将表面上未粘住的样品粉末吹去；也可以在样品座上粘一张双面胶带纸，将样品粉末撒在上面，再用吸耳球将未粘住的粉末吹去；还可以将粉末制成悬浮液，滴在样品座上，待溶液挥发，粉末便附着在样品座上。样品粉末粘牢在样品座上后，需要再镀一层导电膜，即可放在扫描电镜中观察。

4.4 电子探针 X 射线显微分析

电子探针 X 射线显微分析（electron probe microanalysis，EPMA）是在电子光学和 X 射线光谱学原理的基础上发展起来的一种显微分析和成分分析相结合的微区分析技术，特别适用于分析样品中微小区域的化学成分，并且能将微区化学成分和显微结构对应起来，因而是研究材料组织结构和元素分布状态的极为有用的分析方法。电子探针 X 射线显微分析仪习惯上简称为电子探针。

4.4.1 电子探针的工作原理和结构

电子探针 X 射线显微分析是利用聚焦电子束照射样品表面待测的微小区域，从而激发样品中各元素产生不同波长（或能量）的特征 X 射线，由莫塞莱定律可知特征 X 射线的波长（或能量）取决于样品表面微区元素的原子序数，所以用 X 射线谱仪探测这些 X 射线，得到 X 射线谱，根据特征 X 射线的波长（或能量）确定样品中待测元素的种类，元素含量越多，激发出的特征 X 射线强度越大，故测量其强度就可以确定相应元素的含量。电子探针就是依据这个原理对样品进行微区成分分析的。

图 4-50 是电子探针结构示意图，可以看到电子探针主要由电子光学系统、X 射线谱仪和信号显示记录系统等组成。电子探针和扫描电镜在电子光学系统的构造方面基本相同，不同之处是电子探针多了光学显微镜，它的作用是选择和确定分析点，即经过电磁透镜聚焦后的电子束打到样品上由光学显微镜预先选好的待测点上，使这里的各种元素激发产生相应的特征 X 射线。近年来广泛使用的扫描电镜-电子探针组合型仪器，其具有扫描放大成像和微区成分分析两方面的功能。但是每台仪器总是以其中的一种功能为主，这是因为这两种仪器对电子束的入射角和电子枪电子束流强度的要求不同。

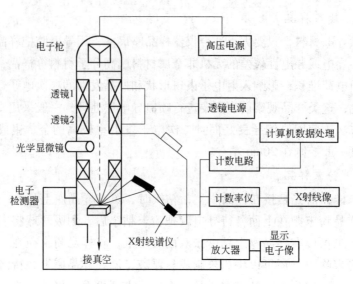

图 4-50　电子探针结构示意图

除电子光学系统的差别外，电子探针有一套检测特征 X 射线的系统——X 射线谱仪。常用的 X 射线谱仪有两种，一种是利用特征 X 射线的波长不同来展谱，实现对不同波长 X 射线分别检测的波长分（色）散谱仪，简称波谱仪（wavelength dispersive spectrometer，WDS）；另一种是利用特征 X 射线的能量不同来展谱的能量分（色）散谱仪，简称能谱仪（energy dispersive spectrometer，EDS）。

4.4.2　X 射线谱仪

4.4.2.1　波谱仪的结构和工作原理

波谱仪主要由分光晶体、X 射线探测器、数据处理系统及相应的机械传动装置等组成，是检测由高能电子束与样品作用产生的特征 X 射线的波长及其强度的仪器。当样品中含有多种元素，高能电子束入射样品会激发出不同波长的特征 X 射线，为了将待分析元素的谱线检测出来，就必须把这些波长不同的特征 X 射线分散开（即展谱），波谱仪主要是利用晶体对 X 射线的衍射进行分光（色散），从而实现对特征 X 射线的分散展谱、鉴别与测量，故称波长分（色）散谱仪。

根据布拉格方程：

$$2d_{HKL}\sin\theta = \lambda$$

假如有一块晶体，已知其平行于晶体表面晶面的面间距为 d_{HKL}，对于不同波长的 X 射线，只有在满足一定的入射条件（入射角 θ）下，才能发生强烈衍射。对于任意一个给定的 θ 角，一束包括不同波长的 X 射线中只能有一个确定的波长 λ 满足衍射条件，在与入射 X 射线方向成 2θ 角的方向上可以检测到这个特定波长的 X 射线。因此，如图 4-51 所示，只要通过连续地改变 θ 角，会使不同波长的 X 射线满足布拉格方程而产生各自的衍射束，这样就可以在与入射方向成各个 2θ 角的方向上检测到各种单一波长的特征 X 射线信号，从而展示适当波长范围以内的全部 X 射线谱，这就是波谱仪波长分散的基本原理。所用的晶体叫作分光晶体。

A 分光晶体及弯晶的聚焦作用

对于特定的分光晶体，衍射晶面的晶面间距就是定值，由于 $\sin\theta$ 值变化范围是从 $0\sim1$，根据布拉格方程，该分光晶体所能分散展开检测到的特征 X 射线波长范围是有限的，而不同元素的特征 X 射线波长变化却很大，所以一块分光晶体不能覆盖周期表中所有元素的波长。因此，对于不同波长的 X 射线就需要选用与之相适应的分光晶体。为了使分析元素覆盖范围尽可能大，一个波谱仪经常装有两块晶体，可以互换，而一台电子探针仪上往往装有 $2\sim6$ 个谱仪，有时几个谱仪一起工作，可以同时测定几个元素。

虽然平面单晶体可以把各种不同波长的 X 射线分光展开，但就收集单一波长 X 射线信号的效率来看是非常低的，因此这种检测

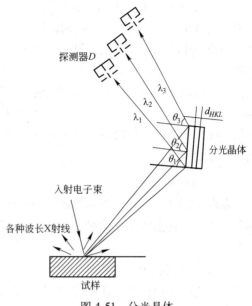

图 4-51 分光晶体

X 射线的方法必须改进。为此，采用聚焦方式，也就是将分光晶体适当弯曲，并使 X 射线发射源、弯曲分光晶体表面和 X 射线探测器这三者位于一个半径为 R 的圆周上，这个圆称为聚焦圆或罗兰（Rowland）圆，这样就可以使分光晶体表面处处满足同样的衍射条件，整个晶体只收集一种波长的 X 射线，从而达到衍射束聚焦的目的，提高单一波长 X 射线的收集效率。波谱仪中常用的弯晶分光系统有两种聚焦方式：约翰（Johann）聚焦法与约翰逊（Johansson）聚焦法。

约翰聚焦法是将分光晶体弯曲成曲率半径为聚焦圆半径 R 的两倍，晶体不加磨制，衍射晶面平行于晶体表面。如图 4-52（a）所示，聚焦圆上从 S 点发出的一束发散的 X 射线，经过弯曲晶体的衍射，聚焦于聚焦圆上的另一点 D。由于弯曲晶体表面只有中心部分位于聚焦圆上，因此不可能得到完美的聚焦，弯晶两端与圆周不重合会使聚焦线变宽，出现一定的散焦。所以，约翰聚焦法只是一种近似的聚焦方式。

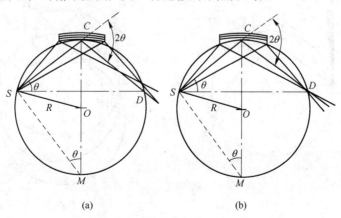

(a) (b)

图 4-52 两种 X 射线聚焦方法

（a）约翰聚焦法；（b）约翰逊聚焦法

约翰逊聚焦法是一种改进的聚焦方式。如图 4-52（b）所示，分光晶体被弯曲到衍射晶面的曲率半径等于 2R，并将晶体表面研磨成曲率半径等于 R 的曲面。此时，由于衍射晶面的曲率中心总是位于聚焦圆的圆周上，将使晶体表面相对于由 S 发射的发散 X 射线入射角处处相等，若此刻入射的特征 X 射线满足布拉格方程则必定发生强烈衍射，且衍射束被聚焦于圆周上的 D 点。位于 D 点的探测器可收集到由全部晶体表面强烈衍射的单一波长的 X 射线。约翰逊聚焦法克服了约翰聚焦法弯晶两端不在聚焦圆上引起散焦的缺点，聚焦的谱线较为明锐，但缺点是晶体的加工难度较大，对有些磨制性能不好的晶体无法制成满足要求的弯晶。

B   波谱仪的形式

在电子探针中，一般点光源 S 不动，通过改变分光晶体和探测器的位置，达到分析检测的目的。根据晶体及探测器运动方式，可将波谱仪分为回转式波谱仪和直进式波谱仪两类。

（1）回转式波谱仪。图 4-53（a）为回转式波谱仪结构示意图。聚焦圆的圆心 O 是固定的，分光晶体和探测器在圆周上以 1∶2 的角速度运动，以满足布拉格方程。回转式波谱仪结构简单，但由于分光晶体转动而使 X 射线的出射方向改变很大，所以 X 射线的出射窗口要开得很大，而且在样品表面不平度较大的情况下，出射的 X 射线光子在样品内行进路径可能各不相同，样品对其吸收也就不一样，从而造成分析上的误差。

（2）直进式波谱仪。在直进式波谱仪中，X 射线照射分光晶体的方向是固定的，即保持 X 射线的出射方向不变，这样可以使 X 射线穿出样品表面过程中所走的路线相同，也就是吸收条件相等。如图 4-53（b）所示，分光晶体沿着固定方向的导臂滑动，X 射线出射角（X 射线出射方向与样品表面的夹角）不变，分光晶体本身产生相应的转动以改变 θ 角，使不同波长的 X 射线在各自满足布拉格方程的方位上被位于聚焦圆上进行协调滑动的探测器接收。探测器的运动要保证它与 X 射线发射源 S 和分光晶体三者始终位于同一聚焦圆圆周上，聚焦圆的半径 R 在这种结构方式下是固定的，而圆心 O 则在以 S 为中心、R 为

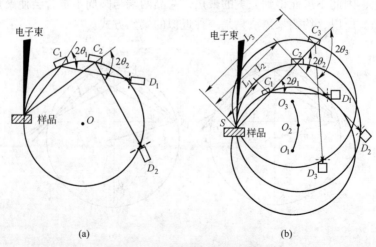

(a)   (b)

图 4-53 两种波谱仪结构示意图

(a) 回转式波谱仪；(b) 直进式波谱仪

半径的圆周上运动。发射源 S 至分光晶体的距离 L 称为谱仪长度,根据几何关系有:

$$L = 2R\sin\theta = \frac{R\lambda}{d} \tag{4-39}$$

可以看到,对于给定的分光晶体(d 固定),λ 与 L 之间存在着简单的线性关系。L 值由小变大,意味着被检测的 X 射线波长 λ 由短变长。直进式波谱仪虽然结构较复杂,但它最大的优点是出射方向始终不变,从而克服了回转式波谱仪结构的缺点,避免了定量分析因吸收效应带来的误差,而且 X 射线的波长可以直接用晶体移动的距离来表示,所以现代电子探针大部分采用直进式波谱仪。

C X 射线探测器

X 射线探测器要求有较高的探测灵敏度、与波长的正比性好和响应时间短。波谱仪使用的 X 射线探测器有正比计数器、闪烁计数器等。探测器每接收一个 X 射线光子便输出一个电脉冲信号。有关 X 射线探测器的结构和工作原理可参看第 3 章相关内容,此处不再重复。

D 数据处理系统

X 射线探测器输出的电脉冲信号经前置放大器和主放大器放大后,进入脉冲高度分析器进行脉冲高度甄别。由脉冲高度分析器输出标准形式的脉冲信号,进一步转换成 X 射线的强度并加以显示,可用多种显示方式。脉冲信号输入定标器,可显示或打印出一定时间内的脉冲计数,以作定量分析计算用。脉冲信号输入计数仪,则可连续显示每秒钟内的平均脉冲数(CPS),或供记录绘出计数率随波长变化(波谱)用的输出电压,此电压还可调制显像管,绘出电子束在试样上作线扫描时的 X 射线强度(元素浓度)分布曲线。脉冲信号直接馈入显像管调制光点的亮度,可得到 X 射线扫描像。

4.4.2.2 能谱仪的结构和工作原理

能谱仪目前是扫描电镜或透射电镜普遍应用的附件。它与主机共用电子光学系统,在观察和分析样品的表面形貌或内部结构的同时,能谱仪就可以根据需要探测到某一微区的化学成分。

能谱仪主要是由 X 射线探测器、前置放大器、主放大器、多道脉冲高度分析器、小型计算机及显示系统等部分组成,它实际上是一整套复杂的电子仪器。目前最常用的是 Si(Li)X 射线能谱仪。关键部件是锂漂移硅固态探测器,习惯上记作 Si(Li)探测器。

Si(Li)探测器是厚度为 $3 \sim 5mm$,直径为 $3 \sim 10mm$ 的薄片,它是一定结构的 Si 片在严格的工艺条件下漂移进 Li 制成的,相当于一个 p-i-n 型二极管,其结构示意图见图 4-54。当一个 X 射线光子通过铍窗口进入探测器后会被 Si 原子所俘获,俘获的过程主要是光电吸收过程。Si 原子吸收了入射 X 射线光子后先发射一个高能电子,当这个光电子在探测器中移动并发生非弹性散射时,就会产生电子-空穴对。此时,发射光电子后的 Si 原子处于高能激发态,它的能量以发射俄歇电子或 Si 的特征 X 射线的形式释放出来。俄歇电子也会发生非弹性散射而产生电子-空穴对。Si 的特征 X 射线也可能被重新吸收而重复以上的过程,还可能被非弹性散射。如此发生的一系列事件使得最初入射的那个 X 射线光子的能量完全耗尽在探测器中。在这个过程中,X 射线光子将能量(绝大部分)转化为电子-空穴对。

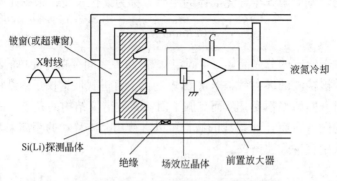

图 4-54   Si(Li) 探测器探头结构示意图

对硅晶体来说，在 100K 温度下平均每产生一对电子-空穴对消耗的能量 $\varepsilon = 3.8 \text{eV}$。因此，特征能量为 E 的 X 射线光子在硅晶体中被全部吸收时能产生的电子-空穴对数目为 $N = E/\varepsilon$。可见，不同能量的 X 射线光子将产生不同的电子-空穴对数目。入射 X 射线光子的能量越高，N 就越大。加在 Si(Li) 片上的偏压将电子-空穴对收集起来，产生一个电压脉冲信号。电压脉冲的高度与 X 射线光子的能量（电子-空穴对数目）成正比。这样每入射一个 X 射线光子，探测器就输出一个极小的电压脉冲信号。

从上述过程可见，Si(Li) 探测器的作用就是把 X 射线信号转变为电信号，产生电压脉冲。为了将信号不失真地放大到后面的分析器件中，一般采用场效应晶体管，将其与探测器一起放在由液氮冷却或电制冷的低温恒温箱中，以减小噪声并限制晶体中 Li 的迁移。由于探头处于低温，表面容易结露污染，故需放在较高的真空中，并用铍窗将它与样品室隔开。

Si(Li) 探测器产生的电压脉冲很小，要通过前置放大器和主放大器放大整形后，进入多道脉冲高度分析器。多道脉冲高度分析器中的模拟数字转换器首先将电压脉冲的大小转换成数字信号的数字量，在分析器中还有一个由许多存储单元（常称为通道）组成的存储器，每通过一个 X 射线光子，依据转化的数字量大小对电压脉冲进行分类，也就是按 X 射线光子的能量进行了分类，并存储到对应的存储单元，存储单元的地址和 X 射线光子的能量成正比。每进入一个电压脉冲，对应的存储单元计一个光子数，最后根据不同存储单元地址上所记录的不同能量值的 X 射线光子的数目，描绘出一张特征 X 射线的强度（X 射线光子的数目）按 X 射线光子的能量（存储单元地址）大小分布的 X 射线能量分散谱图，显示在荧光屏上。一般能量分散谱图横坐标以能量表示，纵坐标是强度计数。

4.4.2.3   波谱仪与能谱仪的比较

波谱仪和能谱仪接收同一种信号，但由于其结构和工作原理不同，在微区成分分析方面各有优势，也各有其局限性。

A   能量分辨率

能量分辨率是指谱线强度最大值一半处的峰宽度（半高宽，FWHM）。由于能谱仪的探头直接对着样品，所以由 X 射线所激发产生的荧光 X 射线信号也同时被检测到，从而使得 Si(Li) 探测器检测到的特征谱线在强度提高的同时，背底也相应提高，因而峰背比低，波峰比较宽，谱线重叠现象严重，故仪器分辨具有相近能量的特征 X 射线的能力变差。因此，能谱仪的能量分辨率（约 130eV）比波谱仪（约 5eV）低得多。这可以从同种物质分别用能谱仪和波谱仪测量的谱线比较图看出（图 4-55）。能量分辨率高是波谱仪突出的优点，它可以将波长十分接近的谱线清晰地分开。如 V 的 K_β（0.228434nm），Cr 的 $K_{\alpha 1}$（0.228962nm），Cr 的 $K_{\alpha 2}$（0.229351nm）这三根谱线。

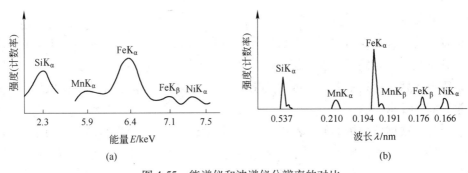

图 4-55 能谱仪和波谱仪分辨率的对比
（a）EDS 谱图；（b）WDS 谱图

B　探测极限

由于能谱仪产生的谱线背底较高，峰背比低，使得它探测极限不如波谱仪，能谱仪所能检测的元素最低浓度是波谱仪的 10 倍，最低大约可检测千分之一。

C　元素分析范围

波谱仪可检测的元素范围为 $_4Be \sim _{92}U$，而能谱仪由于受到 Si(Li) 探测器铍窗口的限制，只能分析的元素范围为 $_{11}Na \sim _{92}U$，新型的窗口材料能够分析 Be 以上的轻元素，探测元素的范围为 $_4Be \sim _{92}U$。

D　对样品的要求

能谱仪没有聚焦要求，对样品表面发射点的位置没有严格的限制，适用于表面比较粗糙的样品的分析工作；而波谱仪由于要求入射电子束轰击点、分光晶体和探测器严格落在聚焦圆上，因此不适用于粗糙表面的分析。

E　检测效率

由于 Si（Li）探测器可以放在离 X 射线源很近的地方，而且它对 X 射线发射源的收集立体角显著大于波谱仪的收集立体角，所以前者可以接受更多的 X 射线。其次，由于能谱仪直接计数接收 X 射线光子，而波谱仪只是接收分光晶体衍射后的 X 射线，因此能谱仪的探测效率远远大于波谱仪。波谱仪只有约 30% 的 X 射线被探测器接收计数，而能谱仪几乎可以接收 100% 的 X 射线。因此能谱仪可以在入射电子束流密度较小的条件下工作。

F　空间分辨率

空间分辨率是指 X 射线谱仪所能分析的最小区域。由于波谱仪探测效率低，难以在低束流和低激发强度下使用，需要用较大的电子束流（截面直径约为 2μm），因此其采样体积大于 1μm³，空间分辨率低，且容易引起样品和镜筒的污染，很难与高分辨率的电镜（冷场发射电镜等）配合使用。能谱仪则可用较小和较细的电子束流（截面直径约为

5nm），采样体积最小可达 $0.1\mu m^3$，所以空间分辨率高。

G 分析速度

能谱仪可以在同一时间内对分析点内所有元素 X 射线光子的能量进行测定和计数，在几分钟内可得到定性分析结果，故分析速度快；而波谱仪只能逐个测量每种元素的特征波长，分析速度慢。

H 仪器的维护

能谱仪结构比波谱仪简单，没有机械传动部件，稳定性好，谱线重复性好，但能谱仪中 Si(Li)探测器必须始终保持在低温状态，即使不工作的时间也片刻不能中断，否则晶体内锂的浓度分布状态会在室温下扩散而变化，导致探头功能下降甚至失效。波谱仪在维护上没有这一特殊要求。

综上所述，波谱仪分析的元素范围广、探测极限小、能量分辨率高，适用于精确的定量分析；其缺点是检测效率低、要求样品表面平整光滑、分析速度较慢、空间分辨率低。能谱仪虽然在分析元素的范围、探测极限、能量分辨率等方面不如波谱仪，但其分析速度快、检测效率高，空间分辨率高、对样品表面要求不如波谱仪那样严格，因此特别适合于与扫描电镜配合使用。

目前，扫描电镜与电子探针可同时配用能谱仪和波谱仪，构成扫描电镜-波谱仪-能谱仪系统，使两种谱仪的优势互补，是非常有效的材料研究工具。

4.4.3 电子探针的分析方法

利用电子探针可以很方便地分析从 $_4Be$ 到 $_{92}U$ 之间的所有元素，与其他化学分析方法相比，分析手段大为简化，分析时间也大为缩短；利用电子探针进行化学成分分析，所需的样品很少，而且是一种无损分析方法；更重要的是，由于分析时所用的是特征 X 射线，而每种元素常见的特征 X 射线谱线一般不会超过一二十根（光学谱线往往多达几千根，有的甚至高达两万根之多），所以释谱简单且不受元素化合状态的影响。因此，电子探针是目前较为理想的一种微区化学成分分析手段。

无论波谱仪还是能谱仪，分析解决的问题主要有三种。首先是样品上某一点（或微区）的元素种类和浓度；其次是在样品表面某一个方向上的某种元素浓度变化；第三是与显微图像相对应的样品表面的某种元素浓度分布，对它们的分析方法也各不相同。可分别采用电子探针的三种基本工作方式，即定点分析、线扫描分析和面扫描分析。定点分析又称为定点元素全分析，它既可以作定性分析又可以作定量分析。

准确的分析对实验条件有两大方面的要求。一是对样品有一定要求，包括样品表面清洁平整，尤其是对于定量分析的样品表面必须平整光滑；样品具有良好的导电性、导热性；样品尺寸合适，特别小的样品要进行镶嵌。二是对工作条件有一定的要求，如加速电压、X 射线出射角等。

4.4.3.1 定点分析

定点分析即对样品表面上某一指定点（第二相、夹杂物或基体）或某一微区（相、基体等）的化学成分作全谱扫描，进行定性或定量分析。分析时利用谱仪（波谱仪或能谱仪）上配置的光学显微镜或扫描电镜的图像观察样品表面，选定待分析的点（或微区），使之位于电子束的轰击之下。用波谱仪分析时可通过驱动波谱仪中的分光晶体和探测器，连续地改变 L 值，即改变晶体的衍射角，记录下 X 射线信号强度 I 随波长 λ 的变化谱线。将谱线强度峰值所对应的波长与标准波长相比较，即可获得分析点（或微区）所含元素的定性结果。若用能谱仪分析时，在很短的时间内即可得到微区内全部元素的谱线。当波谱仪采用多道谱仪并配以计算机自动寻谱设备，也能在较短的时间内定性完成 $_4$Be 到 $_{92}$U 全部元素特征 X 射线波长范围的全谱扫描。如果用标样做比较则可进行定量分析。

定量分析是以某元素的特征 X 射线强度和该元素在样品中的浓度具有一定的比例关系这一事实为依据。因此，特征 X 射线强度的测量是定量分析的基础。根据测得的特征 X 射线谱强度（每种元素只需选一根谱线，一般选强度最大的谱线）与成分已知的标样（一般为纯元素标样）的同名谱线强度相比较，确定出该元素的含量。

在定量分析时，若在相同的检测条件下（加速电压及束流大小均不变）分别测出未知样品中 A 元素的特征 X 射线强度 I'_A 和纯 A 元素标样的特征 X 射线强度 I'_{A0}，相同的检测条件可以排除谱仪条件的影响。然后将两者分别扣除背底和计数器死时间（脉冲处理器占线不能处理新入射的 X 射线脉冲的时间）对测量值的影响，得到相应的强度值 I_A 和 I_{A0}，则有：

$$K_A = \frac{I_A}{I_{A0}} = \frac{C_A}{C_{A0}} \tag{4-40}$$

式中，C_{A0} 为标样中 A 元素的浓度（纯标样的 $C_{A0}=1$）；C_A 为未知样品中 A 元素的浓度；K_A 为 I_A 和 I_{A0} 之比。因为一般都采用纯元素标样，所以有：

$$K_A = \frac{I_A}{I_{A0}} = C_A \tag{4-41}$$

如果对样品所含全部元素都测得了强度比 K_j，则它们的浓度值可由归一化求得：

$$C_j = \frac{K_j}{\sum\limits_{j=A}^{N} K_j} \tag{4-42}$$

直接将测量的强度比 K_j 当作样品中元素的浓度 C_j，其结果与真实浓度之间存在一定的误差。由于电子束与样品相互作用，激发出样品表面微区内元素的特征 X 射线信号的过程是一个十分复杂的物理现象，谱线的强度除与各相应元素的存在量有关外，还会受到样品化学成分的影响，这称为基体效应。即由于样品与纯元素标样之间基体条件差别很大，使得样品和纯元素标样中 j 元素的 X 射线强度之比并不等于样品中 j 元素的浓度。因此需要进行基体效应的修正工作，常用的修正法有经验修正法和 ZAF 修正法等。

经验修正法是依靠一套仔细制备的已知成分的标样由实测得到的强度，制作一根表征强度与成分关系的工作曲线或导出一个强度与成分的经验关系式，据此，按样品实际测得的强度，通过内插法求出样品成分。ZAF 修正法是根据 X 射线产生和传播的物理过程而制定的修正方法，包括 "Z"（指原子序数）修正、"A"（指吸收）修正和 "F"（指荧光）修正。具体如何进行修正请读者参考相关书籍。

在定点分析中还必须注意可能导致误差的另一个原因。入射电子束与样品相互作用时，会有一定深度和侧向扩展（均为微米数量级），由于谱仪实际接收的 X 射线信号来自电子束轰击下几个微米数量级的范围，它可能已经超越了选定的相区域，因而所得的结果将是该体积内的某种平均成分。所以，定点分析时，一般选择若干个同类型的区域分别进行同一条件下的分析，以求获得正确的结果。

4.4.3.2 线扫描分析

利用线扫描可以获得某种元素沿给定直线的分布情况。具体方法是：将 X 射线谱仪设置在测量某一元素的特征 X 射线波长或能量位置上，使电子束沿着样品上某条给定直线进行扫描，记录该元素的 X 射线强度在该直线方向上的变化，可以获得该元素在这一直线上的浓度变化。也可以直接在二次电子或背散射电子像上叠加显示扫描轨迹和 X 射线强度的分布曲线，这样可以更直观地表明元素质量分布与样品组织形貌之间的关系。图 4-56 显示了样品中三种不同元素沿扫描轨迹方向的浓度变化。

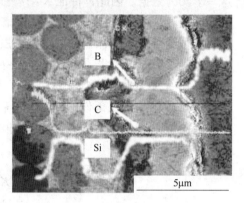

图 4-56 线扫描分析

线扫描分析对于测定元素在材料内部相区或界面上的富集和贫化，分析扩散过程中质量分数与扩散距离的关系，以及分析材料表面化学热处理的表面渗层组织等都是一种十分有效的手段。

4.4.3.3 面扫描分析

面扫描分析实际上是扫描电镜的一种成像方式，让入射电子束在样品表面作光栅扫描，将谱仪固定在接收某一元素的特征 X 射线的位置上，用接收到的 X 射线信号调制同步扫描的显像管的亮度，得到由许多亮点组成的图像，这就是该元素的特征 X 射线扫描像（或称元素面分布图像）。

试样每产生一个 X 射线光子，探测器输出一个脉冲，显像管荧光屏上就产生一个亮点。若试样上某区域该元素含量多，荧光屏图像上相应区域的亮点就密集。根据图像上亮点的疏密和分布，可以确定该元素在试样中的分布情况。在一幅面扫描图像中，图像中较亮的部分应该是元素质量分数较高的区域，灰色区域是元素质量分数较低的区域，黑色区域代表元素质量分数很低或元素不存在。若将元素质量分数分布的不均匀性与材料的微观组织联系起来，就可以对材料进行更全面的分析。

在实际操作条件下，不同区域间的质量分数差至少应该大于两倍，才能获得衬度较好的图像。此外，在面扫描图像中同一视域不同元素特征谱线扫描像之间的亮度对比，不能被认为是该元素相对含量的标志。图 4-57 为耐火材料与熔渣反应后渗透带的面扫描分析结果，可以看出在刚玉-尖晶石耐火材料的空隙和晶界处有 Fe、Si、Ti 等元素渗入。

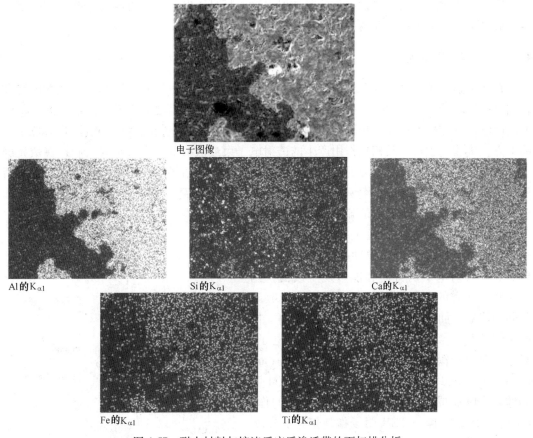

图 4-57 耐火材料与熔渣反应后渗透带的面扫描分析
（上面为形貌像，下面为各元素的面分布像）

4.5 电镜的近期发展

　　电镜自 1932 年问世以来，分辨本领由 1939 年第一台商用透射电镜的 10nm 提高到约 0.1nm，可以直接分辨原子，球差校正技术把电镜的分辨本领进一步推进到了亚埃尺度。在进行形貌观察的同时，电镜还能进行纳米尺度的晶体结构及微区化学成分分析。因此，电子显微镜已经成为全面评价固体微观特征的综合性仪器。

　　电子显微镜性能的不断提高促进了材料科学的发展。20 世纪 50~60 年代人们观察到了薄晶体中位错等晶体缺陷的衍衬像；20 世纪 70 年代获得了极薄晶体的高分辨结构像及原子像；20 世纪 80 年代利用分析电镜可以对几纳米区域的固体材料进行观察，配合 X 射线能谱或电子能量损失谱进行成分分析及用微束电子衍射进行结构分析。20 世纪 90 年代以来，综合了多种现代技术，配备了高相干性场发射电子枪、球差校正器和电子单色器的电子显微镜的分辨率已经可以达到亚埃级，图像质量进一步提高，能够同时获得原子分辨率的晶体结构、成分和电子结构等信息，给材料科学的发展提供了新的机遇。

　　此外，人们还致力于发展超高压电镜、扫描透射电镜、环境电镜以及电镜的部件和附件等，以扩大电子显微分析的应用范围和提高其综合分析能力。

本节主要对扫描透射电镜、高分辨透射电镜、超高压电镜、分析电镜、低真空扫描电镜、低电压扫描电镜和冷冻电镜做简单介绍。

4.5.1　扫描透射电镜

扫描透射电子显微镜（scanning transmission electron microscopy，STEM）是透射电镜和扫描电镜的巧妙结合。扫描透射电镜基于透射电镜配备的扫描功能附件，扫描线圈使聚焦的高能电子束在薄膜样品上扫描。与扫描电镜的不同之处在于扫描透射电镜探测器位于样品下方，接收电子与样品相互作用产生的透射电子束或散射电子束，经放大后，在荧光屏上显示与常规透射电镜相对应的扫描透射电镜的明场像和暗场像，还能够获得透射电镜所不能获得的一些关于样品的特殊信息。STEM 技术要求较高，其电子光学系统比 TEM 和 SEM 复杂，要求有非常高的真空度。

高能电子束在薄膜样品上扫描与样品发生相互作用，会使电子产生弹性散射和非弹性散射，导致入射电子的方向和能量发生改变，因而在样品下方的不同位置的探测器将会接收到不同的信号。如图 4-58 所示，在 θ_3 范围内，接收到的信号主要是透射电子和部分散射电子，利用轴向明场探测器可以获得环形明场像（annular bright field，ABF）。ABF 像类似于 TEM 明场像，可以形成 TEM 明场像中各种衬度的像。θ_3 越小，形成的像与 TEM 明场像越接近。在 θ_2 范围内接收的信号主要为布拉格散射的电子，此时得到的图像为环形暗场像（annular dark field，ADF）。若探测器接收角度进一步加大，如在 θ_1 范围内，接收到的信号主要是高角度非相干散射电子，此时得到的像为高角环形暗场

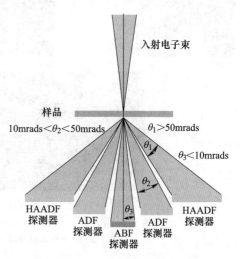

图 4-58　STEM 中探测器分布示意图
（mrad：角度单位，一般用作空间
分辨率单位；1mrad = 0.0573°）

像（high angle annular dark field，HAADF）。其图像亮度与原子序数平方（Z^2）成正比，因此又称为原子序数衬度像（或 Z 衬度像）。HAADF 像能够凭借像点的强度来区分不同元素的原子，由此得到原子分辨率的化学成分信息。

ABF 探测器主要是收集透射电子和部分散射电子成像，ABF 像衬度与 $Z^{1/3}$ 成正比，与 HAADF 像相比，ABF 像对化学元素的变化更加敏感，尤其是轻元素。如 Li 原子由于散射电子强度非常低，在 HAADF 像中通常无法观测到，而在 ABF 像中则可以清楚地观察到。

STEM 常常使用 HAADF 探测器，HAADF 像是一种非相干成像，通过在样品下方安装一个具有较大中心圆孔的环形 HAADF 探测器，连续扫描样品的一个区域便形成 HAADF 像。如图 4-59 所示，电子枪发射的电子经过透镜聚焦后会聚成细聚焦的高能电子束，通过线圈控制电子束斑逐点在样品上进行光栅扫描。样品下方放置一个具有一定内环孔径的环形探测器用于同步接收样品每一点高角散射的电子，因环形探测器有一个中心孔，因此它不会接收透射电子和小角度散射的电子。对应于每个扫描位置，环形探测器把接收到的信号转换为电流强度，显示于荧光屏或计算机屏幕上，样品上扫描的每一点与所产生的像

点一一对应。

在入射电子束与样品发生相互作用时，除了会产生弹性散射外，还会产生非弹性散射，使电子损失一部分能量，检测非弹性散射电子信号得到电子能量损失谱。如图 4-59 所示，通过后置的电子能量损失谱仪检测穿过环形探测器内孔的透射电子能量的变化，分析样品的化学成分和电子结构。此外，还可以通过在镜筒中样品上方区域安置 X 射线能谱仪进行微区元素分析。STEM-EDS 能谱的空间分辨率高，可以获得原子分辨率的元素分布图。随着电子显微技术的迅速发展，现在的透射电子显微镜都具有 STEM 模式，在一次实验中可以同时对样品的化学成分、晶体结构和电子结构等进行分析。

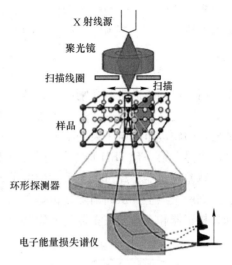

图 4-59　STEM 成像示意图

4.5.2　高分辨透射电镜

高分辨透射电镜可以用来观察晶体的点阵像或单原子像等高分辨像，这种高分辨像直接给出晶体结构在电子束方向上的投影。图 4-60 为 $BaTiO_3$ ［011］晶向高分辨图像，可清晰地观察到孪晶界的原子结构。

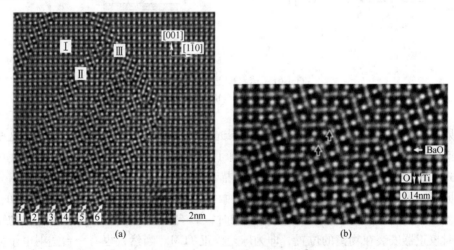

(a)　　　　　　　　　　　　　(b)

图 4-60　透射电镜高分辨图像[1]

（a）负球差成像条件下 $BaTiO_3$ ［011］晶向高分辨图像（Ⅰ表示基体，Ⅱ和Ⅲ表示两个孪晶，孪晶边界上有 O 氧原子，如图中 1~6 数字标识）；（b）孪晶区域放大照片（黑色箭头表示位于孪晶边界上的 O 原子；图中右下角给出了 Ti 和 O 原子的最小间距为 0.14nm）

高分辨透射电镜的成像原理不同于传统电镜的衍衬成像模式，它是利用相位衬度来获

──────────

[1] Jia C L, Urban K. Atomic-Resolution Measurement of Oxygen Concentration in Oxide Materials ［J］. Science, 2004, 303 （5666）: 2001~2004.

得分辨率达原子尺度的电子图像。在提高电镜分辨率的研究中，人们发展了多种理论方法和新型技术手段，其中，球差校正电子显微术和高分辨显微图像处理都取得了很大的进展。

高分辨透射电镜与普通透射电镜的基本结构相同，最大的区别在于高分辨透射电镜配备了高分辨物镜极靴和光阑组合，减小了样品台的倾转角，从而可获得较小的物镜球差系数，得到更高的分辨率。多极子校正装置的研发成功实现了对球差的校正，通过多组可调节磁场的磁镜组对电子束的洛仑兹力作用，逐步调节透射电镜的球差。在 1998 年成功研制出世界上第一台 TEM 球差校正器，实现了透射电镜原子级的分辨率。

球差校正器将经过聚光镜后的电子光束发散，使得不同角度的电子束通过物镜后重新会聚到一个点上，从而消除物镜球差带来的影响，提高透射电镜的分辨率，图 4-61 为无球差校正器和有球差校正器时的光路示意图。

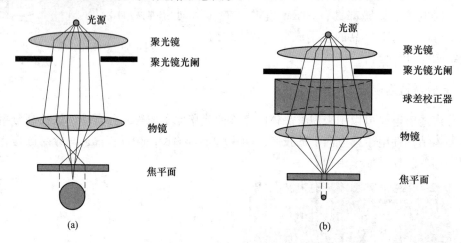

图 4-61　球差校正光路示意图
（a）无球差校正器时的光路图；（b）有球差校正器时的光路图

透射电子显微镜中包含多个磁透镜，如聚光镜、物镜、中间镜和投影镜等，这些磁透镜都会产生球差。当校正不同的磁透镜时就有了不同种类的球差校正透射电镜。使用扫描透射模式（STEM）时，聚光镜会聚电子束扫描样品成像，此时聚光镜球差是影响分辨率的主要原因。因此，STEM 为主的透射电子显微镜，球差校正装置会安装在聚光镜的位置，即为球差校正 STEM；而当使用普通图像模式时，影响成像分辨率的因素主要是物镜的球差，此时校正器安装在物镜的位置，即为球差校正 TEM。当然，也有一台透射电子显微镜上安装两个校正器的情况，就是所谓的双球差校正 TEM。在一些高分辨电镜上安装了新型实用的球差校正器，可以根据具体实验情况调节球差系数，为高分辨晶体图像分析提供了一种新的成像模式，大大开拓了微观结构的研究领域。

电子显微镜分辨率的提高意味着更"深入"地了解材料，观察晶体的原子像及其缺陷，把材料的宏观性质与其微观结构直接联系起来，从而使人们的视野扩展到分子和原子尺度的水平。如，新型的球差校正器成功地获得了绝缘体 $SrTiO_3$ 和超导体 $YBa_2Cu_3O_7$ 中的包括轻元素氧在内的所有原子串的高分辨像，还可观察到其中的氧空位，这项技术可望用来研究钙钛矿型电子陶瓷材料中对电性能非常敏感的大量氧空位。总之，高分辨电子显微技术的发展使人们可以直接触及材料更深层次的微观原子世界，为解决很多重要的结构问题提供了新的机遇。

4.5.3 超高压电镜

一般将加速电压大于 500kV 的透射电镜称为超高压电镜。现已出现 3000kV 的超高压电镜。超高压电镜由于提高了加速电压，亦即提高了电子的穿透能力，可以在观察较厚样品时也能达到很高的分辨本领。这使利用透射电镜观察"较厚"的无机非金属材料样品成为可能。超高压电镜还可以观察"活"样品或含水样品，这不仅是生物工作者，也是材料工作者追求的目标，如超高压电镜可用来观察胶凝材料的水化过程。具体做法是用一个环境室代替普通样品台。前者是一个薄壁容器，一侧可通大气。将用水泥类胶凝材料做成的悬浮液样品置于环境室里，任其水化。超高压电镜的电子束能量大，所以能穿透环境室的两道薄壁和样品而成像。这样，人们可以随时观察该样品的水化情况。超高压电镜中衍射束和光轴的夹角很小，当移动物镜光阑使衍射束通过以获得暗场像时，成像束的像差比在 100kV 的情况下要小得多，所以能改善暗场像的质量。

总之，对材料工作者特别是无机非金属材料工作者来说，超高压电镜已显示出很大的优越性。只是由于其体积庞大、结构复杂、价格昂贵，需要建立高大的实验室，所以使用受到限制。

4.5.4 分析电镜

任何一种电镜加上能做元素分析的附件就称为分析电镜，如透射电镜或扫描透射电镜加 X 射线能谱仪或者能量损失谱仪，甚至有人将带有波谱仪或能谱仪的扫描电镜也称为分析电镜。

一般来说，目前所谓的分析电镜大多指透射电镜加 X 射线能谱仪，用这样的电镜既可得到分辨本领高的形貌结构像，又能利用透射电子的衍射及其效应来进行晶体结构分析，还能同时进行成分分析。电子能量损失谱主要用于分析轻元素，与 X 射线能谱仪相辅相成，两者适用于几到几十纳米的微区成分分析。显然，分析电镜对于材料工作者来说是一个强有力的工具。日本日立公司生产的 H-800 型分析电镜，加速电压为 200kV，以 X 射线能谱仪或电子能量损失谱仪作为成分分析附件，还可带扫描或扫描透射附件。其透射电子像晶格分辨率可达 0.102nm，扫描透射像点分辨率达 1.5nm，扫描像（二次电子像）达 3nm。图 4-62 显示了 H-800 型分析电镜的结构示意图。

另外，在电镜的发展过程中，人们还致力于发

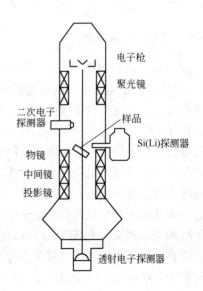

图 4-62 分析电镜结构示意图

展电镜的各种附件，仅样品台一项就近十种，譬如有拉伸、高温、低温、压缩、弯曲、压痕以及切削等样品台。将这些样品台装在电镜中，就可以将材料表面结构的显微研究与在加载、变温条件下材料的宏观性能测试结合起来，为材料的强度与断裂的基本理论和应用研究展现出令人鼓舞的前景。

4.5.5　低真空扫描电镜

用扫描电镜观察非导体的表面形貌，以往需将样品首先进行干燥处理，然后在其表面喷镀导电层，以消除样品上的堆积电子。由于导电层很薄，所以样品表面的形貌细节无大损伤。但导电层毕竟改变了样品表面的化学组成和晶体结构，使这两种信息的反差减弱；而且干燥常引起脆弱材料微观结构的变化。更重要的是干燥终止了材料的正常反应，使反应动力学观察不能连续进行。

为了克服这些缺点，低真空扫描电镜应运而生。低真空扫描电镜包括环境扫描电镜（后者缩写为ESEM）。低真空扫描电镜是指其样品室处于低真空状态下，气压可接近3kPa。它的成像原理基本上与普通扫描电镜一样，只不过普通扫描电镜样品上的电子由导电层引走，而低真空扫描电镜样品上的电子被样品室内的残余气体离子中和，因而即使样品不导电也不会出现充电现象。

低真空扫描电镜的机械构造除样品室的真空系统和光阑外，与普通扫描电镜基本上是一样的。所以它的工作原理除样品室内的电离平衡外，也和普通扫描电镜相差无几。

低真空扫描电镜既可在低真空下工作，也可在高真空下工作。带有场发射电子枪的环境扫描电镜在低真空下的分辨本领已达到普通扫描电镜高真空下操作时的水平。

低真空扫描电镜具有一些显著的特点，如可在气相或液相存在的环境中观察样品，以避免干燥损伤和真空损伤；可连续观察材料反应动力学过程等。因此，低真空扫描电镜除了可以按常规方法观察固体材料表面形貌及结构外，还特别适用于对不经表面处理的含水样品（生物、化学等）及非导体样品（塑料、陶瓷、玻璃、水泥等）的观察与测试。

4.5.6　低电压扫描电镜

低于5kV的扫描电子显微术简称为低电压扫描电子显微术（或低能扫描电子显微术），这样的扫描电子显微镜称为低电压扫描电子显微镜（或低能扫描电子显微镜）。从原理上来说，它有一些优越性，如有利于减小样品荷电效应；可以避免表面敏感样品（包括生物样品）的高能电子辐照损伤；有利于减轻边缘效应，有利于二次电子发射，改善图像质量，提高了作为样品表面图像的真实性；可兼作显微分析及表面分析；入射电子与物质相互作用所产生的二次电子发射强度是随着工作电压的降低而增加，且对被分析样品的表面状态和温度更敏感，因此，它有可能开拓新的应用领域。

目前几乎所有低电压扫描电镜都采用亮度比热发射电子枪高2~3个数量级的场发射电子枪和强磁透镜。在5kV时分辨能力可达3~5nm；1kV时为15nm；900V时为18nm。例如，有人用低电压扫描电镜观察低熔点（39℃，49℃）石蜡时指出，加速电压2kV、放大倍数为20000时，没发现石蜡有任何损伤；电压高于4kV时，发生损伤。对于人的毛发，2kV时无样品荷电现象，能清晰地观察毛发表面的精细形态结构。

入射电子在样品中多次散射路程与加速电压的关系是1∶10∶100（1kV，5kV，

20kV)，对于金属 Al，散射路程为 45nm、480nm 和 4.5μm。显然，在低压条件下观察样品，有利于观察样品表面的极微小起伏。用低电压扫描电镜观察集成电路时，可有效地防止样品带电、损伤及引起集成电路临界电压下降。

采用低电压扫描电子显微镜，由于在低于 5kV 的工作电压下，被分析样品产生的二次电子的产额显著增高，且其产额对表面的成分、表面的电子结构、表面晶体缺陷的浓度以及表面的温度等都十分敏感，且存在独立分离的对应关系，因此，我们有可能应用二次电子发射的数量效应来开拓新的应用领域。

4.5.7　冷冻电镜

冷冻电子显微镜（cryogenic electron microscopy，cryo-EM，简称冷冻电镜）技术是在低温下使用电子显微镜观察样品的显微技术。初期主要应用在结构生物学领域，这类含水生物样品无法满足透射（或扫描）电镜高真空环境的观察要求，成像衬度差，电子束照射还可能引起样品严重的辐照损伤。如果为了满足观测要求而对样品进行特殊处理（制备），又很可能破坏样品的原始结构信息。冷冻电镜技术是将样品迅速冷却到液氮温度下，从而将其结构固定在冷冻前的一瞬间，保留样品原始结构，这样既保证了含水样品能够利用电镜观察到其自然状态下的结构信息，同时样品抗电子辐照损伤的能力也得到提升。

冷冻电镜是在电镜本体腔室端口上安装超低温冷冻制样传输系统，采用独特的结构设计，确保样品传输过程中全程真空及全程冷冻，保证在低温状态下对样品进行观察。其工作原理和过程与普通电镜基本一样，但由于获得的图像信噪比低，需要经过精细的图像处理和缜密的重构计算从而获得样品的三维结构。

冷冻电镜主要包括冷冻透射电镜、冷冻扫描电镜和冷冻蚀刻电镜三种类型。冷冻透射电镜（cryo-TEM）技术一般是在普通透射电镜上加装样品冷冻装置用以将样品冷却到液氮温度，可以用来观测某些对温度敏感的样品，对于含水样品，迅速冷冻过程中水分子来不及形成结晶，呈玻璃态（玻璃态的水不存在晶体结构且无固定形状，与固态相比，更像一种极端黏滞、呈现固态的液体），避免了观测过程中冰晶改变样品的结构和产生强烈的电子衍射，掩盖样品自身信号。冷冻扫描技术是在扫描电镜的基础上发展起来的一种技术，一般是在普通扫描电镜上加装低温冷冻传输系统和冷冻样品台装置，可以不需要干燥处理，直接观察液体样品。冷冻蚀刻技术是一种将断裂和复型相结合的制备透射电镜样品的技术，主要是针对厚度较大的样品，如生物样品中的细胞和组织。制备过程是将样品置于干冰或液氮中进行冰冻，随后用冷刀劈开到适当厚度，再在真空中将温度回升到 -100℃，使断裂面的冰升华，暴露出断面结构，最终得到可以观察的样品。利用这种技术可以观察到生物样品接近活体状态的超微结构。

冷冻电镜技术除了在生物学领域取得了重要研究成果以外，在材料科学领域也开始发挥着重要作用，它给那些在电子束照射或环境暴露下可能发生物理或化学变化的材料的研究提供了机会。例如，冷冻电镜技术成功应用于电池材料研究中，通过快速冷冻电池材料（不暴露在周围环境中），使研究人员对高能电池的失效机制有了更全面地理解；又如，锂元素活泼的性质让多种测试技术无法在保持其正常结构的条件下获得有用的信息，利用冷冻电镜技术，研究人员保留了锂枝晶的原始状态及相关结构，获得了高分辨的锂枝晶图像。目前，冷冻电镜已逐渐成为生命科学、化学、医学、材料学等学科重要的研究手段。

习题与思考题

4-1 比较概念：

    （1）明场像、暗场像和中心暗场像；

    （2）场深与焦深；

    （3）衍射衬度、质厚衬度和相位衬度；

    （4）球差、色差和像散。

4-2 什么是电子显微分析？简述透射电镜、扫描电镜、电子探针分析方法的原理和应用。

4-3 电磁透镜的分辨本领受哪些条件的限制？

4-4 球差、像散和色差是怎样造成的，如何减小这些像差？

4-5 影响电磁透镜场深和焦深的主要因素是什么？

4-6 在电镜中，电子束的波长主要取决于什么？

4-7 电子显微镜中有几种常用的电子枪类型，各有何特点？

4-8 透射电镜中聚光镜、物镜、中间镜和投影镜具有什么功能和特点？

4-9 简述选区衍射原理及操作步骤。

4-10 电子衍射分析的基本公式是在什么条件下导出的，公式中各项的含义是什么？

4-11 电子衍射花样是如何形成的，单晶体与多晶体电子衍射花样有何特征？

4-12 试比较光学显微镜和透射电镜的异同。

4-13 影响扫描电子显微镜分辨率的因素有哪些？

4-14 透射电镜中第二聚光镜光阑、物镜光阑和选区光阑在电镜的什么位置，它们各具有什么功能？

4-15 透射电镜中，照明系统的作用是什么，应满足什么要求？

4-16 分别说明成像操作与衍射操作时各级透镜（物平面与像平面）之间的相对位置关系，并画出光路图。

4-17 从原理和应用方面分析电子衍射与 X 射线衍射在材料结构分析中的异同点。

4-18 试推导电子衍射的基本公式，并指出 λL 的物理意义。

4-19 制备薄膜样品的基本要求是什么，具体工艺如何，双喷电解减薄和离子减薄各适用于制备什么样品？

4-20 什么是衬度，透射电镜主要能产生哪几种衬度像，是怎样产生的，有何用途？

4-21 为什么扫描电镜的分辨率和信号的种类有关？试将各种主要信号的分辨率高低作一比较。

4-22 比较扫描电镜与电子探针的区别。

4-23 扫描电镜的放大倍数是如何调节的，与透射电镜相比有何特点？

4-24 扫描电镜表面形貌衬度和原子序数衬度各有何特点？

4-25 透射电镜和扫描电镜对样品有何要求？

4-26 扫描电镜有哪些特点？

4-27 电子束与固体样品作用时会产生哪些信号，它们各具有什么特点？

4-28 入射电子与固体样品相互作用产生的相互作用区的大小与形状同哪些因素有关？

4-29 为什么说电子探针是一种微区分析仪？

4-30 试比较波谱仪和能谱仪在进行微区化学成分分析时的优缺点。

4-31 简述电子探针分析的三种基本分析方法及其应用。

5 热 分 析

5.1 概 述

热分析（thermal analysis，TA）可以解释为以热进行分析的一种方法。它是指在程序控制温度的条件下，测量物质的物理性质随温度变化的函数关系的技术。程序控制温度是指按某种规律加热或冷却，通常是线性升温或降温；物质包括原始试样和在测量过程中由化学变化生成的中间产物及最终产物。

物质在加热或冷却过程中，随着其物理状态或化学状态的变化，通常伴有相应的热力学性质（热焓、比热容、导热系数等）或其他性质（质量、力学、声学、光学、电学、磁学性质等）的变化，因而通过对某些性质（参数）的测定，可以分析研究物质的物理、化学变化过程，由此进一步研究物质的结构和性能之间的关系，研究反应规律、制定工艺条件等。实际上，热分析是根据物质的温度变化所引起的性能变化来确定状态变化的一类技术。

热分析发展的历史较久，应用的方面很宽，涉及多种学科领域。热分析技术作为一种科学的实验方法，创立于 19 世纪末 20 世纪初，由法国李·恰特利（H. Le. Chaterlier）创立的 DTA 和日本本多光太郎创立的 TG。我国热分析的起步较晚，在 20 世纪 50 年代末、60 年代初开始有热分析仪器的生产。近年来，随着热分析仪器微机处理系统的不断完善，使热分析仪器获得数据的准确性进一步提高，从而加速了热分析技术的发展。

5.1.1 热分析的术语定义与分类

由于热分析方法应用范围广，测定方法多，1968 年第二届国际热分析大会（international conference on thermal analysis，ICTA）上推荐了通用的热分析术语和定义。热分析是测量物质的物理性质与温度的关系的一类技术的统称；热分析的记录称为热分析曲线。

热分析曲线（curve）是在程序控温条件下，使用热分析仪记录的物理量与温度 T 或时间 t 的关系。

升温速率（dT/dt）是程序温度对时间的变化率。其值不一定为常数，且可正可负。单位为 K/min 或℃/min。当温度-时间曲线为线性时，升温速率为常数。温度可用热力学温标（K）或摄氏度温标（℃）表示；时间单位为秒（s）、分（min）、小时（h）。

差或差示（differential）是指在程序温度下，两个相同的物理量之差。

微商或导数（derivative）是指在程序温度下，物理量对温度或时间的变化率。

热分析脚注符号涉及物体的用大写下标表示，如 m_S 表示试样的质量，T_R 是参比物的温度；涉及出现的现象用小写下标，如 T_g 表示玻璃化转变温度，T_s 是试样的熔点等。

根据国际热分析协会的归纳，将现有热分析技术方法分为 9 类 17 种，见表 5-1。

表 5-1   热分析分类

被测物质的物理性质	方法名称		简称
	中 文	英 文	
质量	热重法	thermogravimetry	TG
	等压质量变化测定	isobaric mass-change determination	
	逸出气体检测	evolved gas detection	EGD
	逸出气体分析	evolved gas analysis	EGA
	放射热分析	emanation thermal analysis	
	热微粒分析	thermoparticulate analysis	
温度	加热（冷却）曲线测定	heating（coating）-curve determination	
	差热分析	differential thermal analysis	DTA
热量	差示扫描量热法	differential scanning calorimetry	DSC
尺寸	热膨胀法	thermodilatometry	TD
机械性质	热机械分析	thermomechanical analysis	TMA
	动态热机械分析	dynamic thermomechanical analysis	DMA
声学性质	热发声法	thermosonimetry	
	热传声法	thermoacoustimetry	
光学性质	热光学法	thermophotometry	
电学性质	热电学法	thermoelectrometry	
磁学性质	热磁学法	thermomagnetometry	

5.1.2   热分析的测定方法

测定物质在加热或冷却过程中发生的物理、化学变化的方法可分为两大类：测定加热或冷却过程中物质本身发生变化的方法和测定加热过程中从物质中产生的气体，推知物质变化的方法。

5.1.2.1   测定物理量随温度变化的方法

物质随温度变化的物理量有：能量、质量、尺寸等，其测量方法各不相同。

（1）测定能量变化的方法。

1）差热分析（DTA）；

2）差示扫描量热分析（DSC）。

（2）测定质量变化的方法。

1）热重分析（TG）；

2）微商热重法（DTG）。

（3）测定尺寸变化的方法。

1）热膨胀法（TD）；

2）微商热膨胀法。

5.1.2.2   测定物质加热过程中产生气体的方法

把试样放在真空或惰性气体中，测定加热时产生的气体，间接推知试样的变化。检测气体的有无及含量可采用逸出气体检测仪、热分解气体色谱分离法等，还可根据试样产生气体的物理、化学性质采用热传导检测器、质谱仪等。

5.1.3 热分析的应用

热分析技术是对各类物质在很宽的温度范围内进行定性或定量表征极为有效的手段，可使用各种温度程序，对样品的物理状态无特殊要求，所需样品量很少，一般为 0.1μg ~ 10mg；仪器灵敏度高，可与其他技术联用获取多种信息。现代热分析技术被世界各国科技工作者广泛应用于诸多领域的基础与应用研究。但应用最多的是差热分析法、差示扫描量热分析法、热重分析法和热机械分析法。它们可以测量物质的晶态转变、熔融、蒸发、脱水、吸附、居里点转变、玻璃化转变、比热容、聚合、固化、催化反应、热化学常数、热稳定性、相图、动力学参数等。

5.2 差 热 分 析

在热分析技术中，差热分析是使用得最早和应用最为广泛的一种技术。它是在程序控温条件下，测量物质与参比物（热中性体）的温度差与温度或时间关系的一种热分析方法。参比物作为基准物是在测量温度范围内不发生任何热效应的物质，常用的有 α-Al_2O_3 等。

差热分析对于加热或冷却过程中物质的失水、分解、相变、氧化、还原、升华、熔融、晶格破坏及重建等物理化学现象能精确地测定，所以被广泛应用于材料、地质、冶金、石油、化工等领域的科研及生产中。

5.2.1 差热分析的基本原理

物质在加热或冷却过程中会发生物理化学变化，与此同时，往往伴随吸热或放热现象。伴随热效应的变化，会发生晶型转变、升华、熔融等物理变化，以及氧化、还原、分解等化学变化。另有一些物理变化如玻璃化转变，虽无热效应发生，但比热容等某些物理性质也会发生改变。物质发生焓变时质量不一定改变，但温度必定变化。

物质在加热或冷却过程中产生的热变化导致试样和参比物间产生温度差，这个温度差由置于两者中的热电偶反映出来。示差电偶的闭合回路中便有温差电动势产生，其大小取决于试样本身热特性，与温度差成正比。通过信号放大系统和记录仪得到 $\Delta T \sim T$ 或 $\Delta T \sim t$ 曲线，反映出试样本身特性。

如果将两种金属 A 和 B 的端点焊接在一起，组成一个闭合回路（图 5-1），两个焊点的温度分别为 T_1 和 T_2，且 $T_1 \neq T_2$，则闭合回

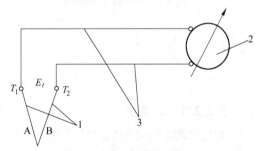

图 5-1　热电偶测温系统
1— 热电偶；2—测量仪表；3—连接导线

路中就有电流产生，这种电流叫温差电流。产生温差电流的电动势叫作温差电动势。

根据上述原理制成示差电偶（又称温差热电偶），将其分别插入盛有试样和参比物的容器，放置于电炉中的恒温带，热电偶的两端与信号放大系统和记录仪相连接。随着温度升高，被测试样无热效应时，示差电偶两焊点温度相等，不产生温差电动势，记录仪上只

呈现平行于横坐标的直线，即差热曲线的基线。

如果试样在加热过程中产生熔化、分解、吸附水与结晶水的排除或晶格破坏等，试样将吸收热量，这时试样的温度 T_1 将低于参比物的温度 T_2，闭合回路中便有温差电动势产生，此时的记录就偏离基线而绘出曲线，随着试样反应的结束，T_1 与 T_2 又趋于相等，曲线回到基线，形成一个吸热峰，过程中吸收的热量越多，吸热峰的面积越大。如果试样在加热过程中发生氧化、晶格重建及形成新物质时，一般为放热反应，试样温度升高，$T_1 > T_2$，闭合回路中同样有温差电动势产生，记录就偏离基线而绘出相应的放热峰，如图 5-2 所示。

5.2.2　差热分析仪

差热分析装置称为差热分析仪，目前的差热分析仪器通常配备计算机及相应的软件，可进行自动控制、实时数据显示、曲线校正、优化及程序化计算和储存等，大大提高了分析的精度和效率。

差热分析仪主要由加热炉、温度控制系统、差热系统、信号放大系统、记录系统组成。图 5-3 所示为差热分析仪结构示意图。

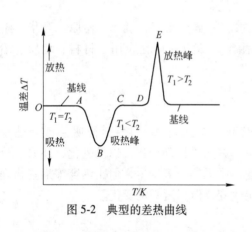

图 5-2　典型的差热曲线

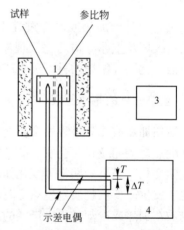

图 5-3　差热分析仪结构示意图
1—试样支撑-测量系统；2—炉子；
3—温度程序控制系统；
4—信号放大及记录系统

5.2.2.1　加热炉

加热炉的作用是加热试样，按照电炉加热的炉温可分为低温加热炉（150~250℃）、普通加热炉、超高温加热炉，一般在氧化气氛（自然空气）条件下，1800℃以上的高温电炉称为超高温电炉；按照电炉的结构又分为立式和卧式两种。

作为电炉的炉芯管及发热体材料，根据使用温度、气氛等条件，可选用不同的材质，常用的发热体及炉芯管材料见表 5-2。也有不采用通常的炉丝加热，而采用红外线加热，通过反射镜使红外线聚焦到样品支撑器上，只需几分钟就可使炉温升到 1500℃，很适于恒温测量。

表 5-2　加热炉常用的发热体及炉芯管材料

发热体材料	常用温度范围/℃	最高使用温度/℃	炉芯管材料及使用条件
镍铬丝	900~1000	1100	耐火黏土管材
康铜丝	1200	1300	耐火黏土管材
铂丝	1350~1400	1500	刚玉质材料
铂铑丝	1400~1500	1600（1750）	刚玉质材料
硅碳棒	1300	1400	硅碳棒管材兼作发热体
钨丝	<2000	2800	钨管兼作发热体

5.2.2.2　温度程序控制系统

温度程序控制系统是以一定的程序来调节升温或降温的装置，保证炉温按给定的速率均匀稳定升温或降温。可在 1~100℃/min 的范围改变，常用的是 1~20℃/min。

5.2.2.3　差热系统

差热系统是差热分析仪的重要部分，主要由均热板（或块）、试样坩埚、热电偶等部件组成。

均热板根据分析的使用温度，考虑热传导性和耐高温性能，采用不同材料。使用温度小于 1300℃ 时，常用金属镍；超过 1300℃ 时常用刚玉瓷或氧化铍瓷。

坩埚作为承载试样的容器，根据使用温度和热传导性选择，通常使用石英、刚玉、镍、铂、钨等坩埚，且坩埚的形状有多种。

热电偶兼具测温及传输温差电动势的功能，是差热分析的关键部件，其测量精确度直接影响差热分析的结果。故要求热电偶能产生较高的温差电动势并与温度呈线性关系；测温范围广且高温下不易氧化及腐蚀；比电阻小、导热系数大、电阻温度系数和热容系数小；物理稳定性好，能长期使用；机械强度高、价格便宜。

热电偶材料有铜-康铜（使用温度小于400℃）、镍铬-镍铝、铂-铂铑、铱-铱铑（最高使用温度2200℃）等。

5.2.2.4　信号放大系统

通过直流放大器将温差热电偶产生的微弱温差电动势放大、增幅后输送到记录系统。

5.2.2.5　记录系统

记录系统的作用是把信号放大系统所检测到的物理参数对温度作图，目前通常采用计算机软件对信息进行记录。

5.2.3　差热曲线的分析及影响因素

差热曲线的分析就是对差热曲线的结果做出正确合理的解释。要想正确判读差热曲线，首先应明确试样加热（或冷却）过程中产生的热效应与差热曲线形态的对应关系；其次是明确差热曲线形态与试样本征热特性的对应关系；最后要排除外界因素对差热曲线形态的影响。

5.2.3.1　典型的差热曲线

差热分析得到的图谱（即 DTA 曲线）是以温度 T 或时间 t 为横坐标，试样与参比物的温度差 ΔT 为纵坐标，典型的差热曲线如图 5-2 所示。若试样温度为 T_1，参比物温度为 T_2，则温度差 $\Delta T = T_1 - T_2$。图中基线相当于 $\Delta T = 0$，试样无热效应发生；向上（ΔT 为正）

或向下（ΔT 为负）的峰反映了试样的放热或吸热过程，称为放热峰和吸热峰。吸热峰、放热峰在有热效应产生时出现，热效应的大小用峰面积表示。差热曲线中吸热峰或放热峰的数目、位置、峰的形状（宽度、高度、对称性）可作为物质鉴定的依据。

由于热电偶的不对称性，试样与参比物的热容、导热系数不同，在等速升温的情况下，基线并非 $\Delta T=0$，而是接近 $\Delta T=0$ 的线。设试样和参比物的热容 C_S、C_R 不随温度而改变，并假设它们与均热板间的热传递与温差成正比，比例常数 K（仪器常数）与温度无关。基线位置 ΔT_α 为：

$$\Delta T_\alpha = \frac{C_R - C_S}{K}\phi \tag{5-1}$$

$$\phi = dT_w/dt$$

式中，ϕ 为升温速率；T_w 为炉温。

由此可知，试样和参比物两者的热容越接近，基线偏离仪器零点越小，因此，参比物最好采用与试样化学结构相似的物质。如果试样在升温过程中热容有变化，则基线就要移动，那么由 DTA 曲线便知比热容发生急剧变化的温度，这种方法常被用于测定玻璃化转变温度。此外，程序升温速率恒定才能获得稳定的基线。

差热曲线的基线形成后，如果试样产生吸热（放热）效应，差热曲线上会呈现对应的吸热（放热）峰，反应热 ΔH 与 DTA 曲线上的峰面积 A（扣除背底）之间的关系可由斯伯勒（Speil）公式表示：

$$\Delta H = K\int_0^\infty (\Delta T - \Delta T_\alpha)dt = KA \tag{5-2}$$

上式表明，反应热 ΔH 与差热曲线的峰面积 A 成正比，仪器常数 K 值越小，对于相同的反应热效应来讲，峰面积 A 越大，灵敏度越高。

5.2.3.2 差热曲线上转变点的确定

差热曲线中峰的数目表示物质发生物理、化学变化的次数；峰的位置表示物质发生变化的转化温度；峰的方向表明发生热效应的正负性；峰面积说明热效应的大小，相同条件下，峰面积大的热效应也大。

在相同的测定条件下，许多物质的差热曲线具有特征性，即一定的物质就有一定的差热峰的数目、位置、方向、峰温等，可通过与已知谱图的比较来鉴别样品的种类、相变温度、热效应等物理化学性质。正因为如此，差热曲线中转变点（反应温度的起始点、反应终点）的确定十分重要。

根据国际热分析协会（ICTA）对大量试样测试的结果，认为曲线开始偏离基线那点的切线与曲线最大斜率切线的交点最接近于热力学的平衡温度，因此用外推法确定此点为差热曲线上反应温度的起始点或转变点。外推法既可以确定反应起始点（图 5-4 中 B、E 点），也可以确定反应终止点（图 5-4 中 D、G 点）。实际的差热曲线比较复杂，随着实验条件的变化，峰形和峰位亦产生相应的变化，

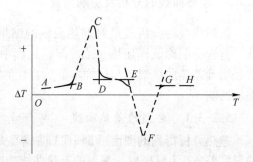

图 5-4　外推法确定差热曲线上的转变点

造成差热曲线解释的困难。因此，正确解释差热曲线除了最简单的体系外，必须与其他的方法相配合。

需要说明的是，峰宽是指曲线离开基线又回到基线两点间的距离或温度间距；峰高表示试样和参比物之间的最大温差，指峰顶至内插基线间的垂直距离；峰温是指峰顶对应的温度，无严格的物理意义，既不代表反应的终止温度，也不代表最大的反应速率，它仅表示试样和参比物温差最大的一点对应的温度，而该点的位置受试样条件影响较大，故峰温一般不能作为鉴定物质的特征温度，仅在试样条件相同时可作相对比较。

5.2.3.3 热反应速度的判定

差热曲线的峰形与试样的性质、实验条件密切相关。同一试样，在给定的升温速度下，峰形可表征其热反应速度的变化。峰形陡，热反应速度快；峰形平缓，热反应速度慢。如图 5-5 所示，由热反应的起始点 T_a、终止点 T_b、峰顶温度 T_p 构成的峰形，可用线段 M 与 N 的比值表示其斜率变化：

$$\frac{\tan\alpha}{\tan\beta} = \frac{M}{N} \qquad (5-3)$$

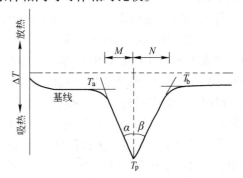

图 5-5 差热曲线形态与反应速率的关系

式（5-3）不仅反映出试样热反应的变化，还具有定性意义。例如在黏土矿物的差热分析中，若 $M/N = 0.78 \sim 2.39$ 时，属于高岭土；$M/N = 2.5 \sim 3.8$ 时，则是多水高岭土。

5.2.3.4 借助差热曲线进行的定性、定量分析

A 定性分析

依据差热曲线的特征，如各种吸热峰与放热峰的数目、峰位、峰形等可定性分析物质的物理、化学变化过程，这是差热分析的主要应用。

表 5-3 列出差热分析中物质吸热和放热的原因，可供分析时参考。

表 5-3 差热分析中产生吸热峰与放热峰的原因

现象		吸热	放热	现象		吸热	放热
物理的原因	结晶转变	√	√	化学的原因	化学吸附		√
	熔融	√			析出	√	
	气化	√			脱水	√	
	升华	√			分解	√	√
	吸附		√		氧化（气体中）		√
	脱附	√			还原（气体中）	√	
	吸收	√			氧化还原反应	√	√

差热分析法可用于部分化合物的鉴定。简单的方法是事先将各种化合物的 DTA 曲线制成卡片，然后通过试样实测 DTA 曲线与卡片对照，实现化合物的鉴定。使用的卡片有萨特勒（Sadtler）研究室出版的卡片和麦肯齐（Mackenzie）制作的卡片（分别为矿物、无机物和有机物三部分）。

B 定量分析

差热分析进行定量研究大多是采用精确测定物质的热反应产生的峰面积，再以各种方

式确定物质在混合物中的含量。

由式（5-2）知，反应峰的面积 A 与试样的热效应 ΔH 成正比，而热效应与试样的质量 M 成正比，即：

$$\Delta H = M \cdot q \tag{5-4}$$

式中，q 为单位质量物质的热效应。

因此，测出仪器常数 K 和峰面积 A 带入式（5-2）即可求出反应热 ΔH，如果已知单位质量物质的热效应，带入式（5-4）就可确定反应物质的含量。

借助 DTA 曲线测定混合物中某物质的含量通常采用以下几种方法：

（1）定标曲线法。配制一系列人工混合物（在中性物质中掺入 5%、10%、15% …单一纯净的待测试样的标准样品），在同一条件下做出差热曲线并求出每个样品的反应峰面积，制作定标曲线（横坐标为混合物中待测物质的百分含量 m，纵坐标为反应峰面积 ΔA），在完全相同的实验条件下，测定待测样品的 DTA 曲线并求出反应峰面积，对照定标曲线（图 5-6），可在横坐标上找到待测物质的含量，从而计算出混合物中该物质的含量。

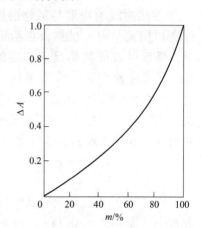

图 5-6　矿物含量定量测定曲线

（2）单物质标准法。测定单一纯净物质的差热曲线，求出反应峰面积 A_a（无纯物质时可借助化学分析方法间接求得）；在相同条件下测定混合试样的 DTA 曲线，求出反应峰面积 A_i，若 M_a 为纯物质的质量，那么混合物中被测物质的质量 M_i 为：

$$M_i = M_a \cdot \frac{A_i}{A_a} \tag{5-5}$$

这种方法的优点是简单、迅速。其缺点与第一种方法相同，即一般情况下难以做到实验条件完全相同。因此，实验结果最好用其他方法加以验证。

（3）面积比法。根据式（5-2）可对两种或三种物质的混合物进行定量分析。

假定 A、B 两种物质组成混合物，加热过程中每种物质的反应热分别为 ΔH_A 和 ΔH_B。设 A 的质量分数为 x，B 的质量分数为（$1-x$）；q_A、q_B 是 A、B 物质单位质量的转变热，有：

$$\Delta H_A = x \cdot q_A \qquad \Delta H_B = (1-x) \cdot q_B \tag{5-6}$$

令 $q_A/q_B = K$，则：

$$\frac{\Delta H_A}{\Delta H_B} = \frac{x \cdot q_A}{(1-x) \cdot q_B} = K \cdot \frac{x}{1-x} \tag{5-7}$$

因为物质在加热或冷却过程中吸收或放出的热量与其差热曲线上形成的反应峰面积成正比，于是：

$$\frac{\Delta H_A}{\Delta H_B} = \frac{A_A}{A_B} = K \cdot \frac{x}{1-x} \tag{5-8}$$

分别测量差热曲线上两种物质相应反应峰面积,利用式(5-8)对两种物质的混合物进行定量计算。

5.2.3.5 差热曲线的影响因素

差热分析是一种动态技术,要取得精确的结果并不容易。

由差热曲线测定的主要物理量是热效应发生和结束的温度、峰顶温度、峰面积以及通过定量计算测定转变(或反应)物质的量或相应的转变热。

研究表明,影响热分析的因素很多,差热分析的结果明显地受试样的本质特征、仪器因素、实验条件、试样外部因素的影响。许多因素的影响并不是孤立存在的,而是互相联系,有些甚至还是互相制约的,所以在进行热分析时必须严格控制实验条件,注意实验条件对实验数据的影响,并且在发表数据时应明确所采用的实验条件。

A 试样本身的性质(热特性)

试样的物理和化学性质,特别是它的密度、比热容、导热性、反应类型和结晶等性质决定了其差热曲线的基本特征:峰的数目、形状、位置和峰的性质(吸热或放热)。

B 实验条件的影响

实验条件改变,差热曲线中的峰形、峰位、峰面积、峰数目都可能发生改变。

a 升温速率

升温速率主要影响差热曲线的峰形(面积)与峰位,对相邻峰的分辨率也有一定影响。一般升温速率大,峰位越向高温方向迁移,峰形越陡。

从图5-7所示的高岭土的DTA曲线可明显看出,升温速率越大,峰形越尖,峰高增加,峰顶温度也越高。图5-8所示的$MnCO_3$的DTA曲线显示升温速率过小,差热峰的峰形变圆变低,甚至显示不出来。图5-9所示的丙四苯的DTA曲线表明过快的升温速率会使两相邻峰完全重叠。产生上述现象的原因是差热分析为一个热动力过程,试样需在一定的温度条件下才能进行热反应,热反应的进行与单位时间内供给试样的热量及试样本身的传热性质、反应速度等有关。

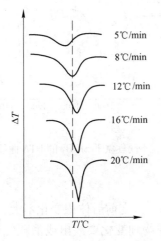

图5-7 高岭土的DTA曲线

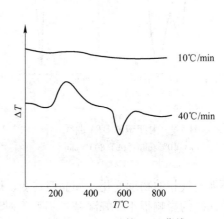

图5-8 $MnCO_3$ 的DTA曲线

反应速度较快的试样，只要达到某一反应温度，就能瞬时全部反应，形成尖锐的反应峰，那么加热速率的影响就不明显。反应速度中等的试样，当升温较慢时，反应的时间拉长，热效应分散，可能尚未达到剧烈反应温度时，试样中的大部分已反应完毕，所剩不多，因而形成的峰比较平缓；当升温速度较快时，形成峰的温度滞后，峰形明锐。对于有相邻峰的试样，由于升温速率过快，会造成相邻峰的重叠现象。反应速度较慢的试样，由于形成的反应峰不易观察，用差热分析的方法难以得到令人满意的结果。

试样本身的导热性质直接关系到加热过程中试样的内外温差，如果温差过大会使试样外层已经产生了热反应，而内部仍处于未反应状态，当热电偶感触到时，试样中的大部分已经反应完毕，结果热效应很不明显，甚至难以观察，造成较大误差。因此，对导热性较差的材料应控制升温速率，避免产生较大误差。硅酸盐材料的导热性较差，升温速率一般选用 10~15℃/min。

升温速率的选择应考虑多种因素，试样传热差、记录仪灵敏度高，升温速率应慢些。升温速率选择适当，可得到真实表征试样热效应特性的差热曲线，有利于研究分析。

b 气氛和压力

气氛和压力可以影响试样化学反应和物理变化的平衡温度、峰形，分析时必须根据试样的性质选择适当的气氛和压力。

气氛的影响由气氛与试样变化关系所决定。当试样在变化过程中有气体释放或与气氛组分作用时，气氛对差热曲线的影响就特别显著。气氛的影响主要对可逆的固体热分解反应，而对不可逆的固体热分解反应影响不大。对于易氧化的试样，分析时可通入氮气或氩气等惰性气体，惰性气氛并不参与试样的变化过程，但它的压力大小对试样的变化过程（包括反应机理）也会产生影响。

气氛对 $SrCO_3$ 热分解温度的影响见图 5-10。在一氧化碳气氛中 $SrCO_3$ 的晶型转变温度（立方→六方）不变，但热分解峰提高。

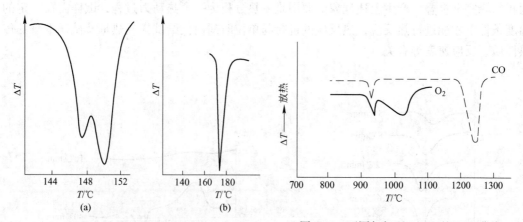

图 5-9 丙四苯的 DTA 曲线   图 5-10 不同气氛下 $SrCO_3$ 的 DTA 曲线
(a) 10℃/min; (b) 80℃/min

不涉及气相的物理变化，如晶型转变、熔融、结晶等，转变前后体积变化不大，压力对差热曲线的影响很小，峰温基本不变。对于化学反应或物理变化要放出或消耗气体的，如热分解、升华、脱水、氧化等，压力对平衡温度有明显的影响，差热曲线的峰温变化较大。其峰温移动的程度与过程的热效应有关。当外界压力增大时，试样的分解、扩散速度均降低，使热反应的温度向高温方向移动；当外界压力降低或抽真空时，试样的分解、扩散速度将加快，使热反应的温度向低温方向移动，如图 5-11 和图 5-12 所示。

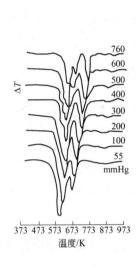

图 5-11　不同压力下 $PbCO_3$ 于 CO_2 气氛中的 DTA 曲线（1mmHg＝133.322Pa）

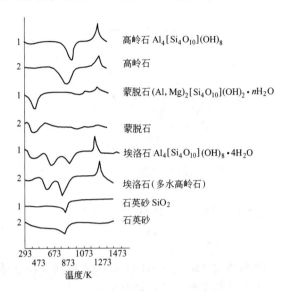

图 5-12　压力对 DTA 曲线的影响
1—空气中；2—真空中

c　参比物的性质

参比物是指在一定温度下不发生分解、相变、破坏的物质，是在热分析过程中起着与被测试样相比较作用的标准物质。

参比物的基本条件是在试验测温范围无热效应，热分析中选用的依据是其热容、导热系数是否与试样接近。常用的有 $\alpha\text{-}Al_2O_3$（经 1450℃ 以上煅烧 2~3h 的氧化铝粉）、MgO 及纯高岭土熟料（经 1200℃ 左右煅烧的纯高岭土）等。

参比物和试样在用量、装填方式、密度、粒度、比热容、导热系数等方面尽可能相近，否则会引起差热曲线基线的偏移、弯曲，甚至造成缓慢变化的假峰。

参比物的选择在很大程度上还是依据经验，但必须满足基线能够重复这一基本要求。

C　试样的影响

a　试样用量

试样用量对热效应的大小和峰形有着显著的影响，通常用量不宜过多，试样用量过多会使其内部热传导迟缓，温度梯度大，热效应产生的时间延长，温度范围扩大，差热峰的峰形扩大（更宽、更圆滑），如图 5-13 所示。

试样用量过多，还易使相邻两峰重叠，曲线分辨力下降。试样用量少，曲线出峰明显、分辨率高，基线漂移也小，且对仪器灵敏度的要求也高。如果试样量过少，会使本来就很小的峰消失；在试样均匀性较差时，还会使实验结果缺乏代表性。一般用量最多至毫克。

b　试样粒度

差热分析所用试样应符合一定要求：粉末试样的粒度一般在 100~300 目，聚合物应切碎块或薄片，纤维状试样应切成小段或制成球粒状，金属试样应加工成小圆片或小块等。

粉末试样的粒度过大或过小，对差热曲线都会产生影响。粒度过大，受热不均，峰温偏高，反应温度范围大。但对易分解产生气体的样品，粒度应大些。

图 5-14 是不同粒度的高岭石的 DTA 曲线。

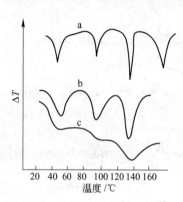

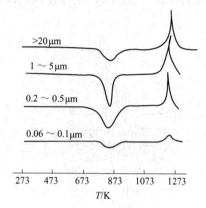

图 5-13 不同用量 NH₄NO₃ 的 DTA 曲线

a—5mg；b—50mg；c—5g

图 5-14 不同粒度高岭石的 DTA 曲线

图 5-15 是 CuSO₄·5H₂O 的 DTA 曲线，粒度适中时曲线中的三个峰可以明显区分；粒度过小，只出现两个峰；粒度过大，三个峰又发生重叠。

c 试样的形状及装填情况

试样的形状不同所得热效应峰的面积不同，以采用小颗粒试样为好，通常经磨细过筛并在坩埚中装填均匀。

装填密度影响扩散速度和传热，因而影响曲线形态。装填过于疏松，反应速度减慢，使邻近峰合并，一般采用紧密装填。

如果存在有热分解气体时，试样的装填松紧程度会影响热分解气体产物向周围介质空间的扩散和试样与气氛的接触。例如含水草酸钙（CaC₂O₄·H₂O）分解的第二步失去 CO 的反应，即：

$$CaC_2O_4 \longrightarrow CaCO_3 + CO \tag{5-9}$$

如图 5-16 所示，当介质为空气时，如装样较疏松，有较充分的氧化气氛，DTA 曲线 1

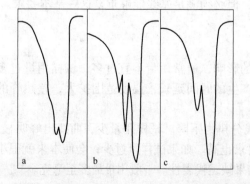

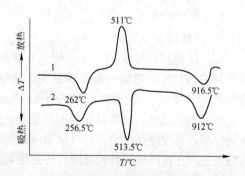

图 5-15 不同粒度 CuSO₄·5H₂O 的 DTA 曲线

a—0.9~1.18mm；b—0.19~0.28mm；c—0.15~0.19mm

图 5-16 草酸钙的 DTA 曲线

1—装样较疏松；2—装样较实

呈现放热峰（511℃），是 CO 的氧化，即 $2CO+O_2 \rightarrow 2CO_2$。如装样较实，处于缺氧状态，曲线 2 则呈现吸热峰。

上述现象说明，对于含水草酸钙的分解，这一步反应的吸、放热现象与试样的装填情况有关，总的来说，如果其分解所需的能量小于 CO 氧化放出的能量，则表现为放热效应，反之为吸热。

分析时要注意试样粒度、用量、装填情况应与参比物尽可能相同。

D　仪器因素的影响

仪器因素是指加热炉的形状、尺寸、加热方式；坩埚材料、形状；热电偶位置、性能等。对于实验人员来说，仪器通常是固定的，一般只能在某些方面，如热电偶作有限的选择。但是在分析不同仪器获得的实验结果时，仪器因素是不容忽视的。

总之，影响差热曲线的因素是多方面的、复杂的，有的因素是难以控制的。因此，选用差热分析进行定量分析比较困难，一般误差较大。如果只进行定性分析，很多影响因素则可以忽略，只有升温速率和试样用量是主要因素。

5.2.4　差热分析的应用

凡是在加热或冷却过程中，因物理化学变化而产生热效应的物质，均可利用差热分析法进行研究。

5.2.4.1　差热分析的应用范围

利用差热分析法研究物质的变化，首先要对 DTA 曲线上的每一个吸热峰或放热峰的产生原因进行分析。每一种物质都有自己特定的 DTA 曲线，复杂的物质往往具有比较复杂的 DTA 曲线，进行分析时必须结合试样的来源，考虑影响曲线的因素，合理解释。

A　含水矿物的脱水

几乎所有的矿物都有脱水现象，脱水时会产生吸热效应，在 DTA 曲线上表现为吸热峰。物质中水的存在状态可以分为吸附水、结晶水和结构水，DTA 曲线上吸热峰的峰温和形状因水的存在形态和量的不同而不同。

普通吸附水的脱水温度大约为 110℃。存在于层状硅酸盐结构中的层间水或胶体矿物中的胶体水大多在 200~300℃内脱出，个别的要在 400℃内脱出；架状硅酸盐结构中的水则是在 400℃左右大量脱出。结晶水在不同结构的矿物中结合强度不同，其脱水温度也不同，大多数情况下在 300℃脱出，而且水的逸出有阶段性。结构水是矿物中结合最牢固的水，脱水温度较高，一般在 450℃以上才能脱出，如滑石 $Mg_3[Si_4O_{10}](OH)_2$ 在 930℃左右失去结构水，高岭石 $Al_4[Si_4O_{10}](OH)_8$ 于 560℃失去结构水。相关矿物的差热曲线如图 5-17 所示。

B　矿物分解放出气体

碳酸盐、硫酸盐、硝酸盐、硫化物等物质在加热过程中，由于分解放出 CO_2、NO_2、SO_2 等气体而产生吸热效应。不同结构的矿物，因其分解温度和 DTA 曲线的形态不同，因此可用差热分析的方法对这类矿物进行区分、鉴定。

例如，方解石（$CaCO_3$）大约于 950℃分解放出 CO_2；白云石（$CaMg(CO_3)_2$）则有两个吸热峰，第一个峰是白云石分解成游离的 MgO 和 $CaCO_3$，第二个峰是 $CaCO_3$ 分解，放出

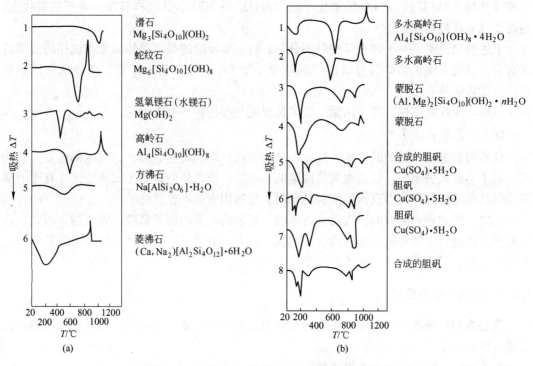

图 5-17   几种含有不同状态水的矿物 DTA 曲线

（a）含有结构水的矿物；（b）含有层间吸附水及结晶水的矿物

CO_2；菱镁矿（$MgCO_3$）和菱铁矿（$FeCO_3$）分别于 680℃ 和 540℃ 分解，放出 CO_2；重晶石（$BaSO_4$）则于 1150℃ 左右分解，放出 SO_2。上述五种矿物的差热曲线如图 5-18 所示。

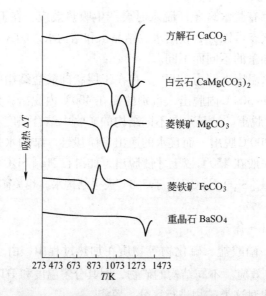

图 5-18   几种碳酸盐和硫酸盐矿物的差热曲线

C　氧化反应

试样或分解产物中含有变价元素，加热到一定温度时会发生由低价元素变为高价元素的氧化反应，同时放出热量，在 DTA 曲线上表现为放热峰。变价元素不同，以及其在晶格结构中的情况不同，则因氧化而放出的热效应温度也不同，例如 Fe^{2+} 变成 Fe^{3+}，在 340~450℃之间伴随有热效应发生。

D　非晶态物质转变为晶态物质

非晶态物质在加热过程中伴随着析晶会放出热量，还有些物质在加热过程中晶格被破坏，变为非晶态物质，继续加热往往又由非晶态转变为晶态（晶格重建）而放出热量，在 DTA 曲线上形成放热峰。例如高岭石在加热过程中，于 560℃左右失去结构水，使晶格发生破坏，变成非晶态物质，继续加热，于 960℃左右，高岭石分解物中的氧化铝结晶为 γ-Al_2O_3，产生一个放热峰，如图 5-17（a）所示。

E　晶型转变

有些矿物在加热过程中会发生晶体结构变化，并伴随有热效应。通常在加热过程中晶体由低温变体向高温变体转化时会产生吸热效应，如 β-石英（三方晶系）于 573℃转变为 α-石英（六方晶系）。如果在加热过程中矿物由非平衡态晶体转变为平衡态晶体则产生放热效应。

此外，固体物质的熔化、升华、液体的气化、玻璃化转变等，在加热过程中都会产生吸热，在 DTA 曲线上形成吸热峰。

上述各种类型的矿物均可采用差热分析的方法加以分析研究。特别是黏土类及碳酸盐类矿物，用差热分析的方法更有其独到之处。因为黏土类矿物颗粒细小，光学显微镜下难于区分；而其化学成分又比较接近，用化学分析的方法也难于区分；此外，黏土类矿物晶体结构相近，并可能以非晶态存在。所有这些都增加了鉴定的难度，所以黏土类矿物经常采用热分析的方法进行研究。当然，电子显微分析也是有效的方法，但多数情况下仍以差热分析为主。对于碳酸盐类矿物使用差热分析，可根据各种矿物分解释放的 CO_2 的温度不同，在 DTA 曲线上很容易区分。

5.2.4.2　差热分析的应用实例

A　二元相图的绘制

利用差热分析法绘制多元体系相图，是一种较为简便的方法。相图的建立，可依据实验测定一系列试样的状态变化温度（临界点）数据，给出相图中所有的转变线，包括液相线、固相线等。现以二元系统相图为例说明，如图 5-19 所示。

图 5-19（a）为具有一个低共熔点的二元系统相图，图 5-19（b）为升温过程中测定不同组成的各试样（①~⑤）的 DTA 曲线。为了更好地显示这两个图的关系，调换了 DTA 曲线的坐标轴，改换成纵坐标表示温度，且自下向上增高。试样①的 DTA 曲线只有一个尖锐的吸热峰，对应于 A 的熔化（熔点）；试样②~⑤的 DTA 曲线均在同一温度出现尖锐的吸热峰，对应于每个试样共同开始熔化（低共熔点）；试样②、③、⑤的 DTA 曲线随尖锐的吸热峰后又出现很宽的吸热峰，对应于试样的整个熔化过程（持续吸热，直至全部转为液相才恢复到基线）；试样④的组成正处于低共熔点处，只有一个尖锐的吸热峰。反过来，测定未知组成比的二元试样时，利用相图，从吸热恢复到基线的温度也可推知体系的组成比例。

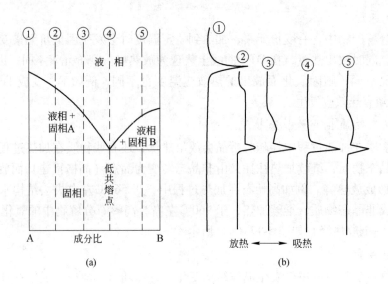

图 5-19　二元系统相图及差热分析曲线

B　硅酸盐水泥化学

硅酸盐水泥与水混合发生反应后，会凝固硬化，经一定时间能达到应有的最高机械强度。一般差热分析在硅酸盐水泥化学中的应用主要有四个方面：

（1）焙烧前的原料分析；

（2）研究精细研磨的原料逐渐加热到 1500℃ 形成水泥熟料的物理化学过程；

（3）研究水泥凝固后不同时间内水合产物的组成及生成率；

（4）研究促凝剂和缓凝剂对水泥凝固特性的影响。

图 5-20 是典型的普通硅酸盐水泥水合的 DTA 曲线，图中的 A 曲线是硅酸盐水泥原料，即石灰石和黏土混合物的 DTA 曲线，其中 100~150℃ 的吸热峰为黏土原料吸附水的释放，550~750℃ 的吸热峰为黏土结构水的释放，900~1000℃ 的大吸热峰为碳酸钙的分解，1200~1400℃ 的放热峰和吸热峰是原料物质反应的放热峰和硅酸二钙（C_2S）、硅酸三钙（C_3S）等产物的吸热峰。

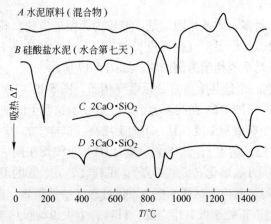

图 5-20　水泥原料及其产物的 DTA 曲线

图中的 B 曲线是硅酸盐水泥水合第七天的 DTA 曲线，在 $100\sim200℃$ 时存在水合硅酸钙凝聚物的脱水吸热峰，$500℃$ 附近的吸热峰为游离氢氧化钙分解，$800\sim900℃$ 出现碳酸钙分解的吸热峰（也可能与固-固相转变有关）。

图中的 C 曲线是水泥的重要成分硅酸二钙的 DTA 曲线，在 $780\sim830℃$ 及 $1447℃$ 的吸热峰分别是 γ 型 $\rightarrow\alpha'_L$ 型和 α'_H 型 $\rightarrow\alpha$ 型转变形成的。

图中的 D 曲线是水泥的主要组分硅酸三钙的 DTA 曲线，$464℃$ 的吸热峰是氢氧化钙分解产生的，$622℃$ 和 $755℃$ 的吸热峰是硅酸二钙的晶型转变（$\alpha'_L\rightarrow\beta_L$ 和 $\gamma\rightarrow\alpha'_L$），$923℃$ 和 $980℃$ 的两个吸热峰是硅酸三钙发生转变产生的（$T_{II}\rightarrow T_{III}$ 和 $T_{III}\rightarrow M_I$）。它是由 CaO 和 SiO_2 的固相反应生成的，水泥的主要成分可以分解成游离 CaO 和 $2CaO\cdot SiO_2$。

C　石英相变的分析

石英在加热过程中具有晶型转变（相变），从其相变规律来看，可分为两种类型，一类是不可逆的：α-石英$\rightarrow\alpha$-鳞石英$\rightarrow\alpha$-方石英；一类是可逆的：$\alpha\rightleftharpoons\beta\rightleftharpoons\gamma$。前一类由于转变速度十分缓慢，用差热分析的方法看不到转变现象；后一类反应速度较快，在 DTA 曲线上可清晰地看到转变的现象。图 5-21 为石英及鳞石英的 DTA 曲线，由曲线可知相变的温度变化。

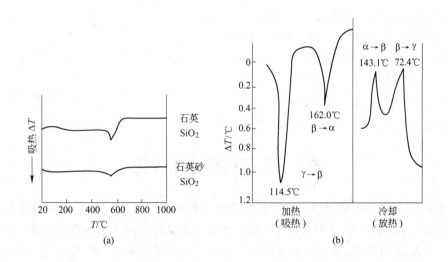

图 5-21　石英及鳞石英的 DTA 曲线
（a）石英；（b）鳞石英

D　玻璃的研究

玻璃是一种近程有序远程无序结构的材料，随着温度的升高可逐渐成为流体。在对玻璃的研究中，热分析主要应用于以下几个方面：

（1）研究玻璃形成的化学反应和过程；

（2）测定玻璃的玻璃转变温度与熔融行为；

（3）研究高温下玻璃的组分挥发；

（4）研究玻璃的结晶过程和测定晶体生长活化能；

（5）研究玻璃工艺中遇到的技术问题；

（6）微晶玻璃的研究。

玻璃化转变是一种类似于二级转变的转变，它与具有相变的诸如结晶、熔融类的一级转变不同，其临界温度是自由熔的一阶导数连续，二阶导数不连续。由于玻璃在转变温度 T_g 处比热容会产生一个跳跃式的增大，因此在 DTA 曲线上会表现为吸热峰。玻璃析晶时会释放能量，因而会在 DTA 曲线上表现出一个强大的放热峰。图 5-22 为 $Li_2O \cdot 3SiO_2$ 玻璃及其在加入添加剂（SrO、K_2O）后的 DTA 曲线。图中 $484 \sim 493℃$ 处的吸热峰即对应为玻璃的转变温度 T_g，而在 $600 \sim 680℃$ 左右出现的强大放热峰则是由于玻璃晶化造成的。由图 5-22 可知，在 $Li_2O \cdot 3SiO_2$ 玻璃中加入 SrO 后可使玻璃的转变温度 T_g 和晶化温度均提高，但加入 K_2O 后仅能提高晶化温度而玻璃的转变温度 T_g 没有变化。

当玻璃发生分相时，从 DTA 曲线上可见两个吸热峰，对应于两玻璃的 T_g 温度。因而 DTA 曲线可以检验玻璃是否分相，还可根据吸热峰的面积估算两相的相对含量。

微晶玻璃是通过控制晶化而得到的多晶材料，在强度、抗热震性和耐腐蚀性等方面较普通玻璃都有大幅提高。微晶玻璃在晶化过程中会释放出大量的结晶潜热，产生明显的热效应，因而 DTA 分析在微晶玻璃研究中具有重要的作用。微晶玻璃的制备过程分核化和晶化两个阶段，一般核化温度取接近 T_g 温度而低

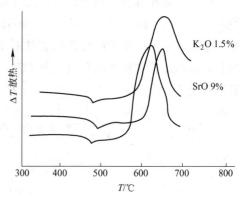

图 5-22　$Li_2O \cdot 3SiO_2$ 玻璃的 DTA 曲线

于膨胀软化点的温度范围，而晶化温度则取放热峰的上升点至峰顶温度范围。

5.3　差示扫描量热分析

差示扫描量热分析是在程序控制温度条件下测量输入到物质和参比物的能量差与温度（或时间）关系的一种热分析技术。根据测量方法又分为两种基本类型：功率补偿型和热流型。两者分别测量输入试样和参比物的功率差及试样和参比物的温度。测得的曲线称为差示扫描量热曲线（DSC 曲线）。

差示扫描量热法是在差热分析的基础上发展而成，其主要特点是分辨能力和灵敏度高，使用温度范围较宽（$-175 \sim 725℃$）。它不仅涵盖了差热分析的一般功能，而且可定量地测定各种热力学、动力学参数（如热熔、熵、比热容等），在材料应用科学和理论研究中获得广泛应用。差示扫描量热法的工作温度，目前大多只能到达中温（1100℃）以下，明显低于差热分析法，是因为高于 700℃ 后热辐射就高于热传导，其信号就不准了。

5.3.1　基本原理与差示扫描量热仪

5.3.1.1　功率补偿型差示扫描量热法

功率补偿型差示扫描量热法是采用零点平衡原理。图 5-23 所示为功率补偿型差示扫描量热仪示意图，与差热分析仪比较，差示扫描量热仪多了一个功率补偿放大器，且试样容器（坩埚）与参比物容器（坩埚）下增加了各自独立的热敏元件和补偿加热器（丝）。整个仪器由两个控制系统进行监控，其中一个控制温度，使试样和参比物在预定速率下升温或降温，另一个控制系统用于补偿试样和参比物之间所产生的温差，即当试样由于热反应而出现温差时，通过补偿控制系统使流入补偿加热丝的电流发生变化。例如，热分析过程中，当试样发生吸热时，补偿系统流入试样一侧加热丝的电流增大；而试样放热时，补偿系统则流入参比物一侧加热丝的电流增大。直至试样和参比物二者热量平衡，保持温度相等，$\Delta T = 0$（零点平衡）。补偿的能量就是试样吸收或放出的能量。

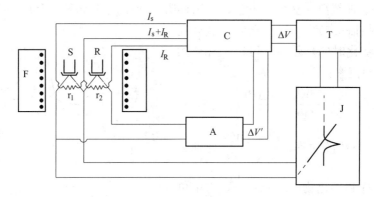

图 5-23　功率补偿型差示扫描量热仪示意图

S—试样；R— 参比物；C—差动热量补偿器；A—微伏放大器；
T—量程转换器；J—记录器；F—电炉；r_1，r_2—补偿加热丝

5.3.1.2　热流型差示扫描量热法

热流型差示扫描量热法主要通过测量加热过程中试样吸收或放出热量的流量来达到分析的目的。

热流型差示扫描量热仪的示意图如图 5-24 所示，其构造与差热分析仪相近。它利用康铜电热片作为试样和参比物支架底盘并兼做测温热电偶，该电热片与试样和参比物底盘下的镍铬-镍铝热电偶检测差示热流。当加热器在程序控制下加热时，热量通过加热块对试样和参比物均匀加热。由于高温时试样和周围环境的温差较大，热量损失较大，故在等速升温的同时，仪器自动改变差热放大器的

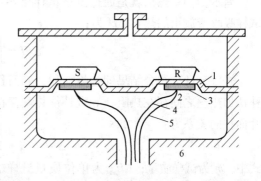

图 5-24　热流型差示扫描量热仪示意图

1—康铜盘；2—热电偶热点；3—镍铬板；
4—镍铝丝；5—镍铬丝；6—加热块

放大倍数，以补偿因温度变化对试样热效应测量的影响。因此，该仪器可以定量地测定热效应。

　　无论哪一种差示扫描量热方法，随着试样温度的升高，试样与周围环境温度偏差增大，造成量热损失，都会使测量精度下降。因而差示扫描量热法的测量温度范围通常低于700℃。

　　从试样产生热效应释放出的热量向周围散失的情况来看，功率补偿型差示扫描量热仪的热量损失较多，而热流型的热量损失较少，一般在10%左右。目前，差示扫描量热法已是应用最广泛的热分析技术之一。其中，功率补偿型差示扫描量热仪比热流型差示扫描量热仪应用得更广泛些。

5.3.2　差示扫描量热曲线

　　典型的 DSC 曲线如图 5-25 所示，横坐标表示温度 T 或时间 t，纵坐标表示试样吸热或放热的速率，即热流率 $\mathrm{d}H/\mathrm{d}t$，单位为 mJ/s。

　　图 5-25 中，曲线离开基线的位移代表试样吸热或放热的速率，峰面积代表热量的变化，因而差示扫描量热法可以直接测量试样在发生物理化学变化时的热效应。可以从补偿的功率直接计算热流率：

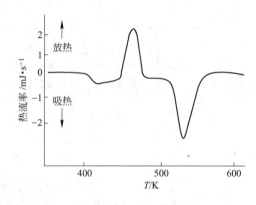

图 5-25　典型的 DSC 曲线

$$\Delta P = \frac{\mathrm{d}Q_S}{\mathrm{d}t} - \frac{\mathrm{d}Q_R}{\mathrm{d}t} = \frac{\mathrm{d}\Delta H}{\mathrm{d}t} \qquad (5\text{-}10)$$

式中，ΔP 为所补偿的功率；$\dfrac{\mathrm{d}Q_S}{\mathrm{d}t}$、$\dfrac{\mathrm{d}Q_R}{\mathrm{d}t}$ 分别为单位时间给试样和参比物的热量；$\dfrac{\mathrm{d}\Delta H}{\mathrm{d}t}$ 为单位时间试样的热焓变化（热流率），也就是曲线的纵坐标。

　　差示扫描量热法就是通过测量试样与参比物的功率差，用它来代表试样的热焓变化。试样吸收或放出的热量 ΔH 为：

$$\Delta H = \int_{t_1}^{t_2} \Delta P \mathrm{d}t \qquad (5\text{-}11)$$

　　式（5-11）积分结果即为峰面积，峰面积是热量的直接度量。考虑到试样和参比物与补偿加热丝之间存在热阻，导致补偿热量存在损耗，因此，试样热效应真实的热量与曲线峰面积的关系为：

$$\Delta H = m \cdot \Delta H_m = K \cdot A \qquad (5\text{-}12)$$

式中，m 为试样质量；ΔH_m 为单位质量试样的焓变；K 是修正系数，称仪器常数；A 为峰面积。

　　仪器常数 K 可由标准物质试验确定，对于已知 ΔH 的试样，测量出相应的峰面积 A，按照上式即可求得 K。这里的 K 不随温度、操作条件而变，因此 DSC 比 DTA 定量性能好。同时试样和参比物与热电偶之间的热阻可做得尽可能小，使得 DSC 对热效应的响应更快、灵敏度及峰的分辨率更好。

5.3.3　差示扫描量热曲线的影响因素

影响差示扫描量热曲线的因素和差热分析基本类似，由于差示扫描量热分析主要用于定量测定，因此，某些实验因素的影响显得更为重要，主要有以下几方面。

5.3.3.1　实验条件的影响

（1）升温速率。升温速率主要影响差示扫描量热曲线的峰形与峰位。一般升温速率越大，峰位温度越高，峰形越大和越尖锐。

（2）气体性质。实验中一般对所通气体的氧化还原性和惰性比较注意，而往往忽视其对曲线峰位和热熔值的影响。实际上，在氦气中测定的起始温度和峰位温度较低，这是因为氦气的热导性约为空气的 5 倍，温度响应较慢；相反，在真空中温度响应要快得多。同样的，在氦气中测得的热熔值只相当于其他气氛的 40% 左右。

（3）参比物的特性。参比物的影响与差热分析相同，详见本章第 2 节相关内容。

5.3.3.2　试样的影响

差示扫描量热分析法可分析固体、液体样品。

（1）试样用量。试样用量是一个不容忽视的因素，通常用量不宜过多，一般约为零点几至几十毫克。用量过多，会使试样内部传热变慢，温度梯度变大，导致峰形扩大和分辨率降低。当采用样品用量较少时，用较高的扫描速度，可得到高分辨率较规则的峰形；当采用样品用量较多时，可观察到细微的转变峰，获得较精确的定量分析结果。

（2）试样粒度。粒度的影响比较复杂。通常由于大颗粒的热阻较大而使试样的熔融温度和熔融热熔偏低，但是当结晶的大颗粒研磨成细颗粒时，往往由于晶体结构的歪曲和结晶度的下降导致类似的结果。对于带静电的粉末试样，由于粉末颗粒间的静电引力使粉末形成聚集体，引起熔融热熔变大。

（3）试样的几何形状。研究表明，要获得比较精确的峰位温度值，应增大试样与试样容器的接触面积，减少试样厚度，采用较慢的升温速率。

（4）试样的纯度。试样的杂质含量升高，转变峰向低温方向移动，峰形变宽。

5.3.4　差示扫描量热法的应用

差示扫描量热法与差热分析法的应用功能有许多相同之处，但 DSC 克服了 DTA 以温度差间接表达物质热效应的缺陷，具有分辨率高，灵敏度高等优点，可定量测定多种热力学和动力学参数，且可进行晶体细微结构分析等工作。以下是几个应用的例子。

5.3.4.1　熔变的测定

若已测定仪器常数 K，按测定 K 时相同的实验条件测定试样差示扫描量热曲线上的峰面积，由式（5-12）计算求得其熔变 ΔH（或单位质量熔变 ΔH_m）。

5.3.4.2　比热容的测定

比热容是指 1g 物质温度升高 1K 时所吸收的显热。差示扫描量热分析中升温速率为定值，而试样的热流率是连续测定的，所测定的热流率与试样瞬间比热容成正比：

$$\frac{\mathrm{d}H}{\mathrm{d}t} = m \cdot c_p \cdot \frac{\mathrm{d}T}{\mathrm{d}t}$$

（5-13）

式中，m 为试样质量；c_p 为恒压比热容；$\mathrm{d}T/\mathrm{d}t$ 是程序控制升、降温速率。

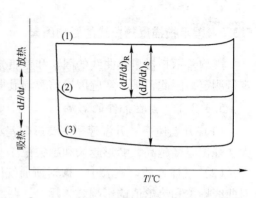

图 5-26　测定比热容的 DSC 曲线示意图
(1) 空白；(2) 蓝宝石；(3) 试样

试样比热容的测定通常是以蓝宝石作为标准物，其数据已精确测定，可从相关手册查到不同温度下的比热容值。首先要测定空白基线，即无试样时的 DSC 曲线；然后在相同条件下测得蓝宝石与试样的 DSC 曲线，结果如图 5-26 所示。

由于升温速率 $\mathrm{d}T/\mathrm{d}t$ 相同，由式（5-13）知在任一温度时，有：

$$\left(\frac{\mathrm{d}H}{\mathrm{d}t}\right)_{\mathrm{S}}\Big/\left(\frac{\mathrm{d}H}{\mathrm{d}t}\right)_{\mathrm{R}}=\frac{m_{\mathrm{S}}\cdot(c_p)_{\mathrm{S}}}{m_{\mathrm{R}}\cdot(c_p)_{\mathrm{R}}} \qquad (5\text{-}14)$$

式中，下标 S、R 分别代表试样与蓝宝石，根据 DSC 曲线中测得的试样与蓝宝石的 $\mathrm{d}H/\mathrm{d}t$ 值（图 5-26），可根据上式求出试样在任一温度下的比热容。

5.4　热　重　分　析

热重分析是在程序控制温度条件下，测量物质的质量与温度的关系的热分析方法。

物质在加热、冷却过程中，除产生热效应外，往往有质量变化，变化的大小及出现的温度与物质的化学组成与结构密切相关，如分解、升华、氧化、还原、吸附、蒸发等。例如黏土类矿物在加热过程中排除水分，产生 CO_2，使质量减少；而大多数金属由于氧化会使其质量增加。

目前，热重分析法广泛应用于多个领域，在冶金、材料、食品、生物化学等学科中发挥着重要的作用。

5.4.1　热重分析仪

热重分析通常有两种方法：静法（恒温）和动法（变温）。所谓静法是把试样在各个给定温度下加热到恒重，然后按质量-温度变化作图；动法则是在加热过程中，边升温，边连续称出试样的重量变化，然后按质量-温度变化作图。静法的优点是精度高，能记录微小失重变化，缺点是操作复杂、时间长；动法的优点是能自动记录，可与差热分析法配合，有利于对比分析，缺点是对微小质量变化的灵敏度低。

热重分析仪有热天平式和弹簧式两种。

5.4.1.1　热天平式

目前的热重分析仪多采用热天平式，其基本结构示意图如图 5-27 所示。

这种热天平与常规分析天平一样，都是称量仪器，因其结构的特殊性，与一般天平在称量功能上有着显著差别。当热天平在加热过程中试样无质量变化时能保持初始平衡状态；而质量变化时，天平就失去平衡，由传感器检测并立即输出天平失衡信号。信号经放大后自动改变平衡复位器中的电流，使天平重又回到初始平衡状态，即所谓的零

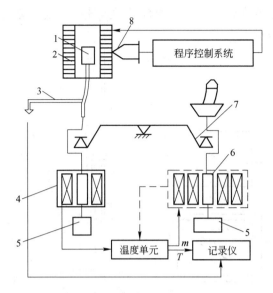

图 5-27　热天平结构示意图
1—试样支持器；2—炉子；3—测温热电偶；4—传感器（差动变压器）；
5—平衡锤；6—阻尼及天平复位器；7—天平；8—阻尼信号

位。因为通过平衡复位器中的线圈电流与试样质量变化成正比，所以记录电流的变化即能得到加热过程中试样质量连续变化的信息。试样温度同时由测温热电偶测定并记录。于是得到试样质量与温度（或时间）关系的曲线。热天平中阻尼器的作用是维持天平的稳定。天平摆动时，就有阻尼信号产生，信号经阻尼放大器放大后再反馈到阻尼器中，使天平摆动停止。

目前热天平的种类很多，根据试样器皿在天平中所处位置分为上、下皿及水平三种。若按天平的动作方式，除了零位型外，还有偏转型。后者是直接根据称量机构相对于平衡位置的偏转量来确定载荷大小的。由于零位型天平优点显著，目前热天平大多采用这种方式。

5.4.1.2　弹簧式

弹簧式热重分析仪的原理是胡克定律，即弹簧在弹性限度内其应力与应变呈线性关系。一般的弹簧材料因其弹性模量随温度变化，容易产生误差，所以采用石英玻璃或退火的钨丝制作弹簧。弹簧式热重分析仪利用弹簧的伸长量与重量成比例的关系，采用测高仪读数或者用差动变压器将弹簧的伸长量转换成电信号进行自动记录，如图5-28所示。

5.4.2　热重曲线

热重法记录的热重曲线以温度 T 或时间 t 为横坐标，质量 W 为纵坐标，纵坐标也可以用余重百分数（$W'/\%$）或失重百分数等其他形式表示。

如图5-29中的曲线1所示，由于试样质量变化的实际过程不是在某一温度下同时发生并瞬间完成的，因此热重曲线的形状不呈直角台阶状，而是形成带有过渡和倾斜区段的曲线。曲线的水平部分称为平台，表示质量是恒定的，两平台之间的部分称为台阶，曲线倾斜区段表示质量的变化。从热重曲线可得到试样组成、热稳定性、热分解温度和热分解动力学等有关数据。

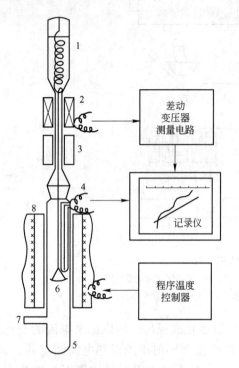

图 5-28　自动记录的弹簧式热分析仪
1—石英弹簧；2—差动变压器；3—磁阻尼器；
4—测温热电偶；5—套管；6—样品皿；
7—通气口；8—加热炉

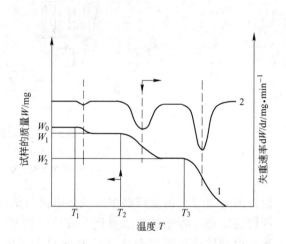

图 5-29　典型的热重曲线和微商热重曲线
1—TG 曲线 ；2—DTG 曲线

　　热重曲线（TG 曲线）中质量对时间进行一次微商，可得到微商热重曲线（DTG 曲线，图 5-29 中的曲线 2），目前新型的热重分析仪附带有质量微商单元，可直接记录、显示热重和微商热重曲线。微商热重曲线的横坐标为温度 T 或时间 t，纵坐标为质量随温度或时间的变化率 dW/dT 或 dW/dt。微商热重分析主要用于研究不同温度下试样质量的变化速率，对确定分解的开始温度和最大分解速率时的温度是特别有用的。图 5-29 所示为典型的热重曲线和微商热重曲线。

　　从 TG 曲线可求算出 DTG 曲线，两曲线之间存在着一定的对应关系：DTG 曲线上峰的起止点对应 TG 曲线台阶的起止点；DTG 曲线上失重速率最大的温度，即相应峰顶温度（$d^2W/dt^2 = 0$）与 TG 曲线的拐点相对应；DTG 曲线上的峰数与 TG 曲线中的台阶数相等；DTG 曲线峰面积与失重量成正比，可更精确地进行定量分析，而 TG 曲线表达失重过程更加形象、直观。

　　图 5-30 所示为钙、锶、钡 3 种元素水合草酸盐的 DTG 曲线与 TG 曲线。TG 曲线从上到下的 5 个失重过程分别为水合草酸盐的一水合物失水、无水草酸盐分解、碳酸钙分解、碳酸锶分解和碳酸钡分解，与之对应的 DTG 曲线能清楚地区分相继发生的热重变化反应，精确提供反应起始温度、最大反应速率温度和反应终止温度，很方便地为反应动力学计算

提供反应速率数据。

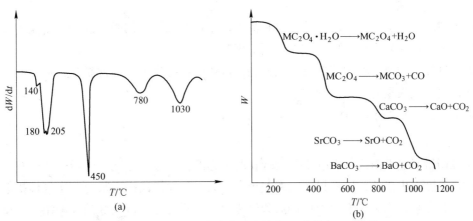

图 5-30　钙、锶、钡水合草酸盐的 DTG 曲线与 TG 曲线
（a）DTG 曲线；（b）TG 曲线

5.4.3　热重曲线的影响因素

5.4.3.1　实验条件的影响

A　升温速率

升温速率对热重曲线有明显的影响，这是因为升温速率直接影响炉壁与试样、外层试样与内部试样间的传热和温度梯度。一般来说，升温速率并不影响失重。但是升温速率越大，所产生的热滞后现象越严重，往往导致 TG 曲线上的起始、终止温度偏高且反应区间变宽，但失重百分比一般并不改变。

如果试样在加热过程中生成中间产物，升温速率快往往不利于中间产物的检出，在TG 曲线上呈现出的拐点不明显；升温速率慢就可得到曲线上与中间产物对应的平台，获得准确的实验结果。

对于含有大量结晶水的试样，升温速率不宜太快。对多阶段反应，慢速升温有利于阶段反应的相互分离。

因此在热重分析中，选择合适的升温速率至关重要，文献报道以 10℃/min 居多，对于无机材料一般为 10~20℃/min。

B　气氛

热重分析时常见的气氛有空气、O_2、N_2、He、H_2、CO_2 和水蒸气等。气氛的影响不仅与气体的种类有关，而且与气体的存在状态（静态、动态）、气体的流量等有关。

如果在静态气氛下，测定一个可逆的分解反应，虽然随着温度升高，分解速率增大，但由于试样周围气体浓度增大又会使分解速率降低；另外，炉内气体的对流可造成试样周围气体浓度的不断变化。因此通常不采用静态气氛，气氛处于动态时应注意其流量对试样的分解温度、测温精度和 TG 曲线形状等的影响，一般气流速度 40~50mL/min。

在静态气氛中，如果气氛气体是惰性的，则反应不受惰性气氛的影响，只与试样周围自身分解出的产物气体的瞬间浓度有关。当气氛气体含有与产物相同的气体组分时，由于加入的气体产物会抑制反应的进行，使分解温度升高。如图 5-31 所示碳酸钙在真空、空气和 CO_2 中的分解。

一般情况下，提高气氛压力，无论是静态还是动态气氛，都会使起始分解温度向高温区移动和使分解速率有所减慢，相应的反应区间增大。

如果试样在加热过程中有挥发性的产物，这些产物必然要在内部扩散，而不能立即排除，所以会出现失重时间滞后的现象。

5.4.3.2 试样的影响

A 试样用量

试样用量对热重曲线的影响主要表现在两个方面：一方面，试样的吸热或放热反应会引起试样温度发生偏差，用量越大，偏差越大；另一方面，试样用量对逸出气体扩散和传热梯度都有影响，用量大不利于热扩散和热传递。因此要想获得较好的检测结果，试样用量应在热重分析仪灵敏度范围内尽可能少，一般在 10mg 左右。

图 5-32 为不同用量五水硫酸铜的热重曲线，可明显看出用量少时得到的结果较好，曲线上反应热分解中间过程的平台很明显，而用量较多时则中间过程模糊不清。

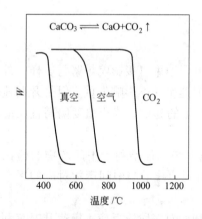

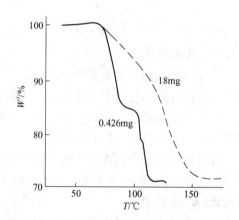

图 5-31 碳酸钙在不同气氛中分解的 TG 曲线   图 5-32 不同用量下五水硫酸铜的热重曲线

B 试样粒度

试样粒度对热传导和气体扩散同样有较大的影响。试样粒度越小，反应速率越快，导致热重曲线上的反应起始温度和终止温度降低，反应区间变窄。粗颗粒的试样反应较慢，分解起始和终止温度都比较高。

C 试样的热性质与装填方式

试样的反应热、导热性和比热容都对热重曲线有影响，而且彼此是互相联系的。吸热反应易使反应温度区扩展，且表观反应温度总比理论反应温度高。

一般地试样装填越紧密，试样颗粒间接触越好，有利于热传导，但不利于气氛气体向试样内部的扩散或分解的气体产物的扩散和逸出。通常试样装填的紧密程度适中为好。

5.4.3.3 仪器因素的影响

A 试样支持器（坩埚与支架）

试样容器及支架组成试样支持器。盛放试样的容器常用坩埚，它对热重曲线有着不可忽视的影响。影响主要来自坩埚的大小、几何形状和结构材料三个方面。热重分析仪试样坩埚的材质有玻璃、陶瓷、石英、金属等。选用时应注意坩埚对试样、中间产物和最终产物应是惰性的。

B 基线漂移

基线漂移是指试样没有变化而记录曲线却指示出有质量变化的现象，它造成试样失重或增重的假象。这种漂移主要与加热炉内气体的浮力效应和对流影响等因素有关。气体密度随温度而变化，温度升高，试样周围气体密度下降，气体对试样支持器及试样的浮力也变小，出现增重现象。与浮力效应同时存在的还有对流影响。这时试样周围的气体受热变轻形成一股向上的热气流，这一气流作用在天平上便引起试样的失重表现。

5.4.4 热重分析的应用

热重分析的应用非常广泛，凡是在加热、冷却过程中有质量变化的物质都可应用，配合差热分析法，能对这些物质进行精确的鉴定。它可用于物质成分分析、相图测定、水分与挥发物分析；还可进行无机和有机化合物的热分解、不同气氛下物质的热性质、反应动力学（活化能、反应级数）等多方面的研究工作。

热重分析在无机材料领域有着广泛的应用。它可用于研究含水矿物的结构及热反应过程，测定计算热分解反应的反应级数和活化能。在玻璃工艺和结构的研究中，热重分析可用来研究高温下玻璃组分的挥发、验证伴有失重现象的玻璃化学反应。在水泥研究方面，热重分析可进行煅烧前原料分析、测定水化程度及水化产物、模拟煅烧条件、探讨主要熟料矿物的生成机理、研究外加剂对水泥硬化的影响等。陶瓷研究方面，热重分析可用于原料纯度研究、原料预烧温度确定、合理烧成制度制定等。

物质的热重曲线的每一个平台都代表了该物质确定的质量，它能精确地分析出二元或三元混合物各组分的含量。如图 5-33 所示，可根据白云石（$CaMg(CO_3)_2$）的热重

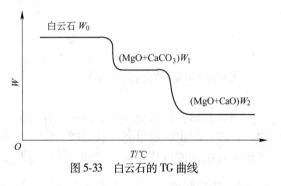

图 5-33 白云石的 TG 曲线

曲线，求出白云石中 CaO 和 MgO 的含量，并推算出白云石的纯度。图 5-33 中 W_0-W_1 为白云石中 $MgCO_3$ 分解放出 CO_2 的失重，由此可算出 MgO 的含量；W_1-W_2 为白云石中 $CaCO_3$ 分解放出 CO_2 的失重，由此可算出 CaO 的含量。由白云石中 MgO 和 CaO 的量即可计算出白云石的纯度。

在高分子材料研究中，热重分析可用于测定高聚物材料中的添加剂含量和水分含量，鉴定和分析共混和共聚的高聚物，研究高聚物裂解反应动力学和测定活化能，估算高聚物化学老化寿命和评价老化性能等。

5.5   热膨胀分析

5.5.1   热膨胀分析的基本原理

任何物质在一定的温度、压力下，均有一定的体积，当温度变化时，物质的体积会发生相应的变化。物质的体积或长度随温度升高而增大的现象称为热膨胀（个别物质相反，表现为收缩）。物质的热膨胀是基于构成物质的质点的平均距离随温度升高而增大，这种性质与物质的结构、键型及键力大小、热容、熔点等密切相关。因此，不同的物质（或组成相同而结构不同的物质）具有不同的热膨胀特性。

热膨胀分析法就是在程序控制温度条件下，测量物质在可忽视负荷下尺寸变化与温度或时间关系的一种热分析方法。热膨胀曲线以温度 T（或时间 t）为横坐标，纵坐标表示物质的尺寸变化。通过热膨胀仪可以测定物质的线膨胀系数和体膨胀系数。

线膨胀系数 α 是温度升高 1℃ 时，试样某一方向上的长度变化（相对伸长或收缩）。表示为：

$$\alpha = \frac{\Delta l}{l_0 \cdot \Delta T} \tag{5-15}$$

即：
$$l_T = l_0 + \Delta l = l_0(1 + \alpha \cdot \Delta T) \tag{5-16}$$

式中，l_0、l_T 分别代表试样起始长度和在温度 T 时的长度，Δl 表示温度升高 ΔT 后试样长度的增量。

体膨胀系数 β 是温度升高 1℃ 时，试样体积（三维尺寸）膨胀（或收缩）的相对量。表示为：

$$\beta = \frac{\Delta V}{V_0 \cdot \Delta T} \tag{5-17}$$

即：
$$V_T = V_0(1 + \beta \cdot \Delta T) \tag{5-18}$$

式中，V_0、V_T 分别代表试样原体积和在温度 T 时的体积。

无论线膨胀系数还是体膨胀系数均不是一个恒定值，而是在给定温度范围内的一个平均值。

通常的热膨胀法是以测定固体试样的某一个方向上长度的变化为主，即线膨胀测定居多。此外，测定时如果将棒状试样与作为基准的石英棒并排放置，固定两者的一端，准确地测定自由端的位移差值，这种方法称为差示热膨胀法。

5.5.2   热膨胀仪

热膨胀仪种类繁多，按其测量原理可分为机械放大（机械杠杆）、光学放大（光学杠杆）、电磁放大三种类型。目前应用的热膨胀仪多是与其他热分析方法结合的综合式热分析仪。

线膨胀系数测定仪如图 5-34 所示。为了使仪器本身的热膨胀尽可能小，通常采用熔融石英材料（线膨胀系数为 0.5×10^{-6}/℃），用机械千分表、光学测微计测量试样尺寸变化。

体膨胀系数测定仪如图 5-35 所示。它是一种毛细管式膨胀仪。将试样放入样品容器并抽真空，随后注入水银、甘油等液体，使之充满样品管和部分带刻度的毛细管。当样品管温度发生变化，试样的体积变化通过毛细管内液体的升降，由刻度管读出。

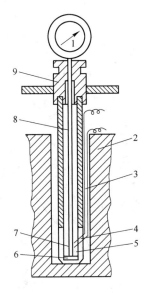

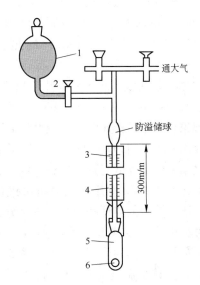

图 5-34　立式石英膨胀计

1—千分表；2—程序控制加热炉；3—石英外套管；

4—测温热电偶；5—窗口；6—石英底座；

7—试样；8—石英棒；9—导向管

图 5-35　体膨胀系数测定仪

1—汞及容器；2—接真空管；3—毛细管；

4—刻度板；5—样品池；6—试样

5.5.3　热膨胀分析的应用

热膨胀法在材料研究中具有重要意义，研究和掌握陶瓷材料的各种原料的热膨胀特性对确定陶瓷材料合理的配方和烧成至关重要。

石英、长石、高岭石是陶瓷材料的主要原料，图 5-36 所示为这三种矿物的热膨胀曲线，由图可知，在 723K 时，高岭石大约收缩 0.3%，石英和长石分别膨胀约 0.7% 和 3.5%。

图 5-37 所示为三种硬质黏土的热膨胀曲线，图中 a 是以水铝石为主并含微量高岭石

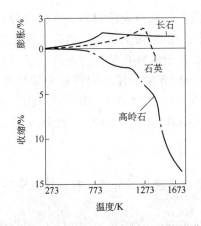

图 5-36　石英、长石、高岭石的热膨胀曲线

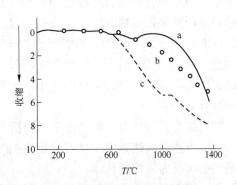

图 5-37　三种硬质黏土的热膨胀曲线

a—水铝石+微量高岭石；b—高岭石+水铝石；

c—高岭石为主

的黏土试样的热膨胀曲线，在1000℃以前收缩很小，仅为1%，1000℃以后才开始形成剧烈的收缩；b为含高岭石和水铝石的黏土试样的热膨胀曲线，在1000℃时总收缩为2%；c为以高岭石为主体的黏土试样的热膨胀曲线，自600℃开始出现较大的收缩，1000℃时收缩达4.7%，至1400℃时收缩达7.7%。上述现象意味着试样a的烧结温度最高（即在相同温度下收缩最小），试样c的烧结温度最低。由此可见试样烧结温度的高低与耐火性较高的水铝石有关。

前述5.2.4.2C利用差热分析法进行石英相变的分析，还可结合其热膨胀曲线，综合分析石英在晶型转变过程中伴随着热效应的产生，其显著的体积变化，石英及其变体的热膨胀曲线如图5-38所示。

玻璃化转变温度是控制材料质量的重要参数。玻璃化转变通常伴随热膨胀系数变大，因此可以通过测定热膨胀系数的变化过程来确定玻璃化转变温度。

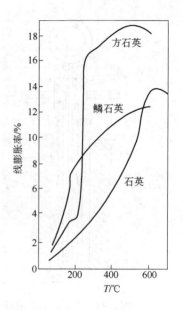

图 5-38　石英及其变体的热膨胀曲线

5.6　综合热分析

热分析虽然已有百年的发展历程，但随着科学技术的发展，尤其是热分析技术在材料领域中的广泛应用，使热分析技术展现出新的生机和活力。热分析仪器逐步向小型化、综合化、高性能化发展。

5.6.1　综合热分析的基本原理

材料科学的发展，要求在相同实验条件下尽可能多的获得表征材料特性的各种信息，能更精确地判断材料制备过程中细微变化产生的原因，以便做出正确的符合实际的判断。综合热分析就是把单独的仪器组合在一起，同时记录关于试样热变化的多种信息（TG曲线、DTA曲线、DSC曲线、热膨胀曲线等）的一种分析方法。将不同仪器的特长和功能相结合，实现联合分析，扩大了分析范围。如DTA-TG、DSC-TG、DSC-TG-DTG、DTA-TMA、DTA-TG-TMA等的综合以及TG与气相色谱（GC）、质谱（MS）、红外光谱（IR）等的综合。

利用综合热分析曲线可做出下列分析：

（1）当产生吸热效应并伴有质量损失时，可能是物质脱水或分解，有放热效应并伴有质量增加时，为氧化过程。

（2）当有吸热效应而无质量变化时，是晶型转变所致，有吸热效应并有体积收缩时，也可能是晶型转变。

（3）当产生放热效应并伴有收缩时，一般为重结晶或有新物质生成。

（4）当没有明显的热效应，开始收缩或从膨胀转为收缩时，表示烧结开始（因化合物熔化时需要吸收潜热，而表观温度处于相对稳定状态）。收缩越大，表示烧结进行得越剧烈。

上述分析为正确判读热分析曲线提供了依据。为了验证判断的正确与否，还可结合高温 X 射线分析、高温显微镜等仪器的分析观察，这样便可以正确地推断热效应产生的实质，阐明热变化过程中产生的物理化学变化。

综合热分析曲线为材料加热过程中的变化机理提供了可靠的依据，目前，综合热分析已成为科研、生产中不可缺少的研究手段之一。

5.6.2 综合热分析的应用实例

5.6.2.1 锆酸钙合成的研究

锆酸钙（$CaZrO_3$）具有一系列优良的特性，以 $CaCO_3$ 与 ZrO_2 为原料经固相反应可以合成锆酸钙，其形成过程的综合热分析曲线如图 5-39 所示。

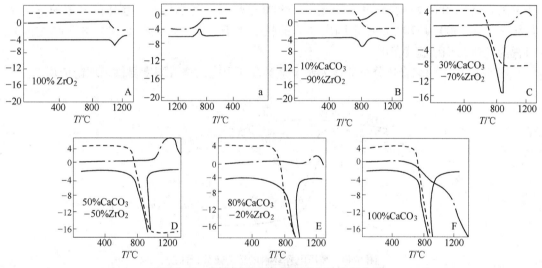

图 5-39　锆酸钙形成过程的综合热分析曲线

—— 差热曲线；—·— 线膨胀曲线；--- 热重曲线

二氧化锆（ZrO_2）加热时，在 1150℃附近有一个吸热峰，线膨胀曲线上有明显的收缩（图 5-39A）。这是 ZrO_2 的晶型转变（单斜→四方晶系）引起的，这一转变是可逆的，冷却曲线上可见到明显的放热峰（图 5-39a）。$x(CaCO_3):x(ZrO_2)=1:9$ 的试样，加热过程中在 950~1200℃之间有明显的体积膨胀（图 5-39B）。随着试样中 $CaCO_3$ 含量的增加，试样的膨胀量也相应增大，试样尺寸增加的最大值位于 $x(CaCO_3):x(ZrO_2)=1:1$ 处（图 5-39D）。如果继续提高 $CaCO_3$ 的含量，试样的膨胀量不再增加，反而最终失去膨胀。

上述结果说明，试样的体积膨胀与 $CaCO_3$ 的分解无关，因为试样开始膨胀前 $CaCO_3$ 已经分解结束，这一点从差热曲线和热重曲线可以得到证实（图 5-39F）。此外，试样膨胀的最大值处于 $x(CaCO_3):x(ZrO_2)=1:1$ 处，符合锆酸钙（$CaZrO_3$）化合物的组成，并由 X 射线衍射分析结果得到证实。由此可知，试样的膨胀是由于锆酸钙的形成引起的。因此，要想制备致密的锆酸钙烧结制品，需要进行一次预烧，其温度应略高于 $CaZrO_3$ 的形成温度。

5.6.2.2　高压电瓷坯料的研究

现以某高压电瓷坯料为例说明，如何利用综合热分析方法，制定合理的烧成制度，保证制品的性能及成品率。高压电瓷坯料的配方组成见表 5-4，综合热分析曲线如图 5-40 所示。

表 5-4　高压电瓷坯料的组成

原　料	黏　土	高岭土	石英砂	微晶花岗岩	碎瓷粉
质量分数/%	17.9	26.28	8.32	42.00	5.00

如图 5-40 所示，400℃以前，坯料的质量变化不大，因膨胀体积略有增加。500℃以后因黏土类原料的脱水使质量发生明显变化，至 750℃ 左右质量稳定。因此，在坯体大量失水阶段（500~750℃），应缓慢升温。1120℃坯体开始收缩，气孔率降低，容重增加。在 1120~1300℃ 温度范围内，坯体剧烈收缩（由于低共熔物形成大量液相所致），并出现二次莫来石（1250℃放热峰）和方石英（1300℃放热峰）等晶体，故坯体的升温速度应更加缓慢。在 1300~1370℃ 温度范围内坯体的收缩趋于稳定（波动于 8.5%~8.76% 之间），可视为坯体的烧结温度范围。

图 5-40 所示的综合热分析曲线为制定该类高压电瓷的烧成制度提供了理论依据。

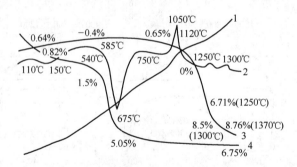

图 5-40　高压电瓷坯料的综合热分析曲线
1—温度曲线；2—DTA 曲线；3—热膨胀曲线；4—TG 曲线

5.6.2.3　钡长石生成的研究

在应用于高温结构材料的玻璃陶瓷中，钡长石（$BaAl_2Si_2O_8$，简称 BAS）因其高熔点和低膨胀受到极大的关注。为了探索分析钡长石的生成，分别将碳酸钡，碳酸钡和氧化铝，碳酸钡和煤矸石，碳酸钡、氧化铝和煤矸石四种试样进行综合热分析。

（1）碳酸钡的综合热分析曲线如图 5-41 所示。

图 5-41 显示，在 818℃ 曲线有一尖锐的吸热峰，在 974℃ 有一小的吸热峰。这是由于碳酸钡的两次相变：

$$BaCO_3 \underset{斜方晶型}{\overset{818℃}{\rightleftharpoons}} BaCO_3 \underset{六方晶型}{\overset{974℃}{\rightleftharpoons}} BaCO_3 \atop 立方晶型 \tag{5-19}$$

曲线在 1198℃ 出现一个宽缓的小吸热峰，TG 曲线上对应有 16.65% 的失重，是因为碳酸钡分解放出 CO_2，反应如下：

$$BaCO_3 \xrightarrow{1198℃} BaO + CO_2 \tag{5-20}$$

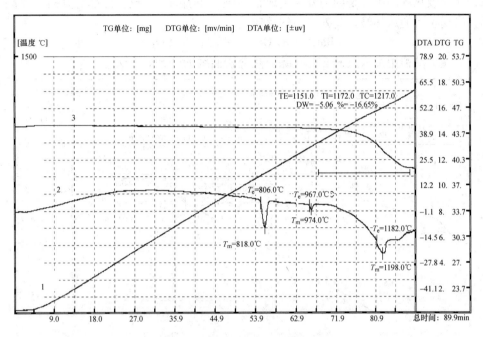

图 5-41 碳酸钡的综合热分析曲线

1—温度曲线；2—差热曲线；3—热重曲线

（2）在碳酸钡中加入氧化铝，其综合热分析曲线如图 5-42 所示。

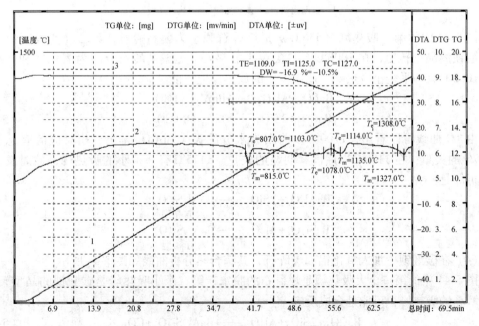

图 5-42 BaCO₃ + Al₂O₃ 的综合热分析曲线

1—温度曲线；2—差热曲线；3—热重曲线

图 5-42 中的第一个吸热峰是碳酸钡的晶型转变，1100～1140℃有平缓小放热峰和吸热峰，其中吸热峰的出现是因为开始生成铝酸钡（非晶质），随着温度的升高，非晶质重结晶，出现了小的放热峰。此处发生的反应是：

$$BaCO_3 + Al_2O_3 \longrightarrow BaAl_2O_4 + CO_2 \tag{5-21}$$

（3）在碳酸钡中加入煤矸石，其综合热分析曲线如图 5-43 所示。

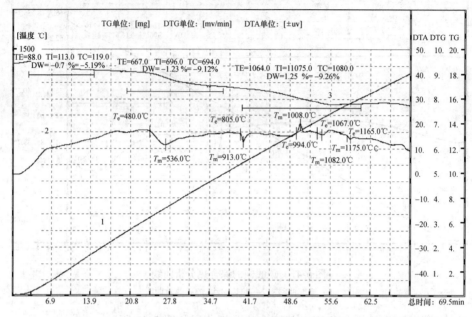

图 5-43 $BaCO_3$+煤矸石的综合热分析曲线

1—温度曲线；2—差热曲线；3—热重曲线

图 5-43 中的第一吸热峰（536℃）是煤矸石脱水为偏高岭石，第二吸热峰（813℃）是碳酸钡的晶型转变，在 1008℃有一尖锐小放热峰，是偏高岭石分解为氧化铝和二氧化硅，1082℃有一平缓小吸热峰，此次发生的放热反应可能是：

$$BaCO_3 + Al_2O_3 \longrightarrow BaAl_2O_4 + CO_2$$

$$BaCO_3 + 2SiO_2 \longrightarrow BaSi_2O_5 + CO_2 \tag{5-22}$$

由 TG 曲线可以看出，1100℃以前因为水分的丢失和 CO_2 排出，相对应的有总和为 23.57%的失重；在 1100℃以后没有明显的失重。1175℃有一很小的吸热峰，此时发生的反应可能是：

$$\underset{\text{六方晶型}}{BaAl_2O_4 + 2SiO_2 \longrightarrow BaAl_2Si_2O_8} \tag{5-23}$$

$$\underset{\text{六方晶型}}{BaSi_2O_5 + Al_2O_3 \longrightarrow BaAl_2Si_2O_8} \tag{5-24}$$

（4）在碳酸钡中加入氧化铝和煤矸石，其综合热分析曲线如图 5-44 所示。

图 5-44 中的第一个大吸热峰是煤矸石的脱水，第二个小吸热峰是碳酸钡的晶型转换，1136℃小的吸热峰，可能是合成反应：

$$\underset{\text{六方晶型}}{BaCO_3 + 2SiO_2 + Al_2O_3 \longrightarrow BaAl_2Si_2O_8 + CO_2} \tag{5-25}$$

通过上述实验分析，可以获得不同原料组成的反应变化过程，对后续的方案制订具有一定的指导意义。

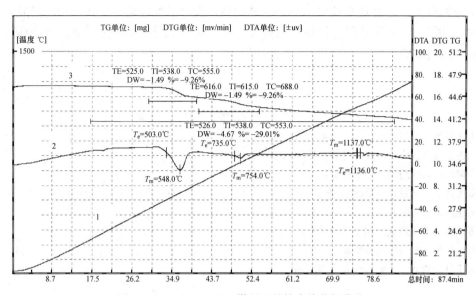

图 5-44　$BaCO_3+Al_2O_3+$煤矸石的综合热分析曲线

1—温度曲线；2—差热曲线；3—热重曲线

5.6.2.4　溶胶-凝胶法制备新材料

溶胶-凝胶法是一种低温制备新材料的方法，在材料制备过程中需进行烧结以脱去吸附水和结构水，并排除有机物，同时材料还会发生析晶等变化。图 5-45 为某一凝胶材料的 DTA-TG 曲线，由图可知，DTA 曲线上 110℃附近的吸热峰为吸附水的脱去；而 300℃附近的吸热峰伴随有明显的失重，应为凝胶中的结构水脱去引起的；400℃附近的放热峰也伴随着失重，可认为是有机物的燃烧；500~600℃的放热峰对应的 TG 曲线为平坦的过程，说明是析晶造成的。通过上述分析，可制定出以下烧结制度：升温烧结时，在100℃、300℃和400℃附近的升温速率要慢，以防止制品开裂。

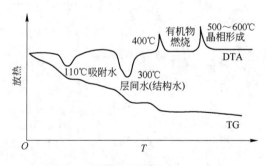

图 5-45　某凝胶材料的 DTA-TG 曲线

5.6.2.5　共混物、多组分混合物和复合材料的分析

采用红外光谱（IR）对多组分共混、共聚或合成的材料及制品进行研究时，经常会遇到这些材料中混合组分的红外光谱谱带位置很接近，甚至重叠、相互干扰，很难判定。采用差示扫描量热分析法（DSC）测定混合物时，不需要分离即可将混合物中几种组分的熔点按高低分辨出来。采用 IR-DSC 综合分析技术，可根据 IR 法提供的特征吸收谱初步判断

几种基团的种类，再由 DSC 法提供的熔点和曲线，就可以准确地鉴定共混物的组成。这种方法对于共混物、多组分混合物和难以分离的复合材料的分析和鉴定来说，准确而快捷，是一种行之有效的方法。

习题与思考题

5-1　简述差热分析的原理。

5-2　试述差热分析中产生放热峰和吸热峰的原因有哪些？

5-3　影响差热曲线的因素有哪些？

5-4　简述差示扫描量热分析的原理。

5-5　简述热重分析的原理。

5-6　热重法与微商热重法相比有何特点？

5-7　影响热重曲线的因素有哪些？

5-8　试述热分析方法在材料研究中的应用。

6 光谱分析简介

光谱分析方法（spectrometry）是基于电磁辐射与物质相互作用产生的特征光谱波长与强度进行物质分析的方法。它涉及物质的能量状态、状态跃迁以及跃迁强度等方面。通过对物质的组成、结构及内部运动规律的研究，可以解释光谱学的规律；通过对光谱学规律的研究，可以揭示物质的组成、结构及内部运动的规律。

6.1 概 述

6.1.1 物质的结构与能态

6.1.1.1 原子结构与能态

众所周知，原子是由原子核以及核外电子组成的，核外电子围绕原子核运动。按照量子力学的概念，原子核外电子只能在一些确定的轨道上围绕核运动，不同的轨道具有不同的能量，它们分别处于一系列不连续的、分立的稳定状态，这种不连续的能态，称为能级（energy level）。这就是说原子中的电子只能具有某些分立而位置顺序固定的能级，对于自由电子，能级中间的能量值是禁止的。

为了形象起见，往往按某一比例用一定高度的水平线代表具有一定能量的能级，把这些不同状态的能量级按大小依次排列，得到原子的能级示意图（图 6-1）。原子里所能具有的各种状态中能量最低的状态（E_0）称为基态（ground state）。如果外层电子吸收了一定的能量就会迁移到更外层的轨道上，这时电子就处于较高能量（高于基态对应能量）的量子状态，此时原子的状态称为激发态（excited state），而从一个能级所对应的状态到另一个能级所对应的状态的变化称为跃迁（transition）。原

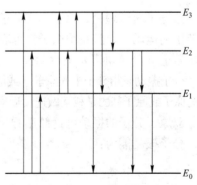

图 6-1 原子的能级示意图

子从基态 E_0 能级，跃迁到 E_1 能级，由于 $E_1 > E_0$，则可以说原子中的电子吸收了能量使原子处于激发态，同样，E_2 相对于 E_1 和 E_0，E_3 相对于 E_2、E_1 和 E_0 也都是激发态。处在激发态的原子是不稳定的，它将通过发射光子或与其他粒子发生作用释放多余的能量，重新回到原来的基态。

6.1.1.2 分子运动与能态

分子光谱要比原子光谱复杂得多，这是由于在分子中，除了电子相对于原子核的运动外，还有核间相对位移引起的振动和转动。这三种运动能量都是量子化的，并对应有一定的能级。图 6-2 是双原子分子中电子能级、振动能级和转动能级示意图，图中 A 和 B 表示

不同能量的电子能级。在每一电子能级上有许多间距较小的振动能级，在每一振动能级上又有许多间距更小的转动能级。若用 ΔE_e、ΔE_v、ΔE_r 分别表示电子能级差、振动能级差和转动能级差，即有 $\Delta E_e > \Delta E_v > \Delta E_r$。处在同一电子能级的分子，可能因其振动能量不同，而处在不同的振动能级上。当分子处在同一电子能级和同一振动能级时，它的能量还会因转动能量不同，而处在不同的转动能级上。因此，分子的总能量可以认为是这三种能量的总和，即：

$$E = E_e + E_v + E_r \tag{6-1}$$

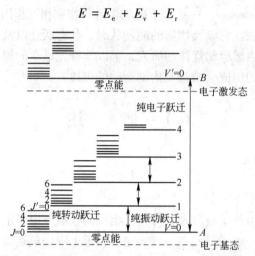

图 6-2　双原子分子中电子能级、振动能级和转动能级示意图
A、B—电子能级；V、V′—振动能级；J、J′—转动能级

按分子轨道理论，原子形成分子后，电子不再定域在个别原子内，而是在遍及整个分子范围内运动，而且每个电子都可看作是在原子核和其余电子共同提供的势场作用下在各自的轨道（分子轨道）上运动。

分子振动是指分子中的原子（或原子基团）以平衡位置为中心的相对（往复）运动。分子中的原子或原子基团是相互做连续运动的，根据分子的复杂程度，它的振动运动方式亦不同。

双原子分子的振动可近似用弹簧谐振子模拟，但其振动能量是量子化的，按量子理论，分子振动能为：

$$E_v = (n + \frac{1}{2}) h\nu \tag{6-2}$$

式中，n 为振动量子数，可取值 0，1，2，…；h 为普朗克常数；ν 为振动频率。对于多原子分子，由于组成分子的原子数量增加及原子的组合排布情况（组成分子的键或基团和空间结构）不同，多原子分子振动远较双原子分子复杂。

多原子分子振动可分为伸缩振动与弯曲振动两类。伸缩振动是指原子沿键轴方向的周期性（往复）运动，双原子分子的振动即为伸缩振动。振动时键角不变，而键的长度因原子的伸、缩运动而变化。它又可以分为对称伸缩振动和非对称伸缩振动，前者是指振动时所有键都同时伸长或收缩，后者是指振动时有些键伸长有些键则收缩。弯曲振动又称变形振动，振动时键长不变而键角变化。弯曲振动可分为面内弯曲振动和面外弯曲振动。

6.1.2 电磁辐射与物质的相互作用

6.1.2.1 辐射的吸收

当辐射通过物质时，其中某些频率的辐射会被组成物质的粒子（原子、离子或分子等）选择性地吸收从而使辐射强度减弱的现象称为辐射的吸收。

辐射吸收的实质在于辐射使物质粒子发生由低能级（一般为基态）向高能级（激发态）的能级跃迁，被选择吸收的辐射光子能量应为跃迁后与跃迁前两个能级间的能量差。辐射（能量）被吸收的程度（一般用吸光度等表示）与频率 ν 或波长 λ 的关系（曲线），即辐射被吸收的程度对 ν 或 λ 的分布称为吸收光谱。不同物质粒子的能态（能级结构、能量大小等）各不相同，故对辐射的吸收也不相同，从而具有表明各自特征的不同吸收光谱。

6.1.2.2 辐射的发射

物质吸收能量后产生电磁辐射的现象称为辐射的发射。辐射的发射的实质在于辐射跃迁，即当物质的粒子吸收能量被激发至高能态后，瞬间返回基态或低能态，多余的能量以电磁辐射的形式释放出来。发射的电磁辐射频率取决于辐射前后两个能级的能量之差。

辐射的发射前提是使物质吸收能量，即激发。使物质激发的方式很多，可以分为两类：非电磁辐射激发（非光激发）和电磁辐射激发（光激发）。非电磁辐射激发又有热激发与电激发等多种方式。电弧、火花等放电光源和火焰等通过热运动的粒子碰撞而使物质激发称为热激发；而通过被电场加速的电子轰击使物质激发则称为电（子）激发。电磁辐射激发又称为光致发光，作为激发源的辐射光子称为一次光子，而物质微粒受激后辐射跃迁发射的光子（二次光子）称为荧光或磷光。吸收一次光子与发射二次光子之间延误时间很短（$10^{-8} \sim 10^{-4}$ s）则称为荧光，延误时间较长（$10^{-4} \sim 10$ s）则称为磷光。

物质粒子发射辐射的强度（能量）对频率 ν 或波长 λ 的分布称为发射光谱；光致发光者，则称为荧光或磷光光谱。不同物质粒子也具有各自的特征发射光谱。

6.1.2.3 辐射的散射

辐射的散射是指电磁辐射与物质发生相互作用部分偏离原入射方向而分散传播的现象。

入射的辐射与尺寸大小远小于其波长的分子或分子聚集体相互作用而产生的散射称为分子散射。分子散射包括瑞利散射和拉曼散射两种。瑞利散射是指入射线光子与分子发生弹性碰撞作用，仅光子的运动方向改变而没有能量变化的散射，瑞利散射线与入射线同波长。拉曼散射（也称拉曼效应）是指入射线（单色光）光子与分子发生非弹性碰撞作用，在光子运动方向改变的同时有能量增加或损失的散射。拉曼散射线与入射线波长稍有不同。

当 X 射线等波长范围（谱域）的辐射照射晶体，晶体中的电子会发生相干散射和非相干散射。这部分内容在第 3 章已作介绍，此处不再重复。

6.1.3 光谱的分类

按辐射与物质相互作用的性质，光谱可分为吸收光谱和发射光谱以及散射光谱（拉曼散射谱）。吸收光谱与发射光谱按发生作用的物质微粒不同可分为原子光谱和分子光谱等。原子光谱是由原子外层或内层电子能级的变化产生的；分子光谱是由分子中电子能级、振动和转动能级的变化产生的。由于吸收光谱与发射光谱的波长与物质微粒辐射跃迁的能级能量差相应，而物质微粒能级跃迁的类型不同，能级差的范围也不同，因而吸收光谱或发射光谱谱域不同。据此，吸收或发射光谱又可分为红外光谱、紫外光谱、可见光谱、X 射线谱等。吸收光谱与发射光谱常用分类列于表 6-1。

表 6-1　吸收与发射光谱分类

	光谱（分类）名称	作用物质	能级跃迁类型	吸收或发射辐射种类	应　用
吸收光谱	穆斯堡尔谱	原子核	原子核能级	γ 射线	分析原子的氧化态、化学键、核周围电子云分布及核有效磁场
	原子吸收光谱	原子（外层电子）	电子能级跃迁	紫外线、可见光	元素的定量分析
	紫外、可见吸收光谱	分子（外层电子）	分子电子能级跃迁	紫外线、可见光	物质定性、结构分析、定量分析
	红外吸收光谱	分子	分子振动能级跃迁	红外线	定性鉴定、结构分析、定量分析
	顺磁共振波谱	原子（未成对电子）	电子自旋能级（磁能级）跃迁	微　波	定性分析、结构分析
	核磁共振波谱	原子核	原子核磁能级跃迁	射　频	结构鉴定、分子的动态效应、氢键的形成、互变异构反应等研究
发射光谱	X 射线荧光光谱	原子中电子	电子能级跃迁（光子击出内层电子，外层电子向空位跃迁）	二次 X 射线（荧光）	元素的定性、定量分析
	原子发射光谱	原子（外层电子）	电子能级跃迁	紫外线、可见光	元素的定性、定量分析
	原子荧光光谱	原子（外层电子）	电子能级跃迁	紫外线、可见光（原子荧光）	定性、定量分析
	分子荧光光谱	分子	分子能级	紫外线、可见光（分子荧光）	定性、定量分析
	分子磷光光谱	分子	分子能级	紫外线、可见光（分子磷光）	定性、定量分析

　　光谱按强度对波长的分布（曲线）特点（或按胶片记录的光谱表现形态）可分为线光谱、带光谱和连续光谱三类。连续光谱表现为强度对波长连续分布，即各种波长的光都有，连续不断（在感光胶片上则形成连续的背景），连续光谱是非特征光谱，即不含有物质的特征信息，构成线状或带状光谱的背景，在材料光谱分析工作中造成遮盖特征谱线、干扰分析的不利影响。除在单晶体衍射分析等应用连续谱的场合外，在分析工作中一般应注意尽可能减弱其强度或对其进行扣除。线光谱表现为在某些特定波长的位置有强度很高的狭仄谱线（在胶片上则为一些分立的谱线），如图 6-3（a）、（b）所示。带光谱则表现为多条波长相近的谱线形成的谱带（不同谱线的波长如此接近，以至于这些谱线形成难于分辨的一条"宽线"，即谱带），如图 6-3（c）、（d）所示。线光谱与带光谱都是含有物质特征信息的光谱，是材料光谱分析工作的技术依据。

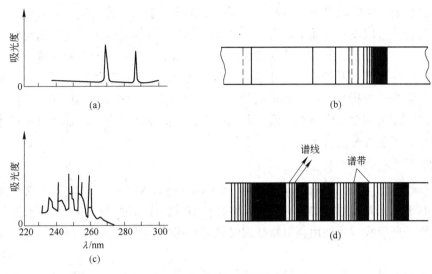

图 6-3 线光谱与带光谱示例

（a）线光谱（钠蒸气吸收光谱）；（b）线光谱（氢原子发射光谱）；
（c）带光谱（苯蒸气吸收光谱）；（d）带光谱（氰分子发射光谱）

6.1.4 光谱分析

6.1.4.1 原子光谱分析

原子光谱是受激原子的外层（或内层）电子跃迁产生的线状光谱。每一条谱线的波长取决于跃迁前后两个能级之差。由于原子的能级是不连续的，因此原子光谱是外形上无规则的相间光谱。不同元素的原子结构决定了其特定的能级结构，因此能级之间的跃迁所产生的光谱具有不同的频率或波长特征，称为特征光谱。当原子所处的能级发生变化时，任何元素都具有其特征的原子光谱，原子光谱是原子内部运动的一种客观反映。原子中的电子跃迁所引起的能量变化一般在 $1 \sim 20 eV$ 之间，故所有元素的原子光谱波长大多分布在紫外和可见光谱区，只有少数在近红外光谱区。

原子光谱分析是根据原子获得外部能量后，产生光的自发辐射、光的吸收或荧光辐射的光谱现象进行元素分析的光学测量技术。通常所称的原子光谱分析是基于自由（气态）原子外层电子跃迁产生的光谱分析方法，主要有原子发射光谱分析、原子吸收光谱分析和原子荧光光谱分析。基于原子内层电子跃迁的 X 射线荧光光谱分析、基于 γ 射线与原子核相互作用的穆斯堡尔谱分析也属于原子光谱分析，不在此处介绍。

A 原子发射光谱分析

原子发射光谱分析（atomic emission spectrometry，AES）是依据每种化学元素的原子或离子在热激发或电激发下，样品原子被激发至高能态，处于激发态的原子向低能级跃迁时辐射出一组表征该元素的特征光谱线。产生的辐射经色散仪器分光，按波长顺序记录在感光板上，从而获得样品的发射光谱图。由于各种原子结构的不同，在光源的激发作用下，都可以产生自己的特征光谱，其波长由每种元素原子的性质决定。在原子发射光谱中有一条或数条谱线强度最强，最容易被检出，常称作灵敏线。如果样品中某些元素存在，那么只要在合适的激发条件下，样品就会辐射出这些元素的特征谱线，一般根据元素灵敏线的出现与否就可以确定样品中是否有这些元素存在，这就是原子发射光谱定性分析的基本原理。在一定条件下，元素的特征谱线的强度随元素在样品中的含量或浓度的增大而增强，利用这一性质测定元素的含量便是光谱半定量及定量分析的依据。

原子发射光谱分析具有多元素同时测定，灵敏度高、快速、准确、操作简单等优点。几乎可以测定元素周期表中全部元素。无论是固态、液态或气态样品都可以用原子发射光谱技术测出其组成成分及含量。

B　原子吸收光谱分析

原子吸收光谱分析（atomic absorption spectrometry，AAS）又称原子吸收分光光度分析。它是基于从光源辐射出的具有待测元素特征谱线的光，通过样品蒸气时被蒸气中待测元素基态原子所吸收，从而由辐射特征谱线光被减弱的程度来测定样品中待测元素含量的方法。

原子吸收光谱分析具有灵敏度高、抗干扰能力强、精密度高、选择性好、操作方便等特点。它可直接测定70多种元素，在测定含量范围方面，既能用于微量级和超微量级的分析，又能用于机体组分含量的测定。自20世纪60年代以后，原子吸收光谱分析得到迅速发展，应用极为普及。目前已经成为一种比较完善的重要的现代分析测试技术。

C　原子荧光光谱分析

原子荧光光谱分析（atomic fluorescence spectrometry，AFS）是以原子在辐射能激发下发射的荧光辐射强度进行定量分析的发射光谱分析法。

气态自由原子吸收光源的特征辐射后，原子的外层电子跃迁到较高能级，然后又跃迁返回基态或较低能级，同时发射出与原激发辐射波长相同或不同的辐射，即为原子荧光。原子荧光是光致发光，即二次发光。当激发光源停止照射后，再发射过程立即停止。

原子荧光光谱分析通过测量待测元素的原子蒸气在一定波长的辐射能激发下发射的荧光强度进行定量分析。荧光分析光谱简单，谱线强度弱，背景辐射很低，以强度很高的激光作为激发光源，可以获得很低的检出限。

6.1.4.2　分子光谱分析

分子光谱是由分子能级跃迁而产生的光谱，材料分析中常用的分子光谱有分子吸收光谱和分子荧光光谱。

A　分子吸收光谱分析

当用频率为 ν 的电磁波照射分子，而该分子的较高能级与较低能级之差 ΔE 恰好等于该电磁波的能量 $h\nu$ 时，在微观上出现分子由较低的能级跃迁到较高的能级；在宏观上则透射光的强度变小。若用一连续辐射的电磁波照射分子，将照射前后光强度的变化转变为电信号，并记录下来，就可以得到一张光强度变化对波长的关系曲线图——分子吸收光谱图。

分子吸收光谱基于其吸收的辐射波长不同又可分为紫外、可见吸收光谱和红外吸收光谱。在材料分析中，研究人员可根据样品谱峰的数目、位置、强度、形状等特点对材料进行定性和定量分析。

（1）紫外、可见吸收光谱分析（ultraviolet, visible absorption spectrometry，UV、

VIS）。紫外、可见吸收光谱是物质在紫外、可见辐射作用下，分子外层电子在电子能级间跃迁而产生的，故又称为电子光谱。由于分子振动能级跃迁与转动能级跃迁所需能量远小于分子电子能级跃迁所需能量，故在电子能级跃迁的同时伴有振动能级与转动能级的跃迁，即电子能级跃迁产生的紫外、可见光谱中包含有振动能级与转动能级跃迁产生的谱线，也即分子的紫外、可见光谱是由谱线非常接近甚至重叠的吸收带组成的带状光谱。

紫外、可见吸收光谱分析在有机物定性分析中有着广泛的应用，在无机物方面用于矿物、半导体、天然产物和化合物的研究。紫外、可见吸收光谱分析是进行定量分析使用最广泛、最有效的手段之一。目前仍广泛地应用于化工、冶金、地质、医学、食品、制药等部门及环境监测系统，在医院的常规化验和水质分析中的应用也非常广。

（2）红外吸收光谱分析（infrared absorption spectrometry，IR）。红外吸收光谱是物质在红外辐射作用下分子振动能级跃迁（由振动基态向振动激发态）而产生的，由于同时伴有分子转动能级跃迁，因而红外吸收光谱又称振-转光谱，也是由吸收带组成的带状光谱。

红外辐射与物质相互作用产生红外吸收光谱，必须有分子偶极矩的变化。只有发生偶极矩变化的分子振动，才能引起可观测到的红外吸收光谱带，称这种分子振动为红外活性的，反之则称为非红外活性的。

B　分子荧光光谱分析

分子荧光的产生是分子光致发光的结果。物质的基态分子受激发光源的照射，被激发至激发态后，在返回基态时发射荧光。一种物质分子能否发射出荧光取决于它本身的分子结构和它所在的环境条件。通常所指的荧光是紫外、可见光荧光，即利用某些物质受到紫外、可见光照射后，发射出比吸收的紫外、可见光波长更长或相等的紫外、可见荧光。通过测定物质分子产生的荧光强度进行分析。

分子荧光光谱分析（molecular fluorescence spectrometry）可应用于物质的定性和定量分析，由于物质结构不同，所能吸收的紫外、可见光波长不同，所发射的荧光波长也不同，利用这个性质可鉴别物质。对于同一物质的稀溶液，其产生的荧光强度与浓度呈线性关系，利用这个性质可进行定量测定。分子荧光光谱具有分析灵敏度高、选择性好等优点，但由于能发荧光的物质不具有普遍性、增强荧光的方法有限等原因，其应用不广泛。

6.1.4.3　拉曼光谱分析

光散射是物体除本身吸收和发射之外的一种重要的光学现象，其特点与材料的物性有着密切的关系。拉曼光谱是一种散射光谱，通过对散射光的收集获得散射光谱图，拉曼光谱分析（Raman spectrometry）是研究分子振动对光的散射情况。在分子振动时，只有伴随分子极化率发生变化的分子振动模式才能具有拉曼活性。

红外光谱和拉曼光谱统称为分子振动光谱，它们在材料领域的研究中占有十分重要的地位，是研究材料的化学和物理结构及其表征的基本手段。目前，已逐渐扩展到多种学科和领域，应用日趋广泛。下面简单介绍红外吸收光谱分析和拉曼光谱分析。

6.2 红外吸收光谱分析

红外吸收光谱是分子振动光谱,振动光谱所涉及的是分子中原子间化学键振动而引起的能级跃迁。振动频率对分子中特定基团表现出高度的特征性。红外吸收光谱分析应用得较多的是在有机化学领域,对于无机化合物和矿物的红外鉴定开始较晚,目前已经对许多无机化合物的基团、含氧化合物的键及其他键的振动吸收波长范围做了测定,但数量上远不及有机化合物,在应用方面亦不够广泛。至于在无机非金属材料学科中的应用和研究开展得较少。因此本节将对红外吸收光谱法的相关知识作简单介绍。

6.2.1 红外光谱

红外光是波长接近于可见光但能量比可见光低的电磁辐射,其波长范围约为 $0.75 \sim 1000\mu m$,根据所采用的实验技术以及获取的信息不同,可按波数(或波长)不同划分三个区域(表6-2)。红外光谱分析习惯以波数表征峰位,波数是波长的倒数,单位为 cm^{-1}。波长 $\lambda(\mu m)$ 和波数 $\bar{\nu}$ 之间的换算关系是:

$$\bar{\nu} = \frac{10^4}{\lambda} \tag{6-3}$$

由于绝大多数有机物和无机物的基频吸收带都出现在中红外区,所以中红外区是研究和应用最多的区域,积累的资料也最多、仪器技术最为成熟。因此,通常所说的红外光谱即指中红外光谱。

表 6-2 红外光谱区域

区 域	波长 $\lambda/\mu m$	波数 $\bar{\nu}/cm^{-1}$	能级跃迁类型
近红外区(泛频区)	$0.75 \sim 2.5$	$13333 \sim 4000$	OH、NH 及 CH 键的倍频吸收
中红外区(基频区)	$2.5 \sim 25$	$4000 \sim 400$	分子中原子振动和分子转动
远红外区(转动区)	$25 \sim 1000$	$400 \sim 10$	分子转动和骨架振动

6.2.2 红外吸收光谱分析的基本原理

我们知道,分子的振动具有一些特定的分裂的能级。当用红外光照射物质时,该物质结构中的质点会吸收一部分红外光的能量,引起质点振动能级的跃迁,同时伴随转动能级跃迁,从而使红外光透过物质时发生了吸收而产生红外吸收光谱。被吸收的特征频率取决于被照射物质的原子量、键力以及原子分布的几何特点,即取决于物质的化学成分和内部结构。因此,每一种具有确定化学组成和结构特征的相同物质,都应具有相同的红外吸收光谱的谱带位置、谱带数目、谱带宽度、谱带强度等特征的吸收谱图。当化学组成和结构特征不同时,其特征吸收谱图也就发生了变化。这样,我们就可以根据红外光谱的特征吸收谱图对物质进行分析鉴定,并按其吸收的强度来测定它们的含量。

6.2.2.1 红外吸收的条件

分子的每一简正振动对应于一定的振动频率,在红外光谱中就可能出现该频率的谱带。但并不是每一种振动都对应有一条吸收谱带。分子吸收红外辐射必须满足一些条件。

首先，辐射光子的能量与分子发生振动和转动能级间的跃迁所需的能量相等，分子吸收了这一波长的光，发生基态到激发态的能级跃迁。

分子的振动能级是量子化的，而不是连续变化的。对于双原子分子，分子振动能由式（6-2）决定。在简谐振动模型中，其谐振子吸收或发射辐射就必定依照 $\Delta n = \pm 1$ 的规律增减，这称为选律或选择定则。

由选律可知，分子振动从一个能级跃迁到相邻高一级能级，通过吸收只能获得一个量子，由这类吸收而产生的光谱频率称为基频，基频的吸收带就称作基频带。但是，由于真实分了的振动不完全符合谐振子模型，因而在很多情况下可能出现 $\Delta n > \pm 1$ 的跃迁。如果分子振动能级跃迁两个以上能级，则所产生的吸收谱带称为倍频带，它出现在基频带的几倍处。由于分子振动能级连续跃迁二级以上的概率很小，所以倍频带的强度仅有基频带强度的 1/10 左右，或更低。如果吸收谱带是在两个以上的基频带波数之和（或之差）处出现，则此谱带称为合频带，其强度也比基频带弱得多。

其次，分子振动必须伴有偶极矩的变化，辐射与物质间必须有相互作用。当一定频率的红外光照射分子时，如果分子中某个基团的振动频率与其一致，同时分子在振动中伴随有偶极矩的变化，这时物质的分子就产生红外吸收。

分子在振动过程中，原子间的距离（键长）或夹角（键角）会发生变化，这时可能引起分子偶极矩的变化，结果产生了一个稳定的交变电场，它的频率等于振动的频率。这个稳定的交变电场将和运动的、具有相同频率的电磁辐射电场相互作用，从而吸收辐射能量，产生红外光谱的吸收。如果在振动中没有偶极矩的变化，就不会产生交变的偶极电场，这种振动不会和红外辐射发生相互作用，分子就没有红外吸收光谱。

如果是多原子分子，尤其是分子具有一定的对称性，则除了上述的振动外，也还会有些振动没有偶极矩的变化，因而不会产生红外吸收。非极性分子的振动、极性分子的对称伸缩振动偶极矩变化为零，不产生红外吸收。这种不发生吸收红外辐射的振动称为非红外活性振动。非红外活性振动往往是拉曼活性的。

6.2.2.2　基团特征频率

化学工作者根据大量的光谱数据研究发现，具有相同化学键或官能团的一系列化合物有近似共同的吸收频率，这种频率称为基团特征频率。同时，同一种基团的某种振动方式若处于不同的分子和外界环境中，其化学键力常数是不同的，因此它们的特征频率也会有差异，所以了解各种因素对基团频率的影响，可以帮助我们确定化合物的类型。由此可见，掌握各种官能团与红外吸收频率的关系以及影响吸收峰在谱图中位置的因素，是光谱解析的基础。

按照光谱与分子结构的特征，可将整个红外光谱大致分为两个区域，即官能团区，也称特征谱带（频率）区（波数 $4000 \sim 1300\,\text{cm}^{-1}$）和指纹区（波数 $1300 \sim 400\,\text{cm}^{-1}$）。

官能团区的吸收光谱主要反映分子中特征基团的振动，主要是伸缩振动产生的吸收带。由于基团的特征吸收峰一般位于此高频范围，并且在该区域内吸收峰比较稀疏，谱带有比较明确的基团和频率对应关系，所以基团的鉴定工作主要在这一区域进行。

指纹区的吸收光谱很复杂，除单键的伸缩振动外，还有因变形振动产生的复杂光区，当分子结构稍有不同时，该区的吸收就有细微的差异，因此它能反映分子结构的细微变化。每一种化合物在该区的谱带位置、强度和形状都不一样，相当于人的指纹。因而称为指纹区。该区域用于认证化合物是很可靠的。无机化合物的基团振动大多在这一波长范围内。此外，指纹区也有一些特征吸收峰，对于鉴定官能团也是很有帮助的。

6.2.3　红外吸收光谱分析的特点

与其他研究物质结构的方法相比较，红外吸收光谱分析具有以下特点：

（1）特征性高。对于每种化合物来说，都有它的特征红外光谱图，几乎很少有两个不同的化合物具有相同的红外光谱图。

（2）它不受物质物理状态的限制，气态、液态、固态均可测定。此外，对固体来说，它还可以测定非晶态、玻璃态等。

（3）测定所需样品量少，只需几毫克甚至几微克。

（4）操作方便、测定速度快、重复性好。

（5）已有的标准图谱较多，便于查阅。

但是，红外吸收光谱分析也有其局限性和缺点，主要是灵敏度和精度不够高，含量小于1%就难以测出，多用于鉴别样品作定性分析，定量分析还不够精确。

6.2.4　红外吸收光谱图

6.2.4.1　红外吸收光谱图及表示方法

当样品受到频率连续变化的红外光照射时，分子吸收某些频率的辐射，产生分子振动能级和转动能级从基态到激发态的跃迁，使相应于这些吸收区域的透射光强度减弱。不同频率红外光会存在不同的透射光强度，记录红外光的透过率与波长或波数的关系曲线，就得到红外吸收光谱图。红外吸收光谱图通常以透过率 $T(\%)$ 或吸光度 A 为纵坐标，以红外光的波长或波数为横坐标。透过率 T（%）及吸光度 A 可用下式表达：

$$T = \frac{I}{I_0} \times 100\% \tag{6-4}$$

$$A = \lg \frac{1}{T} = \lg \frac{I_0}{I} = Kbc \tag{6-5}$$

式中，I_0 为入射光强度；I 为入射光被样品吸收后透过样品的光强度；K 为吸收系数；b 为样品吸收层厚度；c 为被测物质质量分数。式（6-5）即为比尔-朗伯（Beer-Lambert）定律，是红外吸收光谱进行定量分析的理论基础。

图6-4所示为聚苯乙烯的红外吸收光谱图。谱图的横坐标一般标有两种量纲，即波长/μm（图上方）和波数/cm^{-1}（图下方），纵坐标则常用透过率表示。在红外光谱图中的吸收带称为谱带。

6.2.4.2　红外吸收光谱图的特征

红外吸收光谱图一般要反映四个要素，即吸收谱带的数目、位置、形状和强度。

（1）谱带的数目。对于一张红外光谱图，首先要分析它所含有的谱带数目，如图6-4中聚苯乙烯在3000cm^{-1}附近有七个吸收带。若仪器性能不好或制样不妥，就不好分辨，使吸收谱带数目减少。

（2）谱带的位置。谱带的位置是对基团进行分析的基础，每个基团的振动都有特征振

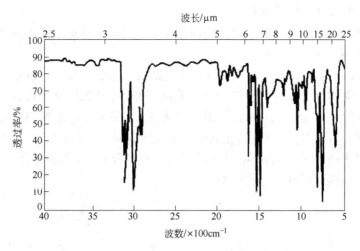

图 6-4　聚苯乙烯红外吸收光谱图

动频率，在红外光谱中表现出特定的吸收谱带位置。在鉴定化合物时，谱带位置常是最重要的参数。如 OH‾基的吸收波数在 $3650\sim3700cm^{-1}$，而水分子的吸收在 $3450cm^{-1}$左右。

（3）谱带的形状。谱带的形状一般与结晶程度及相对含量有关。如果所分析的化合物较纯，它们的谱带比较尖锐，对称性好。若是混合物，有时出现谱带的重叠、加宽，对称性也被破坏。对于晶体固态物质，其结晶的完整性程度影响谱带的形状。

（4）谱带的强度。对于一定的化合物，它们的基频吸收强度都较大，红外辐射的透过率小。红外光的吸收服从比尔-朗伯定律。

应该指出，一种物质的红外光谱的谱带数目、谱带位置、谱带形状及谱带强度随物质分子间键力的变化、基团内甚至基团外环境的改变而改变。如固体物质分子之间产生相互作用会使一个谱带发生分裂；晶体内分子对称性降低会使简并的谱带解并成多重谱带；分子间氢键的形成会使谱带形状变宽，伸缩振动频率向低波数位移，而弯曲振动频率向高波数位移。每一种物质，每一吸收谱带的相对强度都是一定的，它是由该吸收谱带所对应的价键的振动决定的。

6.2.5　红外光谱仪

测绘物质红外光谱的仪器是红外光谱仪，也叫作红外分光光度计。第一代红外光谱仪用棱镜作色散元件，缺点是要求恒温、干燥、扫描速度慢、测量波长的范围较窄、分辨率低；第二代红外光谱仪用光栅作色散元件，对红外光的色散能力比棱镜高，得到的单色光优于棱镜，且对温度和湿度的要求不严格，所测定的红外波谱范围较宽。第一代和第二代红外光谱仪均为色散型红外光谱仪。

20 世纪 70 年代，出现了基于光的相干性原理而设计的第三代红外光谱仪，即干涉型傅里叶变换红外光谱仪（Fourier transform infrared spectrophotometer，FT-IR）。与色散型红外光谱仪不同，傅里叶变换红外光谱仪光源发出的光首先经过迈克尔逊（Michelson）干涉仪变为干涉光，再让干涉光照射样品得到干涉图，利用电子计算机将这一干涉图进行傅里叶变换，最后得到红外光谱图。

6.2.5.1 色散型红外光谱仪

色散型红外光谱仪的主要特点是把经被测样品吸收的红外光用棱镜或光栅色散，从而获得样品的红外吸收光谱。

图 6-5 是色散型双光束红外分光光度计的光路图。它由光源、单色器、检测器和放大记录系统等几个基本部分组成。从图中可以看到，从光源 O 发出的光经过反射镜 M_1、M_2、M_3 和 M_4 后分成两束，分别通过样品池 R 和参考池 S，经过反射镜 M_5 和 M_6 后通过斩光器 P 交替地反射到反射镜 M_7 上，然后光束经过滤光调节器 F、狭缝 S_1、反射镜 M_8 和 M_9 到达光栅 G。经过光栅 G 分光后由 M_9 聚光反射进入检测器 C，由检测器将信号送入放大器，放大后进入记录系统，得到红外光谱图。

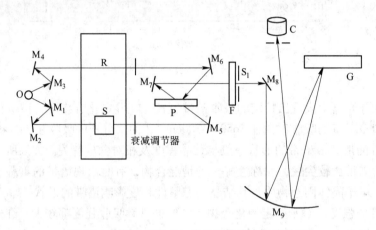

图 6-5   色散型双光束红外分光光度计的光路图

6.2.5.2 傅里叶变换红外光谱仪

色散型红外光谱仪有两个缺点无法解决：一是它借助于依次测定从狭缝分出来的光来获得样品的光谱，要得到这样一张光谱图花费的时间较长，而且不适合与其他仪器进行联机分析组成复杂的样品；二是它必须使用狭缝，而进入单色器的光能又不能太低，否则检测困难。傅里叶变换红外光谱仪较好地克服了上述缺点。

傅里叶变换红外光谱仪主要由光源、迈克尔逊干涉仪、检测器、计算机和记录仪器组成。图 6-6 为傅里叶变换红外光谱仪工作原理图。光源发射的连续辐射谱进入迈克尔逊干涉仪，它是傅里叶变换红外光谱仪的核心部件。干涉仪的基本部件是动镜 M_1，定镜 M_2 和分束器。动镜是可移动的，定镜的位置是固定的，分束器在与光路成 45°角的位置放置。光源发出的光首先到达分束器被部分透射、部分反射，透射光和反射光分别垂直入射定镜和动镜，透射光射到定镜，随后反射回分束器，经分束器反射到达样品池；反射光到达动镜，再反射回分束器，透过分束器与定镜来的光合在一起，形成干涉光透过样品

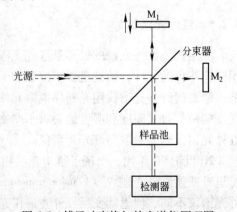

图 6-6   傅里叶变换红外光谱仪原理图

池进入检测器。如果动镜和定镜分别放在与分束器等距离的位置上，即当光程差是 $\lambda/2$ 的偶数倍时，则两个反射回来的光束同相位，因而会在分束器处产生加强干涉，落在检测器上的相干光相互叠加，产生明线，相干光强度有极大值。相反，当光程差是 $\lambda/2$ 的奇数倍时，则会发生削减性干涉，落在检测器上的相干光相互抵消，产生暗线，相干光强度有极小值。当动镜沿轴移动时，两束光线的光程差随动镜移动距离的不同呈周期性变化，到达检测器从而产生干涉图。由于多色光的干涉图等于所有各单色光干涉图的加和，故得到的是具有中间极大并向两边迅速衰减的对称干涉图，如图6-7 所示。干涉图包含光源的全部频率和与该频率相对应的强度信息，所以，如一个有红外吸收的样品放在干涉仪的光路中，由于样品能吸收特征波数的能量，结果所得到的干涉图强度曲线就会相应地产生一些变化。对于包括每个频率强度

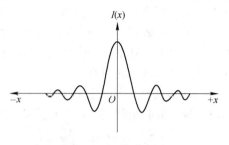

图 6-7　红外干涉图

信息的干涉图，可将数学上的傅里叶变换技术借助计算机对每个频率的光强度进行计算，从而得到透过率（或吸收强度）和波数变化的普通光谱图。

　　傅里叶变换红外光谱仪具有测试速度快、光谱质量好、分辨能力高，灵敏度高的特点，且测定光谱范围宽，测量精度高，杂散光干扰小，因而得到了广泛的应用。

6.2.6　红外光谱样品的制备

6.2.6.1　红外光谱分析对样品的要求

　　红外光谱仪要求样品应是单一组分的纯物质，纯度应大于98%或符合商业标准。多组分样品应在测定前用分馏、萃取、重结晶、离子交换或色谱法等进行分离提纯，否则各组分光谱相互重叠，难以解析；样品中应不含游离水，水本身有红外吸收，会严重干扰样品谱，还会侵蚀吸收池的盐窗；样品的浓度和测定厚度应选择适当，以使光谱图中大多数谱带的透过率在 10%~80% 范围内。

　　在测定材料的红外光谱图时，样品的制备技术是个关键问题，红外光谱图的质量在很大程度上取决于样品的制样方法。根据材料的组成及状态，可以选用不同的样品制备方法。

6.2.6.2　样品制备方法

　　A　固体样品

　　大多数固体物质都是以单晶、多晶体粉末或无定形状态存在，一个固体物质能否用红外光谱法来研究，往往取决于有无合适的样品制备方法。常用的固体样品制备方法主要有压片法、粉末法、糊状法和薄膜法。

　　由于碱金属卤化物（如 KCl、KBr 等）加压后变成可塑物，并在中红外区完全透明（即对红外线无吸收），因而被广泛用于固体样品的制备。

　　（1）压片法。一般将固体样品 1~3mg 放在玛瑙研钵中，加入 100~300mg 的 KBr 或 KCl，混合研磨均匀，使其粒度达到 2.5μm 以下。将磨好的混合物小心倒入压模中，用油压机压成透明薄片。这种方法为常用方法，适用于绝大部分固体样品。

（2）粉末法。该法是把固体样品研磨至 $2\mu m$ 左右的细粉，悬浮在易挥发的液体中，然后移至盐窗（KBr 或 NaCl）上，待溶剂挥发后即形成一均匀薄层。

（3）糊状法。该法是将颗粒直径小于 $2\mu m$ 的粉末悬浮在吸收很低的糊剂中（液体石蜡、全卤化的烃类）。一般取 5mg 左右的样品放在小型玛瑙研钵中，磨细成粉末，然后滴上几滴糊剂继续进行研磨，直至呈均匀的糨糊状。取一些糊状物放在可拆式样品槽的后窗片上，盖上间隔片，压上前窗片，使其成均匀薄层，即可测定。

对于大多数固体样品，都可以使用糊状法来测定它们的红外光谱，如果样品在研磨过程中发生分解，则不宜用糊状法。糊状法不能用来作定量分析，因为样品槽的厚度难以掌握，光的散射也不易控制。

（4）薄膜法。某些固体样品（如薄膜、凝胶和板状物质）不能用前述方法制样时，也可以制成薄膜来测定。根据样品的物理性质，可有不同的薄膜制备方法：

1）剥离薄片。有些矿物（如云母）是以薄层状存在，小心剥离出厚度适当的薄片（$10\sim150\mu m$），即可直接用于红外光谱的测绘。如用胶粘带，可以剥离出 $1\sim10\mu m$ 的薄片，有机高分子材料常常制成薄膜，做红外光谱测定时只需直接取用。

2）熔融法。对于一些熔点较低，熔融时不发生分解、升华和其他化学、物理变化的物质，例如低熔点的蜡、沥青等，只需把少许样品放在盐窗上，用电炉或红外灯加热样品，待其熔化后直接压制成薄膜。

3）溶液法。这一方法的实质是将样品溶于低沸点溶剂中，而后取其溶液，滴在成膜介质（如水银、平板玻璃等）上，使溶剂蒸发成膜。

B　液体样品

液体（或固体）样品溶在适当溶剂中后注入液体池（样品池）中进行分析，常称为液体池法。对于溶剂的要求是：在样品光谱范围内具有良好的透明度（即对红外线无吸收或溶剂吸收峰很少而且弱）；对样品有良好的溶解性且不与样品发生化学反应等。没有一种溶剂在整个中红外区都是透明的，几种溶剂的透明范围为：CS_2，$1300\sim600cm^{-1}$；CCl_4，$4000\sim1300cm^{-1}$；$CHCl_3$，$2500\sim1500cm^{-1}$。

高沸点及不易清洗的待分析测定液体样品常用液膜法，使用两块 KBr 或 NaCl 盐片，将液体滴 $1\sim2$ 滴到盐片间，使之形成一薄的液膜，然后用专用夹具夹住两个盐片。对于挥发性较小而黏度较大的液体也可用涂片法制样，即将液体均匀涂在盐片上。

C　气体样品

气体样品的测定常使用气体槽，抽真空后，向槽内注入待测气体。气体槽是一直径约为 40mm，长 100mm 左右的玻璃筒，两端配有透红外的窗片（KBr 或 NaCl）。

6.2.7　红外光谱的应用

红外光谱法应用较多的是在有机化学领域，对于无机化合物和矿物的红外鉴定开始较晚。利用红外光谱可以测定分子的键长、键角大小，并推断分子的立体构型，或根据所得的力常数，间接得知化学键的强弱，也可以从简正振动频率来计算热力学函数等。不过红外光谱分析更多的用途是对物质作定性分析和定量分析。

6.2.7.1　红外光谱定性分析

红外光谱定性分析基于两点：一是组成物质的分子都具有其各自特有的红外光谱，分子的红外光谱受周围分子的影响甚小，混合物的光谱是其各自组分光谱的简单算术加和；二是组成分子的基团或化学键都有其特征的振动频率，特征振动频率受邻接原子（或原子团）和分子构型等的影响而发生位移，甚至吸收带强度和形状改变。用红外光谱对物质进行定性分析包括两个内容：一是鉴定它究竟属何种物质，是否含有其他杂质；二是可以进一步确定它的结构并作较深入的分析。

A　已知物的验证和纯度的定性鉴定

用红外光谱来验证已知物最为方便，只要选择合适的制样方法，测试其光谱并和纯物质的标准光谱图相对照，即可得到鉴定。在比较这两张谱图时，可以先观察最强的吸收带位置和形状是否一致，然后再依次检查中等强度谱带和弱谱带是否对应，当这两张谱图完全相同时，即可认为样品就是该纯物质。反之，若谱带的面貌不一，或在某些波数处出现纯物质所没有的谱带，则表示两者不是同一物质，或样品中含有杂质。

如果想进一步知道所含杂质是否为另一已知物，样品光谱还要和这个杂质的纯态谱图相比较。因为样品光谱是主组分光谱和杂质光谱的机械叠加（分子间发生作用的情况除外），所以只要杂质的某个或某些特征吸收带不被主组分所覆盖，仍然可以从这里得到肯定或否定的结论。如果把含有杂质的样品放在样品光路中，而把主组分的纯物质制成适当厚度的样品放在参比光路中，则主组分的吸收带由于补偿作用而消失。扫描整个中红外区，就可得到扣除了主组分的杂质的红外光谱图。

B　未知物的结构测定

如果待测物质完全未知，则在作红外光谱分析前，应先对样品有个透彻的了解。例如对物质的外观、晶态还是非晶态；物质的化学成分；样品是否含结晶水或其他水；样品是属于纯化合物或混合物，或者是否有杂质等。

根据情况对样品做预处理，尤其是对复杂的混合物，若能做分离或者用其中已含有的矿物作对照，就可以较为方便地获得结果。例如对于硅酸盐水泥熟料，若用化学方法把硅酸盐萃取，只留下铝酸盐和铁铝酸盐，红外光谱图就大大简化。若在溶解硅酸盐以后再进一步把铝酸盐溶解，单独测定铁铝酸盐的铁相结构，将获得更有效的结果。

在实验获得红外光谱图后，接下来的工作是对红外光谱图进行解析，也就是根据实际测试的红外光谱所出现的吸收带位置、强度和形状，利用振动频率与物质结构的关系，来确定吸收带的归属，确认样品中所含的基团和化学键类型，进而由其特征振动吸收谱带的位移、强度和形状的改变，来推断物质的结构。

未知物的鉴定和结构分析可由人工和计算机辅助完成，前者需要对化合物的特征吸收谱带比较熟悉，工作经验有助于定性分析的快速完成；后者需要有分析检索程序和大量的光谱数据或谱图库。定性分析的结果最好是查阅到与未知物相匹配的谱图或峰值强度表及有关熔点、沸点、相对分子量、折射率等参数，并用分析结果进行光谱验证。

C　标准红外光谱图的应用

在红外光谱定性分析中，无论是已知物的验证，还是未知物的结构分析，都必须借助于纯物质的标准红外光谱作最后的对比核定。

常用的红外光谱标准图库有萨德勒（Sadtler）标准红外光谱图库、阿德里奇（Aldrich）红外光谱图库、Sigma Fourier 红外光谱图库和 API（American Petroleum

Institute）红外光谱图库等，谱图库有多种检索方法。但上述资料对无机化合物红外光谱图收集得不多。

6.2.7.2　红外光谱定量分析

红外光谱定量分析是通过对特征吸收谱带强度的测量来求出组分含量。其理论依据是比尔-朗伯定律，分析的基础就在于吸光度 A 的测量。定量分析的方法主要有标准法、吸光度比法和补偿法等。

A　标准法

标准法首先测定样品中所有成分的标准物质的红外光谱，由各物质的标准红外光谱选择每一成分与其他成分吸收带不重叠的特征吸收带作为定量分析谱带，在定量吸收带处，用已知浓度的标准样品和未知样品比较其吸光度进行测量。采用标准法进行红外定量分析，绝大多数是在溶液的情况下进行的，依据样品的吸收和测定情况又可分为下述两种主要测定方法。

第一种方法称为直接计算法。由比尔-朗伯定律可知，未知样品的浓度 $c = A/(Kb)$，A、K、b 都是可测的，因而可直接计算出未知样品的浓度。

第二种方法称为工作曲线法，利用一系列已知浓度的标准样品，测定各自分析谱带处的吸光度，以浓度为横坐标，以对应的吸光度为纵坐标作图就可获得组分浓度和吸光度之间的关系曲线，即工作曲线。由于这种方法是直接和标准样品对比测定，因而系统误差对于被测样品和标准样品是相同的。如果没有人为误差，那么该法可以给出定量分析最精确的结果。

B　吸光度比法

假设有一个两组分的混合物，各组分有互不干扰的定量分析谱带，由于在一次测定中样品的厚度相同，则在同一状态下进行吸光度测定时，根据比尔-朗伯定律，其吸光度之比 R 为：

$$
\begin{cases}
R = \dfrac{A_1}{A_2} = \dfrac{K_1 b c_1}{K_2 b c_2} = \dfrac{K_1 c_1}{K_2 c_2} \\
c_1 + c_2 = 1
\end{cases}
\tag{6-6}
$$

式中，c_1 和 c_2 分别为两物质的浓度；K_1 和 K_2 分别为两物质的吸收系数。可求得：

$$
c_1 = \frac{R}{\dfrac{K_1}{K_2} + R} \qquad c_2 = \frac{\dfrac{K_1}{K_2}}{\dfrac{K_1}{K_2} + R}
\tag{6-7}
$$

因此，只要知道二元组分在定量分析谱带处的吸收系数（利用标准物质或标准物质的混合物求出），就可以求出各组分的浓度。这种方法避免了精确测定样品厚度的困难，测试结果的重复性好，比标准法简便一些，因而获得了较普遍的应用。

此外，还可以在未知样品中加入某一标准物质作为内标，测定样品中某一组分的定量分析谱带强度与内标物质的某一定量分析谱带强度比，来研究样品各组分含量的变化，即所谓内标法。

C 补偿法

在对混合物样品进行定量分析时，往往由于吸收带重叠的干扰，即使根据吸收带的对称性和吸光度的加和性原则对重叠谱带加以分离处理，有时也难以得到满意的结果。所谓补偿法，就是在参比光路中加入混合物样品的某些组分，与样品光路的强度比较，以抵消混合物样品中某些组分的吸收，使混合物样品中的被测组分有相对孤立的定量分析谱带。其实质是通过补偿法将多元混合物中的组分减少，以消除或减少吸收带的重叠和干扰，使各组分的分析能够独立地进行。

通常，补偿法更适合溶液或液体混合物的测试，它不仅适合于混合物中主要组分的定量分析，而且也适合于混合物中微量组分的定量分析，可测定混合物中含量在 0.001% ~ 1% 的微量组分。

6.2.7.3 红外光谱在无机分析方面的应用

与有机化合物相比，无机化合物的红外鉴定为数较少。但无机化合物的红外光谱图比有机化合物简单，谱带数较少。

无机化合物在中红外区的吸收主要是由阴离子（团）的晶格振动引起的，它的吸收谱带位置与阳离子的关系较小，通常当阴离子的原子序数增大时，阴离子团的吸收位置将向低波数方向产生微小的位移。因此，在鉴别无机化合物的红外光谱图时，主要着重于阴离子团的振动频率。下面举例说明红外光谱在无机化合物方面的应用。

A 硅酸盐矿物的红外光谱研究

对于以 SiO_4 四面体阴离子基团为结构单元的硅酸盐矿物，振动光谱着重研究其中 Si—O、Si—O—Si、O—Si—O 以及 M—O—Si 等各种振动的模式。

通常，硅酸盐结构可分成以下三类，即正硅酸盐、链状和层状硅酸盐、架状结构硅酸盐。现将硅酸盐中 SiO_4^{4-} 阴离子 Si—O 伸缩振动归纳如下：

孤立 SiO_4 四面体　　　　　　1000~800cm^{-1}
链状聚合　　　　　　　　　　1100~800cm^{-1}
层状聚合　　　　　　　　　　1150~900cm^{-1}
架状聚合　　　　　　　　　　1200~950cm^{-1}
聚合 SiO_5 八面体　　　　　　950~800cm^{-1}

以正硅酸盐矿物为例，常见的有石榴子石族 $[M_3^{2+}M_2^{3+}(SiO_4)_3]_2$、铝硅酸盐（红柱石、硅线石、莫来石）以及水泥熟料中的硅酸盐矿物 $3CaO \cdot SiO_2$ 和 $2CaO \cdot SiO_2$ 等。它们虽同属孤立 SiO_4^{4-} 阴离子结构，可是由于阳离子数不同，引起结构不同，在红外光谱中表现出一定差异。C_2S 在 990cm^{-1} 是尖锐的强吸收，而 C_3S 是在 940cm^{-1} 附近有两个特征吸收，它们的吸收强度可作为定量测定 C_2S 和 C_3S 的特征吸收谱带（图 6-8）。

B 水泥的红外光谱研究

a 水泥熟料

水泥熟料有四种主要矿物组成 $3CaO \cdot SiO_2$、$2CaO \cdot SiO_2$、$3CaO \cdot Al_2O_3$ 和 $4CaO \cdot Al_2O_3 \cdot Fe_2O_3$。它们的红外光谱示于图 6-9 和表 6-3。

C_3A 中 AlO_4^{5-} 基团中 Al—O 键的振动基本有对称伸缩振动（740cm^{-1}）；不对称伸缩振

动（860cm^{-1}、895cm^{-1}和840cm^{-1}）；面外弯曲振动（516cm^{-1}、523cm^{-1}和540cm^{-1}）以及它的面内弯曲振动（412cm^{-1}），见图6-9。

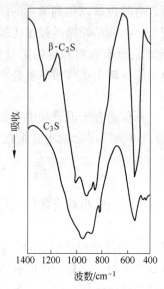

图6-8　C$_2$S和C$_3$S红外光谱图

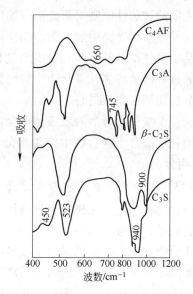

图6-9　水泥熟料矿物的红外光谱图

表6-3　C$_3$S和C$_2$S的基团振动

矿　物	振动频率/cm^{-1}	吸收强度	振动性质
C$_3$S	815	强，尖锐	对称伸缩
	555	强	面外弯曲
	<500	中强	面内弯曲
	925	宽带	不对称伸缩
C$_2$S	990~1000	强，尖锐	不对称伸缩
	850~950	强，宽带	对称伸缩
	840左右	尖锐，中等吸收	弯曲振动

C$_4$AF的红外光谱带较为集中，处于740cm^{-1}和810cm^{-1}。由于水泥熟料中的含铁相是一种固溶体，Al$_2$O$_3$含量是可变的，根据所做实验表明，上述810cm^{-1}实际上是AlO$_4^{5-}$的不对称伸缩振动，740cm^{-1}谱带是Al—O和Fe—O两组振动混合。纯AlO$_4^{5-}$四面体和FeO$_6^{9-}$八面体的振动大量地重叠在750~550cm^{-1}范围。因此可以根据红外光谱图上这两个主要谱带来测量铁铝酸盐中铝的含量，也可根据AlO$_4^{5-}$和FeO$_6^{9-}$的谱带位置来鉴别熟料中Al的配位和AlO$_4^{5-}$的聚合程度。

b　硅酸盐水泥水化产物的鉴定

硅酸盐水化生成水化硅酸钙的组成比较复杂，但是有一点已经证明，硅酸钙在水化过程中的硅氧四面体SiO$_4$的孤立岛式结构，将以一定的形式相连，聚合成〔Si$_2$O$_7^{6-}$、Si$_3$O$_{10}^{8-}$、Si$_3$O$_9^{6-}$、Si$_4$O$_{13}^{10-}$〕等。这时在红外光谱图上将相应地发生Si—O振动向高波数位移的情况。因此，可以根据硅酸盐水泥中1000~800cm^{-1}宽谱带位移到1080cm^{-1}左右及谱形变化判断它的水化，但是由于谱带较宽，水化产物复杂，还难以完全判断。

6.3 激光拉曼光谱分析

在分子振动中，有些振动由于偶极矩的变化表现出红外活性，能吸收红外光，从而出现红外吸收谱带，但有些振动表现出拉曼活性，产生拉曼光谱谱带，这两种方法都能提供分子振动的信息，能起到相互补充的作用，采用这两种方法可获得振动光谱的全貌。

拉曼效应是光在与物质分子作用下产生的散射现象，也就是说拉曼光谱是一种散射光谱。在 20 世纪 30 年代，拉曼光谱受到广泛重视，它是研究分子结构的主要手段。40 年代以后随着实验内容的不断深入，拉曼光谱的弱点（主要是拉曼效应太弱）和红外技术的进步使得拉曼光谱的应用一度衰落。1960 年以后，激光技术的发展使激光成为拉曼光谱的理想光源，拉曼光谱得以复兴。目前拉曼光谱在材料、生物、环保等各个领域得到了广泛的应用，越来越受到研究者的重视。

6.3.1 拉曼光谱分析的基本原理

6.3.1.1 瑞利散射和拉曼散射

分子可以看成是带正电的核和带负电的电子集合体。当高频率（$10^{15}\,\mathrm{s}^{-1}$）的单色激光束打到样品分子上时，它与电子发生强烈的作用，使分子被极化，产生一种以入射频率向所有方向散射的光，这一过程称为瑞利（Rayleigh）散射。瑞利散射被视为光子与分子间发生弹性碰撞，碰撞时只是方向发生改变而未发生能量交换。瑞利散射是分子体系中最强的光散射现象。除了瑞利散射外，还可以观察到一系列低于或高于入射光频率的较弱的散射线，这就是拉曼（Raman）散射，其强度是入射光的 $10^{-6} \sim 10^{-8}$。拉曼散射过程是非弹性的，光子与分子碰撞后发生了能量交换，光子将一部分能量传递给样品分子或从样品分子获得一部分能量，因而改变了光的频率。

如图 6-10 所示，当入射光与处于稳定态的分子（如图中 E_0 或 E_1 态分子）相互碰撞时，分子的能量就会在瞬间提高，如果到达的能态不是分子本身的稳定能级，则分子就会

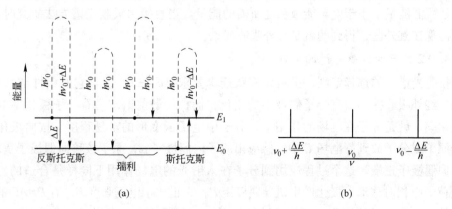

图 6-10　散射效应示意图

（a）瑞利散射和拉曼散射的能级图；（b）散射谱线

立刻回到低能态，同时散射出相应的能量（如果到达的能态是分子允许的能级，则入射光就被分子吸收），如果分子回到原来的能级，则散射光的频率与入射光的频率相同，就得到瑞利线。如果分子不是回到原来的能级，而是到另一个能级时，则得到的就是拉曼线，此时存在如下两种可能的情况：

（1）处于振动能级基态 E_0 的分子被入射光 $h\nu_0$ 激发到一个虚想的较高的能态（一般停留 10^{-12}s，因为入射光的能量不足以引起电子能级的跃迁），然后回到 E_1 能级，则样品分子就获得 $E_1 - E_0$ 的能量，而光子就损失这部分能量，散射光频率比入射光频率小，产生斯托克斯线，其频率为：

$$\nu_- = \nu_0 - \frac{E_1 - E_0}{h} = \nu_0 - \frac{\Delta E}{h} \tag{6-8}$$

（2）当光子与处于激发态 E_1 的分子碰撞后激发到虚想的高能态，然后回到基态 E_0 时，则分子就损失了 $E_1 - E_0$ 的能量，光子就获得了这部分能量，结果是散射光的频率比入射光的频率大，产生反斯托克斯线，其频率为：

$$\nu_+ = \nu_0 + \frac{E_1 - E_0}{h} = \nu_0 + \frac{\Delta E}{h} \tag{6-9}$$

斯托克斯线（或反斯托克斯线）与入射光频率之差叫拉曼位移，对应的斯托克斯线和反斯托克斯线的拉曼位移相等。

$$\Delta\nu = \nu_0 - \nu_- = \nu_+ - \nu_0 = \frac{E_1 - E_0}{h} = \frac{\Delta E}{h} \tag{6-10}$$

斯托克斯线和反斯托克斯线统称为拉曼谱线。斯托克斯线和反斯托克斯线的跃迁概率是相等的。但是，常温下处于基态的分子数目比处于激发态的分子数目多，所以斯托克斯线比反斯托克斯线的强度高。拉曼光谱仪一般记录斯托克斯线。

可以看到，拉曼位移只与分子的能级结构有关，而与入射光的频率无关，用不同频率的入射光都可观察到拉曼谱线。拉曼位移一般为 $4000 \sim 40\text{cm}^{-1}$，相当于红外光谱的频率，即拉曼效应对应于分子中振动能级或振-转能级的跃迁。因此，入射光的能量应大于分子振动跃迁所需能量，小于电子能级跃迁所需的能量。当直接用吸收光谱方法研究时，这种跃迁就出现在红外区，得到的就是红外吸收光谱。

6.3.1.2　产生拉曼光谱的条件

在拉曼光谱中的选择定则，虽然允许跃迁也要求 $\Delta n = \pm 1$，但是它的条件与红外光谱的不同。红外吸收振动要有分子偶极矩的变化，而拉曼散射谱却要有分子极化率的变化。所谓极化率，就是分子在电场的作用下，分子中电子云变形的难易程度。按照极化原理，把一个原子或分子放到静电场 E 中，感应出原子的偶极子 μ，原子核移向偶极子负端，电子云移向偶极子正端。这个过程应用到分子在入射光的电场作用下同样是合适的。这时，正负电荷中心相对移动，极化产生诱导偶极矩 P，它正比于电场强度 E，有 $P = aE$ 的关系，比例常数 a 称为分子的极化率。拉曼散射的发生必须在有相应极化率 a 的变化时才能实现，这是和红外光谱所不同的。因而在红外光谱中检测不出的谱线，可以在拉曼光谱中得到，使得两种光谱成为相互补充的谱线。

6.3.2　拉曼光谱图

拉曼光谱图中横坐标是拉曼位移（即频率位移），通常也用波数来表示，纵坐标表示散射强度。和红外光谱一样，给出的基团频率是一个范围值，单位是波数。在激光拉曼光谱中还有一个重要的参数，即退偏振比（也称去偏振度）。由于激光是线偏振光，而大多数的有机分子是各向异性的，在不同方向上的分子被入射光电场极化程度是不同的。在激光拉曼光谱中，完全自由取向的分子所散射的光可能是偏振的，因此，一般在拉曼光谱中用退偏振比（去偏振度）ρ 表示分子对称性振动模式的高低，ρ 定义为：

$$\rho = \frac{I_\perp}{I_{/\!/}} \tag{6-11}$$

式中，$I_\perp$ 和 $I_{/\!/}$ 分别为与入射偏振方向相垂直和相平行的拉曼散射光强度。通过测定拉曼谱线的退偏振比，可以确定分子的对称性。

图 6-11 为 CCl_4 的拉曼光谱图，入射光是可见光，波长为 435.8nm，约 22938cm^{-1}，因此 CCl_4 产生的拉曼散射光也是可见光。中心位置是瑞利散射，强度很大，仍位于 22938cm^{-1}。左侧有 22720cm^{-1}、22624cm^{-1}、22479cm^{-1}、22176cm^{-1}、22148cm^{-1}，右侧有 23156cm^{-1}、23252cm^{-1}、23397cm^{-1}、23700cm^{-1}、23728cm^{-1}。在拉曼光谱中记录的是拉曼位移。图中负位移：$-218cm^{-1}$、$-314cm^{-1}$、$-459cm^{-1}$、$-762cm^{-1}$、$-790cm^{-1}$（斯托克斯线）；正位移：218cm^{-1}、314cm^{-1}、459cm^{-1}、762cm^{-1}、790cm^{-1}（反斯托克斯线）。通常拉曼光谱不记录瑞利散射线和反斯托克斯线，分析多采用斯托克斯线。

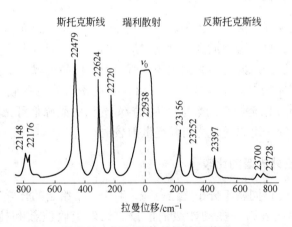

图 6-11　CCl_4 液体的拉曼光谱图

拉曼光谱是测量相对于单色激发光（入射光）频率的位移，把入射光频率位置作为零，则频率位移即拉曼位移的数值正好相应于分子振动或转动能级跃迁的频率。因为所用的激发光为可见光，所以拉曼光谱分析的本质是利用可见光去测定分析分子振动光谱。一般拉曼光谱是采用激光作为激发光源，所以又称为激光拉曼光谱。

拉曼位移是表征物质分子振动、转动能级特性的一个物理量，因此，拉曼光谱可以作为物质鉴定的依据。拉曼散射的强度与入射光波长的 4 次方成反比，故用短波长的入射光激发，所产生的拉曼散射要比采用长波长的入射光强得多，但一般不用能使分子发生电子跃迁、吸收或荧光激发的光源。拉曼散射光的强度与物质的浓度呈线性关系，可用于定量分析。但目前在定量分析上应用较少，主要是因为在采用单光束发射的条件下，所测量的拉曼信号强度明显地受到样品性质和仪器因素的影响。因此，目前拉曼散射光谱分析主要应用于分子的结构分析和晶体物理的研究工作。

6.3.3　激光拉曼光谱仪

激光拉曼光谱仪的基本组成有激光光源、样品池、分光器、检测记录系统和微机控制等部分，拉曼散射光在可见区，因此，对仪器所用的光学元件及材料的要求比红外光谱简单。

分析过程中，激光器输出的可见光束经滤光后，经透镜系统聚焦到样品池上，激发样品分子产生拉曼散射光，椭球收集镜在 90° 方向收集拉曼散射光，聚焦到分光器的入口狭缝上，通过分光器分光，然后经出射狭缝至光电倍增管，把光信号变为电信号，用直流放大器把信号放大处理后送到记录系统，当分光器与记录系统同步运行时，记录下样品的拉曼光谱。

由于拉曼散射光很弱，要求用很强的单色光来激发样品才能产生足够强的拉曼散射信号，激光是很理想的光源。拉曼光谱仪中常用的有 He-Ne 激光器、Ar^+ 激光器等。

在傅里叶变换拉曼光谱仪中，以迈克尔逊干涉仪代替分光元件，光源利用率高，可采用红外激光以避免分析物或杂质的荧光干扰。具有扫描速度快，分辨率高等优点。

6.3.4　拉曼光谱样品的制备

拉曼光谱可以测量气、液、固各种样品。气体样品可装在激光器的共振腔内进行拉曼实验。对于液体样品，只要溶液或高聚物具有足够的纯度，即可把这类液态样品装在毛细玻璃管中进行实验，因为水的拉曼光谱很弱，所以液体样品可以用水溶液，也可以把粉末悬浮在水中。对于固体粉末，不需要压片，而只要把粉末放在平底的小玻璃管或毛细管中，用的样品只需 5mg 以至微克的数量。因为拉曼光谱的光源是可见光，所以常规使用玻璃或石英玻璃作容器完全可以透过光且拉曼散射较弱。

6.3.5　拉曼光谱与红外光谱的比较

红外光谱与拉曼光谱同属于分子光谱范畴，对于一个给定的化学键，其红外吸收频率与拉曼位移相等，均代表第一振动能级的能量。红外吸收波数和拉曼位移均在红外光区，两者都反映分子的结构信息，在化学领域中研究的对象大致相同。但是拉曼光谱和红外光谱在产生光谱的机理、选律、实验技术和光谱解释等方面存在较大的差别。主要体现在：

（1）红外光谱和拉曼光谱的产生机理不同。红外光谱是由于振动引起分子偶极矩或电荷分布变化产生的，拉曼散射是由于键上电子云分布瞬间变形引起暂时极化，产生诱导偶极，当返回基态时发生的散射。散射的同时电子云也恢复原态。

（2）红外光谱的入射光及检测光均是红外光，而拉曼光谱的入射光多是可见光，散射光也是可见光。红外光谱测定的是光的吸收，横坐标用波数或波长表示，而拉曼光谱测定的是光的散射，横坐标是拉曼位移。

（3）拉曼光谱波数的常见范围是 $4000\sim40\mathrm{cm}^{-1}$，一台拉曼光谱仪就包括了完整的振动频率范围；而红外光谱包括近中远范围，通常需要用几台仪器或者用一台仪器分几次扫描才能完成整个光谱的记录。

（4）水是极性很强的分子，因而其红外吸收非常强烈，因此红外光谱一般不用水作溶剂。但水的拉曼散射却极微弱，因而水溶液样品可直接进行拉曼光谱分析，由于水易溶解大量无机物，因此无机物的拉曼光谱研究很多。

（5）拉曼光谱固体样品可直接进行测定，无需特殊制样的处理，样品处理简单。但在测定过程中样品可能被高强度的激光束烧焦，所以应该检查样品是否变质。

（6）玻璃的拉曼散射较弱，因而普通玻璃的毛细管可作为样品池，如液体或粉末固体样品可放于玻璃毛细管中测量。而红外光谱的样品池需要特殊材料制成。

与红外光谱相比，除了一些突出的优点外，拉曼光谱也存在一些缺点，如一般不适用于荧光性样品的测定；要求样品必须对激发辐射是透明的，即激发的谱线绝对不能为样品所吸收，否则本身已经很弱的拉曼光谱将被淹没；对于 Si—O 键极化率很低的硅酸盐矿物，拉曼效应很弱，因而限制了拉曼光谱在此类矿物上的应用。

图 6-12 为线性聚乙烯的红外光谱和拉曼光谱图。红外及拉曼光谱的横坐标均以波数表示，红外吸收（谱峰向下）的纵坐标为透过率，拉曼峰（谱峰向上）的纵坐标是散射强度。对于一个分子，如果它的振动方式对于红外吸收和拉曼散射都是活性的，那么，拉曼光谱中所观察到的拉曼位移与红外光谱中所观察到的吸收谱带的频率是相同的，只是对应谱带的相对强度不同而已。也就是说，拉曼光谱、红外光谱与基团频率的关系也基本上是一致的。但由于两者的作用机制不同，如果有一些振动只具有红外活性，而另一些振动仅有拉曼活性，这种情况下为了获得更完全的分子振动信息，通常需要红外和拉曼光谱的相互补充。

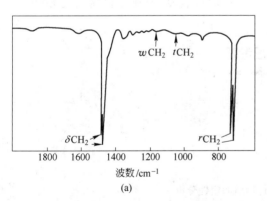
(a)

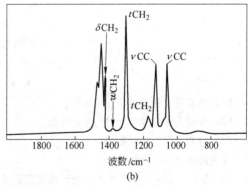
(b)

图 6-12　线性聚乙烯的红外光谱和拉曼光谱图

（a）红外光谱；（b）拉曼光谱

6.3.6 拉曼光谱在无机材料中的应用

用拉曼光谱可测定某些无机原子团的结构，例如汞离子在水溶液中是以 Hg^+ 或 Hg^{2+} 存在，用红外光谱无法测定，因两者均无吸收，而在拉曼光谱中，在 $169\mathrm{cm}^{-1}$ 出现（Hg-

Hg)$^{2+}$ 强偏振线，表明 Hg^{2+} 存在。而在一价铊离子的情况下，无 Tl_2^{2+} 的强偏振线出现，表明是以 Tl^+ 形式存在。此外，还可用拉曼光谱测定 H_2SO_4、HNO_3 等强酸的离解常数。

　　下面以各种高岭土的鉴别为例说明拉曼光谱在无机材料中的应用，傅里叶变换拉曼光谱是陶瓷工业中快速而有效的测量技术。陶瓷工业中常用原料，如高岭土、多水高岭土、地开石和珍珠陶土的傅里叶变换拉曼光谱如图 6-13 所示。由图可知，它们都有各自的特征谱带，而且比红外光谱（图 6-14）更具特征性。

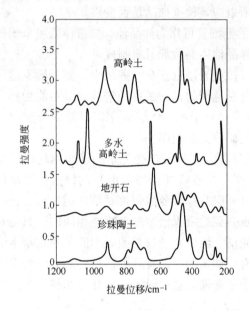

图 6-13　高岭土组傅里叶变换拉曼光谱图　　　　图 6-14　高岭土组傅里叶变换红外光谱图

习题与思考题

6-1　比较概念：

（1）线光谱、带光谱与连续光谱；

（2）吸收光谱、发射光谱与散射光谱；

（3）瑞利散射与拉曼散射。

6-2　简述光谱分析法的种类。

6-3　原子发射光谱是怎么产生的，为何能用它来进行物质的定性分析？

6-4　原子吸收光谱是怎样产生的？

6-5　红外光谱定性分析的基本依据是什么？

6-6　何谓"指纹区"，它有什么特点和用途？

6-7　红外光谱图有几方面的特征？

6-8　产生红外吸收的条件是什么，是否所有的分子振动都会产生红外吸收光谱？

6-9　产生拉曼散射的条件是什么？

6-10　什么是斯托克斯线和反斯托克斯线，什么是拉曼位移？

6-11　比较红外光谱与拉曼光谱的异同。

7　电子能谱分析

电子能谱分析是一种研究物质表层元素组成和元素原子所处状态的表面分析技术，其基本原理是用单色光源（如 X 射线、紫外光）或电子束去照射样品，使样品中的电子受到激发而发射出来，然后测量这些电子的产额（强度）与其能量的分布，通过与已知元素原子（或离子）不同壳层的电子能量相比对，就可确定未知样品表层中原子的种类和状态。一般认为，表层的信息深度大约为十个纳米，如果采用深度剖析技术（如离子溅射），也可以对样品进行深度分析。

根据激发源的不同和测量参数的差别，常用的电子能谱主要有光电子能谱和俄歇电子能谱。光电子能谱简称 ESCA（electron spectroscopy for chemical analysis），它是由 X 射线或紫外光作用于样品表面而产生光电子，分析这些光电子的能量分布得到光电子能谱，分别对应 X 射线光电子能谱（X-ray photoelectron spectroscopy，XPS）和紫外光电子能谱（ultraviolet photoelectron spectroscopy，UPS）。由于 XPS 比 UPS 在使用方面更普遍，所以常把 XPS 称为 ESCA。俄歇电子能谱（Auger electron spectroscopy，AES）是用具有一定能量的电子束激发样品产生俄歇效应，通过检测俄歇电子的能量和强度，从而获得有关表层化学组成、原子的化学状态等信息的方法。

7.1　X 射线光电子能谱分析

X 射线光电子能谱是目前广泛应用的表面成分分析和化学态分析方法，主要用于分析表面化学元素的组成、化学态及其分布，是一种无损、微量的表面分析方法。这种方法采用单色 X 射线照射样品，具有一定能量的入射光子同样品原子相互作用产生光电子，这些光电子输送到样品表面后克服逸出功而发射，用能量分析器分析光电子的动能，得到 X 射线光电子能谱，从光电子谱峰的结合能和强度来确定元素的组成和该元素原子所处的化学状态，这就是 X 射线光电子能谱的定性分析。根据具有某种能量的光电子的数量可知某种元素在样品表面的含量，这是 X 射线光电子能谱的定量分析。由于 XPS 的使用和数据解释相对简单，使其在各种有机和无机固体材料表面改性、催化、腐蚀、黏附、薄膜涂层等许多研究领域得到了广泛的应用。

XPS 之所以得到的是样品表面的信息，是因为 X 射线的穿透能力虽然比较强，但它所产生的光电子能量比较小，只有在深度非常浅的范围（1~10nm）内产生的光电子才能够被输送到表面，进入能量分析器。用来进行分析的光电子能量范围与俄歇电子能量范围大致相同，所以和俄歇电子能谱一样，X 射线光电子能谱得到的也是样品表面的信息。但 X 射线光电子能谱采用直观的化学知识就可以解释谱图中的化学位移，相比之下，俄歇效应涉及三个能级，解释起来就困难得多。

7.1.1　X 射线光电子能谱的基本原理

7.1.1.1　光电效应和电子结合能

光电子能谱所用到的基本原理是爱因斯坦的光电效应定律。所谓光电效应即物质受光的作用而放出电子的行为，也称为光电离或光致发射（参见第 3 章相关内容）。我们知道每个原子都有很多原子轨道，每个轨道上的电子具有不同的结合能，结合能与元素种类和电子所在的能级轨道有关。当具有一定能量 $h\nu$ 的入射光子与样品中的原子相互作用时，单个光子把全部能量交给原子中某能级上一个受束缚的电子，这个电子就获得了能量 $h\nu$。如果 $h\nu$ 大于该电子的结合能（E_b，相当于一个电子从结合状态移到无穷远的真空静止状态时所需要的能量），那么这个电子就将脱离原来受束缚的能级，剩余的光子能量转化为该电子的动能（E_k），使其从原子中发射出去，成为光电子，原子本身则变成激发态离子。

真空自由电子（动能为零的真空静止电子）能级与表面有关，不是固定不变的，不能用于确定结合能。对固体样品，计算结合能的参照基准不是选用真空中的静止电子，而是选用费米（Fermi）能级。电子结合能（E_b）就是把电子从所在能级转移到费米能级所需要的能量。费米能级相当于 0K 时固体能带中充满电子的最高能级。固体样品中达到费米能级的电子虽然不再受原子核的束缚，但要变成自由电子还须克服整个样品晶格对它的引力。由费米能级跃迁到真空（自由电子）能级所需要的能量称为逸出功（Φ_s），也就是所谓的功函数。可见，能量为 $h\nu$ 的入射光子激发原子产生动能为 E_k 的光电子时，能量 $h\nu$ 被分成了 3 部分，分别为 E_b、E_k 和 Φ_s，用公式表达如下：

$$h\nu = E_b + E_k + \Phi_s \tag{7-1}$$

在 X 射线光电子能谱仪中，样品与谱仪材料的功函数的大小是不同的。但固体样品与仪器样品架接触良好，根据固体物理的理论，它们二者的费米能级将处在同一水平，主要原因是，如果样品材料的功函数（Φ_s）大于谱仪材料的功函数（Φ'），当两种材料一同接地后，功函数小的谱仪中的电子便向功函数大的样品迁移，分布在样品的表面，使样品带负电，谱仪入口处则因缺少电子而带正电，于是在样品和谱仪之间产生了接触电位差，其值等于样品功函数与谱仪功函数之差。这个电场会阻止电子继续从谱仪向样品迁移，当二者达到动态平衡时，它们的化学势相同，费米能级完全重合。

于是当具有动能 E_k 的电子穿过样品与谱仪入口之间的空间时，受到谱仪与样品的接触电位差 $\delta\Phi(\delta\Phi = \Phi_s - \Phi')$ 的作用，使其动能变成了 E_k'，由图 7-1 可以看出，有如下能量关系：

$$E_k + \Phi_s = E_k' + \Phi' \tag{7-2}$$

将式（7-2）代入式（7-1）得：

$$E_b = h\nu - E_k' - \Phi' \tag{7-3}$$

对一台仪器而言，仪器条件不变时，其功函数 Φ' 是固定的，一般在 4eV 左右。$h\nu$ 是实验时选用的 X 射线能量，也是已知的。因此，根据式（7-3），只要测出光电子的动能 E_k'，就能算出电子的结合能 E_b。而不同原子的结合能或同一原子不同能级的结合能是不同的，则由 E_b 就可推导出发射该光电子的元素名称。

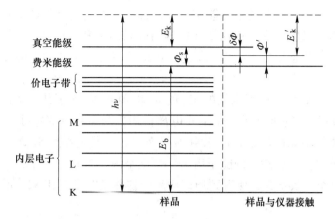

图 7-1   固体材料光电过程的能量关系示意图

电子结合能更为精确的计算有时还应考虑它的弛豫过程所产生的能量变化。当一个内壳层的电子被发射出去后，会留下一个空位，原子中的其余电子（包括价电子）由于原子核静电吸引的突然变化，它们的分布需要重新调整，这种重新调整的过程称为电子的弛豫过程。弛豫过程的时间和内壳层电子发射的时间相当，因而弛豫过程会对发射的电子产生影响。可以这样理解，当内壳层出现空位后，原子中其余电子很快地向带正电荷的空位弛豫，于是对发射的电子产生加速，所以原来定义的结合能 E_b 是中性原子的初态能量 $E_{初}$ 和达到最后空位态的终态能量 $E_{终}$ 之差，与突然发生的过程相比，这样测得的结合能要小一些，这个差别就是原子的弛豫能量造成的。考虑弛豫过程对分析图谱有参考价值，但是相对来说，数值差别不太大，有时也可忽略。

7.1.1.2   X射线光电子能谱的测量原理

当光子与样品相互作用时，从原子中各能级发射出来的不同能量的光电子数目是不同的，会存在一定的概率，这个光电效应的概率常用光电效应截面（σ）表示，定义为某能级的电子对入射光子有效能量转移面积，可以理解为一定能量的光子与原子作用时，从某个能级激发出一个电子的概率。光电效应截面与电子所在壳层的平均半径、入射光子频率和受激原子的原子序数等因素有关。光电效应截面越大，说明该能级上的电子越容易被光激发，与同原子其他壳层上的电子相比，它的光电子峰的强度就较大。例如，K层电子的截面要远远大于L层和M层，因此K层产生光电子的概率相对较大。但是，当入射X射线的能量不够大，而元素的原子序数又较大时，即使该元素的K层光电效应截面很大，也不能激发出K层电子，因此用Mg的K_α激发不出Ag的K层和L层电子。各元素都有某个能级能够发出最强的光电子谱线，通常做XPS分析时，主要是利用这些强的光电子峰，光电子峰的强度是XPS定量分析的依据。

X射线光电子能谱是以X射线为激发源作用于样品表面，其表面不同原子的电子或相同原子不同能级的电子具有不同的能量状况，因而被激发成具有不同动能的光电子。结合能大的光电子将从激发源光子那里获得较小的动能，而结合能小的将获得较大的动能。整个光电发射过程是量子化的，光电子的动能也是量子化的，因而来自不同能级的光电子的动能分布是离散形的。能量分析器检测光电子的动能，通过简单的换算即可得到光电子原来所在能级的结合能，通过整理记录光电子的能量分布即得到电子能谱。具有特征能量的光电子与特定原子中特定电子的结合能相对应，带有样品表面材料的信息。X 射线光电子能谱中各特征谱峰的峰位、峰形和强度（以峰高或峰面积表征）反映了样品表面的元素组成、相对浓度、化学状态和分子结构等信息，由此可以分析出样品表面原子或离子的组成和状态。

在普通的 XPS 谱仪中，一般采用的 Mg 的 K_α 和 Al 的 K_α X 射线作为激发源，光子的能量足够使除 H、He 以外的所有元素发生光电离作用，产生特征光电子。光电子的动能将随激发源光子的能量增加而增加，但来自不同壳层光电子的结合能值与激发源的能量无关，只与该光电子原来所在能级的能量有关。也就是说，对同一个样品，无论用 Mg 的 K_α 还是 Al 的 K_α 射线作为激发源，所得到的该样品的各种光电子在其 XPS 谱图上的结合能分布状况都是一样的。

7.1.1.3　X 射线光电子能谱的信息深度

在 XPS 分析中，一般用能量较低的软 X 射线激发光电子（如 Mg 的 K_α 和 Al 的 K_α 射线）。尽管软 X 射线能量不是很高，但仍然可穿透 10nm 厚的固体表层并引起那里原子轨道上的电子电离。产生的光电子在离开固体表面之前要经历一系列弹性或非弹性散射，所谓弹性散射是指光电子与其他原子核及电子相互作用时只改变运动方向而不损失能量，这种光电子形成 XPS 谱图的主峰；如果这种相互作用的结果同时还使光电子损失了能量，便称之为非弹性散射，形成背底信号或伴峰（见 7.1.2 节）。一般认为，对于那些具有特征能量的光电子，在穿过固体表面层时，其强度衰减服从指数规律。设强度为 I 的光电子，在固体中经过 dt 的距离，强度损失了 dI，则有：

$$dI = -Idt/\lambda(E_k) \tag{7-4}$$

这里 $\lambda(E_k)$ 是一个常数，它与电子的动能 E_k 有关，称为光电子非弹性散射自由程或电子逸出深度，有时也被称为非弹性散射"平均自由程"，是指光电子被激发逸出样品表面过程中，与其他电子相碰撞而产生非弹性散射，电子连续两次非弹性碰撞间的平均距离。如果 t 代表垂直于固体表面并指向固体外部的方向，则 $\lambda(E_k)$ 就是"平均逸出深度"。式中负号表示强度减小，对该式积分并代入边界条件（$t=0$ 时，$I=I_0$，I_0 为初始光电子的强度），便可得到当光电子垂直于固体表面出射时，通过厚度为 t 的样品后强度为：

$$I(t) = I_0\exp[-t/\lambda(E_k)] \tag{7-5}$$

从式中可以得出，当厚度 t 达到 3 倍 $\lambda(E_k)$ 值时，光电子强度还剩不到初始光电子强度 I_0 的 5%。这时可以粗略地认为全部信号都被衰减掉了，所以一般把 $3\lambda(E_k)$ 定义为电子能谱的信息深度，也就是 XPS 的分析深度。如果光电子沿着与固体表面法线成 θ 角并指向固体外部的方向逸出，则大致可认为深度超过 $3\lambda(E_k)\cos\theta$ 处产生的光电子就不能使其能量无损的到达表面。这说明能够逃离固体表面的光电子只能来源于表层有限厚度范围内。

实际上 $\lambda(E_k)$ 非常小，对于金属材料，$\lambda(E_k)$ 约为 0.5~3nm；无机材料的 $\lambda(E_k)$ 约为 2~4nm；有机高聚物的 $\lambda(E_k)$ 约为 4~10nm。因此，XPS 是一种分析深度很浅的表面分析技术。

7.1.2　X 射线光电子能谱谱图

样品在受到 X 射线辐照时，会发射光电子，在 XPS 谱图中可以观测到主要的光电子峰。此外，伴随着光电子的发射还会同时发生多种物理过程，由这些物理过程所产生的谱峰在光电子能谱中统称为伴峰（也称伴线），包括俄歇电子峰、X射线卫星峰、鬼峰、振激峰和振离峰、多重分裂峰和能量损失峰等。

XPS谱图中那些明显而尖锐的谱峰，都是由未经非弹性散射的光电子形成，而那些来自样品深层的光电子，由于在逃逸的路径上有能量损失，其动能已不再具有特征性，成为谱图的背底或伴峰。为了正确地解释谱图，必须能够识别光电子峰和伴峰。一般把强光电子峰称为XPS谱图的主峰。由于光电子的能量损失是随机的，所以谱图会形成连续的背底能量变化。伴峰的出现使XPS谱图分析变得复杂，却也为鉴定元素的化学状态提供了信息。了解伴峰的产生、性质和特征，不仅对正确解释谱图很有必要，也能为分子和原子中电子结构的研究提供重要的信息，对探讨化学键的本质也是极其重要的。

7.1.2.1 光电子峰和伴峰

A 光电子峰

XPS谱图的主峰一般是指谱图中强度最大、峰宽最小、对称性最好的峰。每一种元素都有自己最强的、具有表征作用的光电子峰，它是元素定性分析的主要依据。纯金属的强光电子峰常会出现不对称的现象，这是由于光电子与传导电子的耦合作用引起的。此外，还有来自原子内其他壳层的光电子峰，这些光电子峰比起它们的主峰，强度减弱的程度不等，在元素定性分析中起着辅助的作用。光电子峰的谱线宽度受到样品元素本征信号的自然线宽、X射线源的自然线宽、仪器参数以及样品自身状况引起的宽化等因素的影响。

B 俄歇电子峰

当原子中的一个内层电子光致电离而射出后，在内层留下一个空位，原子处于激发态。这种激发态离子要向低能转化而发生弛豫，弛豫的方式可以通过辐射跃迁释放能量，辐射出荧光X射线；还可以通过非辐射跃迁使另一电子激发成为自由电子，该电子就是俄歇电子，光电子和俄歇电子通常是同时存在的（参见第3章相关内容）。

由俄歇电子形成的谱峰就是俄歇电子峰，X射线激发的俄歇电子峰往往具有复杂的形式，多以谱线群的形式出现。在XPS谱图中可以观察到的俄歇电子峰主要有四个系列，分别是KLL、LMM、MNN和NOO，是采用参与俄歇效应的三个能级来命名的，三个字母分别表示：产生初态空位所在的能级、填补初态空位的电子所属的能级和发射俄歇电子的能级。标注时要在这些符号的最左边加上元素符号，如O KLL。除了内层型俄歇电子峰，还有价型俄歇电子峰，它表示终态空位至少有一个发生在价带上，比如KVV（V表示价带能级），例如：O KLL也可写为O KVV。

俄歇峰具有与激发源无关的动能值，因而在使用不同X射线激发源对同一样品采集谱线时，在以动能为横坐标的谱图里，俄歇峰的能量位置不会因激发源的变化而变化，这正好与光电子峰的情况相反，在以结合能为横坐标的谱图里，光电子峰的能量位置不会改变，但俄歇峰的能量位置会因激发源的改变而作相应的变化。利用这一点，当区分光电子峰与俄歇电子峰有困难的时候，可以利用换靶的方式加以辨别。

有些情况下，俄歇峰往往比光电子峰具有更高的灵敏度。此外，元素的化学状态（如氧化态、成键情况等）不同，其俄歇电子峰峰位也会随之发生变化。当光电子峰的位移变化不显著时，俄歇电子峰的位移将变得非常重要。

C　X 射线卫星峰

用来照射样品的单色 X 射线实际并非严格意义的单色。常规使用的 X 射线源（如 Mg 靶 Mg 的 K_α，实际上包括 $K_{\alpha 1}$、$K_{\alpha 2}$ 双线）会混杂有其余波长的谱线（如 Mg 靶的 $K_{\alpha 3}$、$K_{\alpha 4}$ 等），它们也同样会激发出光电子，所产生的光电子峰的位置和强度都与主峰不一致，由这些光电子形成的光电子峰，称为 X 射线卫星峰。这些卫星峰所对应的光电子一般具有较高的动能，因此卫星峰一般出现在主峰的低结合能端或高动能端，强度相对较小，如图 7-2 所示。卫星峰离光电子主峰的距离和谱峰强度因阳极材料的不同而不同。

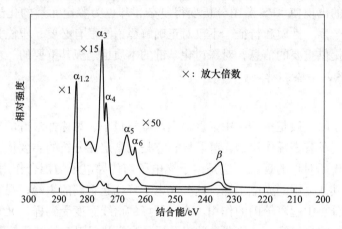

图 7-2　XPS 谱图的卫星峰

D　谱峰的分裂

在电离过程中，还会出现谱峰的分裂情况，如多重分裂，自旋-轨道分裂等，这与原子的能级结构和电子的运动状态有关。

原子中单个电子的运动状态可以用量子数 n（主量子数），l（角量子数），m（磁量子数），s（自旋量子数）来描述。

每个电子的能量主要（并非完全）取决于主量子数，n 值越大，电子的能量越高。n 值可以取 $n=1,2,3,4,\cdots(n\neq 0)$，在一个原子内，$n$ 值相同的电子处于同一个电子壳层，通常以 K$(n=1)$，L$(n=2)$，M$(n=3)$，N$(n=4)$，$\cdots$ 表示。

角量子数决定电子云的几何形状，不同的 l 值将原子内的电子壳层分成几个亚层。l 值与 n 有关，给定 n 值后，$l=0,1,2,\cdots,n-1$。通常分别用 s$(l=0)$，p$(l=1)$，d$(l=2)$，f$(l=3)$，$\cdots$ 表示。在给定的壳层上，电子的能量随 l 值的增加略有增加。

磁量子数决定了电子云在空间伸展的方向（即取向）。

自旋量子数则表示了电子绕其自身轴的旋转取向，与上述三个量子数没有联系。根据电子自旋的方向，它可以取 $+1/2$ 或 $-1/2$。

原子中的电子既有轨道运动又有自旋运动，如果原子或自由离子的价壳层有未成对自旋电子存在，那么光致电离形成内壳层空位使得内层未成对电子同价壳层上未成对的自旋电子有可能发生耦合，使体系出现不只一个终态。相应于每个终态，在 XPS 谱图上将有一条谱线对应，这就是多重分裂。例如，Mn 的电子排布式是 $1s^2 2s^2 2p^6 3s^2 3p^6 3d^5 4s^2$，Mn^{2+} 为 $1s^2 2s^2 2p^6 3s^2 3p^6 3d^5 4s^0$。当 Mn^{2+} 离子的 3s 轨道受激发后，就会出现两种终态。如图 7-3 所示，终态一表示电离后剩下的一个 3s 电子和 5 个 3d 电子的自旋方向相同，没有耦合作用，其能量较高，与原子核结合较弱；终态二表示电离后剩下的一个 3s 电子和 5 个 3d 电子的自旋方向相反，发生耦合，使其能量降低，即与原子核结合牢固。

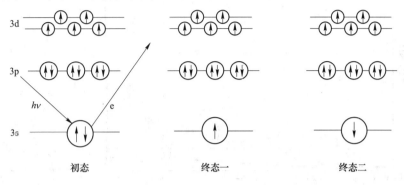

图 7-3　Mn^{2+} 离子的 3s 轨道电离时的两种终态

反映在 XPS 谱图上，如图 7-4 所示，与 5 个 3d 电子自旋相同的终态一的 3s 电子结合能低，而自旋相反的终态二的 3s 电子结合能高，两者的强度比为 $I_{终态一}/I_{终态二}=2.0/1.0$，分裂的程度就是两峰位之间的能量差。

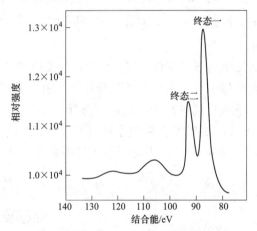

图 7-4　MnF_2 中 3s 电子的 XPS 谱图

在 XPS 谱图上，通常能够明显出现的是自旋-轨道耦合能级分裂谱线。量子力学理论和光谱实验的结果都已经证实，电子的轨道运动和自旋运动之间存在着电磁相互作用，自旋-轨道耦合作用的结果使其能级发生分裂。这种分裂可以用内量子数 j 来表征，其数值为：$j=|l+s|=|l\pm1/2|$。当 $l=0$ 时，j 只有一个数值，即 $j=1/2$；当 $l=1$ 时，j 有两个不同的数值，分别为 3/2 和 1/2（$j=l\pm1/2$）。所以，除了 s 亚壳层不发生自旋分裂外，凡是 $l>0$ 的亚壳层，都将分裂成两个能级，从而在 XPS 谱图上出现双峰，这称为自旋-轨道分裂。如图 7-5 所示的 Ag 的光电子谱图，其横坐标表示电子的结合能（单位为 eV），有时也以光电子的动能表示，纵坐标为相对强度（一般用单位时间内接收到的光电子数表示）。从图中可以看到，主要光电子峰除 3s 峰外，其余各峰均发生自旋-轨道分裂，表现出双峰结构（如 $Ag3p_{1/2}$ 和 $Ag3p_{3/2}$）。

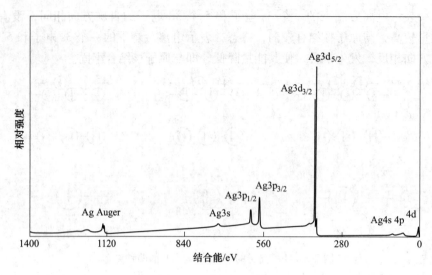

图 7-5   Ag 的 XPS 谱图

并非所有的元素都有明显的自旋-轨道分裂峰，例如，在 XPS 谱图中看不见 B、C、N、F、O、Na、Mg 等元素的 p 分裂谱线；Al、Si、P、Cl、S 等元素的 p 分裂谱线能量间距很小。过渡金属元素不但有明显的 $p_{1/2}$、$p_{3/2}$ 分裂谱线，而且分裂的能量间距还因化学状态而异。

E   振激峰和振离峰

在光电发射中，内壳层电离形成空位，原子中心电位发生突然变化会引起价电子云的重新分布，会有一定的概率将引起价壳层电子的跃迁，如图 7-6 所示，会形成两种不同能量的终态：如果价壳层电子跃迁到更高能级的束缚态（如 2p 电子跃迁到了 3p），此过程称为电子的振激（shake-up）；如果价壳层电子跃迁到非束缚的连续状态成为自由电子，则称此过程为电子的振离（shake-off）。不论振激还是振离都需要能量，会使最初产生的光电子动能下降。

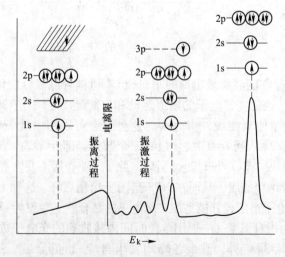

图 7-6   Ne1s 电子发射时振激和振离过程示意图

振激过程价电子跃迁导致正常发射的光电子动能减小，使得谱图主光电子峰的低动能（或高结合能）端出现分立的伴峰（如图 7-6 所示）。伴峰同主峰之间的能量差等于带有一个内层空位的离子的基态同它的激发态之间的能量差。原则上，在光电离的同时都能产生电子振激峰，但有些样品由于背底较大，影响了对电子振激峰的观察。对于化学研究来说，振激峰是非常有用的信息，许多化学性质，如顺磁反磁性、键的共价性和离子性、几何构型等都与振激峰有密切的关系。如图 7-7 所示，通过三种不同方法制备的 CuZnAl 催化剂的 Cu2p XPS 图谱显示，催化剂（1）和（2）样品中的 $Cu2p_{3/2}$ 高结合能端有明显的振激峰，它的位置比主峰高几个电子伏特。该振激峰的出现是判断一价铜离子或二价铜离子的关键，结合相关参考文献，明确（1）和（2）样品中有 Cu^{2+} 存在，其峰形较宽且具有明显的不对称性，说明催化剂表面 Cu 的存在状态比较复杂。

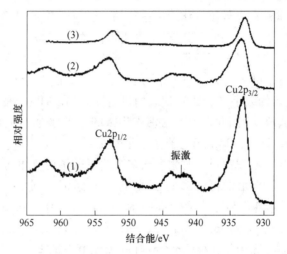

图 7-7　三种不同方法制备的 CuZnAl 催化剂样品的 Cu2p XPS 谱

振离是一种多重电离过程，会使部分 X 射线光子的能量被原子吸收，剩余用来正常激发光电子的能量就会减小，光电子的动能就会减小，其结果是在 XPS 谱图主光电子峰的低动能（或高结合能）端出现平滑的连续谱线（如图 7-6 所示）。在这条连续谱线的高动能端有一陡限，此限同主光电子峰之间的能量差等于带有一个内层空位离子基态的电离电位。振离峰的强度一般很弱，往往被仪器噪声掩盖，实际上只是增加了背底。

此外，还有能量损失峰、鬼峰等伴峰。能量损失峰是由于光电子在穿过样品表面时同原子（或分子）之间发生非弹性碰撞、损失能量，在 XPS 谱图高结合能侧出现的伴峰。由于在光电子的非弹性碰撞过程中，有一部分电子的能量会产生连续的损失，因此，在 XPS 谱图上会产生大量的背底电子，往往低结合能端的背底电子少，高结合能端的背底电子多，在 XPS 谱图上表现为随着结合能的提高，背底电子的强度一般呈现逐渐上升的趋势。因此在高结合能端会产生很高的背底，在进行准确定量分析时，必须扣去背底的影响。

鬼峰是非阳极材料 X 射线所激发出的光电子谱线，比如，阳极靶材料不纯，含有微量的杂质，这时 X 射线不仅来自阳极靶材料元素，还会来自阳极靶材料中的杂质元素。鬼峰还有可能来源于 X 射线源的窗口材料，甚至可能是样品中的组成元素。这些元素产生的 X

射线激发出的光电子，出现在 XPS 谱图上，经常令人难以解释。

在 XPS 谱图中，化学状态变化主要表现在内层电子对应谱峰结合能的变化，而振激峰、俄歇峰和多重分裂峰等伴峰则可作为化学分析的辅助依据。对 XPS 测试结果的分析一般是先识别 C、O 的光电子峰、俄歇峰及属于 C、O 的其他类型的谱峰，因为它们是经常出现的元素。随后再利用 X 射线光电子能谱数据库中各元素的峰位确定其他强峰，并识别其相关峰。最后针对强度比较弱的峰，一般假设这些峰是某些含量低的元素的主峰，但也可能是 X 射线卫星峰的干扰。若仍有一些弱峰不能确定，可以检验一下它们是否属于某些已经识别元素的鬼峰。在分析时需要注意，对于 p、d、f 等双峰，其双峰间距及峰高比一般为定值，这有助于对分析结果的确认。

7.1.2.2 光电子峰的标记

电子能谱实验通常是在无外磁场作用下进行的，磁量子数 m 是简并的，所以在电子能谱研究中，通常用 n，l，j 三个量子数来表征内层电子的运动状态，进而标记从原子各轨道中激发出的光电子。光电子的标记具体是用两个数字和一个小写字母表示，第一个数字代表主量子数 n，小写字母 s，p，d，…代表角量子数 l（s 代表 $l=0$，p 代表 $l=1$，d 代表 $l=2$，…），字母右下角的数字（分数）代表内量子数 j（在 XPS 谱图中 s 亚壳层电子的内量子数 $j=1/2$，通常省略）。因此，由 K 层激发出来的电子称为 1s 光电子，由 L 层激发出来的电子分别记为 2s，$2p_{1/2}$，$2p_{3/2}$ 光电子，依此类推。

X 射线光电子能谱中激发源可同时激发出多个原子轨道的光电子，谱图上会出现多组谱峰。各峰可用所对应的元素符号和特征光电子来标记。例如：Ag 的电子排布式是 $1s^2 2s^2 2p^6 3s^2 3p^6 3d^{10} 4s^2 4p^6 4d^{10} 5s^1$，如图 7-5 所示，结合能在 $0 \sim 1400eV$ 范围内对应的光电子峰分别为 Ag3s，$Ag3p_{1/2}$，$Ag3p_{3/2}$，$Ag3d_{3/2}$，$Ag3dp_{5/2}$，Ag4s，$Ag4p_{1/2}$，$Ag4p_{3/2}$，$Ag4d_{3/2}$，$Ag4d_{5/2}$（其中，4p 和 4d 图中简化标注）。Ag4f 轨道无电子填充，基态 Ag 原子无此光电子峰，Ag5s 已成导带。谱图中相对应的光电子峰能量约为 Ag3s = 719eV；$Ag3p_{1/2}$ = 604eV；$Ag3p_{3/2}$ = 573eV；$Ag3d_{3/2}$ = 374eV；$Ag3d_{5/2}$ = 368eV；Ag4s = 97eV 等。$Ag3d_{3/2}$，$Ag3d_{5/2}$ 光电子是 Ag 的两个最强特征峰，彼此相距约 6eV。一般均用元素的最强特征峰来鉴别元素，有时最强特征峰可能与其他元素的光电子峰发生重叠，此时可以选用其他光电子峰来鉴别元素。

7.1.2.3 谱峰的位移

原子中电子的结合能受到核内外电荷分布的影响，这种分布的任何改变都可能使电子的结合能产生改变，导致在 XPS 谱图上所显示的光电子的结合能偏离理论的电子结合能数值，这种现象称为谱峰的位移。引起光电子谱峰位移的因素包括化学因素和物理因素，化学因素是由于原子周围的化学环境的改变所引起的，这种改变主要有两方面的含义，一是指与它相结合的元素的种类和数量不同，二是指原子具有不同的化学价态。物理因素包括样品的荷电效应、自由分子的压力效应和固体的热效应等。

A 化学位移

原子价态的变化、原子与不同种类和数量的原子结合都会影响到它的内层电子的结合能，从而引起光电子峰发生位移，这称为化学位移。金属元素的 XPS 谱图中最容易出现由于氧化引起的化学位移，其化学位移随氧化态的增高而增大，而谱线的相对强度对应于原子所在各种不同价态的数目。例如，纯金属铝原子在化学上为零价 Al^0，位于亚壳层 2p 上的电子结合能为 72.4eV。当它被氧化成 Al_2O_3 后，铝为正三价 Al^{3+}，由于其周围环境与单质铝不同，这时 2p 电子结合能为 75.3eV，增加了 2.9eV，即化学位移为 2.9eV。如图 7-8 所示，可以看到，随着单质铝表面氧化程度的提高，表征单质铝的 Al2p（结合能为 72.4eV）谱线的强度在下降，而表征氧化铝的 Al2p（结合能为 75.3eV）谱线的强度在上升，这是由于随着氧化程度的提高，氧化膜变厚，使下表层单质铝的 Al2p 电子难以逃逸出的缘故，这也说明 XPS 是一种材料表面分析技术。

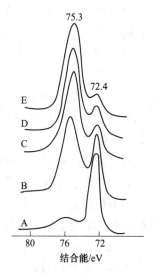

图 7-8　经不同处理后铝箔
表面的 Al2p 谱图
A—干净铝表面；B—空气中氧化；
C—磷酸处理；D—硫酸处理；
E—铬酸处理

化学位移在 XPS 中是一种很有用的信息，通过对化学位移的研究，可以了解原子的状态、所处的化学环境及分子结构等。例如，三氟醋酸乙酯，其结构式见图 7-9，其中 C1s 的电子结合能为 284eV，由于不同 C 原子的周围化学环境各不相同，在 XPS 谱图上出现了化学位移，如图 7-9 所示，C1s 的光电子能谱上出现 4 条谱线，最大位移达 8.2eV。

化学位移现象的产生与原子的结构有关，原子中的内层电子主要受到原子核强烈的库仑作用，使电子在原子内具有一定的结合能，其能量从较轻元素的几百电子伏特到较重元素的十万电子伏特左右。同时，内层电子又受到外层电子的屏蔽作用，因此，当外层电子密度减小的时候，屏蔽作用减弱，内层电子的结合能增加；反之，结合能将减小。当被测原子的氧化态增加或者与电负性大的原子结合时，都能使外层电子密度减小。如图 7-9 所示，在三氟醋酸乙酯结构式两端的两个 C 原子分别和 3 个 F 和 3 个 H 原子相连，由于 F 的电负性很强，而 H 的电负性比 F 和 O 小，所以这两个 C 原子的 1s 谱线各在一端，与 F 原子相连的 C 化学位移最大。因此，原子的化学环境不同，在 XPS 谱图上就会出现化学位

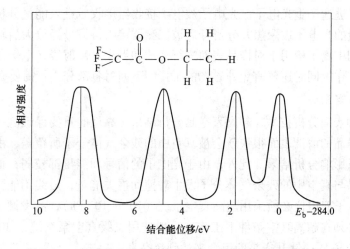

图 7-9　三氟醋酸乙酯的结构式和 C1s 轨道电子结合能位移

移，反之，如果在实验中测得某化合物中某一元素（离子）的化学位移，就可从理论上推测出该化合物的结构或该元素（离子）与周围其他离子的结合状态。由于受到 XPS 谱线分辨率和 X 射线线宽的限制，所能观察到的最小结合能位移约为 0.1eV。

应当指出，尽管原子的氧化态升高时化学位移会增大，但原子的氧化态与结合能位移之间并不存在数值上的绝对关系。因此，在测得某原子的电子结合能之后也难以断定该原子的氧化态，往往要用标准样来对照，找出各种氧化态与位移的对应关系。

B　荷电效应

荷电效应是影响谱峰位移的物理因素之一，在电子能谱仪中经常遇到这种现象。X 射线激发样品，使大量光电子离开样品表面，对于绝缘体样品或导电性能不好的样品，表面会产生一定的电荷积累，使样品表面带正电，这是一种荷电效应。样品表面荷电相当于给从表面出射的光电子增加了一定的额外电场，导致光电子的动能降低，使得测得的结合能比正常的要高（表现为谱峰向高结合能方向移动），还会使谱峰宽化，影响电子结合能的正确测量。

在工作中必须注意这一类荷电效应，并设法进行校准。对于金属样品，只要使样品与仪器保持良好的接触，即可消除这种影响。非金属样品一般不能导电，需要注意确定荷电效应对谱峰位移的影响，采取适当措施消除或校准。在实际的 XPS 分析中，一般采用污染碳 C1s 作为基准峰来进行校准。以测量值和参考值（284.8eV，不同文献数值略有差异）之差作为荷电校正值，用于校正谱图中其他元素的结合能。有些能量谱仪可利用低能电子中和枪，辐照大量的低能电子到样品表面，中和正电荷。如何控制电子流密度，不产生过中和现象是很重要的。

7.1.3　X 射线光电子能谱实验技术

7.1.3.1　X 射线光电子能谱仪的结构

X 射线光电子能谱仪主要由进样室、样品分析室、超高真空系统、X 射线源、离子源、电子能量分析器、探测器及数据采集与处理系统等组成。图 7-10 为 X 射线光电子能谱仪的结构示意图，如图所示，从 X 射线源产生的单色入射 X 射线照射到样品上，只要 X 射线光子的能量足够大（大于材料某原子轨道中电子的结合能），样品中的束缚电子就会获得足够的能量逃逸产生光电子。光电子被电子接收器接收后进入能量分析器，在能量分析器中不同能量的光电子被聚焦并分辨开后被探测器接收，信号经放大后输送到数据采集与处理系统。图中离子枪用于对样品表面进行清洁和剥离。X 射线光电子能谱仪要求在很高的真空度下工作，同时还要避免外磁场的干扰。下面对各部分进行简要介绍。

A　超高真空系统

XPS 是一种表面分析技术，超高真空是分析结果可靠性的重要保证之一。在真空度差的分析室内，样品的清洁表面很快就会被真空中的残余气体分子所覆盖，由样品发出的电子将受阻，严重影响分析结果。此外，由于光电子的信号和能量都较弱，低的真空度将导致光电子很容易与真空中的残余气体分子发生碰撞而损失能量，最终不能到达检测器。因此，X 射线光电子能谱仪必须采用超高真空系统（$10^{-9} \sim 10^{-7}$Pa），激发源、样品室、分析器和探测器都必须在超高真空条件下工作，一般选用三级真空泵系统，如机械泵-涡轮分子泵（或溅射离子泵)-钛升华泵的组合来达到超高真空。

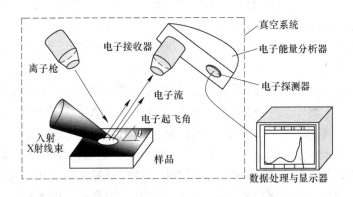

图 7-10 X 射线光电子能谱仪结构示意图

B 快速进样室及样品分析室

X 射线光电子能谱仪通常配备有快速进样室，其目的是在不破坏分析室超高真空的情况下能进行快速进样。快速进样室的体积很小，以便能在短时间内达到 10^{-3} Pa 以上的高真空。一部分谱仪把快速进样室设计成带样品制备室的复合型，各室之间都有隔离阀，样品由磁力驱动杆在各室间灵活地传输。样品制备室可达到与谱仪分析室一样的超高真空，可配大束斑高速离子枪、样品断裂台等部件，实现在制备室对样品进行一些必要的预处理，如：样品的热处理、蒸镀、清洁刻蚀、折断等。

样品分析室是安置电子能量分析器、X 射线源、电子中和枪、样品架等部件的谱仪主体。高精度、多自由度样品架可进行 X、Y、Z 轴方向的移动和绕 Z 轴倾斜，实现样品台自旋转、前倾等运动模式。某些仪器的样品台可同时放置几个样品，依次进行测定以提高效率。

C X 射线源

X 射线源用于产生具有一定能量的 X 射线，其主要指标是强度和线宽，新一代 XPS 谱仪采用了小束斑 X 射线源（微米量级），进一步提高了仪器的性能。XPS 谱仪一般采用发射谱中强度最大的 K_α 线，由于光电效应的概率会随着 X 射线能量的减小而增加，所以应尽可能采用软 X 射线（参见第 3 章相关内容）。在 X 射线光电子能谱仪中最重要的两种靶是 Mg 靶和 Al 靶。普通 XPS 谱仪常规采用双阳极靶 X 射线激发源，主要由灯丝、阳极靶和隔离窗等组成，如图 7-11 所示。阳极可采用同种材料或不同材料制成，可分别使用，也可同时使用。

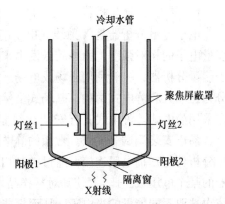

图 7-11 双阳极靶 X 射线激发源

同种材料的双阳极靶（如 Mg/Mg、Al/Al）同时使用时可增加仪器的灵敏度；不同材料制成的双阳极（如 Mg/Al）则可以提高仪器分析的灵活性（如鉴别光电子峰和俄歇电子峰）。

X 射线源内电子轰击 Mg 或 Al 靶产生 K_α 线，它们的 $K_{\alpha1}$ 和 $K_{\alpha2}$ 双线之间的能量间隔很近，一般可认为是一条线。Mg 的 K_α 线能量约为 1253.6eV，线宽 0.7eV；Al 的 K_α 线能量约为 1486.6eV，线宽 0.9eV。可以看到 Mg 的 K_α 线宽度稍窄一些，对分辨率要求较高的测试一般用 Mg 靶。但由于 Mg 的蒸气压较高，用它作阳极时能承受的功率密度比 Al 阳极低，Mg 和 Al 阳极最高电功率可分别达到 600W 和 1000W。这两种 X 射线源所得 X 射线线宽还不够理想，而且除主射线 K_α 外，还会产生其他能量的伴线，产生相应的光电子峰，干扰分析测试结果。此外，电子轰击靶材料时产生的连续 X 射线谱还会产生连续的背底。采用单色器通过晶体色散单色化可以使线宽变窄的同时去除其他波长的 X 射线产生的伴峰，减弱连续 X 射线谱形成的连续背底，改善信背比。但单色器会使 X 射线强度大大减弱，不用单色器而在数据处理时用卷积也能消除 X 射线线宽造成的谱峰重叠现象。

除 Mg 和 Al 靶外，也可根据需要配置某些高能靶，以获得高能 X 射线，通过选择或更换相应的靶来获得不同的射线。为了让尽可能多的 X 射线照射样品，X 射线源的靶应尽量靠近样品，但 X 射线源与样品分析室之间必须用箔窗隔离，以防止 X 射线靶所产生的大量次级电子进入分析室形成高的背底。对 Mg 和 Al 靶而言，隔离窗材料一般选用高纯铝箔或铍箔。

D   离子源

在 XPS 谱仪中配备有离子枪产生离子束溅射，一般采用 Ar 离子作为离子源。离子枪将氩原子离子化后加速到数千电子伏特，聚焦照射到样品表面。离子溅射的目的有两个：一是对样品表面进行清洁，提高分析的准确性；二是对样品表面进行定量剥离，以便分析不同深度下样品的成分。Ar 离子源又可分为固定式和扫描式两种。固定式离子源仅用作表面清洁，扫描式离子源还可对样品表面进行扫描剥离。扫描剥离的目的是对样品进行深度剖面分析，这是离子束的重要应用之一。为了提高深度分辨率和减少离子束的坑边效应，应采用间断溅射的方式和增加离子束的直径，同时为了降低离子束的择优溅射效应及基底效应，应提高溅射速率和降低每次溅射的时间。

E   电子能量分析器

电子能量分析器是 X 射线光电子能谱仪的核心部件，用于测定光电子能量分布和不同能量电子的相对强度。由样品激发出来的光电子经过电子透镜组收集聚焦并减速后进入电子能量分析器，一般利用磁场或电场来实现对光电子的聚焦和分辨，因此电子能量分析器分为磁场式和静电式两种。磁场式虽然分辨能力高，但结构复杂，磁屏蔽要求严格，因此多采用静电式。静电式具有安装比较紧凑，体积较小，真空度要求较低，外磁场屏蔽简单，易于安装调试等优点。常用的静电式分析器主要有半球型分析器和筒镜型分析器。能量分析器与扫描电压连接，通过控制扫描电压来控制选择的能量（选取的能量与加到分析器的某个电压成正比），使其对从样品发射出来的不同能量的光电子产生不同的偏转作用，依次选取不同能量的光电子，从而把能量不同的光电子分离开，最终得到光电子的能量分布。本节介绍半球型分析器，俄歇电子能谱仪常用筒镜型分析器，将在下一节介绍。

半球型分析器由两个同心半球构成，半球两端各有一个狭缝，入口狭缝接收从样品表面发射出的光电子，出口狭缝连接探测器，其结构如图 7-12 所示。半球型分析器工作时，内、外半球分别加上正、负电压，由入口狭缝进入分析器的电子在电场作用下发生偏转，沿圆形轨道运动。当电压一定时，电子运动轨道半径取决于电子的能量。具有某种能量（如 E_2）的电子以相同半径运动并在出口处的探测器上聚焦，而具有其他能量（如 E_1 与 E_3）的电子则不能聚焦在探测器上。如此连续改变扫描电压，则可依次使不同能量的电子在探测器上聚焦，从而得到光电子的能量分布。

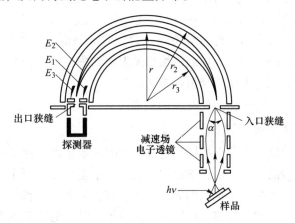

图 7-12　半球型能量分析器结构示意图

在分析器前加入预减速透镜能对进入的电子普遍减速，不会改变它们能谱的相对分布，却能提高分析器的有效分辨率。特别需要指出的是，为了准确测定电子的结合能，实验室需要定期对 XPS 谱仪进行校准定标。

F　探测器及数据采集与处理系统

在 XPS 分析中被检测的光电子流非常弱，因此，一般采用脉冲计数的方法。电子倍增器用于探测和放大接收到的微弱光电子信号，检测光电子的数目。常用的电子倍增器一般为通道电子倍增器，基本能够满足要求。新的 X 射线光电子能谱仪中采用了位置灵敏检测器，明显提高了信号强度。

通过能量分析器分辨出的各种不同能量的电子依次进入电子倍增器、前置放大器，接收并放大后的电子信号以脉冲信号的方式送入数据采集与处理系统，经计算机处理后给出谱图或数字数据。与计算机联用可以实现多次重复扫描，使信号逐次累加，由于随机变化的噪声互相抵消而提高了信噪比，使数据的可靠性增强。此外，计算机还具有纠正基线、峰面积积分和分峰的功能，使仪器效能大大提高。

7.1.3.2　X射线光电子能谱仪的性能指标

一台性能好的 X 射线光电子能谱仪需要在运转稳定、可靠的前提下，具有较高的分辨率和灵敏度。高分辨率有利于了解化学位移和谱图精细结构，提高分析结果的准确性和测量精度；高灵敏度则有利于提高元素最低检测极限和一般测量精度。这两个指标相互依存，相互制约，分辨率的提高通常伴随着灵敏度的下降，反之亦然。因此，在实际应用中要对这两个指标权衡比较，找出最佳的折中条件。

A　分辨率

谱仪的分辨率一般指能量分辨率，常用光电子谱峰的半高宽（即峰高一半处的宽度）来表征。它受到激发源 X 射线的固有宽度、电子能量分析器的分辨本领和样品原子的能级线宽等因素影响。

B 灵敏度

灵敏度即谱峰的强度，通常用每秒的脉冲数来表示，分为绝对灵敏度和相对灵敏度。绝对灵敏度是指 XPS 方法中的最小检测量，以克表示；相对灵敏度是指最低检测浓度，即从多组分样品中检测出某种元素的最小比例，以百分浓度（%）或 mg/L 表示。灵敏度受到光电效应截面、激发源强度、能量分析器入口狭缝有效面积、探测器类型等因素影响。在实际工作中，为了提高灵敏度，可通过增加激发源功率，扩大狭缝，增加分析器通过的能量，延长收集数据时间等方法增加谱峰的强度。

7.1.3.3 X 射线光电子能谱仪样品的制备

A 样品的代表性和表面清洁

X 射线光电子能谱仪对所分析的样品是有要求的，要正确地制备和处理样品才能获得"真实"表面的 XPS 谱图。XPS 信息来自样品表面几个至十几个原子层，因此在实验技术上要保证分析的样品表面能代表样品的固有表面。在样品制备过程中，必须充分考虑到处理过程可能会对表面成分和状态造成的影响，应保证样品中的成分不发生化学变化。样品表面污染不仅降低原始信号的强度，还会出现污染物的干扰峰，或导致背底的提升，因此，需要注意保存样品（存放时间尽量短、环境干净），样品制备后应尽快送入分析室测试。对于已经出现的污染，需要采用适当的清洁方法。

对于表面有油等有机物污染的样品，在进入真空系统前必须用油溶性溶剂（如环己烷、丙酮等）清洗掉样品表面的油污，随后再用乙醇清洗掉有机溶剂。为了保证样品表面不被氧化，一般采用自然干燥。

对于无机污染物，除采用溶剂清洗或长时间抽真空外，还可以采用表面擦磨、刮剥和研磨的方法。如果样品表层与内表面的成分相同，则可用 SiC（600 号）纸擦磨或用刀片刮剥表面污染层，使之裸露出新的表面层；如果是粉末样品，则可采用研磨的办法使之裸露出新的表面层。对于块状样品，也可在气氛保护下，打碎或打断样品，测试新露出的断面。需要注意的是，在这些操作过程中，不要带进新的污染物。

在 X 射线光电子能谱分析中，为了清洁被污染的固体表面，常常利用离子枪发出的离子束对样品表面进行清洁以及对样品表面组分进行深度分析。一般商品仪器都配有氩离子枪，采用 0.5~5keV 的氩离子源，扫描离子束的束斑直径一般为 1~10mm，溅射速率范围为 0.1~50nm/min。利用这种方法需要注意的是，由于存在择优溅射现象，可能会引起样品表面化学组成的变化，易被溅射的成分在样品表面的原子浓度会降低，而不易被溅射的成分的原子浓度将提高。另外，离子束溅射的还原作用可以改变元素的存在状态，许多氧化物可以被还原成较低价态的氧化物，如 Ti、Mo 等。因此，若需利用该方法清洁样品表面，在研究样品表面元素的化学价态时，应注意这种溅射还原效应的影响，最好用一标准样品来选择刻蚀参数，以避免待测样品表面被氩离子还原及表面组成改变。

如仪器配有加热样品托装置，对耐高温的样品可采用在高真空度下加热的办法除去样品表面的吸附物。

B 含有磁性和挥发性物质的样品

由于光电子带有负电荷，在微弱的磁场下运行方向会发生偏转。因此，根据样品磁性强弱，对于具有弱磁性的样品，分析前可以通过退磁的方法去掉样品的微弱磁性。绝对禁止带有磁性的样品进入分析室，它有可能使分析器头及样品架产生磁化的危险。含有挥发性物质的样品，在进入真空系统前要用溶剂清洗或通过对样品加热等方法清除掉挥发性物质。

C 样品的大小

XPS 通常情况下只能对固体样品进行分析，由于在测试过程中，样品必须通过驱动杆送进样品分析室，因此，样品的尺寸必须符合一定的大小规范。对于块状样品和薄膜样品，其面积一般不超过 2cm×2cm，高度不超过 8mm，可直接夹在样品托上或用导电胶粘在样品托上进行测定。对于体积较大的样品则必须通过适当方法制备成合适大小的样品。

D 粉体样品

粉体样品的制备方法包括：胶带法制样，即用双面胶直接把粉体固定在样品托上。这种方法制样方便，样品用量少，预抽到高真空的时间较短，在普通的实验过程中，一般采用这种方法，但可能会引进胶带的成分。也可以把粉体样品压成薄片，然后再固定在样品托上。这种方法可在真空中对样品进行处理，如加热和表面反应等，其信号强度也要比胶带法高得多，但是样品用量太大，抽到超高真空的时间较长。另外，还可以将样品溶解于易挥发的溶剂中，然后将 1~2 滴溶液滴在镀金的样品托上，将其晾干或用吹风机吹干后测定。

7.1.4 X 射线光电子能谱分析的应用

7.1.4.1 元素及其化学状态定性分析

XPS 技术可以检测到除 H、He 以外的所有元素，这对未知物的定性分析是非常有效的。元素及其化学状态定性分析以实测光电子谱图与标准光电子谱图相对照，根据元素特征峰位置及其化学位移，确定固态样品表面存在哪些元素及这些元素存在于何种化合物中。标准光电子谱图载于相关手册、资料中，如 Perkin-Elmer 公司的 X 射线光电子谱手册包括 Mg 的 K_α 和 Al 的 K_α 照射下从 Li 开始各种元素的标准谱图，谱图中有光电子谱峰与俄歇电子谱峰位置并附有化学位移数据。

在进行 XPS 定性分析时，一般先要对样品表面进行全扫描（在整个 X 射线光电子能量范围内扫描），以便了解表面含有的元素组成和谱线之间是否存在相互干扰，并为进一步进行窄扫描时设置能量范围提供依据。全扫描谱能粗略识别样品所含元素，却不能确定各元素的化学状态。为了进一步了解谱峰的形状，更准确地确定峰的位置，以便鉴定其中主要元素的化学状态，需要再对各元素做窄扫描。与全扫描相比，窄扫描的扫描时间长、扫描步长小，扫描区间在几十个电子伏特内。元素窄扫描能量范围根据全扫描谱图确定，要能包括待测元素的能量范围且没有其他元素谱线的干扰，一般情况下以强光电子峰为主。元素窄扫描分析可以得到谱线的精细结构，这也是 XPS 分析的主要工作之一。另外，在定量分析时最好也用窄扫描，这样得到的定量数据结果的误差会小一些。

定性分析一般利用的谱峰应该是元素的主峰，有时会遇到含量少的某元素主峰与含量多的另一元素非主峰相重叠的情况，造成识谱的困难，这时可以利用自旋-轨道分裂形成的双峰结构来识别。自旋-轨道分裂峰两峰之间的距离及其相对强度比是与元素有关的，对同一元素，两峰的化学位移又是非常一致的。

　　XPS 在进行绝缘材料元素化学价态分析时必须对结合能进行荷电校准。结合能随化学环境的变化较小，而当荷电校准误差较大时，很容易标错元素的化学价态。如果一个样品中存在某一元素的几种化学价态，谱图中就会出现一个包含几种化学价态的宽峰，要想准确定出各个谱峰的位置，就必须把测得的宽峰还原成组成它的各个单峰，常用去卷积方法进行谱图分峰，一般有专门的软件进行处理。

　　利用 XPS 研究双钙钛矿 Pr_2NiMnO_6 材料时获得了样品的 XPS 全扫描谱，如图 7-13 所示，可以看出 Pr3d、O1s XPS 峰较强，Ni2p、Mn3s 峰较弱，C1s 峰的出现表明样品表面存在吸附碳。为了明确样品中 Ni 的价态，进一步对 $Ni2p_{3/2}$ 进行了窄扫描分析，结果如图 7-14 所示，图中左边的峰均为结合能在 $854\sim855eV$ 的 $Ni2p_{3/2}$ 光电子主峰。图 7-14（a）为对 $Ni2p_{3/2}$ 光电子主峰进行单峰拟合的结果，发现拟合曲线和测量曲线间出现较大的偏差，表明 Ni 应该是以混合价态的形式存在于 Pr_2NiMnO_6 中。图

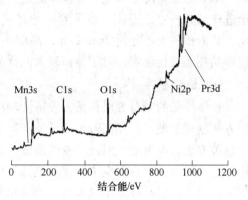

图 7-13　Pr_2NiMnO_6 样品的 XPS 全扫描谱

7-14（b）为考虑到化学环境的改变会导致 Pr_2NiMnO_6 中 Ni 结合能的变化，根据 NiO 和 Ni_2O_3 中 Ni 的 $2p_{3/2}$ 电子结合能数据（分别为 854.5eV 和 855.8eV）对 $Ni2p_{3/2}$ 的光电子峰进行分峰拟合，在保持两个子峰半高宽相等的条件下得到了符合测量曲线的拟合曲线，从而确定了样品中 Ni 以 2 价和 3 价的形式存在。

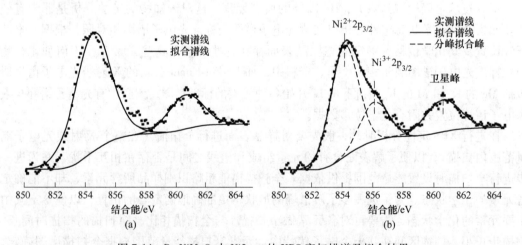

图 7-14　Pr_2NiMnO_6 中 $Ni2p_{3/2}$ 的 XPS 窄扫描谱及拟合结果
(a) 单峰拟合；(b) 分峰拟合

7.1.4.2　定量分析

　　一般来说，光电子强度的大小主要取决于样品中所测元素的含量（或相对浓度）。因此，通过测量光电子的强度就可以进行 XPS 定量分析。但直接用谱峰的强度进行定量，所得到的结果误差较大，这是由于光电子的强度不仅与原子的浓度有关，还与光电子的平均自由程、光电效应截面、样品的表面光洁度、X 射线源强度以及仪器的状态等因素有关，

所以，不能直接用谱峰的强度进行定量。目前应用最广的是用元素（原子）相对灵敏度因子法进行定量分析。

假设样品表面区域内（约 $3\lambda(E_k)\cos\theta$ 深度范围）各元素密度均匀，且在此范围内入射 X 射线强度保持不变，则某元素光电子峰的强度 I 与表面原子密度（单位体积原子数）η 成正比，有：

$$I = \eta S \tag{7-6}$$

式中，S 为元素相对灵敏度因子，它概括了特定实验条件下，各种因素合起来对强度的影响，与元素种类、元素在物质中的存在状态和仪器的状态等因素有关。对某一固体样品中两个元素 1 和 2，如已知它们的灵敏度因子 S_1 和 S_2，并测出二者各自特定正常光电子能量的谱线强度 I_1 和 I_2，则它们的原子密度之比为：

$$\frac{\eta_1}{\eta_2} = \frac{I_1/S_1}{I_2/S_2} \tag{7-7}$$

通常元素的灵敏度因子来自成分已知的标准化合物的强度实验数据，有时也取自涉及各种影响因素的计算值，但完全理论计算误差较大。实测时，对元素灵敏度因子定标通常选择成分已知的氟化物作为标样，测出标样各元素主峰同 F1s 峰的相对强度，设 F1s 的灵敏度因子为 1，则可求出各元素相对 F1s 的元素灵敏度因子。部分元素的灵敏度因子可以从有关文献手册中查到。由式（7-7）可进一步写出样品中某个元素 x 所占有的原子分数（原子浓度）：

$$C_x = (I_x/S_x) \Big/ \sum_i (I_i/S_i) \tag{7-8}$$

式中，i 为样品所含的各元素；x 为待测元素。进行定量分析时，先测得各元素特征谱峰的强度（常用峰面积），再利用相应的元素相对灵敏度因子，便可计算得出表面不同元素的原子数之比（或原子百分含量）。例如，利用图 7-14 中谱峰的强度，再通过查阅 Ni 的两种价态的灵敏度因子，便可以进一步确定 Ni 元素不同离子价态的比例。

采用灵敏度因子法进行定量分析时，应选择 XPS 谱中每个元素中的最强峰，用窄扫描重复扫描，使峰形和信噪比较好。当样品中有多种组分时，应尽量选择能量靠近的峰；当有干扰峰存在时，应选择该元素的其他特征峰。分析时还应注意对有影响的 X 射线伴峰的扣除，如有振激峰时，谱峰的强度为主峰面积与振激峰面积之和，必要时可选用标准样品校正。

在定量分析时，对于比较复杂的 XPS 谱线，分峰拟合的合理性对分析的结果起着重要的作用。如，在用 XPS 确定铜锰氧化物中的铜和锰的含量过程中，对铜锰氧化物中 Cu2p 和 Mn2p 的 XPS 图谱进行分峰拟合时，由于光电子峰 Cu2p 与 Mn 的某俄歇峰（此处简写为 Mn LMM）、Mn2p 峰与 Cu 的某两个俄歇峰（此处简写为 Cu LMM1 和 Cu LMM2）存在重叠，影响峰面积的测定，所以分别对 CuO 和 Mn_2O_3 和铜锰氧化物（纯 CuO 和 Mn_2O_3 通过机械混合方式制备得到铜、锰物质的量之比为 1∶1 的铜锰氧化物）进行窄扫描谱分析，结果如图 7-15 和图 7-16 所示。

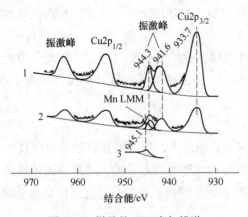

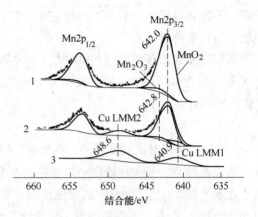

图 7-15　样品的 XPS 窄扫描谱
1—纯 CuO 的 Cu2p；2—铜锰氧化
物的 Cu2p；3—纯 Mn_2O_3 的 Mn LMM

图 7-16　样品的 XPS 窄扫描谱
1—纯 Mn_2O_3 的 Mn2p；2—铜锰氧化
物的 Mn2p；3—纯 CuO 的 Cu LMM

　　纯 CuO 的 Cu2p XPS 分峰结果如图 7-15 曲线 1 所示，峰位 933.7eV 和 953.5eV 分别对应为 $Cu2p_{3/2}$ 和 $Cu2p_{1/2}$，其余三个峰为振激峰；图 7-15 曲线 3 为纯 Mn_2O_3 的 Mn LMM 峰。将以上得到的分峰结果应用于铜锰氧化物中 Cu2p 的分峰，得到曲线 2，拟合效果较好。实现了 Cu2p 与 Mn LMM 峰的分离，从而得到较为准确的 $Cu2p_{3/2}$ 和 $Cu2p_{1/2}$ 和 3 个振激峰面积，经计算 5 个峰的峰面积加和为 13008。

　　纯 Mn_2O_3 的 Mn2p XPS 分峰结果如图 7-16 曲线 1 所示，包括 $Mn2p_{3/2}$ 和 $Mn2p_{1/2}$ 峰，此外，分析结果证实样品中锰存在 Mn^{3+} 和 Mn^{4+} 两种化学状态（$Mn2p_{3/2}$ 结合能依次为 642.0eV 和 642.8eV），说明 Mn_2O_3 中含有少量的 MnO_2（与 Mn_2O_3 原料的 XRD 分析结果一致）。纯 CuO 的 Cu LMM 分峰结果如图 7-16 曲线 3 所示，得到 Cu LMM1 和 Cu LMM2 两个峰。将以上得到的分峰结果应用于铜锰氧化物中 Mn2p 的分峰，得到曲线 2 中的三组峰，分别为 $Mn2p_{3/2}$ 和 $Mn2p_{1/2}$ 和 Cu LMM。将 $Mn2p_{3/2}$ 和 $Mn2p_{1/2}$ 的 4 个峰（包括 Mn^{3+} 和 Mn^{4+} 两种化学价态）面积相加，再扣除 Cu LMM1 的峰面积后，得到了较为准确的 Mn2p 峰面积，为 6390。

　　Cu 和 Mn 的灵敏度因子分别为 5.321 和 2.659，由上述铜锰氧化物的 Cu2p 和 Mn2p 峰面积，根据公式（7-7）计算得到 $\eta_{Cu}/\eta_{Mn} = 1.017$，符合制样时两种氧化物铜、锰物质的量比例。

　　需要注意的是，影响定量分析的因素很多，如表面组成不均匀、表面污染等，因此得到的是一种半定量结果，而且只能进行相对浓度测量，绝对测量较为困难。

7.1.4.3　元素沿深度方向分布的分析

　　用离子束溅射剥蚀样品表面，控制合适的溅射强度及溅射时间，将样品表面刻蚀到一定深度，然后用 XPS 分析剥离后的表面元素含量，刻蚀和取谱交替操作，即可获得元素及其化学状态沿样品深度方向的分布，极大地扩展了 X 射线光电子能谱的检测范围，成为研究薄膜材料组成的常用方法。例如，为了研究玻璃表面沉积的硫化镉薄膜的成分及含量，测定了一系列不同刻蚀深度的 XPS 谱。随着刻蚀时间的增加，镉、硫、氧等元素的原子百分含量随薄膜深度的变化情况如图 7-17 所示，可以看到，刻蚀 20s 后，氧元素的含量迅速降低，之后趋于稳定，镉元素和硫元素反之，说明表面的污染吸附氧被刻蚀掉；950s之后至刻蚀到玻璃基底之前，镉、硫、氧元素含量一直趋于基本稳定状态，说明该阶段制备出的薄膜成分均匀；当刻蚀至玻璃基底（3200s以后），氧元素的含量呈直线上升趋势，镉、硫元素的变化相反，并且检测到硅元素的信号。

离子束溅射是一种破坏性分析方法，会引起样品表面晶格的损伤，测试时还需要注意择优溅射和溅射时的还原作用等问题。

7.1.4.4　结构分析

化合物的结构和它的物理化学性质密切相关，通过对谱峰化学位移的分析不仅可以确定元素原子存在于何种化合物中，还可以研究化合物的化学键和电荷分布。

例如用 XPS 测定硫代硫酸钠（$Na_2S_2O_3$）的结构，如图 7-18 所示，在其 XPS 谱图上出现了两个完全分离的 S2p 峰（每个峰实际包含 $S2p_{1/2}$ 和 $S2p_{3/2}$ 两个峰，简化记作 S2p），E_b 分别为 162.7eV 和 168.6eV，它们的 S2p 电子结合能之间有 5.9eV 的化学位移。同样，也存在两个完全分离的 S1s 峰（图中未显示出，E_b 分别为 2469.5eV 和 2476.0eV），S1s 电子结合能之间有 6.5eV 的化学位移。而硫酸钠（Na_2SO_4）的 XPS 谱图上只有一个 S2p 峰（$E_b = 169.4eV$）和一个 S1s 峰（$E_b = 2477.7eV$）。说明硫代硫酸钠中可能有两种处于不同化学环境的硫原子存在，从而证实硫代硫酸根的结构式应为：

$$\left[\begin{array}{c} S \\ \| \\ O-S-O \\ \| \\ O \end{array}\right]^{2-}$$

由于氧的电负性高于硫，因此，中心硫原子带正电（+6 价），它的结合能高，配位硫原子带负电荷（-2 价），结合能低。正是由于两个硫原子所处的化学环境不同而造成内壳层电子结合能的化学位移，利用它推测出化合物的结构。

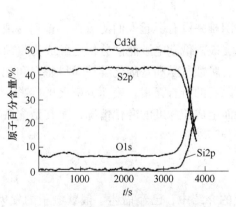

图 7-17　刻蚀时间对 CdS 薄膜中
所含元素含量的影响

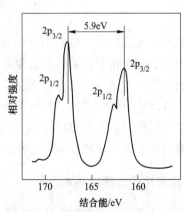

图 7-18　硫代硫酸钠的
S2p 的 XPS 谱线

7.1.4.5　成像 XPS 及小面积 XPS

成像 XPS 利用光电子像分析区域内元素及其化学状态的分布，光电子信号的强度变化反映出样品表面特定化学态元素含量的变化情况。图 7-19 为某薄膜样品的表面光栅扫描像，从中可以了解 C、N 及 Si 元素在样品表面的分布情况（C1s，N1s 和 Si2p 的 XPS 像）。XPS 成像不仅可以进行化学元素成像，当同一种元素有不同的化学环境或者不同价态的原子存在时，只要其结合能差别足够大（2eV 或者更大），就可以利用 XPS 成像显示同种元素不同的化学态分布。

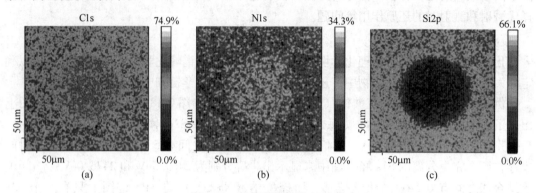

图 7-19   某薄膜样品的 XPS 像
（a）碳（C1s）；（b）氮（N1s）；（c）硅（Si2p）

小面积 XPS 分析（small area XPS，SAXPS）通过缩小分析面积来检测样品表面的微小特征。当样品表面材料成分不均匀时，可通过 XPS 成像的方法表征样品表面不同的化学信息分布，进而可以有目的性地在图像指定微区内进行 XPS 取谱研究。

有关 XPS 技术的应用还涉及纳米颗粒尺寸的确定、测量薄膜的厚度等，但是其主要优势还是分析样品表层中元素的组成和化学状态，对测试结果的分析要结合材料学知识，最好与其他分析方法相互配合。

7.2   俄歇电子能谱分析

俄歇电子发现以后，最初由于检测上的困难并没有引起人们的重视，直到发现它在表面分析中的独特作用和相关检测仪器的技术突破。俄歇电子能谱分析已经成为目前广泛使用的表面分析技术之一，被应用于材料科学、腐蚀科学和基础化学等学科研究和工程技术领域中。俄歇电子能谱可以分析周期表中氦以后的所有元素，表面分析灵敏度高、分析速度快，结合离子溅射技术可以得到样品近表面组成随深度的变化情况，尤其是配备有场发射电子枪的俄歇电子能谱仪具有很高的空间分辨率。

7.2.1   俄歇电子能谱的基本原理

在本书 3.1 节关于光电效应和俄歇效应的介绍中，已经描述了俄歇电子的发射过程。虽然 X 射线也能激发出俄歇电子，但俄歇电子能谱仪一般采用电子枪为激发源，这主要是由于电子束对原子的电离远远大于 X 射线，便于产生大强度的俄歇电子流，且电子束容易实现聚焦和偏转，有利于提高分辨率和进行微区分析，因此，俄歇电子的激发方式通常采用一次电子激发。

7.2.1.1 俄歇电子的标识与俄歇电子的能量

图 7-20 为俄歇电子产生示意图,图中所示的俄歇电子标识为 KL_2L_3 俄歇电子,KL_2L_3 顺序表示俄歇过程初态空位所在能级、向空位作无辐射跃迁电子原在能级和发射电子原在能级的能级符号,即初态空位在 K 能级,一个 L_2 上的电子填充 K 空位时所释放的能量使 L_3 上的一个电子发射出去成为俄歇电子。

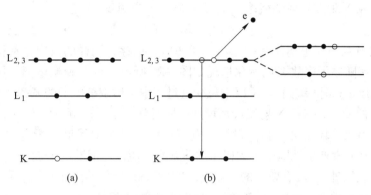

图 7-20 俄歇效应——俄歇电子的产生示意图
(a) 初态;(b) 终态

俄歇过程至少需要两个能级和三个电子参与,所以氢原子和氦原子不能产生俄歇电子。同样,孤立的锂原子因为最外层只有一个电子,也不能产生俄歇电子。但是,在固体中价电子是共用的,所以在各种含锂化合物中也可以看到锂发射的俄歇电子,如 KVV(V 表示价带) 俄歇电子。原子序数 Z 在 3~10 之间的原子,只能产生 KLL 俄歇电子。一般用 WXY 表示任意一种俄歇跃迁。

俄歇电子的能量 (动能) 可以用结合能来估计,例如,KL_2L_3 俄歇电子的能量为:

$$E_{KL_2L_3} = E_{bK} - (E_{bL_2} + E'_{bL_3}) \tag{7-9}$$

式中,E_{bK} 和 E_{bL_2} 为中性原子 K 层和 L_2 层电子结合能;E'_{bL_3} 为 L_2 层上有单个空位时离子的 L_3 层电子结合能 (电离将引起原子库仑电场的改组,使 L_3 层能级略有变化)。原子电离后带正电,原子核对核外各电子的吸引作用 (相对于中性原子) 增强,故 $E'_{bL_3} > E_{bL_3}$。由于电子结合能 (E_b) 与原子种类 (原子序数 Z) 有关,Z 增加,则 E_b 增加,故可将因原子电离使 E_b 增加的作用视为原子序数增加使 E_b 增加的作用,即设 $E'_b(Z) = E_b(Z+\Delta)$,则式 (7-9) 可写为:

$$E_{KL_2L_3}(Z) = E_{bK}(Z) - [E_{bL_2}(Z) + E_{bL_3}(Z + \Delta)] \tag{7-10}$$

式中,Δ 为 Z 增加量,实验测得 $\Delta = 1/2 \sim 3/4$,因此,根据 Z 和 Z+1 原子的 L_3 电子电离能就能估算出 $E_{bL_3}(Z + \Delta)$。

因为结合能是以费米能级作参考的,所测得的俄歇电子能量必须减去谱仪的功函 Φ',所以对于 Z 元素原子组成的固体样品,进入谱仪的 WXY 俄歇电子能量 $E_{WXY}(Z)$ 表示为:

$$E_{WXY}(Z) = E_{bW}(Z) - [E_{bX}(Z) + E_{bY}(Z + \Delta)] - \Phi' \tag{7-11}$$

式中,W、X、Y 分别为标识俄歇电子的能级符号;Φ' 为谱仪功函数。从公式 (7-11) 可以看出,俄歇电子的能量和入射电子的能量无关,具有特征值,只依赖于原子的能级结构和俄歇电子发射前它所处的位置。

7.2.1.2　俄歇电子产额

俄歇电子产额（或俄歇跃迁概率）决定了俄歇谱峰的强度，直接关系到元素的定量分析。可能引起俄歇电子发射的电子跃迁过程是多种多样的，如对于 K 层电离的初始激发状态，其后的跃迁过程既可能发射各种不同能量的 K 系 X 射线光子，也可能发射各种不同能量的 K 系俄歇电子，这是两种互相关联和竞争的不同跃迁方式。ω_K 通常用来表示 K 层出现空位后 K 系 X 射线发射的概率，ω_K 和俄歇电子产额 $\bar{\alpha}_K$ 满足：

$$\omega_K + \bar{\alpha}_K = 1 \qquad\qquad (7\text{-}12)$$

同理，以 L 或 M 层电子电离作为初始激发状态时，也存在同样的情况。特征 X 射线产额和俄歇电子产额随原子序数 Z 的变化情况如图 7-21 所示。对于 K 层电离，原子序数在 19 以下的轻元素原子在外层电子向 K 层空位跃迁过程中发射俄歇电子的概率在 90% 以上，随着原子序数 Z 的增加，特征 X 射线产额增加的同时俄歇电子产额下降，$Z<33$ 时俄歇电子发射占优势。因此，轻元素产生 X 射线的概率很低，用 X 射线谱分析这类元素的灵敏度不高，相反，轻元素产生俄歇电子的概率却非常高，所以，俄歇电子能谱分析特别适合于轻元素（氢和氦除外），具有较高的灵敏度。对中、高原子序数的元素，采用 L 系、M 系俄歇电子的分析灵敏度也比采用相应线系的特征 X 射线高。

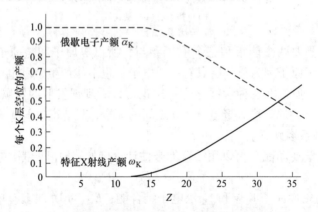

图 7-21　特征 X 射线产额和俄歇电子产额与原子序数 Z 的关系

K 系、L 系、M 系俄歇电子产额随原子序数的变化如图 7-22 所示。通常俄歇电子能谱分析时，对于 $Z \leqslant 14$ 的元素采用 KLL 俄歇电子分析（此时 KLL 峰是最显著的俄歇峰，有助于提高分析的灵敏度）；对于 $14<Z<42$ 的元素采用 LMM 俄歇电子较合适；当 $Z \geqslant 42$ 时，以采用 MNN 和 MNO 俄歇电子为佳。为了激发上述类型的俄歇跃迁，产生初始电离所需的入射电子能量约在 1~5keV 范围内。

大多数元素在 50~1000eV 能量范围内都有产额较高的俄歇电子。用来进行表面

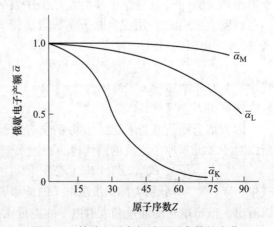

图 7-22　俄歇电子产额随原子序数的变化

分析的俄歇电子应当是能量无损的输运到样品表面的电子，因此，虽然俄歇电子的实际发射深度取决于入射电子的穿透能力，但真正能够保持其特征能量（没有能量损失）而逸出样品表面的俄歇电子却只能在小于某个深度的表面层范围内。这个深度通常是用平均自由程（逸出深度）来表征，即 AES 的信息深度取决于俄歇电子的逸出深度。大于这一深度发射的俄歇电子，在到达表面以前由于与样品原子的非弹性散射而被吸收，或者部分损失能量失去了所携带元素的特征信息，混同于大量二次电子信号成为本底。俄歇电子逸出深度与俄歇电子的能量以及样品材料有关，大约 0.1～1nm 的范围内，相当于表面几个原子层，所以俄歇电子能谱是一种表面分析技术。

俄歇电子的有效激发体积（空间分辨率）取决于入射电子束的束斑直径和俄歇电子的逸出深度，在这样浅的表层内逸出俄歇电子时，入射电子束的侧向扩展几乎尚未开始，故其空间分辨率主要由入射电子束的束斑直径决定。

7.2.2 俄歇电子能谱谱图

当一束聚焦的初级电子束射到样品上，测量样品表面发射的俄歇电子用以进行表面分析，因此俄歇电子是一种次级电子。从固体样品中发射的次级电子，不仅有俄歇电子，还有其他各种各样的次级电子，包括初级电子的弹性散射电子、非弹性散射电子等，它们形成了强大的本底，有可能把俄歇电子信号"淹没"，因此，在常用的俄歇电子能谱显示方式中，直接谱（积分谱）表示俄歇电子强度（电子数目）$N(E)$ 对其能量 E 的分布 $[N(E)\sim E]$，其俄歇电子峰有很高的本底，峰不明显，不易探测和分辨。

当用 1000eV 的入射电子束照射银样品，其表面发射的次级电子的能量分布 $[N(E)\sim E]$ 如图 7-23 曲线 c 所示。可以看到，谱图上可分成三个区域：第一个区域是在入射电子能量附近，会出现一个很尖的高峰，它是由入射电子与原子弹性碰撞所引起的，其能量大约等于入射电子的能量；二是在低能端（大约 50eV 以下），出现一个半宽度为几十电子伏的强电子峰，这是入射电子和原子经过非弹性碰撞产生的次级电子，这些次级电子又链式地诱发出更多的电子；最后一个区域是在两个峰之间，有一个变化比较平缓的区域，电子数目较少，俄歇电子峰就在这个区域内，但在曲线 c 上几乎显示不出来，信号放大十倍后得到曲线 b，才能较明显地观察到。

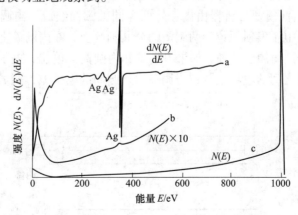

图 7-23　1000eV 的入射电子束照射银样品得到的次级电子能量分布
（曲线 b、c）及其导数（曲线 a）

为了提高测量灵敏度，常采用微分谱。微分谱是由直接谱微分而来，是 $dN(E)/dE$ 对 E 的分布 $[dN(E)/dE \sim E]$。如图 7-23 曲线 a 所示，微分改变了谱峰的形状，直接谱上的一个峰到微分谱上变成一个"正峰"和一个"负峰"，此时本底信号平坦，俄歇峰能清楚的显示出来，便于识谱。大多数俄歇微分谱峰并不是对称的，负峰要比正峰明显，用微分谱进行分析时，一般以负峰能量值作为俄歇电子能量，用以识别元素（定性分析），以峰-峰值（正负峰高度差）代表俄歇峰强度，用于定量分析。

由于俄歇电子逸出固体表面时，有可能产生不连续的能量损失，从而造成在主峰的低能端产生伴峰的现象。这类峰与入射电子能量有关，产生机理也很复杂。例如，入射电子引起样品内壳层电子电离而产生伴峰（称为电离损失峰）；入射电子激发样品表面中结合能较弱的价电子产生类似等离子体振荡的作用而损失能量形成伴峰（称为等离子体伴峰）等，这些都有可能使谱图形状发生改变。

7.2.3　俄歇电子能谱仪

俄歇电子能谱仪主要包括激发源（电子枪）、电子能量分析器、样品分析室、离子源、超高真空系统、探测器及数据采集与处理系统等。部分内容上一节已经有所涉及，这里简单介绍电子枪和筒镜型电子能量分析器。

俄歇电子通常采用电子束激发，电子枪产生的电子束经过电磁透镜和偏转线圈聚焦和偏转，入射电子束能量、束流强度和电子束束斑直径对俄歇电子能谱仪性能影响较大。在一定条件下，谱仪的空间分辨率主要取决于聚焦电子束的束斑直径，探测灵敏度主要取决于束流强度。入射电子束斑越小，谱仪的分辨率越好，但有效采样面积减小，俄歇信号减弱，因此这两个指标要兼顾。在实际工作中，电子束采用较小的掠射角（$10° \sim 30°$）入射，可以增大检测体积，获得较大的俄歇电流。

与 X 射线光电子能谱仪相同，电子能量分析器的作用是收集并分开不同动能的电子。用电子束照射固体时，将产生大量的二次电子和非弹性背散射电子，它们在俄歇电子能谱能量范围内构成强度很高的本底。同时俄歇电子的能量极低，导致俄歇电子的信噪比非常低，检测相当困难，需要特殊的能量分析器才能达到仪器所需的灵敏度。由于筒镜型分析器接受角较大，分析器亮度大，近代俄歇电子能谱仪广泛采用静电式筒镜型分析器。

如图 7-24 所示，筒镜型分析器由内、外两个同轴圆筒组成，内圆筒和样品接地，外圆筒加负偏转电压。电子发射源位于两圆筒的公共轴 S 上，在内圆筒上切有一环形入口狭缝 A，环平面垂直于圆筒的公共轴。如果电子源和内圆筒同电位，电子束将以直线通过入口狭缝面进入两圆筒之间的电场区。适当调节内外圆筒的电位差，能量不同的电子受到程

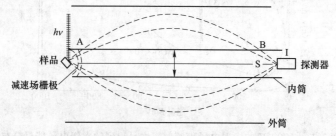

图 7-24　筒镜型能量分析器结构示意图

度不同的偏转而产生所谓"色散"现象，只有具有某一能量的电子才能通过出口狭缝 B
进入内圆筒到达电子倍增器。连续改变内外圆筒的电位差，从而达到能量分析的目的。由
于圆筒不可能是无限长，所以两端会产生边缘场而影响电子聚焦。减少边缘场的办法是圆
筒两端盖上电阻膜，或者用一组同心金属环，每个环上加适当的电位。狭缝处也能产生边
缘场，减少的办法是盖上金属丝网。

　　剩余磁场过高会影响谱仪的分辨率，尤其对于能量小于 50eV 的低能电子影响特别大。
分析器通常采用顺磁材料包封的办法来屏蔽地磁场和杂散磁场。

　　若将筒镜型分析器与电子束扫描电路结合起来就可以构成扫描俄歇微探针（scanning
Auger microprobe，SAM），可实现样品表面成分的点、线、面分析。AES 可以分析固体材
料，以导体为佳，绝缘体样品要注意电子在样品上的聚积问题。样品要求及制备方法可参
见上一节相关内容。

7.2.4　俄歇电子能谱分析的应用

7.2.4.1　元素及其化学状态定性分析

　　定性分析主要是利用俄歇电子的特征能量来确定固体表面的元素组成，能量的确定主
要是根据实测的直接谱（俄歇峰）或微分谱上的负峰的位置，定性分析时常用微分谱。元
素周期表中从 Li 到 U 的绝大多数元素和一些典型化合物的俄歇谱已经汇编成标准俄歇电
子能谱手册。

　　图 7-25 为主要俄歇电子能量图，图中给出了每种元素所产生的（各系）俄歇电子能
量及其相对强度，图中以 ○ 和 ● 表示每种元素产生的俄歇电子能量的相对强度大小，其
中，● 代表强度高的俄歇电子。由于能级结构强烈依赖于原子序数，用确定能量的俄歇电
子来鉴定探测体积内的元素的种类是明确且不易混淆的，因此从谱峰位置可以鉴别元素，
尤其适合于检测轻元素。由于电子轨道之间可实现不同的俄歇跃迁过程，所以每种元素都
有丰富的俄歇谱，由此导致不同元素俄歇峰的干扰。随着原子序数增加，俄歇谱线变得复
杂并出现重叠，当表面有较多元素同时存在时，这种重叠现象会增多，可以采用谱扣除技
术进行解决（扣除相同测试条件下纯元素的谱线）。

　　在进行定性分析时，首先应该把注意力集中在最强的峰上面，利用"主要俄歇电子能
量图"，可以把对应于此峰的可能元素减少到 2~3 种，然后通过与这几种可能元素的标准
谱的对比分析，确定究竟是什么元素的峰，进而利用标准谱标明属于该元素的所有峰。由
于化学效应或物理因素也会引起峰位移或谱线形状变化，分析时应加以考虑，还需注意由
于与大气接触或在测量过程中样品表面被污染而引起的污染元素的峰。随后按以上方法再
去识别强度更弱的峰，含量少的元素可能只观察到主峰。如果还存在未确定的峰，则它们
可能是一次电子损失了一定能量背散射出来形成的能量损失峰，这时可以改变一次电子能
量，观察峰是否移动，跟着移动的就不是俄歇电子峰。

　　金属 Mn 和 Mn 的氧化物的俄歇微分谱如图 7-26 所示，图中峰下所标的数值是微分谱
负峰的值。从图中可以看出，金属 Mn 有三个特征俄歇峰，它们的能量分别为 543eV、
590eV 和 637eV。此外，在 648eV 和 553eV 等处也有谱峰，由于这些峰并不明显，均不能
作为 Mn 的特征峰。当 Mn 成为氧化物后，俄歇电子峰产生了位移，Mn 的三个特征峰相应
为 540eV、587eV 和 636eV。在谱线（a）中，还有少量杂质所引起的俄歇电子峰，如

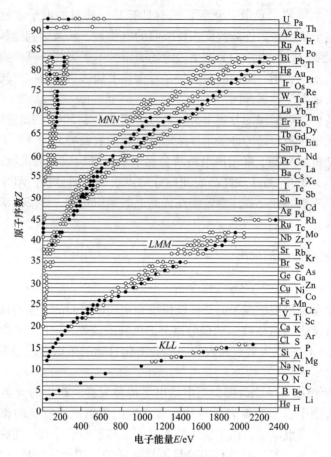

图 7-25　主要俄歇电子能量图
○—主要俄歇峰的能量；●—每个元素的强峰

C(272eV)、O(510eV) 和 Fe(705eV) 等。

化学状态分析是指对元素的结合状态的分析。虽然俄歇电子的能量主要由元素的种类和跃迁轨道所决定，但原子化学环境的变化会引起俄歇峰产生化学位移，例如，原子发生电荷转移（如价态变化）引起内层能级变化，从而改变俄歇跃迁能量，导致俄歇峰位移。因此，在俄歇电子能谱上也可以观察到类似于光电子能谱图上的化学位移。同时，化学环境的变化也可能引起俄歇峰强度的变化，化学位移和强度变化的交叠将引起俄歇电子能谱形状的改变。根据谱峰的化学位移和谱峰的变化（如出现或消失、宽度、特征强度的变化），可以分析元素在样品中的化学价态和存在形式。如图 7-26 所示，在金属锰被氧化成锰离子后，对应的三个俄歇特征峰，分别出现了 3eV、3eV 和 1eV 的化学位移。

Ti/莫来石陶瓷界面反应可以利用俄歇电子能谱研究。当 Al 和 Si 被氧化成 Al_2O_3 和 SiO_2 时，Al LVV 和 Si LMM 俄歇跃迁峰向低能端移动，Al LVV 俄歇跃迁由对应 Al—Al 键的 68eV 移动到对应 Al—O 的 51eV；Si LMM 俄歇跃迁由对应 Si—Si 键的 92eV 移动到对应 Si—O 键的 76eV。此外，Ti—Al 合金和纯 Al 中的 Al LVV 俄歇跃迁重合，Ti—Si 金属硅化物与纯 Si 中的 Si LMM 俄歇跃迁重合。因此，可以利用俄歇峰的化学位移来区分 Al、Si 的键合状态，了解 Ti/莫来石陶瓷界面反应。

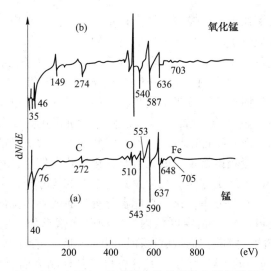

图 7-26 金属 Mn 及其氧化物的俄歇电子能谱图

由于激发源的能量远高于原子内层轨道的能量，一束电子可以激发出多个内层轨道上的电子，随后的电子跃迁过程也可能涉及多个（次）外层轨道。因此，多种俄歇跃迁过程可能同时出现，并在俄歇电子能谱图上产生多组俄歇峰。尤其是原子序数较高的元素，俄歇峰的数目更多，使得俄歇电子能谱的定性分析变得非常复杂，确定元素的化学状态也比 X 射线光电子能谱更困难，实践中往往需要对多种测试方法的结果进行综合分析后才能做出正确的判断。

7.2.4.2 定量分析

定量分析是依据俄歇谱线的强度确定元素在表面的含量，俄歇谱线的强度微分谱指的是俄歇电子峰的峰–峰值，积分谱常用俄歇峰面积表示。影响俄歇信号强弱的因素很多，俄歇能谱定量分析比较复杂，分析精度较低，绝对测量困难，常常测量的相对值，基本上是半定量的水平，常规的情况下，相对误差约为30%。如果能对俄歇电子的有效发射深度估计得较为准确，并充分考虑到表面以下基底材料的背散射对俄歇电子产额的影响，精度可能提高到与电子探针相近，相对误差降低到5%左右。

一般常用灵敏度因子法作半定量分析，其参考灵敏度因子选用纯银的灵敏度因子。样品表面待测元素 x 所占的原子分数表示为：

$$C_x = (I_x/S_x) / \sum_j (I_j/S_j) \tag{7-13}$$

式中，I_j 为元素 j 的俄歇谱线（主峰）强度，j 代表样品中各元素；S_j 为元素 j 的相对俄歇灵敏度因子，即 I_j 与银元素俄歇谱线（主峰）强度的比值。当样品包括多种组分时，应尽量选择能量靠近的峰。部分元素的俄歇灵敏度因子可以从有关文献手册中查到。灵敏度因子法尽管误差较大，但是这种方法不考虑基体的影响，不需要标准样品，对表面粗糙度不敏感，因而使用广泛。

7.2.4.3 扫描俄歇微探针

扫描俄歇微探针和上一节提到的小面积 X 射线光电子能谱、成像 X 射线光电子能谱技术都属于显微电子能谱技术。显微电子能谱技术是将显微术和电子能谱分析术结合起来的一种分析技术，是常规电子能谱技术的发展与延伸。

扫描俄歇微探针配备了二次电子探测器，能够获得二次电子像。电子枪的工作方式与扫描电镜电子枪类似，电子枪发射出来的电子经过磁透镜聚焦，在样品上进行光栅式扫描，电子束在样品上的扫描与显示荧光屏同步，得到样品的二次电子（SEM）形貌像。在SEM 像上明确要分析的位置（点、线或区域），将电子束聚焦到要分析的位置上采集俄歇信号，可以分别对样品表面微特征结构进行点、线和面的显微电子能谱分析。

扫描俄歇微探针除了能获得指定点的元素及其化学状态信息，还可以根据获得的特征俄歇峰设定能量窗口，得到指定方向上元素及其化学态的线分布，分析表面或界面上元素及其化学态含量沿某一方向的分布，这一功能在分析表面或界面扩散时很实用。

扫描俄歇微探针还可以获得指定区域内二维面分布俄歇像，实现对样品表面元素成像。高能量分辨和高空间分辨的扫描俄歇微探针同时还能对元素的化学状态成像。图 7-27 为某陶瓷衬底上 Cu 颗粒物的 SAM 结果。经分析可得到样品表面上 Cu 元素的分布，如图 7-27（a）所示。进一步提高能量分辨率，Cu LMM 主峰劈裂成 2 个峰，位于 918.6eV 和 918.1eV，分别对应于 Cu 的 0 价和 2 价，确定为铜和氧化铜。利用 Cu LMM 峰成像可分别得到 0 价 Cu（图 7-27（b））和 2 价 Cu（图 7-27（c））的分布图像，即 Cu 化学态 SAM 像。可以看到，（b）图和（c）图图像互补，总和与（a）图一致，说明这些颗粒物有的为 Cu，有的为 CuO。

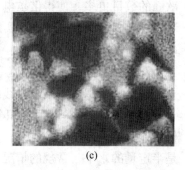

图 7-27　某陶瓷衬底上沉积的含 Cu 颗粒物 SAM 像
(a) 总的 Cu 元素的分布；(b) 0 价 Cu 的分布；(c) 2 价 Cu 的分布

扫描俄歇微探针可以实现对样品表面元素及其化学状态的点、线、面分析，具有较高的空间分辨率和检测灵敏度。虽然配备了 X 射线能谱仪的扫描电镜也能进行元素分析，也可以得到元素表面二维分布像（mapping），但是 SAM 分析有其突出的特点，表现为表面分析灵敏度高，元素分析范围宽，尤其是可进行化学态分析。因此，在材料表面分析中，将两种分析技术结合起来可以对材料进行更全面有效的分析。

除此以外，结合离子束溅射技术，可以得到元素沿深度方向分布信息，具体可参见上一节相关内容。

习题与思考题

7-1　试述 X 射线光电子能谱分析的基本原理。

7-2 试述 X 射线光电子能谱仪的结构和工作原理。

7-3 在 XPS 谱图中可以观察到几种类型的峰？得到哪些与表面有关的物理化学信息？

7-4 用 X 射线光电子能谱进行表面分析时一般对样品有何要求？有哪些清洁表面的常用制备方法？

7-5 用 X 射线光电子能谱进行元素鉴别时分析步骤一般是什么？

7-6 试述俄歇电子能谱分析的基本原理。

7-7 简述俄歇电子能谱分析的应用。

8 其他分析方法

8.1 色谱分析

色谱法起源于20世纪初，1906年俄国植物学家茨维特（Tsweett）用碳酸钙填充竖立的玻璃管，以石油醚洗脱植物色素的提取液，经过一段时间洗脱之后，植物色素在碳酸钙柱中实现分离，由一条色带分散为数条平行的色带。由于这一实验将混合的植物色素分离为不同的色带，因此茨维特将这种方法命名为"色谱法"（chromatography）。

色谱法中，将上述起分离作用的柱称为色谱柱，固定在柱内的填充物（如碳酸钙）称为固定相，沿着柱流动的流体（如石油醚）称为流动相。按固定相和流动相的不同，目前最常使用的色谱法可以分为以下几类，见表8-1。

表 8-1　常用色谱法分类

方法总称	气相色谱		液相色谱	
色谱名称	气固色谱	气液色谱	液固色谱	液液色谱
流动相	气体	气体	液体	液体
固定相	固体吸附剂	液体（涂在担体上或毛细管壁上）	固体吸附剂	液体（涂在担体上）
分离依据	吸附分配		吸附分配	

色谱分析的原理是基于装在色谱柱中的固定相对样品中各组分有不同的吸附能力或溶解能力（即各组分在固定相和流动相之间的分配系数不同），则各组分随流动相在色谱柱中向前移动的速度不同（在柱内滞留的时间不同），从而实现对样品组分的分离。当各组分随着流动相以不同时间（速度）流出色谱柱后顺序进入检测器，检测器将流动相中样品组分含量（质量或质量分数）转换为电信号，经放大后由记录器记录，则得到样品的色谱图，利用色谱图即可进行样品组分的定性和定量分析。

8.1.1　色谱图及色谱基本参数

溶质流过色谱柱时，分配系数大的组分通过色谱柱所需要的时间长，分配系数小的组分需要的时间短。当样品中各组分在两相间的分配系数不同时，就能实现差速迁移，达到分离的目的。当有足够量的流动相通过色谱柱时，就能在柱的末端收集到组分，利用检测系统检测各组分，并以信号大小对时间作图，得到呈正态分布的色谱流出曲线，即色谱图，如图8-1所示。

参照色谱图，对色谱使用中有关术语介绍如下。

8.1.1.1　基线和峰高

基线是当柱中仅有流动相通过时，检测器响应信号的记录值，即图8-1中 *PT* 线，稳

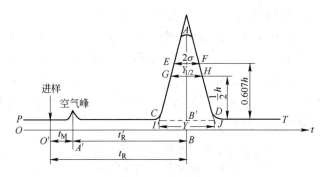

图 8-1 色谱流出曲线

定的基线应该是一条水平直线。峰高即色谱峰顶点与基线之间的垂直距离，以 h 表示，如图 8-1 中的 $B'A$。

8.1.1.2 保留值

保留时间 t_R：是指某一组分从进样开始到在色谱图中出现峰顶点时所经历的时间，如图 8-1 中 $O'B$，它相应于该组分从进样到到达柱末端的检测器所需的时间。

死时间 t_M：不被固定相吸附或溶解的物质进入色谱柱时，从进样到出现峰极大值所需的时间，如图 8-1 中 $O'A'$。因为这种物质不被固定相吸附或溶解，故其流动速度将与流动相的流动速度相近。测定流动相平均线速度 $\bar{v}$ 时，可用柱长 L 与 t_M 的比值计算：$\bar{v}=L/t_M$。

在气相色谱中，由于空气不溶于大多数固定相，是典型的非滞留溶质，所以空气峰时间常作为死时间，它表示气体流过色谱柱所需时间。

调整保留时间 t_R'：某组分的保留时间扣除死时间后称为该组分的调整保留时间，即 $t_R'=t_R-t_M$。由于组分在色谱柱中的保留时间 t_R 包含了组分随流动相通过柱子所需的时间和组分在固定相中滞留所需的时间，所以 t_R' 实际上是组分在固定相中停留的时间。

保留时间是色谱法定性分析的基本依据，但同一组分的保留时间常受到流动相流速的影响，因此色谱分析时，有时使用保留体积等参数进行定性分析。

保留体积 V_R：指从进样开始到被测组分在色谱柱后出现浓度极大点时所通过的流动相的体积。保留体积与保留时间的关系为 $V_R=t_R\times F_0$，F_0 是流动相体积流速（mL/min）。

死体积 V_M：指色谱柱在填充后，柱管内固定相颗粒间所剩余的空间、色谱仪中管路和连接头间的空间以及检测器的空间的总和。当后两项很小而可忽略不计时，死体积与死时间的关系为 $V_M=t_M\times F_0$。

调整保留体积 V_R'：某组分的保留体积扣除死体积后的体积，$V_R'=V_R-V_M$。

相对保留值 α：是指两个组分，可以是相邻两组分（更常用的是一个组分对另一标准物）的调整保留时间的比值，即：

$$\alpha=t_{R1}'/t_{R2}' \tag{8-1}$$

式中，t_{R1}' 和 t_{R2}' 分别是被测组分和标准物的调整保留时间。

由于相对保留值只与柱温及固定相的性质有关，而与柱径、柱长、填充情况及流动相流速无关，所以，它是色谱法中，特别是气相色谱法中广泛使用的定性数据。

8.1.1.3 分配比 k 与分配系数 K

色谱对混合物各组分的分离主要是基于各组分在固定相中的溶解度不同或吸附能力不

同，因而形成了在固定相和流动相中的分配系数的不同，达到分离的目的。在气相色谱中，当气化后的试样进入色谱柱（由流动相带入），组分就在气-液两相间进行反复多次的溶解和解溶，其反复次数可高达 $10^3 \sim 10^6$ 次。显然，组分在固定液中溶解能力小的，在气体中的量就多，于是最先流出色谱柱。

分配比 k 也称容量因子，它是衡量色谱柱对被分离组分保留能力的重要参数，定义为组分在固定相和流动相中的分配量之比，即：

$$k = \frac{\text{组分在固定相中物质的量}}{\text{组分在流动相中物质的量}} = \frac{n_s}{n_m} \tag{8-2}$$

对于同一根给定的色谱柱，在一定的操作条件下，有：

$$k = \frac{t'_R}{t_M} \tag{8-3}$$

由式（8-3）可见，k 值越大，保留时间越长；k 为零时，表示该组分在固定液中不溶解。

分配系数 K 是某组分在单位体积固定相中的量与在单位体积流动相中的量之比，根据 k 的定义，可以得出 k 与分配系数 K 之间的关系，即：

$$k = \frac{(c_x)_s V_s}{(c_x)_m V_m} = K \frac{V_s}{V_m} \tag{8-4}$$

式中，$(c_x)_s$ 和 $(c_x)_m$ 分别表示组分 c 在固定相和流动相中的浓度；V_s 和 V_m 分别表示柱中固定相和流动相的总体积。

分配系数 K 是每一种溶质的特征值，它与使用的仪器及色谱柱无关，只和固定相及温度有关。

8.1.1.4 峰宽 Y

峰宽也称为区域宽度，它是组分在色谱柱中谱带扩张的函数，反映了色谱操作条件的动力学因素。有三种峰宽表示法：

标准偏差 σ：即 0.607 倍峰高处色谱峰宽的一半，如图 8-1 中 EF 距离的一半。在色谱峰中各宽度都以标准偏差 σ 表示。

半峰宽 $Y_{1/2}$：即峰高一半处对应的峰宽，如图 8-1 中 G、H 间的距离，它与标准偏差 σ 的关系是 $Y_{1/2} = 2.354\sigma$。

峰宽 Y：从色谱峰两内侧拐点作切线与基线相交部分的宽度，如图 8-1 中 I、J 间的距离，它与标准偏差 σ 的关系是 $Y = 4\sigma$。

8.1.2 色谱法基本理论

8.1.2.1 色谱柱效能

色谱柱的（分离）效能常根据一对难分离组分的分离情况来判断。如 A、B 为难分离物质对，它们的色谱图可能有三种情况：一是 A、B 两组分未分离，色谱峰完全重叠；二是 A、B 两组分的色谱峰有一定距离，但峰形很宽，两峰严重重叠，分离不完全；三是 A、B 两峰间有一定距离，而且峰形较窄，分离完全。可见要使两组分分离，两峰间必须有足够的距离，而且要求峰形较窄。

8.1.2.2　塔板理论——柱效能指标

在色谱分离技术发展的初期，马丁（Martin）等人把色谱分离过程比拟为分馏过程，提出了塔板理论。这个半经验的理论把色谱柱比作一个分馏塔，柱内有若干想象的塔板，在每个塔板里，组分在气液两相间达成一次分配平衡。经过若干次分配平衡后，组分得以彼此分离，分配系数小的，即挥发度大的组分首先由柱内逸出。由于色谱柱的塔板数很多，致使分配系数仅有微小差异的组分也能得到很好的分离。

若色谱柱长为 L，塔板间距离（理论塔板高度）为 H，则色谱柱的理论塔板数 n 为：

$$n = L/H \tag{8-5}$$

由塔板理论推导出的理论塔板数 n 的计算公式为：

$$n = 5.54\left(\frac{t_R}{Y_{1/2}}\right)^2 = 16\left(\frac{t_R}{Y}\right)^2 \tag{8-6}$$

式中，t_R，$Y_{1/2}$，Y 均需以同一单位（如时间或长度的单位）表示。

显然，在一定长度的色谱柱内，塔板高度 H 越小，塔板数 n 越大，组分被分配的次数越多，则柱效能越高；在 t_R 一定时，如果色谱峰越窄，则说明塔板数 n 越大，塔板高度 H 越小，柱效能越高。

因为采用 t_R 计算时，没有扣除死时间 t_M，所以按式（8-5）和式（8-6）计算得到的 n 和 H 值有时并不能充分地反映色谱柱的分离效能，因此常用有效塔板数 $n_{有效}$ 表示柱效能，有：

$$n_{有效} = 5.54\left(\frac{t'_R}{Y_{1/2}}\right)^2 = 16\left(\frac{t'_R}{Y}\right)^2 \tag{8-7}$$

塔板理论是一种半经验性的理论，它用热力学的观点定量说明了溶质在色谱柱中移动的速率，解释了流出曲线的形状，并提出了计算和评价柱效能高低的参数。但色谱过程不仅受热力学因素的影响，而且还与分子的扩散、传质等动力学因素有关，因此塔板理论只能定性地给出板高的概念，却不能解释板高受哪些因素影响，也不能说明为什么在不同的流速下，可以测得不同的理论塔板数，因而限制了它的应用。

8.1.2.3　速率理论——影响柱效能的因素

1956 年荷兰学者范·弟姆特（Van Deemter）等人，在总结前人研究成果的基础上提出了速率理论，并归纳出一个联系各影响因素的方程式，称为速率理论方程式（亦称 Van Deemter 方程），即：

$$H = A + \frac{B}{\bar{v}} + C\bar{v} \tag{8-8}$$

式中，$\bar{v}$ 为流动相平均线速度，cm/s。其余各项参数物理意义如下：

（1）涡流扩散项 A：由于样品组分分子进入色谱柱碰到填充物颗粒时，不得不改变流动方向，因而它们在气相中形成紊乱的类似涡流的流动，使得组分中的分子所经过的路径有的长，有的短，因而引起色谱峰形的扩展，分离变差。

A 与填充物的平均直径和填充的规则与否有关，与流动相的性质、线速度和组分性质无关。使用粒度细和颗粒均匀的填料，均匀填充，是减少涡流扩散和提高柱效能的有效途径。

（2）分子扩散项 B：当样品以"塞子"形式进入色谱柱后，便在色谱柱的轴向上造成浓度梯度，使组分分子产生浓差扩散，其方向是沿着纵向扩散，故该项也称为纵向扩散项。

采用摩尔质量大的载气可使 B 值减小，有利于分离。载气流速越小，保留时间越长，分子扩散项的影响越大，从而成为色谱峰扩展、塔板高度增加的主要原因。因此，为了减小 B 项，可采用较高的载气流速，使用相对分子质量较大的载气（如 N_2），控制较低的柱温。

（3）传质阻力项 C：系统由于浓度不均匀而在气液、气固等不同相中发生的物质迁移过程，称为传质。影响这个过程进行速度的阻力，称为传质阻力。传质阻力系数 C 包括气相传质阻力系数 C_g 和液相传质阻力系数 C_1，$C = C_g + C_1$。

从传质阻力方面来说，采用粒度小的填充物和摩尔质量小的载气可提高柱效能；当载气流速增大时，传质阻力项就增大，成为塔板高度增加的主要原因。

从以上分析可知，组分在柱内运行的多途径、浓度梯度造成的分子扩散和组分在气液两相质量传递不能瞬间达到平衡，是造成色谱扩展、柱效能下降的原因。

速率理论指出了影响柱效能的因素，为色谱分离操作条件的选择提供了理论指导，但由上述分析可看出，许多影响柱效能的因素彼此以相反的效果存在。如流速加大，分子扩散项的影响减小，传质阻力项的影响增大；温度升高，有利于传质，但又加剧了分子扩散的影响等等。因此必须全面考虑这些相互矛盾的影响因素，选择适当的色谱分离操作条件，才能提高柱效能。

8.1.2.4　分离度 R

分离度 R 又称分辨率，是定量描述混合物中相邻两组分在色谱柱中分离情况的主要指标，它是相邻两组分的保留时间之差与两组分峰宽的平均宽度的比值：

$$R = \frac{t_{R2} - t_{R1}}{\frac{1}{2}(Y_1 + Y_2)} = \frac{2(t_{R2} - t_{R1})}{Y_1 + Y_2} \tag{8-9}$$

相邻两组分保留时间的差值反映了色谱分离的热力学性质；色谱峰的宽度则反映了色谱过程的动力学因素。因此，分离度概括了这两方面的因素，并定量地描述了混合物中相邻两组分的实际分离程度，可用它作为色谱柱的总分离效能的指标。

实际上，当两个色谱峰十分靠近时，可以假定 $Y_1 = Y_2$，因此，有：

$$R \approx \Delta t / Y_2 \tag{8-10}$$

式中，$\Delta t = t_{R2} - t_{R1}$。

从式（8-9）和式（8-10）可知，当 $R = 1$ 时，表示达到 4σ 的分离，两个色谱的分离程度为 94%，如图 8-2（a）所示；而当 $R = 1.5$ 时，达到 6σ 的分离，两个色谱峰完全分离，如图 8-2（b）所示；当 R 大于 1.5 时，表示两色谱峰之间还可以插入其他的色谱峰，并得到较好的分离度。于是一般主张用 $R = 1.5$ 作为相邻两峰完全分离的标志。

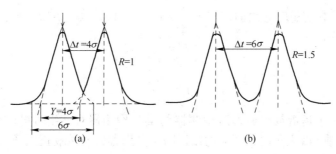

图 8-2 色谱峰的分离程度

（a）4σ 的分离；（b）6σ 的分离

8.1.3 色谱定性和定量分析

8.1.3.1 定性分析

定性分析的任务是确定色谱图上每一个峰所代表的物质。在色谱条件一定时，任何一种物质都有确定的保留时间。因此，在相同的色谱条件下，通过比较已知物和未知物的保留参数或在固定相的位置，就可确定未知物是何种物质。一般来说，色谱法是分离复杂混合物的有效工具，如果将色谱与质谱或其他光谱分析联用，则是目前解决复杂混合物中未知物定性的最有效的方法。

8.1.3.2 定量分析

在一定的操作条件下，组分 i 的质量 m_i 或其在流动相中的质量分数，与检测器产生的信号（即色谱峰面积 A_i 或峰高 h_i）成正比，有：

$$m_i = f_i^A A_i \tag{8-11}$$

或

$$m_i = f_i^h h_i \tag{8-12}$$

式中，f_i 为绝对校正因子。可见，为了定量分析，必须知道 A_i（或 h_i）和 f_i。

A 色谱峰面积的测量

色谱峰的峰高是其峰顶与基线之间的距离，测量方法较简单。

测量峰面积的方法有手工测量和自动测量两类。手工测量时，要用以下公式计算峰面积。对于对称的色谱峰，近似计算公式为：

$$A_i = 1.065 \times h_i \times Y_{1/2} \tag{8-13}$$

不对称的色谱峰的面积近似计算公式为：

$$A_i = \frac{1}{2} h_i (Y_{0.15} + Y_{0.85}) \tag{8-14}$$

式中，$Y_{0.15}$ 和 $Y_{0.85}$ 分别为峰高 0.15 和 0.85 处的峰宽值。

手工测量方法的误差较大，当峰宽很小时尤甚。现代色谱仪中一般都配有准确测量色谱峰面积的电学积分仪，进行自动测量。

峰面积的大小不易受操作条件，如柱温、流动相的流速、进样速度等影响，从这一点看，峰面积较峰高更适于作为定量分析的参数。

B 定量校正因子

由于不同的物质对同样的检测器敏感度不同，即使两物质含量相同，在检测器上得到的信号也会不同，在定量时必须加以校正。从式（8-11）、式（8-12）得：

$$f_i^A = \frac{m_i}{A_i} \tag{8-15}$$

或

$$f_i^h = \frac{m_i}{h_i} \tag{8-16}$$

即绝对校正因子是指某组分通过检测器的量与检测器对该组分的响应信号之比。m_i 的单位用 g、mol 或 mL 表示时，相应的校正因子分别称为质量校正因子（f_m'）、摩尔校正因子（f_m''）或体积校正因子（f_V）。

但绝对校正因子很难测定，且受仪器及操作条件的影响很大，故其应用受到限制。因此，常用相对校正因子。相对校正因子是指组分 i 与标准物质 S 的绝对校正因子之比，即：

$$f_{iS}^A = f_i^A / f_S^A = \frac{A_S m_i}{A_i m_S} \tag{8-17}$$

$$f_{iS}^h = f_i^h / f_S^h = \frac{h_S m_i}{h_i m_S} \tag{8-18}$$

式中，f_{iS}^A 和 f_{iS}^h 分别为组分 i 的峰面积和峰高的相对校正因子；f_S^A 和 f_S^h 分别为标准物质 S 的峰面积和峰高的绝对校正因子。

C　定量分析方法

a　归一化法

归一化法是把样品中所有组分的含量之和按 100% 计算，以它们相应的色谱峰面积或峰高为定量参数，通过下列公式计算各组分含量，即：

$$w_i = \frac{A_i f_{iS}^A}{\sum_{i=1}^{n} A_i f_{iS}^A} \tag{8-19}$$

或

$$w_i = \frac{h_i f_{iS}^h}{\sum_{i=1}^{n} h_i f_{iS}^h} \tag{8-20}$$

式中，w_i 为组分 i 的质量分数。

归一化法简便、准确，操作条件变化时，对分析结果影响较小，常用于常量分析，尤其适合于进样量很少而其体积不易准确测量的液体。

b　内标法

当组分不能完全从色谱柱流出，或有些组分在检测器上没有信号，就不能使用归一化法，而要改用内标法。内标法是在已知质量的试样中加入一定量的内标物，根据待测组分和内标物的峰面积及内标物的质量，计算组分质量。由于待测组分与内标物的质量比等于峰面积比，因而有：

$$\frac{m_i}{m_S} = \frac{A_i f_{iS}^A}{A_S f_{SS}^A}, \quad m_i = \frac{A_i f_{iS}^A m_S}{A_S f_{SS}^A}$$

得

$$w_i = \frac{m_i}{m} = \frac{A_i f_{iS}^A m_S}{A_S f_{SS}^A m} \tag{8-21}$$

式中，m_S，m 分别为内标物质量和样品质量（m 中不包括 m_S）；A_i，A_S 分别为被测组分和内标物的峰面积；f_{iS}^A，f_{SS}^A 分别为被测组分和内标物的相对质量校正因子。

内标法要求内标物必须是待测样品中不存在的，内标物色谱峰应能与样品中各组分的峰分开，并尽量接近欲分析的组分。

c 外标法

如果试样中各组分不能全部流出，而又找不到合适的内标物，则可用外标法。外标法是将欲测量组分的纯物质配制成不同质量分数的标准溶液，然后取固定量的上述标准溶液进行色谱分析，得到标准样品对应的色谱图。据此，绘制标准溶液峰面积（或峰高）－质量分数曲线，即外标法标准曲线。在与标准溶液色谱分析相同的条件下，进行样品分析，测得待测组分的峰面积（或峰高）后，由标准曲线即可查出其质量分数。

外标法操作简单，适用于工厂控制分析和自动分析，但要求进样量要准确，操作条件要稳定。

8.1.4 气相色谱法

气相色谱分析是在气相色谱仪上进行的。只要在气相色谱仪允许的条件下可以气化而不分解的物质，都可以用气相色谱法测定。对部分热不稳定物质，或难以气化的物质，通过化学衍生化的方法，仍可用气相色谱法分析。

一般常用的气相色谱仪的主要部件和分析流程如图 8-3 所示。

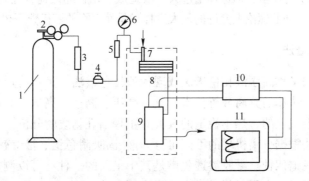

图 8-3　气相色谱分析流程示意图
1—载气钢瓶；2—减压阀；3—净化干燥管；4—针形阀；5—流量计；6—压力表；
7—进样器和气化室；8—色谱柱；9—检测器；10—放大器；11—记录仪

气相色谱的流动相称为载气，它是一类不与样品和固定相作用而专用来载送样品的气体。常用的载气有 H_2、N_2，有时也用 He、Ar 等。

载气由高压钢瓶供给，经减压阀减压后，通过净化干燥管干燥、净化，用气流调节阀（针形阀）调节并控制载气流速至所需值（由流量计及压力表显示柱前流量及压力），而到达气化室。样品用注射器（气体样品也可用六通阀）由进样口注入，在气化室经瞬间气化，被载气带入色谱柱中进行分离。分离后的单组分随载气先后进入检测器。检测器将组分及其质量分数随时间的变化量转变为易测量的电信号（电压或电流）。必要时将信号放大，再驱动自动记录仪记录信号随时间的变化量，从而获得一组峰形曲线。一般情况下，每个色谱峰代表样品中的一个组分，峰面积代表该组分的含量。

色谱柱和检测器是色谱分析仪的关键部件。混合物能否分离取决于色谱柱，分离后的组分能否灵敏准确检测出来，取决于检测器。

8.1.4.1 色谱柱

一般应用的色谱柱有两种形式：填充柱和开口管柱，后者又称为毛细管柱。

填充柱：是一根不锈钢的管子，不同直径（在毫米范围），长 1~2m 或更长，其中装有固定相。固定相是分离组分的主要部分，它可以是固体吸附剂，也可以在一种固体颗粒上均匀涂渍一种液体。这种固体颗粒称为担体，而涂渍液称为固定液。由于样品在固定液和载气间的分配系数不同而产生分离作用。填充柱的制备是在担体上涂一层薄而均匀的固定液再把它均匀而紧密地填充到色谱柱管中，柱子填充要均匀、紧密。

毛细管柱：是在一根细而长的毛细管内壁直接涂上固定液，由于减少了填充柱中的阻力，而使毛细管色谱柱成为高效柱。毛细管柱一般是直径 0.2~0.5mm、长 30~300m 的空心玻璃毛细管，绕成螺旋形。

8.1.4.2 检测器

检测器有热导池、氢离子火焰检测器、电子捕获检测器等。对测定硅酸盐，宜用氢离子火焰检测器。它灵敏度高、测量范围广、可靠性也高。

气相色谱法对载气及其线速度、柱温、柱长和内径、固定相、进样时间和进样量都有一定的要求。色谱柱的有效分离样品量随柱内径、柱长及固定液用量的不同而异。柱内径大，固定液用量高，可适当增加进样量。但进样量过大，会造成色谱柱超负荷，柱效能急剧下降，峰形变宽，保留时间改变。一般理论上允许的最大进样量是使下降的塔板数不超过 10%。

8.1.5 高效液相色谱法

高效液相色谱法又称高压液相色谱法或现代液体色谱法，是 20 世纪 60 年代后期才发展起来的一种新颖、快速的分离分析技术，具有高压、高速、高效、高灵敏度等特点，可用于高沸点的、不能气化的、热不稳定的及具有生理活性物质的分析。

高效液相色谱法根据分离机理的不同可分为液-固吸附色谱、液-液分配色谱、离子交换色谱和凝胶渗透色谱四种。凝胶渗透色谱是其中最新的一种，可以测定试样中分子量的大小分布，并已在无机非金属材料学科中获得应用。

高效液相色谱仪一般分为四个部分：高压输液系统、进样系统、分离系统和检测系统，如图 8-4 所示。根据一些特殊的要求，还可以配备一些附属装置，如梯度洗脱、自动进样及数据处理装置等。

高效液相色谱仪的工作过程如下：高压泵将贮液罐的溶剂经进样器送入色谱柱中，然后从检测器的出口流出。当欲分离样品从进样器进入时，流经进样器的流动相将其带入色谱柱中进行分

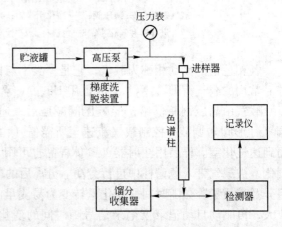

图 8-4　高效液相色谱仪结构示意图

离，然后依先后顺序进入检测器。记录仪将进入检测器的信号记录下来，得到液相色谱图。

8.2　扫描隧道显微镜

扫描隧道显微镜（scanning tunneling microscope，STM）是 IBM 公司于 1982 年发明的一种新型表面测试分析仪器。与透射电子显微镜、扫描电子显微镜相比，STM 具有结构简单、分辨率高等特点。STM 的横向分辨率可达 0.1nm，纵向（与样品表面垂直方向）的分辨率高达 0.01nm，达到了物体原子级别的分辨范围，使人们能够真正实时地观测到物体表面的原子排列方式以及其在物理、化学反应过程中发生的变化。另外，STM 可在真空、大气或液体环境下工作，且工作温度范围较宽，从绝对零度到上千摄氏度都可工作，这是目前任何一种显微技术都不能同时做到的。由于上述诸多优点，使 STM 成为凝聚态物理、化学、生物学和纳米材料等学科强有力的研究工具，在表面科学、材料科学以及生命科学等领域获得了广泛的应用。

8.2.1　扫描隧道显微镜的工作原理

8.2.1.1　隧道效应和隧道电流

与光学显微镜和电子显微镜不同，STM 不采用任何光学或电子透镜成像，而是利用量子力学中的隧道效应原理，通过测量尖锐金属探针与样品表面的隧道电流来分辨固体表面的形貌。

所谓隧道效应，即根据量子力学原理，粒子具有波动性，当一个粒子处在一个势垒之中时，粒子越过势垒出现在另一边的概率不为零。金属中位于费米（Fermi）能级（所谓费米能级，相当于 0K 时固体能带中充满电子的最高能级）上的自由电子具有波动性，电子波向表面传播，在遇到边界时一部分被反射，而另一部分则可透过边界，从而在金属表面形成电子云。当两侧金属靠近到很小间距时，两侧金属表面电子云相互重叠，即产生隧道效应。隧道电流是自由电子在电极之间的相互运动而形成的。这种相互运动在任何条件下都在发生，在没有电位差的情况下，由于两侧电极的费米能级相互持平，两个方向的电流幅度相等而检测不出电流。当加上外加偏压时，则必有一侧电极的费米能级要相对下移，从而产生可检测的电流，即隧道电流。

8.2.1.2　工作原理

将原子线度的极细探针和被研究物质的表面作为两个电极，当样品表面与针尖非常靠近时（通常小于 1nm），两者的电子云略有重叠，如图 8-5 所示。若在两极间加上电压 U，在电场作用下，电子就会穿过两个电极之间的垫垒，通过电子云的狭窄通道流动，从一极流向另一极，形成隧道电流。

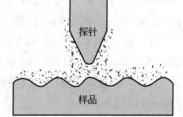

图 8-5　金属表面与针尖的电子云图

隧道电流 I 与针尖和样品间偏压、针尖和样品之间距离以及平均功函数之间的关系可表示为：

$$I \propto U_b \exp(-A\Phi^{\frac{1}{2}}S) \tag{8-22}$$

式中，U_b 为针尖和样品间施加的偏压；A 为常数，在真空条件下约等于 1；Φ 为针尖和样品的平均功函数；S 为针尖和样品表面间的距离，一般为 $0.3\sim1.0\text{nm}$。

由式（8-22）可知，隧道电流对针尖与样品间距离的变化非常敏感，如果距离 S 减小 0.1nm，则隧道电流 I 将增加一个数量级，反之则减少一个数量级，即样品表面有极微小的起伏都会引起隧道电流的极大变化。这就是 STM 能观察样品表面原子级微观形貌且具有极高分辨率的物理本质。但隧道电流 I 并非 S 的简单函数，即并非样品表面起伏的简单函数，它表征样品和针尖电子波函数的重叠程度。如果样品表面原子种类不同，或样品表面吸附有原子、分子时，由于不同种类的原子或分子团等具有不同的电子结构和功函数，此时的变化不仅仅对应于样品表面原子的起伏，而是表面原子起伏与不同原子的电子结构组合后的综合效果。因此，STM 图像是样品表面原子几何结构和电子结构综合效应的结果。

8.2.2　扫描隧道显微镜的结构和工作方法

STM 主要由金属探针、压电陶瓷扫描器、反馈调节器以及控制与显示系统等组成，其基本结构如图 8-6 所示。

金属探针是一直径约 $50\sim100\text{nm}$ 的极细金属丝，常用钨丝或铂铱合金丝经电化学腐蚀后再经适当处理制成，功能是在其与样品互相作用时，根据样品表面性质不同产生变化的隧道电流。针尖的运动采用压电陶瓷控制。STM 的运动精度要求很高，普通的机械控制是达不到的。利用压电陶瓷特殊的电压、位移敏感性能，通过在压电陶瓷材料上施加一定的电压，使压电陶瓷制成的部件产生变形，从而驱动针尖运动，只要控制电压连续变化，针尖就可以在垂直方向或水平方向上做连续的升降或平移运动。反馈调节器与控制系统用来调节和控制加在探针上的偏压、压电陶瓷扫描电压以及隧道电流设定值，最后由显示系统给出结果。

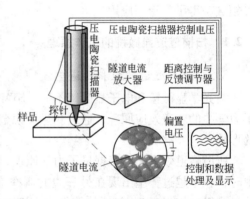

图 8-6　STM 的结构示意图

STM 工作时，针尖与样品间保持约 $0.3\sim1.0\text{nm}$ 的距离，此时针尖和样品之间的电子云相互重叠，当在它们之间施加一偏压时，电子就因量子隧道效应由针尖（或样品）流向样品（或针尖）。在压电陶瓷器上施加一定的电压使其产生变形，驱动针尖在样品表面进行三维扫描。目前，由压电陶瓷制成的三维扫描控制器控制的针尖运动在纵向（z 方向）的运动范围可以达到 $1\mu\text{m}$ 以上，在横向（x 和 y 方向）的运动范围可以达到 $125\mu\text{m}\times125\mu\text{m}$。

根据针尖与样品间相对运动方式的不同，STM 有两种不同的工作模式，即恒电流模式和恒高模式，见图 8-7。

恒电流模式就是针尖在样品表面扫描时，在偏压不变的情况下，始终保持隧道电流的恒定。由式（8-22）可知，当给定偏压 U_b 一定，并且样品表面没有局部污染，样品和针

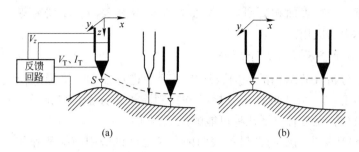

图 8-7　STM 工作模式示意图
（a）恒电流模式；（b）恒高模式

尖的平均功函数一定时，隧道电流的大小仅取决于针尖和样品间的距离 S。因此，当针尖在样品表面扫描时，利用压电陶瓷材料控制针尖和样品间距离的近乎恒定来保持隧道电流的恒定，这时探针在垂直于样品方向上高低的变化就反映出了样品表面的起伏，见图 8-7（a）。将针尖在样品表面扫描时运动的轨迹直接在荧光屏或在记录纸上显示出来，就得到了样品表面态密度的分布，即原子排列的图像。恒电流模式是 STM 最常用的一种工作模式。以恒电流模式工作时，由于 STM 的针尖是随着样品表面的起伏而上下运动的，因而不会因表面起伏太大而碰撞到样品表面，所以恒电流模式适于观察表面起伏较大的样品。

　　恒高模式则是始终控制针尖在样品表面某一水平高度上扫描，针尖的运动轨迹如图 8-7（b）所示。随着样品表面高低起伏，隧道电流不断变化，通过提取扫描过程中针尖和样品间隧道电流变化的信息，也可以得到样品表面的原子图像。恒高模式适合于观察表面起伏较小的样品，一般不能用于观察表面起伏大于 1nm 的样品。其工作特点是扫描速度快，而且能有效减少噪声和热漂移对隧道电流信号的干扰，从而获更高分辨率的图像。

　　利用扫描隧道显微技术，不仅可以获取样品表面形貌图像，同时还可以得到扫描隧道谱（STS）。具体操作是：在样品表面选一定点，并固定针尖与样品间的距离，连续改变偏压（U_b）值从负几伏到正几伏，同时测量隧道电流 I，便可获得隧道电流随偏压的变化曲线（$I \sim U_b$ 或 $dI/dU_b \sim U_b$ 曲线），即扫描隧道谱。在恒电流模式的扫描过程中，如果功函数随样品表面的位置而异，也同样会引起探针与样品表面间距 S 的变化。如样品表面原子种类不同，或样品表面吸附有原子、分子时，由于不同种类的原子或分子团等具有不同的电子态密度和功函数，此时 STM 给出的等电子态密度轮廓就不再对应于样品表面原子的起伏，而是表面原子起伏与不同原子和各自态密度组合后的综合效果。STM 不能区分这两个因素，但用扫描隧道谱却能区分。利用扫描隧道谱对样品表面显微图像作逐点分析，就可得到样品表面电子态和化学特性的有关信息。

8.2.3　扫描隧道显微镜的应用

　　与 TEM、SEM 等分析技术等相比，STM 具有其独特的优点，如分辨率高、工作环境宽松、能实时成像、对样品无损伤等，同时在 STM 工作时，还可外加电场、磁场、加湿和激光调制等作用于样品表面，用于分析研究表面的各种力学、电学、光学和磁学特性。这诸多的特点使得 STM 在材料、物理、化学、生命科学等领域得到了广泛的应用，特别是在金属、半导体和超导体等材料研究中取得了突破性进展。如利用 STM 可进行材料表面结构特征研究、材料表面相变研究、表面吸附研究和表面化学研究等，下面重点介绍 STM 在纳米技术上的应用。

8.2.3.1 对单个原子和分子的操纵

STM 在观察分析表面结构的同时，还能对表面进行蚀刻、诱导沉积或搬动原子或分子，进行纳米加工。用 STM 的针尖去操纵并控制原子及分子，将原子、分子按研究者的意图进行排列组合，通常有以下几种可能的操纵方式：

（1）利用 STM 针尖与吸附在材料表面的分子之间的吸引或排斥作用，使吸附分子在材料表面发生横向移动，具体可分为"牵引""滑动""推动"三种方式；

（2）通过某些外界作用将吸附分子转移到针尖上，然后移动到新的位置，再将分子沉积在材料表面；

（3）通过外加一电场，改变分子的形状，但却不破坏它的化学键。

例如，20 世纪 90 年代初期，IBM 的科学家用 STM 操纵氙原子，在 Ni 表面上用 35 个原子排出了"IBM"三个字母（图 8-8），首先展示了在低温下利用 STM 进行单个原子操纵的可能性。他们还将 C_{60} 分子放置在 Cu 单晶表面，利用 STM 针尖让 C_{60} 分子沿着 Cu 表面原子晶格形成的台阶做直线运动。他们将一组 10 个 C_{60} 分子沿一个台阶排成一列，多个等间距这样的分子链，就构成了世界上最小的"分子算盘"（图 8-9）。利用针尖可以来回拨动"算盘珠子"，从而进行运算操作。

图 8-8   Ni 表面用 Xe 原子写出的"IBM"

图 8-9   分子算盘

8.2.3.2 构造分子器件

有了对单个原子及分子进行操纵的能力及手段，使人们能从真正意义上去构造分子器件，实现其真正的应用价值。图 8-10 所示为科学家们用 STM 搬动 48 个 Fe 原子到 Cu 表面上构成的量子围栏。目前已经能够加工出各种用于构筑纳米器件的细线结构，如在有机导电高分子材料中加工出线宽仅为 3nm 的极细导线。

一般情况下，金属和半导体材料具有正的电导，即流过材料的电流随着所施加的电压的增大而增加。但在单分子尺度下，由于量子能级与量子隧穿的作用会出现新的物理现象——负微分电导。基于 C_{60} 分子的负微分电导现象，利用 STM 针尖将吸

图 8-10   STM 搬动 48 个 Fe 原子到 Cu 表面上构成的量子围栏

附在有机分子层表面的 C_{60} 分子"捡起",然后再把粘有 C_{60} 分子的针尖移到另一个 C_{60} 分子上方。这时,在针尖与衬底上的 C_{60} 分子之间加上电压并检测电流,它们获得了稳定的具有负微分电导效应的量子隧穿结构。这项工作通过对单分子操纵构筑了一种人工分子器件结构。这类分子器件一旦转化为产品,将可广泛地用于快速开关、振荡器和锁频电路等方面,可以极大地提高电子元件的集成度和速度。

8.2.3.3 制造人工分子

利用 STM 实现了对单分子化学反应的控制。如帕克等人将碘代苯分子吸附在 Cu 单晶表面的原子台阶处,再利用 STM 针尖将碘原子从分子中剥离出来,然后用 STM 针尖将两个苯活性基团结合到一起形成一个联苯分子,完成一个完整的化学反应过程。利用这样的方法,科学家就有可能设计和制造出具有各种全新结构的新物质,制造出更多的新型药品、新型催化剂、新型材料和更多的我们目前还无法想象的新产品。

8.3 原子力显微镜

从扫描隧道显微镜的工作原理可知,其工作时必须通过实时检测针尖和样品间隧道电流变化来实现样品表面成像,因此它只能用于观察导体或半导体材料的表面结构,不能实现对绝缘体表面形貌的观察。为了研究绝缘体材料的表面结构,1986 年,IBM 公司在扫描隧道显微镜的基础上发明了原子力显微镜(atomic force microscope,AFM)。AFM 分辨率高(高达 10^{10} 倍,可直接观察物质的分子和原子),适用于包括绝缘体在内的各种材料,如金属材料、陶瓷、半导体材料、矿物、高分子聚合物、生物细胞等的观察与分析,且工作环境多样化,可以在真空、大气、气体气氛、溶液中工作,还可加热或冷却样品,得到实时、真实的样品表面高分辨率图像,是同 STM 一样以原子尺寸直接观察物质表面结构特征的显微镜之一。

8.3.1 原子力显微镜的工作原理

从物理学知识我们知道,当两个原子互相靠近时,它们之间的作用力会随距离的改变而变化:当原子与原子很接近时,彼此电子云斥力的作用大于原子核与电子云之间的吸引力作用,所以整个合力表现为斥力的作用;当两个原子分开有一定距离时,其电子云斥力的作用小于彼此原子核与电子云之间的吸引力作用,则整个合力表现为引力的作用。原子力显微镜就是利用原子间的作用力与距离的关系来呈现样品表面的微观结构。

原子力显微镜的基本原理是将一个对微弱力极敏感的微悬臂一端固定,另一端有一微小针尖,当针尖与样品表面靠近时,针尖尖端原子与样品表面原子间存在极微弱的原子力作用(可能是吸引力,也可能是排斥力),这个作用力将使悬臂产生微小偏转(变形),通过检测器检测悬臂的变形,在针尖(或样品)扫描的过程中,反馈系统根据检测器检测的结果不断调整针尖(或样品)在垂直方向的位置,保证在整个扫描过程中悬臂的微小偏转值不变,即保证针尖与样品间的作用力恒定,则针尖(或样品)在垂直方向上位置的变化就反映了样品表面的起伏变化,即反映了样品表面的形貌特征。

8.3.2   原子力显微镜的结构和工作方法

原子力显微镜的仪器构成（机械结构和控制系统）在很大程度上与扫描隧道显微镜相同，都具有探针、三维压电陶瓷扫描器、反馈控制器以及控制和显示系统等。但原子力显微镜具有两个独特的部分：对微弱力敏感的悬臂和检测悬臂变形的变形检测器。这是因为原子力显微镜检测的是由针尖和样品间的作用力而产生微悬臂的变形，而扫描隧道显微镜检测的是针尖和样品间的隧道电流，这是它们的主要不同点。原子力显微镜的结构及工作原理如图 8-11 所示。

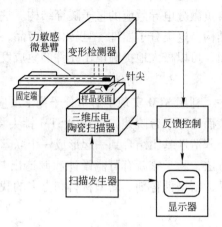

图 8-11   原子力显微镜结构及工作原理图

8.3.2.1   微悬臂和探针（力传感器）

原子力显微镜的核心部件之一是力的传感器件，包括微悬臂和固定于其一端的探针。由于原子力显微镜的主要原理系凭借针尖与样品表面之间的原子作用力，使悬臂产生微小变形，以测得表面结构特征。而这种原子间力的数值很小，要实现力的高灵敏度测量，对感知件——微悬臂的要求就很严格，要求制造微悬臂的材料弹性系数低，固有频率高，质量很小，尺寸应在微米量级，同时还要求有足够高的侧向刚性，以克服由于水平方向摩擦力造成的信号干扰。微悬臂通常采用硅片或氮化硅片制成。

探针处于微悬臂的末端。虽然微悬臂针尖与样品间作用力极其微弱，但这个力完全集中在针尖尖端的一个原子或一个原子团上，因此要求针尖硬度、强度足够大，化学稳定性好，不被样品物质腐蚀。探针针尖曲率半径的大小将直接影响到测量的水平分辨率，针尖顶端处最好为一个原子或原子团，而不是多重针尖，以避免因为多个针尖之间的干扰而产生虚假图像。一般针尖由 Si、SiO_2、Si_3N_4、碳纳米管、金刚石等材料制成，曲率半径小于 30nm。

8.3.2.2   变形检测器

原子力显微镜的另一个关键部件是微悬臂变形检测器。检测方法有多种，其中最常用的是如下四种：

（1）隧道电流法。隧道电流法是在微悬臂上方安置一个隧道电极，相当于扫描隧道显微镜的针尖，利用扫描隧道检测技术，通过测量微悬臂和隧道电极间的电流变化来检测微悬臂的变形。其优点是检测灵敏度高，特别是在排斥力范围内进行原子尺度观察是非常有效的。缺点是信噪比低，往往因微悬臂上污染物造成隧道电流的检测误差增大。因此，这种方法较适合于在高真空环境下的原子力显微镜。

（2）光束偏转法。该法是在微悬臂上部安装一面微小的镜子，微悬臂的微小变形是通过检测小镜子发射到位置敏感器上光束的偏转来实现的。通常，位置敏感器是一个光电二极管，当微悬臂发生微小变化时，由反射镜反射到位置敏感器上的光束的位置将发生变化，这个位移引起光电流的差异，利用差值信号就能对样品表面成像。光束偏转法是原子力显微镜中应用最为普遍的方法，其优点是方法简单、稳定、可靠、精度高。

（3）光学干涉法。光学干涉法是利用光学干涉的方法来探测微悬臂共振频率的位移及微悬臂变形偏移的幅度。当微悬臂发生微小变形时，探测光束的光程发生变化，进而使参考光束和探测光束之间的相位出现位移。这种相位移的大小将反映微悬臂变形的大小。在各种检测方法中，光学干涉法的测量精度最高（垂直位移精度达 0.001nm）。

（4）电容法。由一个小的金属片与悬臂作为两极板构成平行电容器。它是通过测量该电容值的变化来反映微悬臂偏移变形的大小。在上述四种方法中，电容法是精度较差的一种（垂直位移精度 0.03nm）。

8.3.2.3 原子力显微镜的工作模式

原子力显微镜有多种工作模式，常用的有接触模式、非接触模式和轻敲模式三种。根据样品表面不同的结构特征和材料的特性以及不同的研究需要，选择合适的操作模式。

（1）接触模式。针尖在扫描过程中始终同样品表面接触。针尖和样品间的相互作用力为接触原子间电子的库仑排斥力（其力大小为 $10^{-8} \sim 10^{-6}N$）。在针尖（或样品）横向（x 和 y 方向）扫描过程中，通过反馈系统上下（z 方向）移动样品（或针尖），保持针尖与样品间库仑斥力恒定，记录 z 方向上扫描器的移动情况，就得到样品的表面轮廓形貌图像。接触模式的特点是针尖与样品表面紧密接触并在表面上滑动，其优点是图像稳定，分辨率高，缺点是由于针尖在样品表面滑动及样品表面与针尖的黏附力，可能使针尖受到损害，或损坏样品，影响图像的质量和真实性。

（2）非接触模式。非接触模式即当针尖在样品表面扫描时，始终保持不与样品表面接触（一般与样品表面保持 $5 \sim 20nm$ 的距离），解决了接触模式可能损坏探针和样品的缺点。在非接触模式中，针尖与样品间的作用力是长程力——范德华吸引力。由于范德华力比较小（比接触式的小几个数量级），直接测量力的大小比较困难。为了测量这个微小的力，通常采用共振增强技术来实现，即用压电振荡器驱动悬臂振动。针尖与样品间的距离是通过保持悬臂共振频率或振幅恒定来控制的。在扫描过程中反馈系统驱动样品（或针尖）上下运动来保持悬臂的振幅恒定，从而获得样品表面形貌图像。非接触模式的优点是工作时针尖不接触表面，对样品表面不会造成污染，同时由于针尖与样品间作用力小，适合研究柔软的或有弹性的表面；缺点是分辨率比接触模式低，操作相对困难。

（3）轻敲模式。轻敲模式介于接触模式和非接触模式之间，针尖扫描过程中微悬臂也是振荡的，这一点同非接触模式相似，但其振幅比非接触模式更大，同时针尖在振荡时间断地与样品接触。当针尖没有接触到表面时，微悬臂以一定的大振幅振动，当针尖接近表面直至轻轻接触表面时，其振幅将减小，而当针尖反向远离表面时，振幅又恢复到原先的大小。针尖与样品表面间断地接触，反馈系统根据检测该振幅，不断调整针尖与样品之间的距离来控制微悬臂的振幅，使得作用在样品上的力保持恒定，从而获得样品表面的形貌图像。轻敲模式的优点是：

1）分辨率高（由于针尖同样品接触，几乎同接触模式一样好）；

2）因为接触非常短暂，剪切力引起的对样品的破坏几乎完全消失，适合于分析研究柔软、黏性和脆性的样品；

3）由于作用力是垂直的，材料表面受横向摩擦力、压缩力、剪切力的影响较小。

8.3.3 原子力显微镜的应用

由于原子力显微镜对所分析样品的导电性无要求，所以使其在诸多材料领域中得到了广泛应用，下面进行简要介绍。

（1）利用原子力显微镜可研究样品在几十到几百纳米尺度的表面结构特征。如 G. Chern 等人在研究 MgO（110）表面形貌时发现，MgO 在 650℃退火后形成了许多三角形小岛，且岛的高度、宽度分别约为 120nm 和 14nm。对聚合物结晶形貌研究时观察到聚乙烯单晶的片晶成菱形，菱形的锐角成 67.5°。

（2）可进行原子分辨率（或分子分辨率）下晶体材料层状结构特征研究。如对 $MnPS_3$ 绝缘体材料表面结构分析得出，其层状结构具有 S 原子紧密充填的三明治结构，中间包含有一层 Mn 和 P，解离后晶体表面含有一层 S 原子的紧密充填层。

（3）利用原子力显微镜可在液体环境下成像的特性，研究电化学反应和生物大分子在溶液中的变化规律。如生物分子的实时吸附动力学研究。

（4）原子力显微镜除了具有反映表面形貌成像功能外，它还能利用测量针尖与样品表面间长程吸引力或排斥力，来研究定域化学和力学性质（吸附力、弹力、摩擦力以及分子层厚度或键断裂长度等）。如 Eric Finot 等人利用这个技术研究了应力对硫酸钙晶体（010）表面定域弹性的影响；Overvey 等人研究了 LB 膜和氧化碳-氢混合物薄膜的弹性和摩擦性质等。

（5）利用针尖-原子相互作用原理，原子力显微镜还可对样品表面进行纳米加工与改性。这一功能在电子信息材料的研制，特别是纳米电子元器件研究中起着重要作用。

原子力显微镜由于其诸多的功能，使其在金属、无机、半导体、电子、高分子等材料中得到了广泛的应用，成为表面科学研究的重要手段。

8.4 三维 X 射线显微镜

常用的微观组织表征手段，如光学显微镜和电子显微镜都是基于观察样品表面形貌特征的二维观测技术，不能提供样品深度方向的信息，具有很大的局限性，例如，在研究结构材料的断裂机制时，由于样品表面与内部裂纹的应力状态不同，且裂纹往往先在材料内部萌生，运用 SEM 等表征手段就无法了解内部微观结构对裂纹的影响。因此，材料微观组织的三维可视化表征就显得非常重要。

X 射线计算机断层扫描（X-ray computed tomography，X-ray CT；简称 CT）技术是利用 X 射线对物质穿透能力强的特性，收集物体对 X 射线吸收衬度信息，通过 X 射线成像技术和计算机技术结合，在不破坏样品的前提下获得物体的断层图像，从而实现对材料微纳尺度的三维可视化表征。通常把分辨率能够达到微米量级的 CT 设备称作显微 CT（micro-CT）。三维 X 射线显微镜（3-dimensional X-ray microscope，3D-XRM）将传统 CT 技术与光学显微技术相结合，使得分辨率进一步提高，其空间分辨率已经达到亚微米甚至纳米量级，广泛地应用于微纳制造、新材料以及电子科学等领域。

8.4.1 三维 X 射线显微镜的结构

三维 X 射线显微镜与传统 CT 有所不同，它在系统中引入了光学物镜放大技术，通过光学+几何两级放大技术进行成像，可以实现单一几何放大无法实现的大样品高分辨率成像和高衬度成像，因此采用光学+几何放大的 CT 系统被命名为三维 X 射线显微镜系统。典型的 3D-XRM 主要由 X 射线光源、高精度样品台、高分辨探测器和控制与信息处理系统构成。由于 3D-XRM 的测量精度高，系统需要极高的稳定性，因此上述关键部件都安装在大理石平台上，可以起到减振抗振、稳定光路和减小误差的作用。

8.4.1.1 X 射线光源

3D-XRM 采用的 X 射线光源装置是新型的透射阳极 X 射线管，其阳极靶为镀在铍窗内侧极薄的金属薄膜。其工作原理如图 8-12 所示，当阴极灯丝通电加热后产生大量热电子，在阳极与阴极间的直流加速电压作用下飞向阳极，在阴极与阳极之间安装有电子偏转线圈和聚焦线圈，可以有效会聚电子束并减小焦斑尺寸。汇聚的高速电子轰击阳极靶产生的连续 X 射线可直接穿透金属薄膜并从铍窗射出。相比于传统的反射式 X 射线管（见第 3 章第 1 节），透射阳极 X 射线管产生的连续 X 射线强度分布的均匀性提高。此外，在同等功率条件下，可大幅减少能量损失，提高 X 射线的产生效率与辐射通量。为获得高能量的 X 射线和解决轰击时产生大量热量的问题，靶材料常采用原子序数较高的高熔点、耐热纯金属，如钨、钼等。3D-XRM 采用的高能 X 射线具有非常强的穿透能力，可以保证对绝大多数材料的三维微观组织表征。金属薄膜在电子长时间轰击下表面粗糙度增加，会增加出射 X 射线的散射，使 X 射线偏离出射方向，造成 X 射线强度降低，从而影响样品三维重构的图像质量。因此，新型的透射阳极 X 射线管采用可旋转阳极靶，每工作一段时间，阳极靶盘会旋转一定角度，保证出射 X 射线的稳定性。

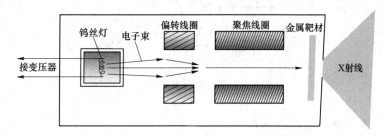

图 8-12　透射阳极 X 射线管的工作原理示意图

在 X 射线管发射 X 射线的出口前方可安装承载滤波片的托架，根据测试样品尺寸或密度大小选择不同厚度的滤波片。滤波片可以有效去除低能部分的 X 射线，从而提高 X 射线对样品的穿透能力，减弱低能量 X 射线引起的射线硬化现象，改善重构图像的成像质量。

8.4.1.2 高精度样品台

在 3D-XRM 中，X 射线光源、样品台与探测器沿 X 射线光路方向依次排列，如图 8-13 所示，X 射线光源与探测器可沿 z 方向运动。中间的微位移定位高精度样品台用于样品的

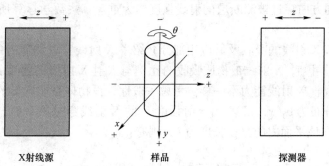

图 8-13　3D-XRM 中 X 射线光源、样品台与探测器位移示意图

290

匀速旋转扫描，可进行精确的三轴平移与旋转空间定位。

8.4.1.3 探测器

探测器组件部分主要由闪烁体、光学物镜和电荷耦合器件（CCD）组成。光学物镜探测器是 3D-XRM 的核心部件。由于 X 射线无法在 CCD 中直接成像，为此需要先将 X 射线投影在闪烁体（如碘化铯材料）上转化为可见光，可见光再通过物镜进行光学放大，进而投影到 CCD 上形成数字化图像，如图 8-14 所示。当高能 X 射线光子照射到探测器前端的闪烁体上时，将激发闪烁体原子到激发态，当被激发的原子从激发态退回到基态时释放可见的荧光脉冲。光学物镜的作用是对带有样品衬度信息的可见光进行放大，随后照射到 CCD 上将放大的光学影像转换成数字信号。

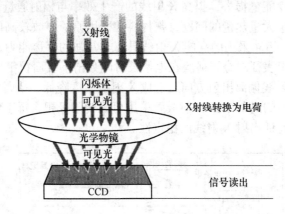

图 8-14   X 射线探测器示意图

8.4.1.4 控制与信息处理系统

控制与信息处理系统可以精确控制 X 射线源、高精度样品台与探测器这三个关键部件的协调移动，并对 X 射线的能量、滤镜与物镜的选择、扫描的方式与位置和数据采集时间等进行精确的同步控制。CT 扫描过程中 CCD 采集的大量投影图数据需要信息处理系统具有高速的传输通道，并保证传输过程中数据的完整性。

8.4.2 X 射线计算机断层成像

X 射线计算机断层成像技术使用高度准直的 X 射线束围绕目标的某一部分做一个断层扫描，即将该断层从被测体中孤立出来，使扫描检测数据免受其他部分结构及组成信息的干扰，随后将不同方向穿过被测断层的射线强度作为重建算法数学运算所需的数据，从而获得断层图像。

第 3 章第 1 节 X 射线的吸收及其应用部分介绍了 X 射线穿过物质时的强度衰减规律，根据公式（3-16）可知，X 射线被物质吸收的比例与入射 X 射线的强度无关，不同材料、不同厚度的物体吸收 X 射线能力不一样。考虑一般性，设物体是非均匀的，一个断层截面上线吸收系数的分布为 $\mu_l(x, y)$。当入射强度 I_0 的 X 射线穿过该平面，衰减后以强度 I_t 穿出，设 X 射线在该平面内的路径长度为 L，则有：

$$-\ln \frac{I_t}{I_0} = \int_L \mu_l(x, y)\,\mathrm{d}x\mathrm{d}y \tag{8-23}$$

式中，μ_l 为样品的线吸收系数。I_t 和 I_0 可用探测器测得，则沿某一路径上线吸收系数的线积分即可计算得出。同样，当 X 射线以不同的位置和方向穿过该物体时，所有路径上的线吸收系数的线积分均可求得。由于线吸收系数和物体的密度直接相关（当然还和物体原子序数、X 射线波长等因素有关），所以其二维分布也体现出密度的二维分布，由此转化成的断面图像能够展现其结构关系和物质组成。根据数学相关知识可知，某物理参量的二维分布函数由该函数在其定义域内的所有线积分完全确定。因此，通过扫描检测法，用 X 射线束有规律地（含方向、位置和数量等）穿过被测物体待检测断层并相应地进行射线强度测量，就可以获得检测断层线吸收系数线积分的数据集，随后利用该数据集，按照一定的重建算法进行数学运算，求出线吸收系数的二维分布并予以显示。

与医疗诊断用 CT 的 X 射线源与探测器围绕诊断部位旋转不同，追求小型化的 3D-XRM 受设备尺寸的限制和高分辨成像的要求，采用样品旋转方式进行扫描。X 射线管和探测器位置不动，随着样品的旋转，获得足够多的断层二维图像进行三维重构，就可以得到样品的三维形貌。

采用锥形 X 射线束的传统 CT 技术对样品的放大主要依靠几何放大，基本原理如图 8-15（a）所示。几何放大倍数可由公式（8-24）计算，可以看到只有小的样品才能获取高分辨率三维成像，大尺寸的样品将限制样品与光源和探测器的距离，无法获得高的几何放大倍数。德国 Zeiss 公司开发的 3D-XRM 通过在闪烁体与 CCD 之间加入物镜放大，如图 8-15（b）所示，首次实现了 3D-XRM 的两极放大，即几何放大+物镜放大，总的放大倍数为两者放大倍数的乘积，从而不用依靠大的几何放大倍数也可大幅度提高图像的分辨率，实现了对大尺寸样品的高分辨成像。

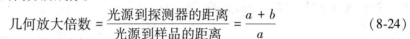

$$几何放大倍数 = \frac{光源到探测器的距离}{光源到样品的距离} = \frac{a+b}{a} \qquad (8-24)$$

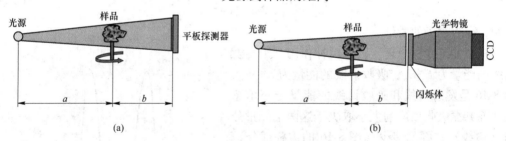

图 8-15　CT 图像放大示意图

（a）传统 CT；（b）3D-XRM

X 射线计算机断层成像技术作为现代无损可视检测的手段，能够获得材料的 3D、2D 图像及缺陷分布情况，得到了广泛的应用，例如，在测定复合材料孔隙率；断裂样品内部裂纹分布、尺寸、体积分数的定量表征；电池内部构造与缺陷的精细三维无损表征；材料在加载条件下断裂行为的原位表征等方面都发挥了重要作用。但利用 X 射线吸收衰减获得图像衬度的 CT 技术对多晶材料的晶界和取向不敏感，为了实现对样品三维取向分布的表征，利用三维 X 射线显微镜进行衍射衬度断层扫描（diffraction contrast tomography，DCT）的技术应运而生，该技术可以实现对晶粒进行三维取向成像。利用 CT 和 DCT 技术，结合三维晶粒取向信息和其他三维微观组织特征，例如，裂纹、孔洞、杂质等，可实现对材料的破坏、变形和晶粒长大等行为的三维无损表征。

8.5 穆斯堡尔谱分析

穆斯堡尔谱分析是利用原子核无反冲的 γ 射线共振吸收现象，获得原子核周围物理和化学环境的微观结构信息，从而进行材料分析、研究的方法。

8.5.1 穆斯堡尔效应

原子核无反冲的 γ 射线共振吸收现象称为穆斯堡尔效应。我们知道，在适当频率的光辐射下，原子中的电子可由基态跃迁到激发态，产生原子吸收光谱；电子也可由激发态跃迁到基态，产生原子发射光谱。同样，原子核也有能级结构，当它从激发态跃迁到基态时，发射出具有能量为 E 的 γ 射线，这种 γ 射线在通过同种类的原子核时，也应能被同种类的原子核所吸收，吸收了 γ 射线的原子核便由基态跃迁到激发态，这就是原子核的共振吸收。

但实际上，这种理想的共振吸收现象是很难观察到的。这是因为处于自由状态的原子核在发射和吸收 γ 射线时，自身要产生反冲作用，其反冲能量大大超过了谱线的自然宽度。根据能量守恒和动量守恒原理，粒子（原子、原子核）发射的光子的动量 P 为：

$$P = \frac{h}{\lambda} = \frac{h\nu}{c} = \frac{E}{c} \tag{8-25}$$

式中，h 为普朗克常数；λ 为波长；ν 为频率；c 为光速；E 为光子的能量。

粒子（原子、原子核）本身也受到一个数值相等但方向相反的反冲动量，反冲动量使粒子产生反冲运动，其反冲动能 E_R 为：

$$E_R = \frac{P^2}{2m} = \frac{E^2}{2mc^2} \tag{8-26}$$

式中，m 为粒子的质量。

根据能量守恒原理，因为反冲作用，则发射射线的能量为 $E - E_R$，吸收射线的能量为 $E + E_R$，图 8-16 是发射谱线和吸收谱线的能量分布示意图。而共振吸收效应的大小取决于这两个能量分布（谱线）重叠的多少（图 8-16 的重叠部分）。如果反冲能量大大超过谱线的自然线宽，谱线间不能有效重叠，将不能产生共振吸收。因此，若要产生穆斯堡尔效应，反冲能量最好趋向于零，发射线和吸收线应大部分重叠。

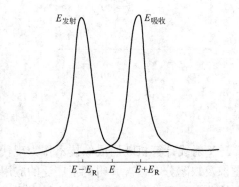

图 8-16 原子核发射谱线和吸收谱线能量分布图

γ 射线的反冲能量很大，例如 ^{57}Fe 原子核，反冲能量 $E_R = 1.9 \times 10^{-3}$ eV，比谱线自然线宽 4.7×10^{-9} eV 大 10^6 倍，所以谱线间不能有效重叠，处于自由状态的原子发生原子核的 γ 射线共振吸收的概率很小。为了消除核的反冲效应，穆斯堡尔在研究 ^{191}Ir 核的共振吸收时，为了减少热运动对结果的影响，将发射体和吸收体都冷却到液态空气温度（约 88K），结果发现 γ 射线共振吸收现象非但没有减少，反而大大增强，即发生了无反冲的 γ 射线共振吸收。分析认为：当发射和吸收 γ 射线的原子处于晶格中时，它们受到晶格的束缚，在冷却条件下，这种束缚作用增强；在原子核发射和吸收 γ 射线时，其反冲牵动了整个晶格，反冲动量由整个晶格承担；晶格中受牵连的原子数目相当多，式（8-26）中影响反冲动能 E_R 的质量 m 不再是单个粒子的质量，而是提高了 10^6 倍以上，即反冲动能 E_R 降低了 10^6 倍以上。因此可将 E_R 忽略不计，看成无反冲能量损失，从而实现无反冲的 γ 射线共振吸收。

显然，原子核所处的晶格不同，无反冲 γ 射线的发射和吸收受影响的程度也不同，理论计算得到的无反冲跃迁的概率为：

$$f = \exp\left(-4\pi^2 \frac{<x^2>}{\lambda^2}\right) \tag{8-27}$$

式中，f 为无反冲分数；$<x^2>$ 为原子核在发射方向上的振动振幅平方的平均值，也称之为均方位移。γ 射线能量越低，λ 越大，f 也越大；而 $<x^2>$ 增大时，f 就减小，在温度越低的情况下，晶格振动越小，$<x^2>$ 值越小，f 增大，共振效应增强。

迄今为止，已经观察到穆斯堡尔效应的有 40 多种元素，80 多种核素，100 多条穆斯堡尔跃迁线。这些核素称为穆斯堡尔核。其中最常用的是 ^{57}Fe（14.4keV）和 ^{119}Sn（23.8keV），括号内为 γ 光子能量。

8.5.2 穆斯堡尔仪的结构和工作方法

穆斯堡尔谱通常以两种方法获得：一是透射法，也叫共振吸收法；二是背散射法，也叫共振散射法。透射法是通过测量透过吸收体的 γ 射线计数而获得谱线。背散射法是通过测量由吸收体散射的 γ 射线计数得到穆斯堡尔谱线，即测量吸收体共振吸收后处于激发态，再向基态跃迁时发射出的 γ 射线。透射法实验装置简单且计数率高，很容易获得质量较好的谱图，但样品必须是薄片形状，且有厚度限制。背散射法对样品没有厚度要求且无需制样，是一种无损测量方法。

穆斯堡尔效应对环境的依赖性很高，细微的环境条件差异会对穆斯堡尔效应产生显著的影响。在实验中，为减少环境带来的影响，需要利用多普勒效应对 γ 射线光子的能量进行细微的调制。具体做法是令 γ 射线放射源和吸收体之间有一定的相对速度 v，通过调整 v 的大小来微调 γ 射线的能量，使其达到共振吸收，即吸收率达到最大，透射率达到最小。

利用多普勒速度扫描实现共振吸收测量的穆斯堡尔仪如图 8-17 所示，它由无反冲的放射源和吸收体、产生多普勒速度的驱动器和探测器组成。穆斯堡尔仪工作时，放射源发射的 γ 射线经过多普勒速度补偿，当与吸收体（样品）发生共振吸收时，探测器探测到的 γ 射线强度明显下降，从而得到样品的共振吸收谱线。

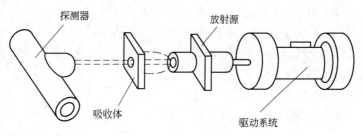

图 8-17　穆斯堡尔仪示意图

8.5.3　穆斯堡尔谱分析的原理及应用

穆斯堡尔谱用共振吸收峰强度、同质异能移、谱线宽度和面积、面积比值、四极分裂值和磁分裂值等作参数，分析原子核能级的移动和分裂，进而得到原子核的超精细场、原子的价态和对称性等方面的信息。若已知核周围环境的电磁结构，则可研究核的特性，反之，若核的性质已知，由测量结果可推导出核周围环境的电磁结构，即用穆斯堡尔核探针研究物质的微观结构。

8.5.3.1　化学位移

由于原子核在基态和激发态的核半径往往不同，当放射源同吸收体的化学环境有差异时（如在不同的化合物中），使得发射源和吸收体中穆斯堡尔核处的电荷（s 层电子电荷）密度不同，它们和核电荷间的相互作用引起的激发态和基态的能级有不同的位移，引起了 γ 射线跃迁能的变化，反映在穆斯堡尔谱线的中心位置相对于零速度（或某个参照速度）发生谱线位置的移动，这称为化学位移，也称同质异能移，以 δ 表示。δ 值直接反映了核外电子的配置状况，反映了价态和成键情况的变化，常用于确定原子的价态、自旋态和成键情况。如 FeX_n（$n=1$，2）系列中的 FeF_2、$FeCl_2$、FeO、FeS 和 $FeSe$ 化合物，由于 X 的电负性依次减小，引起 ^{57}Fe 核上的 s 电子密度增大，使 δ 值依次减小，分别为 1.32mm/s、1.22mm/s、1.13mm/s、0.88mm/s 和 0.64mm/s。

8.5.3.2　核的四极矩分裂

处于基态的原子核电荷分布为球形对称，激发态原子核的电荷则呈旋转椭球形对称分布，即激发态原子核电荷分布偏离了球形，并且不同激发态偏离的情况也不一样，偏离的程度常用核四极矩 Q 表示。

对于核自旋量 $I=1/2$ 的核，核电荷分布呈球形，$Q=0$。对于 $I>1/2$ 的核，核电荷分布不呈球形对称，原子核具有核四极矩，$Q\neq0$，这时如果核处电场是立方对称的，它对受激发态的能量没有影响。但当原子核处的电场，由于某种原因发生畸变时，电场和核四极矩相互作用，就会产生核能级的分裂。如 ^{57}Fe 和 ^{119}Sn，基态 $I=1/2$，$Q=0$，无四极矩分裂，而第一激发态 $I=3/2$，在不均匀电场中，原来的一条谱线分裂为两条谱线。谱线的分裂和不均匀电场有关，这种不均匀电场是由核外电子云和配体所造成，因此谱线的分裂能给出核外电子云对称性分布方面的信息，从而可了解核周围的成键情况和对称性。图 8-18 中，$(C_6H_5)_4Sn$ 具有立方对称性，在 Sn 核处无电场梯度，不产生四极矩分裂，只有一个峰；当一个苯被 Cl 取代变为 $(C_6H_5)_3ClSn$ 时，Sn 的配位对称性降低，在核处产生了电场梯度，因此，在穆斯堡尔谱中出现四极矩分裂，可观察到两个峰。

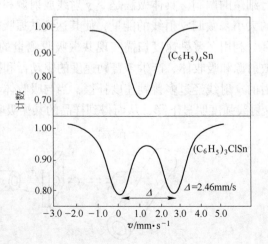

图 8-18　Sn 配合物的穆斯堡尔谱

8.5.3.3 磁超精细分裂

核外的磁场来源于两个方面：一是物质内部自发磁化产生的磁场，称它为磁超精细场 H_{hf} 或 H_{in} 内场，所有铁磁性合金都存在内场；二是外加磁场在核处产生的磁场。自旋不为零的原子核具有磁矩，核磁矩在核所感受到的磁场（外加磁场及物质内部自发磁化所产生的磁场）作用下将产生塞曼效应，核能级发生分裂，自旋为 I 的状态将分裂为 $2I+1$ 个亚能级。图 8-19 是 ^{57}Fe 的磁分裂能级图，激发态分裂为 4 个亚能级，基态分裂成两个亚能级，磁能级跃迁选律为 $\Delta m_I = 0$，± 1，所以出现 6 条谱线。如果四极矩分裂同时存在，情况更为复杂，如图 8-20 是一些 ^{57}Fe 的化合物穆斯堡尔谱：（a）中 Fe^{3+} 由 6 个 Cl 配位，对称性高，没有四极矩分裂；（b）中化合物在核周围电子云分布低于立方对称性，产生电场梯度，故出现四极矩分裂；而（c）中吸附于 Al_2O_3 上的 Fe 核出现了磁分裂；（d）出现了四极矩分裂和磁分裂。

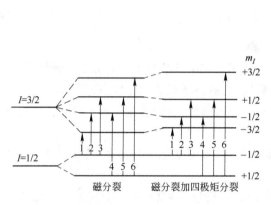

图 8-19　^{57}Fe 的磁分裂跃迁

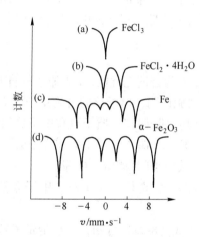

图 8-20　一些 ^{57}Fe 的化合物的穆斯堡尔谱

根据磁分裂的大小，可以得到有关核外电子的自旋态和在核位置有效磁场大小的信息。合金中有不同相和不同原子组态时，穆斯堡尔谱便相应地有不同裂距成分的磁分裂谱线。不同磁合金的超精细场有不同特征值，参考特征值可以进行相分析。

应用穆斯堡尔效应研究原子核与周围环境的超精细相互作用，是一种非常精确的测量手段，其能量分辨率可高达 10^{-13}，并且抗干扰能力强，实验设备和技术相对简单，对样品无破坏。这些特点使穆斯堡尔效应在物理学、化学、生物学、地质学、冶金学、矿物学等领域得到了广泛应用。如凝聚态物理方面，测量无反冲因子可用于固体的点阵动力学的研究；化学上，应用化学位移和四极矩分裂获得化学价键方面的知识；生物学方面，利用穆斯堡尔效应研究了血红素蛋白、铁硫蛋白、贮铁及转移铁的蛋白等的结构和性质。此外，穆斯堡尔效应也在材料科学和表面科学等学科开拓出应用前景。

8.6　核磁共振谱分析

在外加磁场的作用下，当用一定频率的电磁波照射分子时，可引起分子中有磁矩的核发生能级跃迁。这种原子核在磁场中吸收一定频率的电磁波而发生能级跃迁的现象称为核磁共振（nuclear magnetic resonance，NMR）。以核磁共振信号强度对照射频率（或磁场强度）作图，即为核磁共振图谱。建立在此原理基础上的一类分析方法称为核磁共振谱法，或称核磁共振光谱法。

核磁共振谱法除在材料分析和研究中得到应用外，生物和医学是它应用较为活跃的领域，它已成为测定有机物结构、构型和构象的重要手段。另外，它还是磁性材料研究的主要手段之一。

8.6.1 核磁共振谱法基本原理

8.6.1.1 共振基本原理

A 原子核的自旋

原子核由带正电荷的质子和中子组成，与核外电子一样，核也有自旋运动，因而具有一定的角动量。核自旋角动量 P 的大小根据量子力学计算有：

$$P=\frac{h}{2\pi}\sqrt{I(I+1)} \tag{8-28}$$

式中，h 为普朗克常数；I 为原子核自旋量子数。

实验证明，原子核的自旋量子数 I 与核的质子数和中子数有关。有如下三种情况：

（1）偶-偶核（质子数和中子数均为偶数），自旋量子数 $I=0$，如 ^{12}C、^{16}O 等；

（2）奇-偶核（质子数和中子数一为奇数，一为偶数），自旋量子数 $I=1/2$、$3/2$、$5/2$ 等半整数，如 ^1H、^{35}Cl、^{17}O 等；

（3）奇-奇核（质子数和中子数都为奇数），自旋量子数 $I=1$、2、3 等整数，如 ^2H、^{14}N 等。

由式（8-28）可知，当自旋量子数 $I=0$ 时，角动量 $P=0$，即原子核无自旋现象；当自旋量子数 $I\neq0$ 时，角动量 $P\neq0$，核有自旋运动，且自旋角动量 P 的方向与自旋轴重合。由于原子核带有一定的正电荷，当自旋角动量不为 0 的核自旋运动时，这些电荷也围绕旋转轴旋转，从而产生一个循环电流，进而产生磁场，其磁性用核磁矩 μ 描述，μ 和 P 的关系为：

$$\mu=\gamma P \tag{8-29}$$

式中，γ 为磁旋比。

B 核磁共振

一般可通过两种方法产生核磁共振，一是固定外加磁场强度，通过改变射频（源）信号频率来产生核磁共振，称为扫频式；另一种是固定射频源信号频率不变，通过改变外磁场的大小来产生核磁共振，称为扫场式。

a 扫场式

无外加磁场时，核磁矩的取向是任意的，若将原子核置于磁场 H_0 中，则核磁矩有不同的取向，用磁量子数 m 来表示每一种取向。$m=I$，$I-1$，…，$-I+1$，$-I$，共有 $2I+1$ 个取向。如当 $I=1/2$ 时，m 取值有两个，即 $m=1/2$ 和 $m=-1/2$。说明 $I=1/2$ 的核，在外磁场中核磁矩只有两种取向。$m=1/2$ 时，核磁矩方向与外磁场方向一致，为低能级；$m=-1/2$ 时，核磁矩方向与外磁场方向相反，为高能级。两者之间的能级差随 H_0 的增大而增大。

按照量子力学的观点，自旋量子数为 I 的核在外磁场中有 $2I+1$ 个不同的取向，分别对应于 $2I+1$ 个能级，也就是说核磁矩在外磁场中能量也是量子化的，这些能级的能量为：

$$E = -\frac{m\gamma h}{2\pi}H_0 \tag{8-30}$$

根据量子数的选择定则，磁能级跃迁的条件是 $\Delta m = \pm 1$，因此跃迁的能量变化 ΔE 为：

$$\Delta E = \frac{\gamma h}{2\pi}H_0 \tag{8-31}$$

式（8-31）表明，当核在外磁场中所吸收的电磁波等于能级之间的能量差时，则可使核发生自旋能级跃迁，从而产生核磁共振。

b 扫频式

通常原子核在外加磁场的作用下，一方面自旋，另一方面绕磁场进动。此时进动频率 ν 与外加磁场的关系为：

$$\nu = \frac{\gamma}{2\pi}H_0 \tag{8-32}$$

式（8-32）表明，外加磁场 H_0 增大，进动频率增加。在 H_0 一定的情况下，磁旋比小的核，进动频率小。

这时如果在垂直于外加磁场 H_0 的平面内附加一个比 H_0 小得多的交变射频磁场 H_1，当交变射频磁场的频率与磁场中某一原子核的进动频率相同时，原子核就能吸收电磁波的能量，从低能级状态跃迁到高能级状态，从而产生核磁共振现象，此时的 ν 为共振吸收频率。

某种核的具体共振条件（ν，H_0）是由核的本质（γ）决定的，而在一定强度的外磁场中，只有一种跃迁频率，每种核的共振频率 ν 与 H_0 有关。

必须说明的是，只有在有核磁矩（$I \neq 0$）的原子核上才能发生核磁共振现象。其中自旋量子数 $I = 1/2$ 的核，可以看作核电荷均匀分布在球表面的自旋体，因为它具有循环电荷所具有的磁矩，且电四极矩 $Q = 0$，这类核特别适用于做高分辨率核磁共振实验。对于自旋量子数大于 $1/2$ 的核，电荷分布为椭球体，电四极矩 $Q \neq 0$，这类核会影响弛豫时间，因而会影响到和相邻核的耦合，使谱线变宽。

C 弛豫过程

随着核磁共振吸收过程的进行，核连续吸收某一辐射能，则低能级的核数将减少，核的吸收强度将减弱，最终信号消失，这种现象称为饱和。在正常条件下，射频照射并不出现饱和现象。这是因为在低能态的核跃迁到高能态的同时，高能态的核向周围环境转移能量，并回复到低能态。核体系仍然保持低能态核数目比高能态核数目微弱过剩的热平衡状态，因而能不断产生核磁共振信号。处于高能态的核（激发态）可通过非辐射途径损失能量而恢复至基态，此过程称为弛豫过程。弛豫是保持核磁信号有固定强度必不可少的过程。弛豫过程存在两种形式，一种是自旋-晶格弛豫，另一种是自旋-自旋弛豫。自旋-晶格弛豫是指自旋核与环境交换能量的过程，核自身弛豫到低能态时，磁核整体总能量下降；自旋-自旋弛豫是指自旋核与另一个同类自旋核交换能量的过程，因体系中各种取向的核总数没有变化，体系总能量不变。一个自旋体系由于核磁共振破坏了原来的平衡，又借自旋-晶格弛豫而恢复平衡，这整个过程所需花费的时间称为自旋-晶格弛豫时间。弛豫时间越小，表示自旋-晶格弛豫过程的效率越高。液体的弛豫时间较小，约为几秒。固体分子的热运动受到限制，因而不能有效地产生自旋-晶格弛豫，有时弛豫时间可达几个小时。

8.6.1.2 化学位移与磁屏蔽

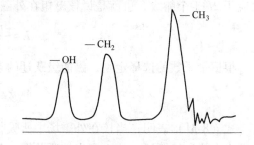

图 8-21 乙醇低分辨率 ^{1}H NMR 谱

由前述可知，在一定的外加磁场下，同种核应有相同的共振频率。但实验表明，当同种核处在不同的化合物中，或是虽在同一种化合物中，但所处的化学环境不同时，其共振频率稍有不同，这就是所谓的化学位移现象。如乙醇（CH_3CH_2OH）低分辨率的质子 NMR 谱（^{1}H NMR）就分裂为三组峰（图 8-21），各个峰的积分面积比为 3：2：1，这与乙醇中各基团的质子数比（CH_3：CH_2：OH）一致。

化学位移与核外电子云对外加磁场的屏蔽作用有关。孤立原子核外电子云均匀分布，当有外加磁场作用时，核外电子便倾向于在垂直于磁场的平面上做环电流运动，产生一个与外部磁场方向相反的感应磁场。由于感应磁场的存在，使原子核感受外磁场的强度稍有下降。当原子核外的化学环境不同时，影响核外电子云的分布，从而影响感应磁场的大小，使得在不同化学环境下原子核产生核磁共振所需的共振频率不同，即产生化学位移。如某原子核如果与电负性较大的原子（或基团）连接，由于电负性较大的原子（或基团）的吸电子作用，使该原子核周围的电子云密度降低，则核的磁屏蔽降低，化学位移增大。

影响化学位移的因素有局部屏蔽效应、磁各向异性、氢键效应、溶剂效应等。

化学位移现象及随后的自旋耦合现象的发现，使得 NMR 与化学结构联系起来，成为解决材料与化学及其他学科相关问题的有力工具之一。

8.6.1.3 自旋耦合和自旋裂分

当采用高分辨率的核磁共振仪后，所得谱图在相应的化学位移处往往出现多重峰。如乙醇的高分辨率 ^{1}H NMR 谱，原有的三条谱线的每一条都分裂为更多重峰，见图 8-22。谱线的这种精细结构是由于磁核与磁核之间的相互作用引起能级裂分而产生的。核自旋产生的核磁矩之间的相互干扰称为自旋-自旋耦合，简称自旋耦合。由自旋耦合而引起的谱线增多的现象称为自旋裂分或自旋分裂。

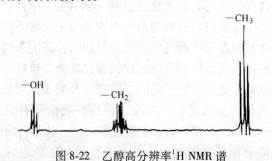

图 8-22 乙醇高分辨率 ^{1}H NMR 谱

虽然自旋耦合产生了谱线的裂分，产生谱线的精细结构，使得谱图复杂了，但是它更进一步反映了磁核之间相互作用的细节，可提供相互作用的磁核数目、类型及相对位置等信息，对于有机分子结构提供了更多内容的信息。

8.6.2 核磁共振谱仪的结构和测量方法

经典的核磁共振谱仪其基本结构如图 8-23 所示。仪器由强磁场、射频振荡器、探头、射频接收器和记录处理系统等组成。

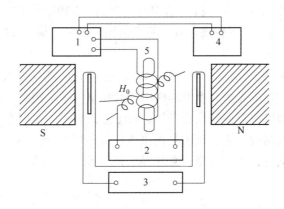

图 8-23 核磁共振谱仪结构示意图

S，N—磁铁；1—射频振荡器；2—射频接收器；3—扫描发生器；4—记录器；5—样品管

强磁场由磁铁提供，用于产生外加磁场 H_0。为使原子核的核磁能级分裂并获得足够灵敏度的核磁共振信号，要求磁铁提供的磁感应强度大于1T，且产生的磁场要均匀。

射频振荡器用于产生射频场 H_1，一般有两种工作方式：一种是产生连续波，射频场作用在样品上，连续激发核亚能级之间的跃迁；另一种是射频场以脉冲方式加到样品上，要求脉冲短而强，功率大，使样品所有可能共振的核都被激发起来，这种形式的核磁共振谱仪也称为脉冲傅里叶变换核磁共振谱仪。

探头是放置样品管的地方。样品装在由玻璃制成的样品管中，置于探头的线圈当中。围绕样品管的线圈除射频线圈外，还有射频接收线圈，二者互不干扰。样品管置于样品座上，可以旋转使样品受到均匀磁场作用。

射频接收线圈可感应出共振信号，接收器接收到信号后对信号加以放大、检波，变成直流核磁共振信号，进入记录系统加以处理。

核磁共振谱仪工作时，保持外磁场强度 H_0 不变，改变射频场频率 ν，当射频频率达到共振频率时（射频频率和磁场中某一原子核的进动频率相同），便会出现共振吸收峰；或保持射频频率 ν 不变，而改变外磁场强度，当磁场满足 $\Delta E = h\nu = \dfrac{\gamma h}{2\pi} H_0$ 的关系时，也会出现共振吸收峰。吸收强度相对于射频频率 ν 的关系曲线或相对于磁场强度 H_0 的变化曲线即测量所得的核磁共振谱。这两种波谱是等价的。

NMR 的实验结果很大程度上取决于样品的指标。对于固体样品用量一般为克数量级；对于金属样品，为避免集肤效应，不许使用小尺寸样品，通常做成薄膜或粉末状；对于液体样品，通常要求是非黏滞性液体，溶液浓度在2%~15%，纯样品为毫克数量级；若样品是固体或气体，则溶解在适当的溶剂中转为溶液再进行实验。

8.6.3 核磁共振谱分析的应用

8.6.3.1 在化学分析方面的应用

由于信号强度与共振核数目成正比，所以核磁共振是一种非常有吸引力的方法，成为化学研究中一种有力的工具。在有机物结构研究方面，NMR 可以测定化学结构及立体结构（构型、构象），研究互变异构现象等，是有机物结构测定最重要的手段之一。

A ^{1}H NMR 的分析

NMR 法以其特征的测定结果：化学位移、自旋裂分、耦合常数及积分曲线高度等，在有机化合物的结构鉴定中发挥着重要的作用。对简单分子，根据一级谱图，用化学位移值鉴别质子的类型，即可鉴定或确认化合物。对于复杂分子，可以配合红外光谱、紫外光谱、元素分析等鉴定其结构。质子核磁共振谱或称氢核共振谱，简称氢谱（^{1}H NMR）可给出三个方面的结构信息：质子类型（如甲基、次甲基、亚甲基等）及质子的化学环境、氢分布、核间关系。

B ^{13}C NMR 的分析

对于有机化学来说，^{13}C 核磁共振谱是极为重要的。通过 ^{13}C 核磁共振谱可获得有机化合物分子中碳骨架的直接信息。^{13}C 谱的分辨率高，几乎所有的碳核都能被检测到。由于在液体条件下 ^{13}C 核的自旋-晶格弛豫时间在 $10^{-3} \sim 10^{2}$ s 内，即使在同一化合物中，处于不同环境的 ^{13}C 核，它们的自旋-晶格弛豫时间也可以相差两个数量级，因此 ^{13}C 核的自旋-晶格弛豫时间可以作为结构鉴定的波谱参数，用以判断结构归属，进行构象测定。另外从 ^{13}C NMR 谱中还可以直接观测不带氢的含碳官能团信息。

8.6.3.2 超精细场的测定

根据 NMR 谱可测定出材料内部的超精细场。超精细场的大小和方向与核及核外电子的相互作用有关，也就是与电子结构、核近邻组态等密切相关。所以分析材料的超精细场能够找出材料微观结构的变化和成分、工艺、环境温度、压力和磁场之间的关系。例如通过核内场的测量、分析可以得到有序固体自发磁化和亚晶格磁化的精确结果。

此外，核磁共振谱分析也可应用在金属材料研究方面，如研究合金的有序结构，合金中的沉淀现象和缺陷的研究等。

习题与思考题

8-1 试述色谱流出曲线的概念及意义。

8-2 试述塔板理论的成功和不足之处。

8-3 色谱定性分析的依据是什么？

8-4 色谱定量分析的依据是什么，常用的定量方法有几种？

8-5 扫描隧道显微镜的工作原理是什么，什么是量子隧道效应？

8-6 简述扫描隧道显微镜恒电流模式与恒高模式工作原理。

8-7 简述原子力显微镜工作原理。

8-8 原子力显微镜有哪些工作模式？

8-9 简述三维 X 射线显微镜的基本构造。

8-10 试述 X 射线计算机断层成像技术的原理。

8-11 何为穆斯堡尔效应，应用穆斯堡尔谱法能解决哪些问题？

8-12 试述穆斯堡尔谱分析的原理及应用。

8-13 试说明以下名词：核磁共振、化学位移、自旋耦合、自旋-晶格弛豫。

8-14 核磁共振谱仪的基本结构是什么，它是如何工作的？

8-15 谈谈核磁共振在材料研究中的应用。

附　　录

附录1　常用分析方法符号与缩略语

AAS	atomic absorption spectrometry	原子吸收光谱分析
AES	Auger electron spectroscopy	俄歇电子能谱
AFS	atomic fluorescence spectrometry	原子荧光光谱分析
AFM	atomic force microscope	原子力显微镜
DMA	dynamic thermomechanical analysis	动态热机械分析
DSC	differential scanning calorimetry	差示扫描量热法
DTA	differential thermal analysis	差热分析
EDS	energy dispersive spectrometer	能量色散谱（能谱）
EPMA	electron probe microanalysis	电子探针显微分析
FEM	field emission microscope	场发射显微镜
GC	gas chromatography	气相色谱法
HRTEM	high resolution transmission electron microscope	高分辨透射电子显微镜
IR	infrared absorption spectrometry	红外吸收光谱分析
LC	liquid chromatography	液相色谱法
NMR	nuclear magnetic resonance spectroscopy	核磁共振波谱
SAM	scanning Auger microprobe	扫描俄歇微探针
SEM	scanning electron microscope	扫描电子显微镜
STEM	scanning transmission electron microscope	扫描透射电子显微镜
STM	scanning tunneling microscope	扫描隧道显微镜
TD	thermodilatometry	热膨胀法
TEM	transmission electron microscope	透射电子显微镜
TG	thermogravimetry	热重法
UV、VIS	ultraviolet, visible absorption spectrometry	紫外、可见吸收光谱分析
WDS	wavelength dispersive spectrometer	波长色散谱（波谱）
XFS	X-ray fluorescence spectrometry	X射线荧光谱
XPS	X-ray photoelectron spectroscopy	X射线光电子能谱
X-ray CT	X-ray computed tomography	X射线计算机断层扫描
XRD	X-ray diffraction	X射线衍射分析
3D-XRM	3-dimensional X-ray microscope	三维X射线显微镜

附录 2　常用物理常数

电子电荷 e	1.602×10^{-19} C（4.80×10^{-10} esu）
电子静止质量 $m(m_e)$	9.109×10^{-31} kg
中子静止质量 m_n	1.675×10^{-27} kg
质子静止质量 m_p	1.673×10^{-27} kg
原子质量单位（amu）（单位相对原子质量的原子质量 $1/N_A$）	1.660×10^{-27} kg
真空中光速 c	2.998×10^8 m/s
普朗克常数 h	6.626×10^{-34} J·s
玻耳兹曼常数 K	1.380×10^{-23} J/K
阿伏加德罗数 N_A	6.023×10^{23} mol^{-1}
通用气体常数 $R(=kN_A)$	8.314×10^3 J/K
真空介电常数 ε_0	8.854×10^{-12} F/m
真空磁导率 μ_0	1.257×10^{-6} H/m

附录 3　元素的物理性质

化学符号	元素	原子序数	相对原子质量	熔点/℃	沸点/℃	点阵类型	空间群	结构类型②	点阵参数 a/Å③	b/Å	c/Å	晶轴间夹角(α)	原子间最紧密距离/Å	常数所适用的温度/℃
Ag	银	47	107.868	960.80	2210	面心立方	O_h^5	A1	4.0856	—	—	—	2.888	20
Al	铝	13	26.98	660	2450	面心立方	O_h^5	A1	4.0491	—	—	—	2.862	20
As	砷	33	74.92	817	613（升华）	菱形	D_{3d}^5	A7	4.159	—	—	53°49′	2.51	20
Au	金	79	196.97	1063.0±0.0	2970	面心立方	O_h^5	A1	4.0783	—	—	—	2.884	20
B	硼	5	10.81	2030（约）	—	正交	—	—	17.89	8.95	10.15	—	—	—
Ba	钡	56	137.34	714	1640	体心立方	O_h^9	A2	5.025	—	—	—	4.35	20
Be（α）	铍	4	9.012	1277	2770	六角①	D_{6h}^4	A3	2.2858	—	3.5842	—	2.225	20
Bi	铋	83	208.98	271.3	1560	菱形	D_{8d}^5	A7	4.7457	—	—	57°14.2′	3.111	20
C（石墨）	碳	6	12.011	3727	4830	六角	D_{6h}^4	A9	2.4614	—	6.7014	—	1.42	20
Ca（α）	钙	20	40.08	838	1440	面心立方①	O_h^5	A1	5.582	—	—	—	3.94	20
Cd	镉	48	112.40	320.9	765	六角①	D_{6h}^4	A3	2.9787	—	5.617	—	2.979	20
Ce	铈	58	140.12	804	3470	面心立方①	O_h^5	A1	5.16	—	—	—	3.64	室温
Co（α）	钴	27	58.93	1495±1	2900	六角①	D_{6h}^4	A3	2.5071	—	4.0686	—	2.4967	20
Cr	铬	24	51.996	1875	2665	体心立方	O_h^9	A2	2.8845	—	—	—	2.498	20
Cs	铯	55	132.91	28.7	690	体心立方	O_h^9	A2	6.06	—	—	—	5.25	−173
Cu	铜	29	63.54	1083.0±0.1	2595	面心立方①	O_h^5	A1	3.6153	—	—	—	2.556	20
Fe（α）	铁	26	55.85	1536.5±1	3000±150	体心立方	O_h^9	A2	2.8664	—	—	—	2.4824	20
Ga	镓	31	69.72	29.78	2237	正交	V_h^{18}	A11	3.526	4.520	7.660	—	2.442	20
Ge	锗	32	72.59	937.4±1.5	2830	面心立方	O_h^7	A4	5.685	—	—	—	2.450	20
H	氢	1	1.0080	−259.19	−252.7	六角	—	—	3.76	—	6.13	—	—	−271
Hf	铪	72	178.49	2222±30	5400	六角	D_{6h}^4	A3	3.1883	—	5.0422	—	3.15	20

续附录 3

化学符号	元素	原子序数	相对原子质量	熔点/℃	沸点/℃	点阵类型	空间群	结构类型②	$a/\text{Å}$③	$b/\text{Å}$	$c/\text{Å}$	晶轴间夹角(α)	原子间最紧密距离/Å	常数所适用的温度/℃
Hg	汞	80	200.59	-38.36	357	菱形	D_{3d}^5	A11	3.005	—	—	70°31.7′	3.005	-46
I	碘	53	126.90	113.7	183	正交	V_h^{18}	A14	4.787	7.266	9.793	—	2.71	20
In	铟	49	114.82	156.2	2000	面心四方	D_{4h}^{17}	A6	4.594	—	4.951	—	3.25	20
Ir	铱	77	192.2	2454±3	5300	面心立方①	O_h^5	A1	3.8389	—	—	—	2.714	20
K	钾	19	39.102	63.7	760	体心立方	O_h^9	A2	5.334	—	—	—	4.624	20
La	镧（α）	57	138.90	920	3470	六角①	D_{6h}^4	A3	3.762	—	6.075	—	3.74	20
Li	锂	3	6.941	180.54	1330	体心立方	O_h^9	A2	3.5089	—	—	—	3.039	20
Mg	镁	12	24.305	650±2	1107±10	六角①	D_{6h}^4	A3	3.2088	—	5.2095	—	3.196	25
Mn	锰（α）	25	54.938	1245	2150	立方①	T_d^4	A12	8.912	—	—	—	2.24	20
Mo	钼	42	95.94	2610	5560	体心立方	O_h^9	A2	3.1466	—	—	—	2.725	20
N	氮	7	14.007	-209.97	-195.8	立方	T^4	—	5.67	—	—	—	1.06	-252
Na	钠	11	22.990	97.82	892	体心立方①	O_h^9	A2	4.2906	—	—	—	3.715	20
Nb	铌	41	92.91	2468±10	4927	体心立方	O_h^9	A2	3.3007	—	—	—	2.859	20
Nd	钕（α）	60	144.24	1019	3180	六角①	D_{6h}^4	A3	3.657	—	5.880	—	5.902	20
Ni	镍	28	58.71	1453	2730	面心立方	O_h^5	A1	3.5238	—	—	—	2.491	20
O	氧（α）	8	15.9994	-218.83	-183.0	正交	—	—	5.51	3.83	3.45	—	—	-252
Os	锇	76	190.2	2700±200	5500	六角	D_{6h}^4	A3	2.7341	—	4.3197	—	2.675	26
P	磷（黑）	15	30.974	44.25	111.65	正交	V_h^{18}	A16	3.32	4.39	10.52	—	2.17	室温
Pb	铅	82	207.2	327.4258	1725	面心立方①	O_h^5	A1	4.9495	—	—	—	3.499	20
Pd	钯	46	106.4	1552	3980	面心立方①	O_h^5	A1	3.8902	—	—	—	2.750	20
Pr	镨（α）	59	140.91	919	3020	六角	D_{6h}^4	A3	3.669	—	5.920	—	3.640	20
Pt	铂	78	195.09	1769	4530	面心立方	O_h^5	A1	3.9237	—	—	—	2.775	20
Rb	铷	37	85.468	38.9	688	体心立方①	O_h^9	A2	5.63	—	—	—	4.88	-173
Re	铼	75	186.2	3180±20	5900	六角①	D_{6h}^4	A3	2.7609	—	4.4583	—	2.740	20
Rh	铑（β）	45	102.91	1966±3	4500	面心立方①	O_h^5	A1	3.8034	—	—	—	2.689	20

续附录 3

化学符号	元素	原子序数	相对原子质量	熔点/℃	沸点/℃	点阵类型	空间群	结构类型②	点阵参数			晶轴间夹角(α)	原子间最紧密距离/Å	常数所适用的温度/℃
									a/Å③	b/Å	c/Å			
Ru	钌（α）	44	101.07	2500±100	4900	六角①	D_{6h}^4	A3	2.7038	—	4.2816	—	2.649	20
S	硫（α，黄）	16	32.06	119.0±0.5	444.6	正交	V_h^{24}	A17	10.50	12.95	24.60	—	2.12	20
Sb	锑	51	121.75	630.5±0.1	1380	菱形①	D_{8d}^5	A7	4.5064	—	—	57°6.5′	2.903	20
Se	硒（灰）	34	78.96	217	685±1	六角	D_{8d}^4	A8	4.3640	—	4.9594	—	2.32	20
Si	硅	14	28.09	1410	2680	面心立方①	O_h^7	A4	5.4282	—	—	—	2.351	20
Sn	锡（β，白）	50	118.69	231.912±0.000	2270	四方	D_{4h}^{19}	A5	5.8311	—	3.1817	—	3.022	20
Sr	锶	38	87.62	768	1380	面心立方	O_h^5	A1	6.087	—	—	—	4.31	20
Ta	钽	73	180.95	2996±50	5425±100	体心立方	O_h^9	A2	3.3026	—	—	—	2.860	20
Te	碲	52	127.60	449.5±0.3	989.8±3.8	六角	D_{3d}^4	A8	4.4570	—	5.9290	—	2.571	20
Th	钍	90	232.04	1750	3850±350	面心立方①	O_h^5	A1	5.088	—	—	—	3.60	20
Ti	钛（α）	22	47.90	1668±10	3260	六角①	D_{6h}^4	A3	2.9503	—	4.6831	—	2.89	25
Tl	铊（α）	81	204.37	303	1457	六角①	D_{6h}^4	A3	3.4564	—	5.531	—	3.407	室温
U	铀（α）	92	238.03	1132.3±0.8	3818	正交	V_h^{17}	A20	2.858	5.877	4.955	—	2.77	20
V	钒	23	50.94	1900±25	3400	体心立方①	O_h^9	A2	3.039	—	—	—	2.632	20
W	钨（α）	74	183.85	3410	5930	体心立方	O_h^9	A2	3.1648	—	—	—	2.739	20
Zn	锌	30	65.37	419.5050	906	六角①	D_{6h}^4	A3	2.6649	—	4.9470	—	2.6648	20
Zr	锆（α）	40	91.22	1852	3580	六角	D_{6h}^4	A3	3.2312	—	5.1477	—	317	25

①指最普通的类型，此处还有（或可能有）其他异型存在。
②采用"结构报告"（"Strukturbericht"，Akademische Verlag Leipzig）所规定的结构类型符号。
③1Å=0.1nm。

附录 4　K 系标识谱线的波长、吸收限和激发电压

元素	原子序数	$\lambda_{K\alpha}$ (平均) /Å	$\lambda_{K\alpha_2}$ /Å	$\lambda_{K\alpha_1}$ /Å	$\lambda_{K\beta_1}$ /Å	K 吸收限/Å	K 激发电压/kV
Na	11		11.909	11.909	11.617		1.07
Mg	12		9.8889	9.8889	9.558	9.5117	1.30
Al	13		8.33916	8.33669	7.981	7.9511	1.55
Si	14		7.12773	7.12528	6.7681	6.7446	1.83
P	15		6.1549	6.1549	5.8038	5.7866	2.14
S	16		5.37471	5.37196	5.03169	5.0182	2.46
Cl	17		4.73056	4.72760	4.4031	4.3969	2.82
Ar	18		4.19456	4.19162	—	3.8707	—
K	19		3.74462	3.74122	3.4538	3.43645	3.59
Ca	20		3.36159	3.35825	3.0896	3.07016	4.00
Sc	21		3.03452	3.03114	2.7795	2.7573	4.49
Ti	22		2.75207	2.74841	2.51381	2.49730	4.95
V	23		2.50729	2.50348	2.28434	2.26902	5.45
Cr	24	2.29092	2.29351	2.28962	2.08480	2.07012	5.98
Mn	25		2.10568	2.10175	1.91015	1.89636	6.54
Fe	26	1.93728	1.93991	1.93597	1.75653	1.74334	7.10
Co	27	1.79021	1.79278	1.78892	1.62075	1.60811	7.71
Ni	28		1.66169	1.65784	1.50010	1.48802	8.29
Cu	29	1.54178	1.54433	1.54051	1.39217	1.38043	8.86
Zn	30		1.43894	1.43511	1.29522	1.28329	9.65
Ga	31		1.34394	1.34003	1.20784	1.19567	10.4
Ge	32		1.25797	1.25401	1.12889	1.11652	11.1
As	33		1.17981	1.17581	1.05726	1.04497	11.9
Se	34		1.10875	1.10471	0.99212	0.97977	12.7
Br	35		1.04376	1.03969	0.93273	0.91994	13.5
Kr	36		0.9841	0.9801	0.87845	0.86546	—
Rb	37		0.92963	0.92551	0.82863	0.81549	15.2
Sr	38		0.87938	0.875214	0.78288	0.76969	16.1
Y	39		0.83300	0.82879	0.74068	0.72762	17.0
Zr	40		0.79010	0.78588	0.701695	0.68877	18.0
Nb	41		0.75040	0.74615	0.66572	0.65291	19.0

元素	原子序数	λ_{K_α}（平均）/Å	$\lambda_{K_{\alpha_2}}$/Å	$\lambda_{K_{\alpha_1}}$/Å	$\lambda_{K_{\beta_1}}$/Å	K 吸收限/Å	K 激发电压/kV
Mo	42	0.71069	0.713543	0.70926	0.632253	0.61977	20.0
Tc	43		0.676	0.673	0.602	—	—
Ru	44		0.64736	0.64304	0.57246	0.56047	22.1
Rh	45		0.617610	0.613245	0.54559	0.53378	23.2
Pb	46		0.589801	0.585415	0.52052	0.50915	24.4
Ag	47		0.563775	0.559363	0.49701	0.48582	25.5
Cd	48		0.53941	0.53498	0.475078	0.46409	26.7
In	49		0.51652	0.51209	0.454514	0.44387	27.9
Sn	50		0.49502	0.49056	0.435216	0.42468	29.1
Sb	51		0.47479	0.470322	0.417060	0.40663	30.4
Te	52		0.455751	0.451263	0.399972	0.38972	31.8
I	53		0.437805	0.433293	0.383884	0.37379	33.2
Xe	54		0.42043	0.41596	0.36846	0.35849	—
Cs	55		0.404812	0.400268	0.354347	0.34473	35.9
Ba	56		0.389646	0.385089	0.340789	0.33137	37.4
La	57		0.375279	0.370709	0.327959	0.31842	38.7
Ce	58		0.361665	0.357075	0.315792	0.30647	40.3
Pr	59		0.348728	0.344122	0.304238	0.29516	41.9
Nd	60		0.356487	0.331822	0.293274	0.28451	43.6
Pm	61		0.3249	0.320709	0.28209	—	—
Sm	62		0.31365	0.30895	0.27305	0.26462	46.8
Eu	63		0.30326	0.29850	0.26360	0.25551	48.6
Gd	64		0.29320	0.28840	0.25445	0.24680	50.3
Tb	65		0.28343	0.27876	0.24601	0.23840	52.0
Dy	66		0.27430	0.26957	0.23758	0.23046	53.8
Ho	67		0.26552	0.26083	—	0.22290	55.8
Er	68		0.25716	0.25248	0.22260	0.21565	57.5
Tu	69		0.24911	0.24436	0.21530	0.2089	59.5
Yb	70		0.24147	0.23676	0.20876	0.20223	61.4
Lu	71		0.23405	0.22928	0.20212	0.19583	63.4
Hf	72		0.22699	0.22218	0.19554	0.18981	65.4
Ta	73		0.220290	0.215484	0.190076	0.18393	67.4

元素	原子序数	$\lambda_{K\alpha}$（平均）/Å	$\lambda_{K\alpha_2}$/Å	$\lambda_{K\alpha_1}$/Å	$\lambda_{K\beta_1}$/Å	K 吸收限/Å	K 激发电压/kV
W	74		0.213813	0.208992	0.184363	0.17837	69.3
Re	75		0.207598	0.202778	0.178870	0.17311	—
Os	76		0.201626	0.196783	0.173607	0.16780	73.8
Ir	77		0.195889	0.191033	0.168533	0.16286	76.0
Pt	78		0.190372	0.185504	0.163664	0.15816	78.1
Au	79		0.185064	0.180185	0.158971	0.15344	80.5
Hg	80		—	—	—	0.14923	82.9
Tl	81		0.175028	0.170131	0.150133	0.14470	85.2
Pb	82		0.170285	0.165364	0.145980	0.14077	87.6
Bi	83		0.165704	0.160777	0.141941	0.13706	90.1
Th	90		0.137820	0.132806	0.117389	0.11293	109.0
U	92		0.130962	0.125940	0.111386	0.1068	115.0

注：1Å=0.1nm。

参 考 文 献

[1] 周志朝，等．无机材料显微结构分析 [M]．杭州：浙江大学出版社，2000．

[2] 左演生，陈文哲，梁伟．材料现代分析方法 [M]．北京：北京工业大学出版社，2000．

[3] 王富耻．材料现代分析测试方法 [M]．北京：北京理工大学出版社，2006．

[4] 常铁军，祁欣．材料近代分析测试方法 [M]．哈尔滨：哈尔滨工业大学出版社，1999．

[5] 周玉．材料分析方法 [M]．北京：机械工业出版社，2000．

[6] 张国栋．材料研究与测试方法 [M]．北京：冶金工业出版社，2001．

[7] 周玉，武高辉．材料分析测试技术 [M]．哈尔滨：哈尔滨工业大学出版社，1998．

[8] 贾贤．材料表面现代分析方法 [M]．北京：化学工业出版社，2009．

[9] 王培铭，许乾慰．材料研究方法 [M]．北京：科学出版社，2005．

[10] 黄新民，解挺．材料分析测试方法 [M]．北京：国防工业出版社，2006．

[11] 黄新民，等．材料研究方法 [M]．哈尔滨：哈尔滨工业大学出版社，2017．

[12] 谷亦杰，宫声凯．材料分析检测技术 [M]．长沙：中南大学出版社，2009．

[13] 常铁军，高灵清，张海峰．材料现代研究方法 [M]．哈尔滨：哈尔滨工程大学出版社，2005．

[14] 杨南如．无机非金属材料测试方法 [M]．武汉：武汉理工大学出版社，1990．

[15] 王晓春，张希艳．材料现代分析与测试技术 [M]．北京：国防工业出版社，2010．

[16] 周曦亚，毕舒．无机材料显微结构分析 [M]．北京：化学工业出版社，2007．

[17] 李树棠．金属 X 射线衍射与电子显微分析技术 [M]．北京：冶金工业出版社，1980．

[18] 谈育煦，胡志忠．材料研究方法 [M]．北京：机械工业出版社，2004．

[19] 杨兴华．耐火材料岩相分析 [M]．北京：冶金工业出版社，1978．

[20] 石德珂．材料科学基础 [M]．北京：机械工业出版社，2002．

[21] 黎兵．现代材料分析技术 [M]．北京：国防工业出版社，2008．

[22] 冯铭芬．硅酸盐岩相学 [M]．上海：同济大学出版社，1985．

[23] M. I. 波普，M. D. 尤德．差热分析——DTA 技术及其应用指导 [M]．王世华，杨红征，译．北京：北京师范大学出版社，1981．

[24] 张庆军．材料现代分析测试实验 [M]．北京：化学工业出版社，2006．

[25] 戎咏华．分析电子显微学导论 [M]．北京：高等教育出版社，2007．

[26] 黄晓中．电子显微分析 [M]．北京：清华大学出版社，2006．

[27] 戎咏华，姜传海．材料组织结构的表征 [M]．2 版．上海：上海交通大学出版社，2017．

[28] 朱信华，李爱东，刘治国．扫描透射电子显微镜（STEM）在新一代高 K 栅介质材料的应用 [J]．无机材料学报，2014，29（12）：1233~1240．

[29] 贾志宏，丁立鹏，陈厚文．高分辨扫描透射电子显微镜原理及其应用 [J]．物理，2015，44（7）：446~452．

[30] 李建奇．高分辨电子显微学的新进展——走向亚埃电子显微时代 [J]．物理，2006，35（2）：147~150．

[31] Li Y B, Huang W, Li Y Z, et al. Opportunities for Cryogenic Electron Microscopy in Materials Science and Nanoscience [J]. ACS Nano, 2020, 14 (8)：9263~9276.

[32] 张晓凯，张丛丛，刘忠民，等．冷冻电镜技术的应用与发展 [J]．科学技术与工程，2019，19（24）：9~17．

[33] 黎兵，曾广根．现代材料分析技术 [M]．成都：四川大学出版社，2017．

[34] 熊兆贤，等．无机材料研究方法—合成制备、分析表征与性能检测 [M]．厦门：厦门大学出版社，2001．

[35] 李志红，黄伟，左志军，等．用 XPS 研究不同方法制备的 CuZnAl 一步法二甲醚合成催化剂 [J]．催化学报，2009，30（2）：171～177．

[36] B. Vincent Crist. Handbook of Monochromatic XPS Spectra, the Elements of Native Oxides [M]. Oregon, XPS International LLC. 2019.

[37] 王建祺，吴文辉，冯大明．电子能谱学（XPS/XAES/UPS）引论 [M]．北京：国防工业出版社，1992．

[38] 郑光虎，石磊，刘海峰，等．双钙钛矿 Pr_2NiMnO_6 的 X 射线光电子能谱研究 [J]．分析测试学报，2012，31（10）：1294～1297．

[39] 仲淑彬，周环，郑遗凡．X 射线光电子能谱法半定量分析铜锰氧化物中的铜和锰 [J]．理化检验（化学分册），2015，51（10）：1460～1464．

[40] 陈静允，龙银花，左宁，等．X 射线光电子能谱法和深度剖析法检测 CdS 薄膜的成分 [J]．理化检验（化学分册），2017，53（1）：28～33．

[41] Peisert H, Chasse T, Streubel P, et al. Relaxation Energies in XPS and XAES of Solid Sulfur Compounds [J]. Journal of Electron Spectroscopy and Related Phenomena, 1994, 68: 321～328.

[42] Dietrich P M, Nietzold C, Weise M, et al. XPS Depth Profiling of an Ultrathin Bioorganic Film with an Argon Gas Cluster Ion Beam [J]. Biointerphases, 2016, 11（2）: 029603.

[43] 余锦涛，郭占成，冯婷，等．X 射线光电子能谱在材料表面研究中的应用 [J]．表面技术，2014，43（1）：119～124．

[44] 吴刚．材料结构表征及应用 [M]．北京：化学工业出版社，2002．

[45] 辛勤，罗孟飞．现代催化研究方法 [M]．北京：科学出版社，2008．

[46] 张录平，李晖，刘亚平．俄歇电子能谱仪在材料分析中的应用 [J]．分析仪器，2009（4）：14～17．

[47] 赵良仲．俄歇电子能谱简介 [J]．化学通报，1979（2）：35～43．

[48] 武蕴忠．俄歇电子能谱仪及其应用 [J]．理化检验（物理分册），1978（6）：33～41．

[49] 岳瑞峰，王佑祥，陈春华，等．Ti/莫来石陶瓷界面反应的俄歇电子能谱研究 [J]．西安交通大学学报，1998，32（4）：9～12，31．

[50] 吴正龙．场发射俄歇电子能谱显微分析 [J]．现代仪器，2005（3）：1～4．

[51] 周玉．材料分析方法 [M]．4 版．北京：机械工业出版社，2020．

[52] 金祖权，张苹．材料科学研究方法 [M]．哈尔滨：哈尔滨工业大学出版社，2018．

[53] 董建新．材料分析方法 [M]．北京：高等教育出版社，2014．

[54] 郭立伟，朱艳，戴鸿滨．现代材料分析测试方法 [M]．北京：北京大学出版社，2014．

[55] 管学茂，王庆良，王庆平，胡文全．现代材料分析测试技术 [M]．2 版．徐州：中国矿业大学出版社，2018．

冶金工业出版社部分图书推荐

书　名	作者	定价(元)
物理化学（第4版）（本科国规教材）	王淑兰	45.00
冶金与材料热力学（本科教材）	李文超	65.00
热工测量仪表（第2版）（本科教材）	张华	46.00
钢铁冶金用耐火材料（本科教材）	游杰刚	28.00
耐火材料（第2版）（本科教材）	薛群虎	35.00
无机非金属材料科学基础（第2版）（本科教材）	马爱琼	64.00
传热学（本科教材）	任世铮	20.00
热工实验原理和技术（本科教材）	邢桂菊	25.00
冶金原理（本科教材）	韩明荣	40.00
传输原理（本科教材）	朱光俊	42.00
物理化学（第2版）（高职高专规划教材）	邓基芹	36.00
物理化学实验（高职高专规划教材）	邓基芹	19.00
无机化学（高职高专规划教材）	邓基芹	33.00
无机化学实验（高职高专规划教材）	邓基芹	18.00
无机材料工艺学	宋晓岚	69.00
耐火材料手册	李红霞	188.00
镁质材料生产与应用	全跃	160.00
金属陶瓷的制备与应用	刘开琪	42.00
耐火纤维应用技术	张克铭	30.00
化学热力学与耐火材料	陈肇友	66.00
耐火材料厂工艺设计概论	薛群虎	35.00
刚玉耐火材料（第2版）	徐平坤	59.00
特种耐火材料实用技术手册	胡宝玉	70.00
筑炉工程手册	谢朝晖	168.00
非氧化物复合耐火材料	洪彦若	36.00
滑板组成与显微结构	高振昕	99.00
耐火材料新工艺技术	徐平坤	69.00
无机非金属实验技术	高里存	28.00
新型耐火材料	侯谨	20.00
耐火材料显微结构	高振昕	88.00
复合不定形耐火材料	王诚训	21.00
耐火材料技术与应用	王诚训	20.00
钢铁工业用节能降耗耐火材料	李庭寿	15.00
工业窑炉用耐火材料手册	刘鳞瑞	118.00
短流程炼钢用耐火材料	胡世平	49.50